电力电缆运行及检修

主编　陈长金

湖南科学技术出版社

图书在版编目（ＣＩＰ）数据

电力电缆运行及检修 / 陈长金主编. － 长沙 ： 湖南科学技术出版社，2022.3

ISBN 978-7-5710-0972-4

Ⅰ．①电… Ⅱ．①陈… Ⅲ．①电力电缆－电缆敷设②电力电缆－检修 Ⅳ.①TM757

中国版本图书馆 CIP 数据核字 (2021) 第 077238 号

电力电缆运行及检修

主　　编：陈长金
出 版 人：潘晓山
责任编辑：王　斌
出版发行：湖南科学技术出版社
社　　址：长沙市湘雅路 276 号
　　　　　http://www.hnstp.com
湖南科学技术出版社天猫旗舰店网址：
　　　　　http://hnkjcbs.tmall.com
印　　刷：长沙市宏发印刷有限公司
　　　　　（印装质量问题请直接与本厂联系）
厂　　址：长沙市开福区捞刀河大星村 343 号
邮　　编：410153
版　　次：2022 年 3 月第 1 版
印　　次：2022 年 3 月第 1 次印刷
开　　本：889mm×1194mm　1/16
印　　张：24.25
字　　数：463 千字
书　　号：ISBN 978-7-5710-0972-4
定　　价：120.00 元

本书编委会

主　　任：陈铁雷
委　　员：赵晓波　杨军强　田　青　石玉荣　郭小燕
　　　　　祝晓辉　毕会静

本书编审组

主　　编：陈长金
副 主 编：闫佳文　刘　哲
编写人员：魏力强　李　华　李树荣　郭小燕　吴　强
　　　　　蒋春悦　邹　园　赵锦涛　金富泉　国会杰
主　　审：丁立坤

前言

为加强电力电缆专业岗位培训的基础建设，提高培训针对性和实效性，国家电网河北省电力有限公司培训中心组织一批具有丰富现场运检经验和培训经验的专家编写了《电力电缆运行及检修》实训教材。

本教材紧密结合现场实际操作要求，以规范、规程和生产作业指导书为依据，以生产现场工艺流程为基础，突出实用性、针对性和典型性，是一套适合电力电缆专业人员使用的教材。

本教材主要内容包括电力电缆基本知识，电力电缆敷设、安装与工程验收，电力电缆的运行维护，电力电缆附件安装，电力电缆故障测寻及试验等内容。

本教材可作为供电企业电力电缆专业人员岗位技能培训、生产人员技能训练指导教材，也可作为现场技术人员优化流程的参考资料。

本教材由陈长金同志任主编，负责全书的统稿和各章节的初审。丁立坤同志任主审，负责全书的审定。其中第一章电力电缆基本知识，由陈长金、李华、刘哲负责编写；第二章电力电缆敷设、安装与工程验收，由陈长金、闫佳文负责编写；第三章电力电缆的运行维护，由陈长金、李树荣、蒋春悦负责编写；第四章电力电缆附件安装，由陈长金、吴强负责编写；第五章电力电缆故障测寻及试验，由陈长金、魏力强、邹园、国会杰、金富泉负责编写。

本教材在编写过程中参考了大量文献资料，在此对原作者表示深深的谢意。

本教材如能对读者和培训工作有所帮助，我们将感到十分欣慰。由于编写时间仓促，本教材难免存在不足之处，希望各位专家和读者提出宝贵意见，使之不断完善。

目录 /contents

第一章　电力电缆基本知识 / 1

1.1　电力电缆的种类及命名 / 2

1.2　电力电缆的结构和性能 / 7

1.3　电力电缆构筑物 / 10

本章思考题 / 15

本章小结 / 15

第二章　电力电缆敷设、安装与工程验收 / 16

2.1　施工方案及作业指导书编制 / 16

  2.1.1　施工方案的编制 / 16

  2.1.2　电力电缆作业指导书的编制 / 23

2.2　电力电缆及附件的储运和验收 / 28

  2.2.1　电力电缆及附件的运输、储存 / 28

  2.2.2　电力电缆及附件的验收 / 31

2.3　电力电缆敷设方式及要求 / 34

  2.3.1　电力电缆的直埋敷设 / 34

  2.3.2　电力电缆的排管敷设 / 42

  2.3.3　电力电缆的沟道敷设 / 48

  2.3.4　水底和桥梁上的电力电缆敷设 / 56

  2.3.5　电力电缆敷设的一般要求 / 66

  2.3.6　交联聚乙烯绝缘电力电缆的热机械力 / 75

2.4　敷设工器具和设备的使用 / 77

2.5　电力电缆工程竣工验收及资料管理 / 81

  2.5.1　电力电缆线路工程验收 / 81

  2.5.2　电力电缆构筑物工程验收 / 87

  2.5.3 电力电缆工程竣工技术资料 / 92

本章思考题 / 93

本章小结 / 93

第三章 电力电缆的运行维护 / 94

3.1 电力电缆线路运行维护的内容和要求 / 94

3.2 电力电缆设备巡视 / 99

  3.2.1 电力电缆线路的巡查周期和内容 / 99

  3.2.2 红外测温仪的使用和应用 / 108

  3.2.3 温度热像仪的使用和应用 / 110

3.3 设备运行分析及管理 / 113

  3.3.1 电力电缆缺陷管理 / 113

  3.3.2 电力电缆缺陷处理 / 116

本章思考题 / 117

本章小结 / 118

第四章 电力电缆附件安装 / 119

4.1 电力电缆附件种类和安装工艺要求 / 119

  4.1.1 电力电缆附件的种类 / 119

  4.1.2 电力电缆附件安装的技术要求 / 122

4.2 电力电缆附件安装的基本操作 / 124

  4.2.1 电力电缆的剥切 / 124

  4.2.2 电力电缆常用带材的绕包 / 127

  4.2.3 电力电缆附件的密封 / 129

  4.2.4 电力电缆接地系统安装 / 133

  4.2.5 电力电缆线芯的连接 / 138

4.3 1 kV 及以下电力电缆附件安装 / 144

  4.3.1 1 kV 电力电缆终端头制作 / 144

  4.3.2 1 kV 电力电缆中间接头制作 / 148

4.4 10 kV 电力电缆附件安装 / 153

  4.4.1 10 kV 常用电力电缆终端头制作 / 153

  4.4.2 10 kV 常用电力电缆中间接头制作 / 176

4.5 35 kV 电力电缆附件安装 / 191

4.5.1　35 kV 常用电力电缆终端头制作 / 191

4.5.2　35 kV 常用电力电缆中间接头制作 / 209

4.6　110 kV 电力电缆附件安装 / 225

4.6.1　110 kV 常用电力电缆终端头制作 / 225

4.6.2　110 kV 常用电力电缆中间接头制作 / 251

4.7　220 kV 电力电缆附件安装 / 277

4.7.1　220 kV 电缆终端头安装 / 277

4.7.2　220 kV 电缆中间接头安装 / 295

本章思考题 / 309

本章小结 / 310

第五章　电力电缆故障测寻及试验 / 311

5.1　电力电缆故障测寻及试验基本知识 / 311

5.1.1　电力电缆试验 / 311

5.1.2　电力电缆故障测寻 / 315

5.1.3　电力电缆路径探测 / 335

5.1.4　电力电缆鉴别 / 340

5.1.5　电力电缆定相 / 344

5.2　电力电缆故障测寻及试验实训项目 / 346

5.2.1　测量绝缘电阻 / 346

5.2.2　直流耐压试验 / 348

5.2.3　0.1 Hz 超低频试验 / 352

5.2.4　交流变频谐振试验 / 356

5.2.5　电力电缆故障性质判断 / 359

5.2.6　电力电缆故障点的预定位 / 361

5.2.7　电力电缆故障的精确定点 / 363

5.2.8　电力电缆不带电定相 / 365

5.2.9　电力电缆带电核相 / 368

5.2.10　电力电缆路径探测 / 370

5.2.11　电力电缆鉴别 / 371

本章思考题 / 373

本章小结 / 374

参考文献 / 375

第一章　电力电缆基本知识

　　电力电缆是电力系统中用于传输和分配电能的电力设备。电力电缆经常用作发电厂、变电站以及工矿企业的动力引入和引出线，当电力线路需跨越江河、铁路、公路等时也常用电缆线路；而随着城市发展，为了美化环境，减少线路走廊用地，很多国家已将电力电缆用作城市的输配电线路。

　　电力电缆线路是除了架空线路之外另一种传输电能的途径。架空线路是裸导线或绝缘导线架空敷设，靠绝缘子实现电气绝缘和机械固定。电力电缆的结构比架空线路复杂，他除了有电缆线芯（导体）外，还具有能承受电网电压的绝缘层，以及包覆在绝缘层上使其长期保持绝缘性能的保护层。电压等级稍高的电缆其导体外和绝缘层外，还有用半导电或金属材料制成的屏蔽层。电力电缆线路也有架空敷设的，但一般都是采用直埋于地下（水下）或敷设于排管、沟道、隧道中。

　　电力电缆线路与架空线路相比较，具有如下优点：

　　（1）不易受周围环境和污染的影响，供电可靠性高。

　　（2）线间绝缘距离小，占地少，同一通道可以敷设多条电缆。

　　（3）地下敷设时，不占地面空间，既安全可靠，又不易暴露目标。

　　（4）分布电容大，有利于提高电力系统功率因数。

　　（5）与架空线相比，受雷击可能性小。

　　（6）维护工作量小。

　　（7）有利于美化环境。

　　因此，在城镇市区人口稠密的地方，大型工厂、发电厂、交通拥挤区、电力线路交叉区等要求占地面积小，安全可靠，减少电网对交通运输、城市建设的影响，一般多采用电缆供电；在严重污染区，为了提高输送电能的可靠性，多采用电缆线路；对于跨度大，不宜架设架空线路的过江、过河线路，或为了避免架空线路对船舶通航或无线电干扰，也多采用电缆；有的国防与军事工程，为了避免暴露目标而采用电缆，也有的因建筑与美观的需要而采用电缆。

　　电力电缆线路具有上述优点，但也存在着不足之处：

　　（1）电力电缆线路比架空线路成本高，一次性投资费用高出架空线路几倍或十几倍。从经济性考虑，一般能用架空线路而不用电缆线路。

（2）电缆线路建成后不容易改变，分支也很困难。

（3）电缆故障测寻与维修较难，需要具有较高专业技术水平的人员来操作。

1.1 电力电缆的种类及命名

电力电缆品种规格很多，分类方法多种多样，通常按照绝缘材料、结构、电压等级和特殊用途等方法进行分类。

一、电力电缆的种类和特点

（一）按电缆的绝缘材料分类

电力电缆按绝缘材料不同，可分为油纸绝缘电缆、挤包绝缘电缆和压力电缆三大类。

1. 油纸绝缘电缆

油纸绝缘电缆是绕包绝缘纸带后浸渍绝缘剂（油类）作为绝缘的电缆。

根据浸渍剂不同，油纸绝缘电缆可以分为黏性浸渍纸绝缘电缆和不滴流浸渍纸绝缘电缆两类。其二者结构完全一样，制造过程除浸渍工艺有所不同外，其他均相同。不滴流电缆的浸渍剂黏度大，在工作温度下不滴流，能满足高差较大的环境（如矿山、竖井等）使用。

按绝缘结构不同，油纸绝缘电缆主要分为统包绝缘电缆、分相屏蔽和分相铅包电缆。

（1）统包绝缘电缆，又称带绝缘电缆。统包绝缘电缆的结构特点，是在每相导体上分别绕包部分带绝缘后，加适当填料经绞合成缆，再绕包带绝缘，以补充其各相导体对地绝缘厚度，然后挤包金属护套。

统包绝缘电缆结构紧凑，节约原材料，价格较低。缺点是内部电场分布很不均匀，电力线不是径向分布，具有沿着纸面的切向分量。所以这类电缆又叫非径向电场型电缆。由于油纸的切向绝缘强度只有径向绝缘强度的 $1/10 \sim 1/2$，所以统包绝缘电缆容易产生移滑放电。因此这类电缆只能用于 10 kV 及以下电压等级。

（2）分相屏蔽电缆和分相铅包电缆。分相屏蔽和分相铅包电缆的结构基本相同，这两种电缆的特点是，在每相绝缘芯制好后，包覆屏蔽层或挤包铅套，然后再成缆。分相屏蔽电缆在成缆后挤包一个三相共用的金属护套，使各相间电场互不相关，从而消除了切向分量，其电力线沿着绝缘芯径向分布，所以这类电缆又叫径向电场型电缆。径向电场型电缆的绝缘击穿强度比非径向型要高得多，多用于 35 kV 电压等级。

2. 挤包绝缘电缆

挤包绝缘电缆又称固体挤压聚合电缆，它是以热塑性或热固性材料挤包形成绝缘的电缆。

目前，挤包绝缘电缆有聚氯乙烯（PVC）电缆、聚乙烯（PE）电缆、交联聚乙烯（XLPE）电缆和乙丙橡胶（EPR）电缆等，这些电缆使用在不同的电压等级。

交联聚乙烯电缆是 20 世纪 60 年代以后技术发展最快的电缆品种，与油纸绝缘电缆相比，它在加工制造和敷设应用方面有不少优点。其制造周期较短，效率较高，安装工艺较为简便，导体工作温度可达到 90 ℃。由于制造工艺的不断改进，如用干式交联取代早期的蒸汽交联，采用悬链式和立式生产线，使得 110～220 kV 高压交联聚乙烯电缆产品具有优良的电气性能，能满足城市电网建设和改造的需要。目前在 220 kV 及以下电压等级，交联聚乙烯电缆已逐步取代了油纸绝缘电缆。

3. 压力电缆

压力电缆是在电缆中充以能流动并具有一定压力的绝缘油或气体的电缆。在制造和运行过程中，油纸绝缘电缆的纸层间不可避免地会产生气隙。气隙在电场强度较高时，会出现游离放电，最终导致绝缘层击穿。压力电缆的绝缘处在一定压力（油压或气压）下，抑制了绝缘层中形成气隙，使电缆绝缘工作场强明显提高，可用于 63 kV 及以上电压等级的电缆线路。

为了抑制气隙，用带压力的油或气体填充绝缘，是压力电缆的结构特点。按填充压缩气体与油的措施不同，压力电缆可分为自容式充油电缆、充气电缆、钢管充油电缆和钢管充气电缆等品种。

（二）按电缆的结构分类

电力电缆按照电缆芯线的数量不同，可以分为单芯电缆和多芯电缆。

（1）单芯电缆。指单独一相导体构成的电缆。一般在大截面导体、高电压等级电缆中多采用此种结构。

（2）多芯电缆。指由多相导体构成的电缆，有两芯、三芯、四芯、五芯等。该种结构一般在小截面、中低压电缆中使用较多。

（三）按电压等级分类

电缆的额定电压以 U_0/U（U_m）表示。其中：U_0 表示电缆导体对金属屏蔽之间的额定电压；U 表示电缆导体之间的额定电压；U_m 是设计采用的电缆任何两导体之间可承受的最高系统电压的最大值。根据 IEC 标准推荐，电缆按照额定电压 U 分为低压、中压、高压和超高压四类。

（1）低压电缆：额定电压 U 小于等于 1 kV，如 0.6/1 kV。

（2）中压电缆：额定电压 U 介于 6 kV～35 kV 之间，如 6/6 kV，6/10 kV，8.7/10 kV，21/35 kV，26/35 kV。

（3）高压电缆：额定电压 U 介于 45 kV～150 kV 之间，如 38/66 kV，50/66 kV，64/110 kV，87/150 kV。

（4）超高压电缆：额定电压 U 介于 220 kV～500 kV 之间，如 127/220 kV，190/330 kV，290/500 kV。

（四）按特殊需求分类

按对电力电缆的特殊需求，主要有输送大容量电能的电缆、阻燃电缆和光纤复合电缆等品种。

1. 输送大容量电能的电缆

（1）管道充气电缆。管道充气电缆（GIC）是以压缩的六氟化硫气体为绝缘的电缆，也称六氟化硫电缆。这种电缆又相当于以六氟化硫气体为绝缘的封闭母线。这种电缆适用于电压等级在 400 kV 及以上的超高压、传送容量 100 万 kVA 以上的大容量电站，高落差和防火要求较高的场所。管道充气电缆由于安装技术要求较高，成本较高，对六氟化硫气体的纯度要求很严，仅用于电厂或变电所内短距离的电气联络线路。

（2）低温有阻电缆。低温有阻电缆是采用高纯度的铜或铝作导体材料，将其处于液氮温度（77 K）或者液氢温度（20.4 K）状态下工作的电缆。在极低温度下，由导体材料热振动决定的特性温度（德拜温度）之下时，导体材料的电阻随绝对温度的 5 次方急剧变化。利用导体材料的这一性能，将电缆深度冷却，以满足传输大容量电力的需要。

（3）超导电缆。指以超导金属或超导合金为导体材料，将其处于临界温度、临界磁场强度和临界电流密度条件下工作的电缆。利用超低温下出现失阻现象的某些金属及其合金为导体的电缆称为超导电缆，在超导状态下导体的直流电阻为零，以提高电缆的传输容量。

2. 防火电缆

防火电缆是具有防火性能电缆的总称，它包括阻燃电缆和耐火电缆两类。

（1）阻燃电缆。指能够阻滞、延缓火焰沿着其外表蔓延，使火灾不扩大的电缆。在电缆比较密集的隧道、竖井或电缆夹层中，为防止电缆着火酿成严重事故，35 kV 及以下电缆应选用阻燃电缆。有条件时，应选用低烟无卤或低烟低卤护套的阻燃电缆。

（2）耐火电缆。是当受到外部火焰以一定高温和时间作用期间，在施加额定电压状态下具有维持通电运行功能的电缆，用于防火要求特别高的场所。

3. 光纤复合电力电缆

将光纤组合在电力电缆的结构层中，使其同时具有电力传输和光纤通信功能的电缆称为光纤复合电力电缆。光纤复合电力电缆集两方面功能于一体，因而降低了工程建设投资和运行维护费用。

二、电力电缆的命名方法

电力电缆产品命名用型号、规格和标准编号表示，而电缆产品型号一般由绝缘、导体、护层的代号构成，因电缆种类不同型号的构成有所区别；规格由额定电压、芯数、标称截面构成，以字母和数字为代号组合表示。

1. 额定电压 1 kV（U_m＝1.2 kV）～35 kV（U_m＝40.5 kV）挤包绝缘电力电缆命名方法

（1）产品型号依次由绝缘、导体（铜导体省略）、内护套、铠装层、外护层的代号构成。

（2）各部分代号及含义见表 1-1。

举例：铜芯交联聚乙烯绝缘聚乙烯护套电力电缆，额定电压为 26/35 kV、单芯、标称截面 400 mm²，表示为：YJY-26/35 1×400。

表 1-1 代号含义

导体代号	铜导体	（T）省略	铠装代号	双钢带铠装	2
	铝导体	L		细圆钢丝铠装	3
绝缘代号	聚氯乙烯绝缘	V		粗圆钢丝铠装	4
	交联聚乙烯绝缘	YJ		双非磁性金属带铠装	6
	乙丙橡胶绝缘	E		非磁性金属丝铠装	7
	硬乙丙橡胶绝缘	HE	外护层代号	聚氯乙烯外护套	2
护套代号	聚氯乙烯护套	V		聚乙烯外护套	3
	聚乙烯护套	Y		弹性体外护套	4
	弹性体护套	F	——	—	—
	挡潮层聚乙烯护套	A	—	—	—
	铅套	Q	—	—	—

2. 额定电压 110 kV 及以上交联聚乙烯绝缘电力电缆命名方法

（1）产品型号依次由绝缘、导体、金属套、非金属外护套或通用外护层以及阻水结构的代号构成。

（2）各部分代号及含义见表 1-2。

表 1-2 代号含义

导体代号	铜导体	（T）省略	非金属外护套代号	聚氯乙烯外护套	02
	铝导体	L		聚乙烯外护套	03
绝缘代号	交联聚乙烯绝缘	YJ	阻水结构代号	纵向阻水结构	Z
金属护套代号	铅套	Q	—	—	—
	皱纹铝套	LW	—	—	—

举例：（1）额定电压 64/110 kV、单芯、铜导体标称截面积 630 mm²，交联聚乙烯

绝缘皱纹铝套聚氯乙烯护套电力电缆，表示为：YJLW02 64/110 1×630。

（2）额定电压 64/110 kV、单芯、铜导体标称截面积 800 mm²，交联聚乙烯绝缘铅套聚乙烯护套纵向阻水电力电缆，表示为：YJQ03‑Z 64/110 1×800。

3．额定电压 35 kV 及以下铜芯、铝芯纸绝缘电力电缆命名方法

（1）产品型号依次由绝缘、导体、金属套、特征结构、外护层代号构成。

（2）各部分代号及含义见表 1‑3 和表 1‑4。

表 1‑3 代号含义

导体代号	铜导体	（T）省略	特征结构代号	分相电缆	F
	铝导体	L		不滴流电缆	D
绝缘代号	纸绝缘	Z		黏性电缆	省略
金属护套代号	铅套	Q	—	—	—

表 1‑4 纸绝缘电缆外护层代号含义

代号	铠装层	外被层或外护套	代号	铠装层	外被层或外护套
0	无	—	4	粗圆钢丝	—
2	双钢带	聚氯乙烯外套	6	双铝带或铝合金带	—
3	细圆钢丝	聚乙烯外套	—	—	—

外护层代号编制原则是：一般外护层按铠装层和外被层结构顺序，以两个阿拉伯数字表示，每一个数字表示所采用的主要材料。

举例：铜芯不滴流油浸纸绝缘分相铅套双钢带铠装聚氯乙烯套电力电缆，额定电压 26/35 kV、三芯、标称截面 150 mm²，表示为：ZQFD22‑26/35 3×l50。

4．交流 330 kV 及以下油纸绝缘自容式充油电缆命名方法

（1）产品型号依次由产品系列代号、导体、绝缘、金属套、外护层代号构成。

（2）各部分代号及含义见表 1‑5。

表 1‑5 代号含义

产品系列代号	自容式充油电缆	CY	绝缘代号	纸绝缘	Z
导体代号	铜导体	（T）省略	金属护套代号	铅套	Q
	铝导体	L		铝套	L

外护层代号：充油电缆外护层型号按加强层，铠装层和外被层的顺序，通常以三个阿拉伯数字表示。每一个数字表示所采用的主要材料。

外护层以数字为代号的含义见表 1‑6。

表 1-6 充油电缆外护层代号含义

代号	加强层	铠装层	外被层或外护套
0	—	无铠装	—
1	铜带径向加强	联锁钢带	纤维外被
2	不锈钢带径向加强	双钢带	聚氯乙烯外套
3	铜带径向加强窄铜带纵向加强	细圆钢丝	—
4	不锈钢带径向窄不锈钢带纵向加强	粗圆钢丝	—

举例：铜芯纸绝缘铅包铜带径向窄铜带纵向加强聚氯乙烯护套自容式充油电缆，额定电压 220 kV、单芯、标称截面 400 mm²，表示为：CYZQ302 220/1×400。

1.2 电力电缆的结构和性能

电力电缆的基本结构一般由导体、绝缘层、护层三部分组成，6 kV 及以上电缆导体外和绝缘层外还增加了屏蔽层。

一、电力电缆导体材料的性能及结构

导体的作用是传输电流，电缆导体（线芯）大都采用高电导系数的金属铜或铝制造。铜的电导率大，机械强度高，易于进行压延、拉丝和焊接等加工。铜是电缆导体最常用的材料，铝也是用作电缆导体比较理想的材料，二者的主要性能如表 1-7 所示。

表 1-7 铜、铝主要性能表

性能	铜	铝
20 ℃时的密度/（g/cm³）	8.89	2.70
20 ℃时的电阻率/（Ω·m）	$1.724×10^{-8}$	$2.80×10^{-8}$
电阻温度系数/（ppm/℃）	3930	4070
抗拉强度/（N/mm²）	200～210	70～95

为了满足电缆的柔软性和可曲性的要求，电缆导体一般由多根导线绞合而成。当导体沿某一半径弯曲时，导体中心线圆外部分被拉伸，中心线圆内部分被压缩，绞合导体中心线内外两部分可以相互滑动，使导体不发生塑性变形。

绞合导体外形有圆形、扇形、腰圆形和中空圆形等。

圆形绞合导体几何形状固定，稳定性好，表面电场比较均匀。20 kV 及以上油纸电缆及 10 kV 及以上交联聚乙烯电缆一般都采用圆形绞合导体结构。

10 kV 及以下多芯油纸电缆和 1 kV 及以下多芯塑料电缆，为了减小电缆直径，节约材料消耗，采用扇形或腰圆形导体结构。

中空圆形导体用于自容式充油电缆，其圆形导体中央以硬铜带螺旋管支撑形成中心油道，或者以型线（Z 形线和弓形线）组成中空圆形导体。

二、电力电缆屏蔽层的结构及性能

屏蔽，是能够将电场控制在绝缘内部，同时能够使绝缘界面处表面光滑，并借此消除界面空隙的导电层。电缆导体由多根导线绞合而成，它与绝缘层之间易形成气隙；而导体表面不光滑会造成电场集中。在导体表面加一层半导电材料的屏蔽层，它与被屏蔽的导体等电位，并与绝缘层良好接触，从而可避免在导体与绝缘层之间发生局部放电。这层屏蔽又称为内屏蔽层。

在绝缘表面和护套接触处，也可能存在间隙；电缆弯曲时，油纸电缆绝缘表面易造成裂纹或皱折，这些都是引起局部放电的因素。在绝缘层表面加一层半导电材料的屏蔽层，它与被屏蔽的绝缘层有良好接触，与金属护套等电位，从而可避免在绝缘层与护套之间发生局部放电。这层屏蔽又称为外屏蔽。

屏蔽层的材料是半导电材料，其体积电阻率为 $10^3 \sim 10^6 \ \Omega \cdot m$。油纸电缆的屏蔽层为半导电纸。半导电纸有吸附离子的作用，有利于改善绝缘电气性能。挤包绝缘电缆的屏蔽层材料是加入炭黑粒子的聚合物。没有金属护套的挤包绝缘电缆，除半导电屏蔽层外，还要增加用铜带或铜丝绕包的金属屏蔽层。其作用是：在正常运行时通过电容电流；当系统发生短路时，作为短路电流的通道，同时也起到屏蔽电场的作用。在电缆结构设计中，要根据系统短路电流的大小，采用相应截面的金属屏蔽层。

三、电力电缆绝缘层的结构及性能

电缆绝缘层具有承受电网电压的功能。电缆运行时绝缘层应具有稳定的特性，较高的绝缘电阻、击穿强度，优良的耐树枝放电和局部放电性能。电缆绝缘有挤包绝缘、油纸绝缘、压力电缆绝缘三种。

1. 挤包绝缘

挤包绝缘材料主要是各类塑料、橡胶。其具有耐受电网电压的功能，为高分子聚合物，经挤包工艺一次成型紧密地挤包在电缆导体上。塑料和橡胶属于均匀介质，这是与油浸纸的夹层结构完全不同。聚氯乙烯、聚乙烯、交联聚乙烯和乙丙橡胶的主要性能如下：

（1）聚氯乙烯塑料以聚氯乙烯树脂为主要原料，加入适量配合剂、增塑剂、稳定剂、填充剂、着色剂等经混合塑化而制成。聚氯乙烯具有较好的电气性能和较高的机械强度，具有耐酸、耐碱、耐油性，工艺性能也比较好；缺点是耐热性能较低，绝缘电阻率较小，介质损耗较大，因此仅用于 6 kV 及以下的电缆绝缘。

（2）聚乙烯具有优良的电气性能，介电常数小、介质损耗小、加工方便；缺点是耐热性差、机械强度低、耐电晕性能差、容易产生环境应力开裂。

（3）交联聚乙烯是聚乙烯经过交联反应后的产物。采用交联的方法，将线形结构的聚乙烯加工成网状结构的交联聚乙烯，从而改善了材料的电气性能、耐热性能和机械性能。

聚乙烯交联反应的基本机理是，利用物理的方法（如用高能粒子射线辐照）或者化学的方法（如加入过氧化物化学交联剂，或用硅烷接枝等）来夺取聚乙烯中的氢原子，使其成为带有活性基的聚乙烯分子。而后带有活性基的聚乙烯分子之间交联成三度空间结构的大分子。

（4）乙丙橡胶是一种合成橡胶。用作电缆绝缘的乙丙橡胶是由乙烯、丙烯和少量第三单体共聚而成。乙丙橡胶具有良好的电气性能、耐热性能、耐臭氧和耐气候性能；缺点是不耐油，可以燃烧。

2. 油纸绝缘

油纸绝缘电缆的绝缘层采用窄条电缆纸带，绕包在电缆导体上，经过真空干燥后浸渍矿物油或合成油而形成。纸带的绕包方式，除仅靠导体和绝缘层最外面的几层外，均采用间隙式（又称负搭盖式）绕包，这使电缆在弯曲时，在纸带层间可以相互移动，在沿半径为电缆本身半径的 12～25 倍的圆弧弯曲时，不至于损伤绝缘。电缆纸是木纤维纸。

3. 压力电缆绝缘

在我国，压力电缆的生产和应用基本上是单一品种，即充油电缆。充油电缆是利用补充浸渍剂原理来消除气隙，以提高电缆工作场强的一种电缆。按充油通道不同，充油电缆分为自容式充油电缆和钢管充油电缆两类。我国生产应用自容式充油电缆已有近 50 年的历史，而钢管充油电缆尚未付诸工业性应用。运行经验表明，自容式充油电缆具有电气性能稳定、使用寿命较长的优点。自容式充油电缆油道位于导体中央，油道与补充浸渍油的设备（供油箱）相连，当温度升高时，多余的浸渍油流进油箱中，以借助油箱降低电缆中产生的过高压力；当温度降低时，油箱中浸渍油流进电缆中，以填补电缆中因负压而产生的空隙。充油电缆中浸渍剂的压力必须始终高于大气压。保证一定的压力，不仅使电缆工作场强提高，而且可以有效防止一旦护套破裂潮气浸入绝缘层。

四、电力电缆护层的结构及作用

电缆护层是覆盖在电缆绝缘层外面的保护层。典型的护层结构包括内护套和外护层。内护套贴紧绝缘层，是绝缘的直接保护层。包覆在内护套外面的是外护层。通常，外护层又由内衬层、铠装层和外被层组成。外护层的三个组成部分以同心圆形式层层相叠，成为一个整体。

护层的作用是保证电缆能够适应各种使用环境的要求，使电缆绝缘层在敷设和运行过程中免受机械或各种环境因素损坏，以长期保持稳定的电气性能。内护套的作用是阻止水分、潮气及其他有害物质侵入绝缘层，以确保绝缘层性能不变。内衬层的作用是保护内护套不被铠装扎伤。铠装层是保证电缆具备必需的机械强度。外被层主要是用于保护铠装层或金属护套免受化学腐蚀及其他环境损害。

1.3 电力电缆构筑物

电缆构筑物包括专供敷设电缆或安置附件的电缆沟、电缆排管、电缆隧道、电缆夹层、电缆竖井和工井等构筑物。电缆构筑物除要在电气上满足规程规定的距离外，还必须满足电缆敷设施工、安装固定、附件组装和投运后运行维护、检修试验的需要。

一、电力电缆沟

电缆沟由墙体、电缆沟盖板、电缆沟支架、接地装置、集水井等组成。电缆沟按其支架布置方式分为单侧支架电缆沟和双侧支架电缆沟，其结构分别如图1-1和图1-2所示。

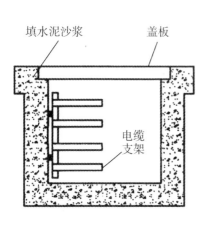

图 1-1 单侧支架电缆沟

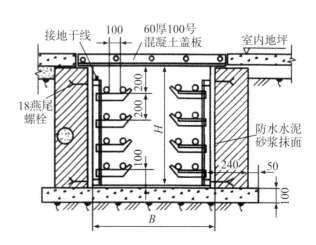

图 1-2 双侧支架电缆沟

电缆沟的墙体根据电缆沟所处位置和地质条件可以选用砖砌、条石、钢筋混凝土等材料。电缆沟盖板通常采用钢筋混凝土材料，在变电站内、车行道上等特殊区段，也可以采用玻璃钢纤维等复合材料电缆沟盖板，达到坚固耐用、美观的目的。电缆沟的支架通常采用镀锌角钢、不锈钢等金属材料。近年来，在地下水位高、易受腐蚀的南方地区，增强塑料、玻璃钢纤维等复合材料也用于制作电缆沟支架，以减少电缆沟的维护工作量。

在厂区、建筑物内地下电缆数量较多但不需采用隧道，或城镇人行道开挖不便且电缆需分期敷设时，宜采用电缆沟。但在有化学腐蚀液体或高温熔化金属溢流的场所，及有载重车辆频繁经过的地段，不得采用电缆沟。经常有工业水溢流、可燃粉尘弥漫的厂房内，也不宜采用电缆沟。

电缆沟深度应按远景规划敷设电缆根数决定，但沟深不宜大于1.5m。净深小于

0.6 m 的电缆沟，可把电缆敷设在沟底板上，不设支架和施工通道。电缆沟应能实现排水畅通，电缆沟的纵向排水坡度不宜小于 0.5%。沿排水方向，在标高最低部位宜设集水坑。电缆沟的支架布置应符合有关规程的要求，电缆支架应表面光滑无毛刺，满足所需的承载能力及防火防腐要求。金属性电缆沟支架应全线连通并接地。接地焊接部位连接应可靠，焊接点经过防腐蚀处理。接地应符合 GB 50169—2016《电气装置安装工程接地装置施工及验收规范》的要求。

二、电力电缆排管

电缆排管是把电缆导管用一定的结构方式组合在一起，再用水泥浇注成一个整体，用于敷设电缆的一种专用电缆构筑物。其典型结构如图 1-3 所示。

电缆排管敷设具有占地小、走廊利用率高、安全可靠、对走廊路径要求较低（可建设在道路主车道、人行道、绿化带上）、一次建设电缆可分期敷设等优点，因此在城市电缆线路建设上常常用到。但是，电缆在排管内敷设、维修和更换比较困难，电缆接头集中在接头工井内，因空间较小，施工困难。由于电缆排管埋设较深，在地下水位较高的地区，工井内积水往往

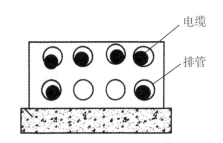

图 1-3 电缆排管断面图

难以排除，造成电缆长期泡水运行，对电缆安全运行和正常维护检修十分不利。因此，选择采用电缆排管敷设时，应根据实际工程需要进行设计。

电缆排管所需孔数，除按电网规划确定敷设电缆根数外，还需有适当备用孔供更新电缆用。排管顶部土壤覆盖深度不宜小于 0.5 m，且与电缆、管道（沟）及其他构筑物的交叉距离应满足有关规程的要求。排管材料的选择应满足所在环境的要求和电气要求，特别注意当排管内敷设的是单芯电缆时，应选用非铁磁性管材。排管管径应不小于 1.5 倍电缆外径。排管通过地基稳定地段，如管子能承受土压和地面动负载，可在管子连接处用钢筋混凝土或支座做局部加固。通过地基不稳定地段的排管，必须在两工井之间用钢筋混凝土做全线加固。

电缆排管中的工井间距，应按将来需要敷设的电缆允许牵引力和允许侧压力计算确定，且应根据工程实际需要进行调整。工井长度应根据敷设在同一工井内最长的电缆接头以及能吸收来自排管内电缆的热伸缩量所需的伸缩弧尺寸决定，且伸缩弧的尺寸应满足电缆在寿命周期内电缆金属护套不出现疲劳现象。工井净宽应根据安装在同一工井内直径最大的电缆接头和接头数量以及施工机具安置所需空间设计。工井净高应根据接头数量和接头之间净距离不小于 100 mm 设计，且净高不宜小于 1.9 m。每座封闭式工井的顶板应设置直径不小于 700 mm 人孔两个。工井的底板应设有集水坑，向集水坑泄水坡度不应小于 0.3%。工井内的两侧除需预埋供安装用立柱支架等铁件

外，在顶板和底板以及与排管接口部位，还需预埋供吊装电缆用的吊环及供电缆敷设施工所需的拉环。安装在工井内的金属构件皆应用镀锌扁钢与接地装置连接。每座工井应设接地装置，接地电阻不应大于 10 Ω。在 10% 以上的斜坡排管中，应在标高较高一端的工井内设置防止电缆因热伸缩而滑落的构件。

三、电力电缆隧道

容纳电缆数量较多，有供安装和巡视的通道，有通风、排水、照明等附属设施的电缆构筑物称为电缆隧道，如图 1-4 所示。

图 1-4　电缆隧道

电缆隧道敷设方式具有安全可靠、运行维护检修方便、电缆线路输送容量大等优点，因此在城市负荷密集区、市中心区及变电站进出线区经常采用电缆隧道敷设。

电缆隧道的路径选择、断面结构、功能要求应根据工程实际进行设计。

1. 电缆隧道的路径与位置

电缆隧道路径应符合城市规划管理部门道路地下管线统一规划原则，与各种管线和其他市政设施服从统一安排。电缆隧道路径选择应考虑安全、可行、维护便利及节省投资等因素。沿市政道路的电缆隧道进出口及通风亭等的设置应与周围环境相协调。

电缆隧道的路径选择，除应符合国家现行 GB 50217—2018《电力工程电缆设计标准》、DL/T 5221—2016《城市电力电缆线路设计技术规定》等相关规定外，还应根据城市道路网规划，与道路走向相结合，并应保证电缆隧道与城市其他市政公用工程管线间的安全距离。电缆隧道不宜与热力管道、燃气管道近距离平行建设。在靠近加油站建设时，电缆隧道外沿距三级加油站地下直埋式油罐的安全距离不应小于 5 m，距离二级加油站地下直埋式油罐的安全距离不应小于 12 m。

当电缆隧道位于机动车道或城市主干道下时，检查井不宜设在主路机动车道上。设置在绿化带下面时，在绿化带上所留的孔出口处高度应高于绿化带地面，且不小于 300 mm。

电缆隧道之间及其与建（构）筑物之间的最小水平净距应符合 GB50289—2016《城市工程管线综合规划规范》的规定。当受道路宽度、断面以及现状工程管线位置等因素限制难以满足要求时，可根据实际情况采取安全措施后减少其最小水平净距。一般来说，明开现浇电缆隧道覆土深度不应小于 2 m，暗挖电缆隧道覆土深度应在 6～15 m 之间。

2. 电缆隧道主要技术要求

独立电缆隧道长度在 500 m 以内时，应在隧道一端设一个出入口；当隧道长度超过 500 m 但在 1000 m 以内时，应在隧道两端设两个出入口；电缆隧道长度超过 1000 m 时，应在隧道两端以及中间每隔 1000 m 适当位置设立出入口。电缆隧道出入口应设在变电站、电缆终端站以及市政规划道路人行步道或绿地内。出入口下方建电缆竖井，竖井内设旋转式楼梯或折梯供上下使用，电缆竖井内径不小于 0.53 m，电缆竖井高度超过 3 m 时，应每隔 3 m 左右设休息平台。电缆隧道出入口位于变电站或终端站内时，出入口上方应建独立的出入及控制房。出入口位于市政规划路步道或绿地内时，电力竖井上端条件允许时应建出入控制房，条件不允许时也可建设隧道应急井。应急井出口不小于 2.0 m×2.0 m，应急井盖板与地面平齐且与周围环境相适应。应急井盖板应符合地面承载要求，密封良好不渗漏水，有良好的耐候性，且能方便开启。

电缆隧道三通、四通、转弯井以及两出入口中间直线段每 500 m 位置处应设置电缆竖井，电缆竖井中，应有供人上下的活动空间，一般情况下电缆竖井内径不应小于 5.3 m。电缆竖井高度未超过 3 m 时，可设固定式爬梯且活动空间不应小于 800 mm×800 mm；电缆隧道竖井高度超过 3 m 时，应设楼梯，暗挖隧道竖井内设置旋梯，明开电缆隧道竖井内设置折梯。且每隔 3 m 左右设工作平台。电缆竖井内应安装电缆引上及固定爬件。

随输变电项目建设的电缆隧道，应根据电气设计，在适当位置设置接头井室；随新建市政规划道路建设的电缆隧道应适当预留接头井室。接头井室宽度应比隧道适当加大（一般应加大 800～1000 mm），井室高度应比隧道适当加高（一般加高 300～500 mm），井室长度和井室内空间尺寸应根据实际情况确定。接头井室内应设置灭火装置悬吊构件。

电缆隧道出入口以及隧道内应安装电源系统，电缆隧道内电源系统一般应满足以下要求：

（1）在电缆隧道出入口控制房或电缆隧道应急井内，安装防水防潮电源控制箱一台，作为电缆隧道照明和动力的总电源。

（2）控制箱应有可靠的漏电保护器，电源箱母线间设手动切投装置。

（3）由电源控制箱引出 2 路 220/380 V 交流电源通过竖井引入隧道，并在隧道内通长敷设。动力电源和照明电源在电缆隧道出入口、接头井室、电缆竖井以及隧道内，每隔 250 m 通风井处预留 1 个防水防潮耐腐蚀电源插座。

（4）每个电源控制箱的供电半径不大于 500 m。电线选型满足最大负荷电流及末端电压降要求，末端电压降应不大于 10%。

（5）电源线在隧道内应通长敷设于防火槽（或管）内，防火槽（或管）宜固定在电缆隧道顶板上，应采用防水、防潮、阻燃线材。

隧道内应安装照明系统，照明灯具应选用防水防潮节能灯。采用吸顶安装，安装间距不大于 10 m。照明应采用分段控制，分段间距一般为 250 m。灯具同时开启一般不超过三段。

电缆隧道通风一般采取自然通风和机械通风相结合的原则。对于 10 kV 配网电缆隧道，应以自然通风为主。自然通风的要求是：当电缆隧道长度超过 100 m 但在 300 m 以内时，应在隧道两端设立通风井及进风通风亭和出风通风亭各一座；隧道长度超过 300 m 的，应在电缆隧道出入口、电力竖井及中间每隔 250 m 适当位置设立通风井，在电缆隧道出入口、电力竖井、通风井上依次设立进风通风亭和出风通风亭，通风亭通风管内径应不小于 800 mm。

对于 110 kV 及以上主网电缆隧道，在自然通风的基础上应安装机械通风设备。当电缆隧道长度超过 100 m 但在 300 m 以内时，应在电缆隧道的一端出入口处通风亭内安装混流风机一台；当隧道长度超过 300 m 时，应在电缆隧道出入口、竖井以及每隔 250 m 通风井上的通风亭内依次安装功率不小于 4 kW 进风混流风机和出风混流风机。电缆隧道内风速不小于 2 m/s，隧道内换气不小于每小时 2 次。

电缆隧道内机械通风分区长度应根据计算确定。在每个电缆隧道出入口控制室或电缆隧道应急井内应安装向隧道左右两个方向的风机电源箱，由控制室或应急井内安装的电源控制箱内各引出两路 380 V 交流电源至风机电源箱。风机电源箱应能控制一个通风分区内的风机的启动。

电缆隧道应设置有效排水系统。通常隧道纵向排水坡度不小于 0.5%，隧道底部设置泄水边沟，分段设置积水井和自动抽水装置。当积水井内水位达到设计高度时，自动抽水系统启动，将水排入市政管网，水位降低到设计水位之下后，水泵停止工作。

3. 电缆隧道的防火要求

电缆隧道的防火应根据工程实际需要具体设计。通常来说，电缆隧道每隔 200 m 需要设置防火隔离，电缆隧道内的通信、照明、动力电缆均要求采用阻燃电缆或耐火电缆，并敷设在防火槽内。隧道内支架采用钢制支架。

电缆隧道可根据实际需要设置消防报警系统和自动灭火系统。消防报警系统通过分布式测温光纤、感温电缆测量隧道温度，通过烟感传感器探测隧道内烟雾浓度。当出现异常情况时，系统会发出声光、短信等报警信号，并启动或关闭通风系统，启动自动喷淋系统等。

电力隧道防火，首先是杜绝火源，可以采用隧道井盖监控、视频监控等手段防止外来火源，通过加强对隧道内的电缆线路监测和检测，消除电缆自身故障引起的火源。其次是掌握现场的温度情况，及时消除隐患。通过安装光纤测温系统及时掌握设备及隧道内环境温度。最后是采取隔离方法自熄，可以采用阻燃电缆、绕包防火包带、设置防火隔离等措施。对于喷淋灭火系统、泡沫灭火系统、雾化灭火系统、气体灭火系统，由于安装、运行维护成本过大，设备有效期短等原因，应视实际工程需要选用。

本章思考题

1. 电力电缆按绝缘材料和结构分为哪几类？
2. 电力电缆按电压等级分为哪几类？
3. 电力电缆的基本结构包括什么？
4. 简述电力电缆屏蔽层的作用。
5. 简述电力电缆沟支架的具体要求。
6. 简述电力电缆排管工井的设置要求。
7. 简述电力电缆隧道通风、防火的具体要求。

本章小结

本章主要介绍了电力电缆基本知识，包括电力电缆的种类及命名、电力电缆的结构和性能、电力电缆构筑物等内容。

第二章 电力电缆敷设、安装与工程验收

2.1 施工方案及作业指导书编制

2.1.1 施工方案的编制

电缆工程施工方案是电缆工程的指导性文件，对确保工程的组织管理、工程质量和施工安全有重要意义。

一、编制依据

施工方案根据工程设计施工图、工程验收所依据的行业或企业标准、施工合同或协议、电缆和附件制造厂提供的技术文件以及设计交底会议纪要等编制。

二、施工方案主要内容

施工方案主要包括工程概况、施工组织措施、安全生产保证措施、文明施工要求和具体措施、工程质量计划、主要施工设备、器械和材料清单等项目。

三、施工方案具体内容

1. 工程概况

（1）工程名称、性质和账号。

（2）工程建设和设计单位。

（3）电缆线路名称、敷设长度和走向。

（4）电缆和附件规格型号、制造厂家。

（5）电缆敷设方式和附属土建设施结构（如隧道或排管断面、长度）。

（6）电缆金属护套和屏蔽层接地方式。

（7）竣工试验项目和试验标准。

（8）计划工期和形象进度。

2. 施工组织措施

施工组织机构包括项目经理、技术负责人、敷设和接头负责人、现场安全员、质量员、资料员以及分包单位名称等。

3．安全生产保证措施

安全生产保证措施包括一般安全措施和特殊安全措施、防火措施等。

4．文明施工要求和具体措施

在城市道路安装电缆，要求做到全封闭施工，应有确保施工路段车辆和行人通行方便的措施。施工现场应设置施工标牌，以便接受社会监督。工程完工应及时清理施工临时设施和余土，做到工完料净场地清。

5．工程质量计划

工程质量计划包括质量目标、影响工程质量的关键部位和必须采取的保证措施，以及质量监控要求等。

6．主要施工设备、器械和材料清单

主要施工设备、器械和材料清单包括电缆敷设分盘长度和各段配盘方案，终端、接头型号及数量，敷设、接头、试验主要设备和器具。

四、220 kV 电缆工程施工方案示例

（一）工程概况

1．工程名称、性质和账号

（1）工程名称：××220 kV 线路工程。

（2）工程性质：网改工程。

（3）工程账号：××××××。

2．工程建设和设计单位

（1）建设单位：××公司。

（2）设计单位：××设计院。

3．电缆线路名称、敷设长度和走向

（1）电缆线路名称：××线。

（2）敷设长度：新设电缆路径总长为××m。

（3）电缆线路走向：新设电缆路径总体走向是沿××道的便道向东敷设。

（4）电缆、附件规格型号及制造厂家：本工程采用××电缆有限公司生产的型号为 YJLW02-127/220-1×2500 mm² 的电力电缆，电缆附件均为电缆厂家配套提供。

（5）电缆敷设方式和附属土建设施结构：电缆敷设选择人力和机械混合敷设电缆的方法。

（6）电缆金属护套和屏蔽层接地方式：××线电缆分为 5 段，其中××侧 3 段电缆形成一个完整交叉互联系统，××侧的 2 段电缆分别做一端直接接地，另一端保护接地。

（7）竣工试验项目和标准：竣工试验项目和试验标准按照国家现行施工验收规范和交接试验标准执行。

（8）计划工期和形象进度：本工程全线工期××天，且均为连续工作日。

（二）施工组织措施

项目经理：×××。

技术负责人：×××。

电缆敷设项目负责人：×××。

附件安装项目负责人：×××。

现场安全负责人：×××。

环境管理负责人：×××。

施工质量负责人：×××。

材料供应负责人：×××。

机具供应负责人：×××。

资料员：×××。

分包单位名称：×××。

（三）安全生产保证措施

1. 一般安全措施

（1）全体施工人员必须严格遵守电力建设安全工作规程和电力建设安全施工管理规定。

（2）开工前对施工人员及民工进行技术和安全交底。

（3）使用搅拌机工作时，进料斗下不得站人；料斗检修时，应挂上保险链条。

（4）材料运输应由指定专人负责，配合司机勘察道路，做到安全行车。

（5）施工现场木模板应随时清理，防止朝天钉扎脚。

（6）严格按照钢筋混凝土工程施工及验收规范进行施工。

（7）严格按照本工程施工设计图纸进行施工。

（8）全体施工人员进入施工现场必须正确佩戴个人防护用具。

（9）现场使用的水泵、照明等临时电源必须加装漏电保护器，电源的拆接必须由电工担任。

2. 特殊安全措施

（1）电缆沟开挖。电缆沟的开挖应严格按设计给定路径进行，遇有难以解决的障碍物时，应及时与有关部门沟通，商讨处理方案。

沟槽开挖施工中要做好围挡措施，并在电缆沟沿线安装照明、警示灯具。

电缆沟槽开挖时，沟内施工人员之间应保持一定距离，防止碰伤；沟边余物应及时清理，防止回落伤人。

电缆沟开挖后，在缆沟两侧应设置护栏及布标等警示标志，在路口及通道口搭设便桥供行人通过。夜间应在缆沟两侧装红灯泡及警示灯，夜间破路施工应符合交通部门的规定，在被挖掘的道路口设警示灯，并设专人维持交通秩序。道路开挖后应及时清运余土、回填或加盖铁板，保证道路畅通。

（2）电缆排管及过道管的敷设。电力管的装卸采用吊车或大绳溜放，注意溜放的前方不得有人。管子应放在凹凸少的较平坦的地方保管，管子堆放采用井字形叠法或单根依次摆放法，而且要用楔子、桩和缆绳等加固，防止管子散捆。沟内有水时应有可靠的防触电措施。

（3）现浇电缆沟槽的制作及盖板的敷设。沟槽、盖板的吊装采用吊车，施工时注意吊臂的回转半径与建筑物、电力线路间满足安全距离规定。吊装作业有专人指挥，吊件下不得站人，夜间施工有足够的照明。运输过程不得超载，沟槽不得超过汽车护栏。

（4）电缆敷设。电缆运输前应查看缆轴情况，应派专人查看道路。严格按照布缆方案放置缆轴。电缆轴的支架应牢固可靠，缆轴两端应调平，防止展放时缆轴向一侧倾斜。电缆轴支架距缆沟应不小于 2 m，防止缆沟塌方。电缆进过道管口应通过喇叭口或垫软木，以防止电缆损伤。在进管口处不得用手触摸电缆，以防挤手。

（5）电缆接头制作及交接试验。电缆接头制作必须严格按照电缆接头施工工艺进行施工，做好安装记录。冬雨季施工应做好防冻、防雨、防潮及防尘措施。电缆接头制作前必须认真核对相色。电缆接头完成后，按照电力电缆交接试验规程规定的项目和标准进行试验，及时、准确地填写试验报告。

3．防火措施

施工及生活中使用电气焊、喷灯、煤气等明火作业时，施工现场要配备消防器材。工作完工后工作人员要确认无火种遗留后方可离去。进入严禁动用明火作业场所时，要按规定办理明火作业票，并设安全监护人。

（四）文明施工要求和具体措施

1．工程开工前办理各种施工赔偿协议，与施工现场所在地人员意见有分歧时，应根据有关文件、标准，协商解决。

2．施工中合理组织，精心施工减少绿地赔偿，尽量减少对周围环境的破坏，减少施工占地。

3．现场工具及材料码放整齐，完工后做到工完、料净、场地清。

4．现场施工人员统一着装，佩戴胸卡。

5．加强对民工、合同工的文明施工管理，在签订劳务合同时增加遵守现场文明施工管理条款。

6．各工地现场均设立文明施工监督巡视岗，负责督促落实文明施工标准的执行。

7．现场施工期间严禁饮酒，一经发现按有关规定处理。

8．在施工现场及驻地，制作标志牌、橱窗等设施，加大文明施工和创建文明工地的宣传力度。

（五）工程质量计划

1. 质量目标

1）质量事故 0 次。

2）工程本体质量一次交验合格率 100％。

3）工程一次试发成功。

4）竣工资料按时移交，准确率 100％，归档率 100％。

5）不合格品处置率 100％。

6）因施工质量问题需停电处理引起的顾客投诉 0 次。

7）顾客投诉处理及时率 100％。

8）顾客要求的创优工程响应率 100％。

2. 关键部位的保证措施

（1）电缆敷设施工质量控制准备工作环节

1）检查施工机具是否齐备，包括放缆机、滑车、牵引绳及其他必需设备等。

2）确定好临时电源：本工程临时电源为外接电源和自备发电机。

3）施工前现场施工负责人及有关施工人员进行现场调查工作。

4）检查现场情况是否与施工图纸一致，施工前对于已完工可以敷设电缆的隧道段核实实长和井位，并逐一编号，在拐弯处要注意弯曲半径是否符合设计要求，有无设计要求的电缆放置位置。

5）检查已完工可以敷设电缆的土建工程是否满足设计要求和规程要求且具备敷设条件。

6）检查隧道内有无积水和其他妨碍施工的物品并及时处理，检查隧道有无杂物、积水等，注意清除石子等能损坏电缆的杂物。

7）依照设计要求，在隧道内和引上部分标明每条电缆的位置、相位。

8）根据敷设电缆分段长度选定放线点，电缆搭接必须在直线部位，尽量避开积水潮湿地段。

9）电缆盘护板严禁在运到施工现场前拆除。电缆盘拖车要停在接近入线井口的地势平坦处，高空无障碍，如现场条件有限，可适当调整电缆盘距入井口的距离，找准水平，并对正井口，钢轴的强度和长度与电缆盘重量和宽度相配合，并防止倒盘。

10）电缆敷设前核实电缆型号、盘号、盘长及分段长度，必须检查线盘外观有无破损及电缆有无破损，及时粘贴检验状态标识，发现破损应保护现场，并立即将破损情况报告有关部门。

11）在无照明的隧道，每台放缆机要保证有一盏手把灯。

12）隧道内所有拐点和电缆的入井处必须安装特制的电缆滑车，要求滑轮齐全，所有滑车的入口和出口处不得有尖锐棱角，不得刮伤电缆外护套。

13）摆放好放缆机，大拐弯及转角滑车用胀管螺栓与步道固定。

14）隧道内在每个大拐弯滑车电缆牵引侧10 m内放置一台放缆机。

15）敷设电缆的动力线截面>25 mm²。

（2）电缆敷设施工质量控制电缆敷设环节

1）对参与放线的有关人员进行一次技术交底，尤其是看守放缆机的工作人员，保证专人看守。

2）电缆盘要安装有效刹车装置，并将电缆内头固定，在电话畅通后方可空载试车，敷设电缆过程中，必须要保持电话畅通，如果失去联系立即停车，电话畅通后方可继续敷设，放线指挥要由工作经验丰富的人员担任，听从统一指挥。线盘设专人看守，有问题及时停止转动，进行处理，并向有关负责人进行汇报，当电缆盘上剩约2圈电缆时，立即停车，在电缆尾端捆好绳，由人牵引缓慢放入井口，严禁线尾自由落下，防止摔坏电缆和弯曲半径过小。

3）本工程要求敷设时电缆的弯曲半径不小于2.6 m。

4）切断电缆后，立即采取措施密封端部，防止受潮，敷设电缆后检查电缆封头是否密封完好，有问题及时处理。

5）电缆敷设时，电缆从盘的上端引出，沿线码放滑车，不要使电缆在支架上及地面摩擦拖拉，避免损坏外护套，如严重损伤，必须按规定方法及时修补，电缆不得有压扁、绞拧、护层开裂等未消除的机械损伤。

6）敷设过程中，如果电缆出现余度，立即停车将余度拉直后方可继续敷设，防止电缆弯曲半径过小或撞坏电缆。

7）在所有复杂地段、拐弯处要配备一名有经验的工作人员进行巡查，检查电缆有无刮伤和余度情况，发现问题要及时停车解决。

8）电缆穿管或穿孔时设专人监护，防止划伤电缆。

9）电缆就位要轻放，严禁磕碰支架端部和其他尖锐硬物。

10）电缆转蛇形弯时，严禁用有尖锐棱角铁器撬电缆，可用手扳弯，再用木块（或拿弯器）支或用圆抱箍固定，电缆蛇形敷设按照设计要求执行。

11）电缆就位后，按设计要求固定、绑绳，支点间的距离符合设计规定，卡具牢固、美观。

12）电缆进入隧道、建筑物以及穿入管子时，出入口封闭，管口密封，本工程两侧站内夹层与隧道接口处均需使用橡胶阻水法兰封堵。

13）在电缆终端处依据设计要求留裕度。

14）敷设工作结束后，对隧道进行彻底清扫，清除所有杂物和步道上的胀管螺栓。

15）移动和运输放缆机要用专用运输车，移动放缆机、滑车时注意不得挂碰周围电缆。

16）现场质量负责人定期组织有关人员对每一段敷设完的电缆质量进行检查验收，发现问题及时处理。

17）及时填写施工记录和有关监理资料。

（3）电缆附件安装的施工质量控制附件安装准备工作环节

1）接头图纸及工艺说明经审核后方可使用。

2）湿度大于70%的条件下，无措施禁止进行电缆附件安装。

3）清除接头区域内的污水及杂物，保持接头环境的清洁。

4）每个中间接头处要求有不少于两个150W防爆照明灯。

5）终端接头区域在不满足接头条件或现场环境复杂的情况下，进行围挡隔离，以保证接头质量。

6）对电缆外护套按要求进行耐压试验，发现击穿点要及时修补，并详细记录所在位置及相位，外护套试验合格后方可进行接头工作。

7）电缆接头前按设计要求加工并安装好接头固定支架，支架接地良好。

8）组织接头人员进行接头技术交底，技术人员了解设计原理、所用材料的参数及零配件的检验方法，熟练掌握附件的制作安装工艺及技术要求；施工人员熟悉接头工艺要求，掌握所用材料及零配件的使用和安装方法，掌握接头操作方法。

9）在接头工作开始前，清点接头料，开箱检查时报请监理工程师共同检验，及时填写检查记录并上报，发现与接头工艺不相符时及时上报。

10）在安装终端和接头前，必须对端部一段电缆进行加热校直和消除电缆内应力，避免电缆投运后因绝缘热收缩而导致的尺寸变化。

（4）电缆敷设施工质量控制制作安装环节

1）接头工作要严格执行厂家工艺要求及有关工艺规程，不得擅自更改。

2）安装交叉互联箱、接地箱时要严格执行设计要求及有关工艺要求。

3）施工现场的施工人员对施工安装的成品质量负责，施工后对安装的成品进行自检、互检后填写施工记录，并由施工人员在记录上签字，自检、互检中发现的问题立即处理，不合格不能进行下一道工序。

4）施工中要及时填写施工记录，记录内容做到准确真实。

5）质检员随时审核施工记录。

6）每相中间接头要求在负荷侧缠相色带，相色牌拴在接头的电源侧，线路铭牌拴在B相电缆接头上。

7）所有接头工作结束后，及时按电缆规程要求挂线路铭牌、相色牌。

2.1.2　电力电缆作业指导书的编制

一、电力电缆作业指导书编制依据

（1）法律、法规、规程、标准、设备说明书。

（2）缺陷管理、反措要求、技术监督等企业管理规定和文件。

二、电力电缆作业指导书的结构

电缆作业指导书由封面、范围、引用文件、工作前准备、作业程序、消缺记录、验收总结、指导书执行情况评估八项内容组成。

三、电力电缆作业指导书的内容

（一）封面

封面包括作业名称、编号、编写人及时间、审核人及时间、批准人及时间、编写单位六项内容。

（1）作业名称：包括电压等级、线路名称、具体作业的杆塔号、作业内容。

（2）编号：应具有唯一性和可追溯性，由各单位自行规定，编号位于封面右上角。

（3）编写、审核、批准：单一作业及综合、大型的常规作业由班组技术人员负责编制，二级单位生产专业技术人员及安监人员审核，二级单位主管生产领导批准；大型复杂、危险性较大、不常进行的作业，其"作业指导书"的编制应涵盖"三措"的所有内容，由生产管理人员负责编制，本单位主管部门审核，由主管领导批准签发。

（4）作业负责人：为本次作业的工作负责人，负责组织执行作业指导书，对作业的安全、质量负责，在指导书负责人一栏内签名。

（5）作业时间：现场作业计划工作时间，应与作业票中计划工作时间一致。

（6）编写单位：填写本指导书的编写单位全称。

（二）范围

范围指作业指导书的使用效力，如"本指导书适用于××kV××线电缆检修工作"。

（三）引用文件

明确编写作业指导书所引用的法规、规程、标准、设备说明书及企业管理规定和文件（按标准格式列出）。例如：

GB 50168—2018《电气装置安装工程电缆线路施工及验收标准》

DL/T 1253—2013《电力电缆线路运行规程》

《国家电网公司电力安全工作规程（变电部分）》

《国家电网公司电力安全工作规程（线路部分）》

DL/T 5221—2016《城市电力电缆线路设计技术规定》

GB 50217—2018《电力工程电缆设计标准》

（四）工作前准备

工作前准备包括准备工作安排、现场作业示意图、危险点分析及安全措施、工器具和材料准备。

1. 准备工作安排

1）现场勘察。

2）召开班前会。

3）明确工作任务，确定作业人员及其分工。

4）确定工作方法。

5）审核并签发工作票。

具体格式见表 2-1。

表 2-1　工作前准备

序号	内容	标准	责任人	备注
1	开工前，由设备管理部报工作计划。	根据工作任务和设备情况制定组织措施和技术措施。		
2	工作前填写工作票，提交相关停电申请。	工作票的填写应按照《国家电网公司电力安全工作规程（线路部分）》进行。		

2. 现场作业示意图

现场作业示意图应包括作业地段、邻近带电部位、挂接地线的位置、围栏的设置等。现场作业示意图的绘制可采用计算机绘制，亦可用手工绘制。图中邻近带电线路、有电部位应用红笔标示。

3. 危险点分析及安全控制措施

（1）危险点分析

1）线路区域的特点：如交叉跨越、邻近平行、带电、高空等可能给作业人员带来的危险因素。

2）操作中使用的起重设备（吊车、人工或电动绞磨）、工具等可能给工作人员带来的危害或设备异常。

3）操作方法失误等可能给工作人员带来的危害或设备异常。

4）作业人员身体状况不适、思想波动、不安全行为、技术水平能力不足等可能带来的危害或设备异常。

5）其他可能给作业人员带来危害或造成设备异常的不安全因素。

（2）控制措施

应针对危险点采取可靠的安全措施。作业危险点分析及安全控制措施格式见表 2-2。

表 2-2　作业危险点分析及安全控制措施

序号	危险点	安全控制措施	备注
1	挂接地线前，没有使用合格相应电压等级验电器验电及绝缘手套，强行盲目挂地线伤人。	使用合格验电器验电，确认无电后再挂接地线。	
2	切断电缆时，未执行停电切改安全规定而盲目切断电缆。	在切断电缆之前要核对图纸，并用选线仪鉴别出已停电的待检修电缆。持钎人应使用带地线的木柄钎子，并站在绝缘垫上和戴绝缘手套，砸锤人禁止戴手套。	

4. 工器具和材料准备

工器具、材料包括作业所需的专用工具、一般工器具、仪器仪表、电源设施，以及装置性材料、消耗性材料等。具体格式见表 2-3。

表 2-3　工器具、材料

序号	名称	规格	单位	数量	备注
1	单臂葫芦	0.5 t	把	6	
2	砂布	180 号/240 号	张	2/2	

（五）作业阶段

作业阶段包括作业开工，作业内容、步骤及工艺标准，作业结束三项内容。

（1）作业开工。

1）办理工作许可手续。

2）宣读工作票。

3）布置辅助安全措施。

作业开工具体格式见表 2-4。

表 2-4 作业开工

序号	内容	标准	备注
1	布置工作任务，进行安全交底。	工作负责人向所有工作人员详细交代作业任务、安全措施和注意事项，作业人员签字确认。	

（2）作业内容、步骤及工艺标准。明确作业内容、作业步骤、工艺标准、依据、数据、责任人签名等，作业完工后每项工作的责任人在"责任人签名"一栏中签名。具体格式见表 2-5。

表 2-5　作业内容、步骤及工艺标准

序号	检修内容	工艺标准	检修结果	责任人签名
1	电缆终端头检查	接头接触应良好，螺栓压接紧固，无过热、烧伤痕迹。更换锈蚀严重的螺栓；检查电缆头有无渗油现象，清扫电缆头套管表面积灰、油垢及涂 RTV 涂料。		
2	电缆接地线检查	接地线应完整、无烧痕、无锈蚀，接地线与接地极直接相连，且接触良好。		

注"检修结果""责任人签名"栏由责任人在检修工作中或检修结束后填写。

（3）作业结束。规定工作结束后的注意事项，如清理工作现场工具、材料，清点人数，接地线确已拆除，办理工作终结手续，恢复送电，设备检查，人员撤离工作现场等。具体格式见表 2-6。

表 2-6　作业竣工

序号	内容	负责人签名
1	清理工作现场，将工器具全部收拢并清点，废弃物按相关规定处理，材料及备品备件回收清点。	
2	会同运行人员对现场安全措施及检修设备进行检查，要求恢复至工作许可状态。	

（六）消缺记录

记录检修过程中所消除的缺陷，具体格式见表 2-7。

表 2-7　消缺记录

序号	缺陷内容	消除人员签字
1		
2		

（七）验收总结

（1）记录检修结果，对检修质量做出整体评价；

（2）记录存在问题及处理意见。

具体格式见表2-8。

表 2-8　验收总结

负责人		施工人员				施工性质	故障检修/新设/切改
原有电缆型号		原有电缆厂家		新添电缆型号		新添电缆厂家	
接头型号		附件厂家		气象资料	天气：　　　温度：　　　湿度：		
检修记事、存在的问题、处理意见							
缺陷消除情况							
					运行员验收意见、签字		

（八）指导书执行情况评估

1）对指导书的符合性、可操作性进行评价；

2）对不可操作项、修改项、遗漏项、存在问题做出统计；

3）提出改进意见。

具体格式见表2-9。

表 2-9　执行情况评估

评估内容	符合性	优		可操作项	
		良		不可操作项	
	可操作性	优		修改项	
		良		遗漏项	
存在问题					
改进意见					

四、电力电缆作业指导书编制的方法及要求

（1）体现对现场作业的全过程控制，体现对设备及人员行为的全过程管理，包括设备验收、运行检修、缺陷管理、技术监督、反措和人员行为要求等内容。

（2）现场作业指导书的编制应依据生产计划。生产计划的制订应根据现场运行设

备的状态，如缺陷异常、反措要求、技术监督等内容，应实行刚性管理，变更应严格履行审批手续。

（3）应在作业前编制，注重策划和设计，量化、细化、标准化每项作业内容。做到作业有程序、安全有措施、质量有标准、考核有依据。

（4）针对现场实际，进行危险点分析，制定相应的防范措施。

（5）应分工明确，责任到人，编写、审核、批准和执行应签字齐全。

（6）围绕安全、质量两条主线，实现安全与质量的综合控制。优化作业方案，提高效率、降低成本。

（7）一项作业任务编制一份作业指导书。

（8）应规定保证本项作业安全和质量的技术措施、组织措施、工序及验收内容。

（9）以人为本，贯彻安全生产健康环境质量管理体系的要求。

（10）概念清楚、表达准确、文字简练、格式统一。

（11）应结合现场实际，由专业技术人员编写，由相应的主管部门审批。

2.2 电力电缆及附件的储运和验收

2.2.1 电力电缆及附件的运输、储存

一、电力电缆及附件的储存

1. 电缆的存放与保管

（1）存放电缆的仓库地面应平整，干燥、通风。仓库中应划分成若干标有编号的间隔，并备有必要的消防设备。

（2）电缆应尽量避免露天存放。如果是临时露天存放，为避免电缆老化，在电缆盘上应设遮棚。

（3）电缆应集中分类存放。电缆盘之间应有通道，应避免电缆盘锈蚀，损坏电缆，存放处地基应坚实，存放处不得积水。

（4）电缆盘不得平卧放置。

（5）电缆盘上应有盘号、制造厂名称、电缆型号、额定电压、芯数及标称截面、装盘长度、毛重、可以识别电缆盘正确旋转方向的箭头、标注标记和生产日期。

（6）电缆在保管期间应每3个月进行一次检查。

（7）保管人员应定期巡视，发现有渗漏等异常情况应及时处理。

（8）电缆在保管期间，有可能出现电缆盘变形、盘上标志模糊、电缆封端渗漏、钢铠锈蚀等。如发生此类现象，应视其发生缺陷的部位和程度及时处理并做好记录，以保证电缆质量完好。

（9）充油电缆盘上保压压力箱阀门必须处于开启状态，应注意气温升降引起的油

压变化，保压压力箱的油压不能低于 0.05 MPa。油压下降时，应及时采取措施。

（10）对充油电缆，由于其充油的特殊性，在检查时，应记录油压、环境温度和封端情况，有条件时可加装油压报警装置，以便及时发现漏油。由于在处理前对其滚动会使空气和水分在电缆内部窜动，给处理带来麻烦，所以在未处理前严禁滚动。

2. 电缆附件的存放与保管

（1）电缆终端套管储存时，应有防止机械损伤的措施。

（2）电缆附件绝缘材料的防潮包装应密封良好，并按材料性能和保管要求储存和保管（存放有机材料的绝缘部件、绝缘材料的室内温度应不超过供货商的规定）。

（3）电缆及其附件在安装前的保管，其保管期限应符合厂家要求。当需长期保管时，应符合设备保管的专门规定。

（4）电缆终端和中间接头的附件应当分类存放。为了防止绝缘附件和材料受潮、变质，除瓷套等在室外存放不会产生受潮、变质的材料外，其余必须存放在干燥、通风、有防火措施的室内。终端用的套管等易受外部机械损伤的绝缘件，无论存放于室内还是室外，尤其是大型瓷套，均应放于原包装箱内，用泡沫塑料、草袋、木料等围遮包牢。

（5）电缆终端头和接头浸于油中部件、材料都应采用防潮包装，并应存放在干燥的室内保存，以防止储运过程中密封破坏而受潮。

3. 其他附属设备和材料的存放与保管

其他附属设备和材料主要包括接地箱和交叉互联箱、防火材料、电缆支架、桥架、金具等。

（1）接地箱、交叉互联箱要存放于室内。对没有进出线口封堵的，要增加临时封堵，并在箱内放置防潮剂。

（2）防火涂料、包带、堵料等防火材料，应严格按照制造厂商的保管要求进行保管存放，以免材料失效、报废。

（3）电缆支架、桥架应分类存放保管，装卸时应轻拿轻放，以防变形和损伤防腐层。

（4）存放电缆金具时，应注意不要损坏金具的包装箱。

二、电力电缆及附件运输的要求和注意事项

1. 电缆的运输要求及注意事项

（1）除大长度海底电缆外，电缆应绕在盘上运输。长距离运输时，电缆盘应有牢固的封板。电缆盘在运输车上必须可靠固定，防止电缆盘强烈振动、移位、滚动、相互碰撞或翻倒。不允许将电缆盘平放运输。对较短电缆，在确保电缆不会损坏的情况下，可以按照电缆允许弯曲半径盘成圈或 8 字形，并至少在 4 处捆紧后搬运。

（2）应使用吊车装运电缆盘，不得将几盘电缆同时起吊。除有起吊环之外，装卸时要用盘轴，将起吊钢丝绳套在轴的两端。严禁将钢丝绳直接穿在电缆盘中心孔起吊（防止挤压电缆盘、电缆，钢丝绳损伤）。不允许将电缆盘从装卸车上推下。在施工工地，允许在短距离内滚动电缆盘。滚动电缆盘应顺着电缆绕紧的方向，如果反方向滚动，可能使盘上绕的电缆松散开。

（3）充油电缆在运输途中，必须有托架、枕木、钢丝绳加以固定，并应有人随车监护。电缆端头必须固定好，随车人员要经常察看油管路和压力表，确认保压压力箱阀门处于开启状态，充油电缆不得发生失压进气，如果发生电缆铅包开裂、油管路渗油等异常情况，必须及时进行处理。

（4）铁路运输时需采用凹型车皮，使其高度降低。公路运输时如果有高度限制，可采用平板拖车运输。一般盘顺放，横放直径超宽，如小盘固定牢固也可横放。

（5）搬移和运输电缆盘前，应检查电缆盘是否完好，若不能满足运输要求应先过盘。电缆盘装卸时，应使用吊车和跳板。

（6）钢丝绳使用注意事项。

1）钢丝绳的使用应按照制造厂家技术规范的规定进行。

2）钢丝绳在使用前必须仔细检查，所承受的荷重不准超过规定。

3）钢丝绳有下列情况之一者，应报废、换新或截除：

a）钢丝绳中有断股者应报废。

b）钢丝绳的钢丝磨损或腐蚀达到原来钢丝绳直径的40％时，或钢丝绳受过严重火灾或局部电火烧过时，应予报废。

c）钢丝绳压扁变形及表面起毛刺严重者应换新。

d）钢丝绳受冲击负荷后，该段钢丝绳比原来的长度延长达到或超过0.5％者，应将该段钢丝绳截除。

e）钢丝绳在使用中断丝增加很快时应予换新。

4）环绳或双头绳结合段长度不应小于钢丝绳直径的20倍，且最短不应小于300 mm。

5）当用钢丝绳起吊有棱角的重物时，必须垫以麻袋或木板等物，以避免物体尖锐边缘割伤绳索。

（7）起重工作安全注意事项：

1）起重工作应由有经验的人统一指挥，指挥信号应简明、统一、畅通，分工应明确。参加起重工作的人员应熟悉起重搬运方案和安全措施。

2）起重机械，如绞磨、汽车吊、卷扬机、手摇绞车等，应安置平稳牢固，并应设有制动和逆止装置。制动装置失灵或不灵敏的起重机械禁止使用。

3）起重机械和起重工具的工作荷重应有铭牌规定，使用时不得超出。流动式起重机工作前，应按说明书的要求平整停机场地，牢固可靠地打好支腿。电动卷扬机应可靠接地。

4）起吊物体应绑牢，物体若有棱角或特别光滑的部分时，在棱角和滑面与绳子接触处应加以包垫。

5）吊钩应有防止脱钩的保险装置。使用开门滑车时，应将开门勾环扣紧，防止绳索自动跑出。

6）当重物吊离地面后，工作负责人应再检查各受力部分和被吊物品，无异常情况后方可正式起吊。

7）在起吊、牵引过程中，受力钢丝绳的周围、上下方、内角侧和起吊物的下面，严禁有人逗留和通过。吊运重物不得从人头顶通过，吊臂下严禁站人。

8）起重钢丝绳的安全系数应符合下列规定：用于固定起重设备为3.5；用于人力起重为4.5；用于机动起重为5～6；用于绑扎起重物为10；用于供人升降用为14。

9）起重工作时，臂架、吊具、辅具、钢丝绳及重物等与带电体的最小安全距离不得小于表2-10的规定。

表2-10 起重机械与带电体的最小安全距离

线路电压/kV	<1	1～20	35～110	220	330	500
与线路最大风偏时的安全跑离/m	1.5	2	4	6	7	8.5

10）复杂道路、大件运输前应组织对道路进行勘察，并向司乘人员交底。

2. 电缆附件的运输要求和注意事项

电缆附件的运输应符合产品标准的要求，装运时必须了解有关产品的规定，避免强烈振动、倾倒、受潮、腐蚀，确保不损坏箱体外表面及箱内部件。要考虑天气、运输过程各种因素的影响，箱体固定牢靠，对终端套管要采取可靠措施，确保安全。

2.2.2 电力电缆及附件的验收

电缆及电缆附件的验收是电缆线路施工前的重要工作，是保证电缆及电缆附件安装质量运行的第一步，因此，电缆及附件的验收试验标准均应服从国家标准和订货合同中的特殊约定。

一、电力电缆及附件的现场检查验收

1. 电缆的现场检查验收

（1）按照施工设计和订货合同，电缆的规格、型号和数量应相符。电缆的产品说明书、检验合格证应齐全。

（2）电缆盘及电缆应完好无损，充油电缆电缆盘上的附件应完好，压力箱的油压应正常，电缆应无漏油迹象。电缆端部应密封严密牢固。

（3）遥测电缆外护套绝缘。凡有聚氯乙烯或聚乙烯护套且护套外有石墨层的电缆，一般应用 2500 V 绝缘电阻表测量绝缘电阻，绝缘电阻应符合要求。

（4）电缆盘上盘号，制造厂名称，电缆型号、额定电压、芯数及标称截面，装盘长度，毛重，电缆盘正确旋转方向的箭头，标注标记和生产日期应齐全清晰。

2. 电缆附件的现场检查验收

（1）按照施工设计和订货合同，电缆附件的产品说明书、检验合格证、安装图纸应齐全。

（2）电缆附件应齐全、完好，型号、规格应与电缆类型（如电压、芯数、截面、护层结构）和环境要求一致，终端外绝缘应符合污秽等级要求。绝缘材料的防潮包装及密封应良好，绝缘材料不得受潮。

（3）橡胶预制件、热缩材料的内、外表面光滑，没有因材质或工艺不良引起的肉眼可见的斑痕、凹坑、裂纹等缺陷。

（4）导体连接杆和导体连接管表面应光滑、清洁，无损伤和毛刺。

（5）附件的密封金具应具有良好的组装密封性和配合性，不应有组装后造成泄漏的缺陷，如划伤、凹痕等。

（6）橡胶绝缘与半导电屏蔽的界面应结合良好，应无裂纹和剥离现象。半导电屏蔽应无明显杂质。

（7）环氧预制件和环氧套管内外表面应光滑，无明显杂质、气孔；绝缘与预埋金属嵌件结合良好，无裂纹、变形等异常情况。

二、电力电缆及附件的验收试验

1. 电缆例行试验

电缆例行试验又称为出厂试验，是制造厂为了证明电缆质量符合技术条件，发现制造过程中的偶然性缺陷，对所有制造电缆长度均进行的试验。电缆例行试验主要包括以下三项试验：

（1）交流电压试验。试验应在成盘电缆上进行。在室温下在导体和金属屏蔽之间施加交流电压，电压值与持续时间应符合相关标准规定，以不发生绝缘击穿为合格。

（2）局部放电试验。交联聚乙烯电缆应当 100% 进行局部放电试验，局部放电试验电压施加于电缆导体与绝缘屏蔽之间。通过局部放电试验可以检验出的制造缺陷有绝缘中存在杂质和气泡、导体屏蔽层不完善（如凸凹、断裂）、导体表面毛刺及外屏蔽损伤等。进行局部放电测量时，电压应平稳地升高到 1.2 倍试验电压，但时间应不超过 1 min。此后，缓慢地下降到规定的试验电压，此时即可测量局部放电量值，测得的指标应符合国家技术标准及订货技术标准。

（3）非金属外护套直流电压试验。如在订货时有要求，对非金属外护套应进行直流电压试验。在非金属外护套内金属层和外导电层之间（以内金属层为负极性）施加

25 kV 直流电压，保持 1 min，外护套应不击穿。

2. 电缆抽样试验

抽样试验是制造厂按照一定频度对成品电缆或取自成品电缆的试样进行的试验。抽样试验多数为破坏性试验，通过它验证电缆产品的关键性能是否符合标准要求。抽样试验包括电缆结构尺寸检查、导体直流电阻试验、电容试验和交联聚乙烯绝缘热延伸试验。

（1）电缆结构尺寸检查。对电缆结构尺寸进行检查，检查的内容包括：测量绝缘厚度，检查导体结构，检测外护层和金属护套厚度。

（2）导体直流电阻试验。导体直流电阻可在整盘电缆上或短段试样上进行测量。在成盘电缆上进行测量时，被试品置于室内至少 12 h 后再进行测试，如对导体温度是否与室温相符有疑问，可将试样置测试室内存放时间延至 24 h。如采用短段试样进行测量时，试样应置于温度控制箱内 1 h 后方可进行测量。导体直流电阻符合相关规定为合格。

（3）电容试验。在导体和金属屏蔽层之间测量电容，测量结果应不大于设计值的 8%。

（4）交联聚乙烯热延伸试验。热延伸试验用于检查交联聚乙烯绝缘的交联度。试验结果应符合相关标准。

电缆抽样试验应在每批统一型号及规格电缆中的一根制造长度电缆上进行，但数量应不超过合同中交货批制造盘数的 10%。如试验结果不符合标准规定的任一项试验要求，应在同一批电缆中取 2 个试样就不合格项目再进行试验。如果 2 个试样均合格，则该批电缆符合标准要求；如果 2 个试样中仍有一个不符合规定要求，进一步抽样和试验应由供需双方商定。

3. 电缆附件例行试验

（1）密封金具、瓷套或环氧套管的密封试验。试验装置应将密封金具、瓷套或环氧套管试品两端密封。制造厂可根据适用情况任选压力泄漏试验和真空漏增试验中的一种方法进行试验。

（2）预制橡胶绝缘件的局部放电试验。按照规定的试验电压进行局部放电试验，测得的结果应符合技术标准要求。

（3）预制橡胶绝缘件的电压试验。试验电压应在环境温度下使用工频交流电压进行，试验电压应逐渐地升到 $2.5U_0$，然后保持 30 min，试品应不击穿。

4. 电缆附件抽样试验

电缆附件验收，可按抽样试验对产品进行验收。抽样试验项目和程序如下：

（1）对于户内终端和接头进行 1 min 干态交流耐压试验，户外终端进行 1 min 淋雨交流耐压试验。

（2）常温局部放电试验。

（3）3 次不加电压只加电流的负荷循环试验。

（4）常温下局部放电试验。

（5）常温下冲击试验。

（6）15 min 直流耐压试验。

（7）4 h 交流耐压试验。

（8）带有浇灌绝缘剂盒体的终端头和接头进行密封试验和机械强度试验。

2.3 电力电缆敷设方式及要求

2.3.1 电力电缆的直埋敷设

电缆的直埋敷设，是指将电缆敷设于地下壕沟中，沿沟底和电缆上覆盖有软土层或砂，且设有保护板再埋齐地坪的敷设方式。典型的直埋敷设沟槽电缆布置断面图，如图 2-1 所示。

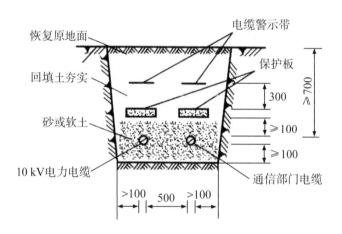

图 2-1 直埋敷设沟槽电缆布置断面图（单位：mm）

一、直埋敷设的特点

直埋敷设适用于电缆线路不太密集和交通不太繁忙的城市地下走廊，如市区人行道、公共绿化、建筑物边缘地带等。直埋敷设不需要大量的前期土建工程，施工周期较短，是一种比较经济的敷设方式。电缆埋设在土壤中，一般散热条件比较好，线路输送容量比较大。

直埋敷设较易遭受机械外力损坏和周围土壤的化学或电化学腐蚀，以及白蚁和老鼠危害。地下管网较多的地段，可能有熔化金属、高温液体和对电缆有腐蚀液体溢出的场所，待开发、有较频繁开挖的地方，不宜采用直埋。

直埋敷设法不宜敷设电压等级较高的电缆，通常 10 kV 及以下电压等级铠装电缆可直埋敷设于土壤中。

二、直埋敷设的施工方法

1. 直埋敷设作业前准备

根据敷设施工设计图选择的电缆路径，必须经城市规划部门确认。敷设前应申办电缆线路管线制执照、掘路执照和道路施工许可证。沿电缆路径开挖样洞，查明电缆线路路径上邻近地下管线和土质情况，按电缆电压等级、品种结构和分盘长度等，制定详细的分段施工敷设方案。如有邻近地下管线、建筑物或树木迁让，应明确各公用管线和绿化管理单位的配合、赔偿事宜，并签订书面协议。

明确施工组织机构，制定安全生产保证措施、施工质量保证措施及文明施工保证措施。熟悉施工图纸，根据开挖样洞的情况，对施工图做必要修改。确定电缆分段长度和接头位置。编制敷设施工作业指导书。

确定各段敷设方案和必要的技术措施，施工前对各盘电缆进行验收，检查电缆有无机械损伤，封端是否良好，有无电缆"保质书"，进行绝缘校潮试验、油样试验和护层绝缘试验。

除电缆外，主要材料包括各种电缆附件、电缆保护盖板、过路导管。机具设备包括各种挖掘机械、敷设专用机械、工地临时设施（工棚）、施工围栏、临时路基板。运输方面的准备，应根据每盘电缆的重量制订运输计划，同时应备有相应的大件运输装卸设备。

2. 直埋作业敷设操作步骤

直埋电缆敷设作业操作步骤应按照图 2-2 直埋电缆施工步骤图操作。

直埋沟槽的挖掘应按图纸标示电缆线路坐标位置，在地面划出电缆线路位置及走向。凡电缆线路经过的道路和建筑物墙壁，均按标高敷设过路导管和过墙管。根据划出电缆线路位置及走向开挖电缆沟，直埋沟的形状挖成上大下小的倒梯形，电缆埋设深度应符合标准，其宽度由电缆数量来确定，但不得小于 0.4 m；电缆沟转角处要挖成圆弧形，并保证电缆的允许弯曲半径。保证电缆之间、电缆与其他管道之间平行和交叉的最小净距离。

在电缆直埋的路径上凡遇到以下情况，应分别采取保护措施：

（1）机械损伤：加保护管。

（2）化学作用：换土并隔离（如陶瓷管），或与相关部门联系，征得同意后绕开。

（3）地下电流：屏蔽或加套陶瓷管。

（4）腐蚀物质：换土并隔离。

（5）虫鼠危害：加保护管或其他隔离保护等。

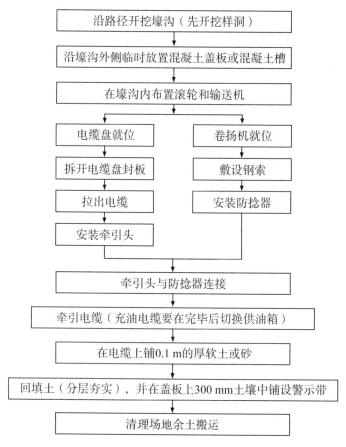

图 2-2 直埋电缆施工步骤图

挖沟时应注意地下的原有设施，遇到电缆、管道等应与有关部门联系，不得随意损坏。

在安装电缆接头处，电缆土沟应加宽和加深，这一段沟称为接头坑。接头坑应避免设置在道路交叉口、有车辆进出的建筑物门口、电缆线路转弯处及地下管线密集处。电缆接头坑的位置应选择在电缆线路直线部分，与导管口的距离应在 3 m 以上。接头坑的大小要能满足接头的操作需要。一般电缆接头坑宽度为电缆土沟宽度的 2~3 倍；接头坑深度要使接头保护盒与电缆有相同埋设深度；接头坑的长度需满足全部接头安装和接头外壳临时套在电缆上的一段直线距离需要。

对挖好的沟进行平整和清除杂物，全线检查，应符合前述要求。合格后可将细沙、细土铺在沟内，厚度 100 mm，沙子中不得有石块、锋利物及其他杂物。所有堆土应置于沟的一侧，且距离沟边 1 m 以外，以免放电缆时滑落沟内。

在开挖好的电缆沟槽内敷设电缆时必须用放线架，电缆的牵引可用人工牵引和机械牵引。将电缆放在放线支架上，注意电缆盘上箭头方向，不要相反。

电缆的埋设与热力管道交叉或平行敷设，如不能满足允许距离要求时，应在接近或交叉点前后做隔热处理。隔热材料可用泡沫混凝土、石棉水泥板、软木或玻璃丝板。埋设隔热材料时除热力的沟（管）宽度外，两边各伸出 2 m。电缆宜从隔热后的沟下面穿过，任何时候不能将电缆平行敷设在热力沟的上、下方。穿过热力沟部分的电缆除隔热层外，还应穿管保护。

人工牵引展放电缆就是每隔几米有人肩扛着放开的电缆并在沟内向前移动，或在沟内每隔几米有人持展开的电缆向前传递而人不移动。在电缆轴架处有人分别站在两侧用力转动电缆盘。牵引速度宜慢，转动轴架的速度应与牵引速度同步。遇到保护管时，应将电缆穿入保护管，并有人在管孔守候，以免卡阻或意外。

机械牵引和人工牵引基本相同。机械牵引前应事先根据电缆规格沿沟底放置滚轮，并将电缆放在滚轮上。滚轮的间距以电缆通过滑轮不下垂碰地为原则，避免与地面、沙面的摩擦。电缆转弯处需放置转角滑轮来保护。电缆盘的两侧应有人协助转动。电缆的牵引端用牵引头或牵引网罩牵引。牵引速度应小于 15 m/min。

敷设时电缆不要碰地，也不要摩擦沟沿或沟底硬物。

电缆在沟内应留有一定的波形余量，以防冬季电缆收缩受力。多根电缆同沟敷设时，应排列整齐。先向沟内填充 0.1 m 的细土或沙，然后盖上保护盖板，保护板之间要靠近。也可把电缆放入预制钢筋混凝土槽盒内填满细土或沙，然后盖上槽盒盖。

为防止电缆遭受外力损坏，应在电缆接头做完后再砌井或铺沙盖保护板。在电缆保护盖板上铺设印有"电力电缆"和管理单位名称的标志。

回填土应分层填好夯实，保护盖板上应全新铺设警示带，覆盖土要高于地面 0.15～0.2 m，以防沉陷。将覆土略压平，把现场清理打扫干净。

在电缆直埋路径上按要求规定的适当间距位置埋标志桩牌。

冬季环境温度过低，电缆绝缘和塑料护层在低温时物理性能发生明显变化，因此不宜进行电缆的敷设施工。如果必须在低温条件下进行电缆敷设，应对电缆进行预加热措施。

当施工现场的温度不能满足要求时，应采用适当的措施，避免损坏电缆，如采取加热法或躲开寒冷期施工等。一般加温预热方法有如下两种：

（1）用提高周围空气温度的方法加热。当温度为 5 ℃～10 ℃时，需 72 h；如温度为 25 ℃，则需用 24～36 h。

（2）用电流通过电缆导体的方法加热。加热电缆不得大于电缆的额定电流，加热后电缆的表面温度应根据各地的气候条件决定，但不得低于 5 ℃。

经烘热的电缆应尽快敷设，敷设前放置的时间一般不超过 1 h。但电缆冷至低于规定温度时，不宜弯曲。

电缆直埋敷设沟槽施工断面如图 2-3 所示，纵向断面如图 2-4 所示。

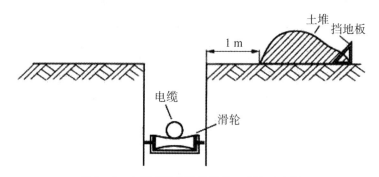

图 2-3 电缆直埋敷设沟槽施工断面示意图

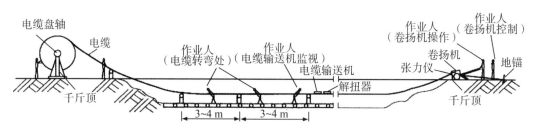

图 2-4 电缆直埋敷设施工纵向断面示意图

3. 直埋敷设作业质量标准及注意事项

（1）直埋电缆一般选用铠装电缆。只有在修理电缆时，才允许用短段无铠装电缆，但必须外加机械保护。选择直埋电缆路径时，应注意直埋电缆周围的土壤中不得含有腐蚀电缆的物质。

（2）电缆表面距地面的距离应不小于 0.7 m。冬季土壤冻结深度大于 0.7 m 的地区，应适当加大埋设深度，使电缆埋于冻土层以下。引入建筑物或地下障碍物交叉时可浅一些，但应采取保护措施，并不得小于 0.3 m。

（3）电缆壕沟底必须具有良好的土层，不应有石块或其他硬质杂物，应铺 0.1 m 的软土或砂层。电缆敷设好后，上面再铺 0.1 m 的软土或砂层。沿电缆全长应盖混凝土保护板，覆盖宽度应超出电缆两侧 0.05 m。在特殊情况下，可以用砖代替混凝土保护板。

（4）电缆中间接头盒外面应有防止机械损伤的保护盒（有较好机械强度的塑料电缆中间接头例外）。

（5）电缆线路全线，应设立电缆位置的标志，间距合适。

（6）电缆与电缆、管道、道路、构筑物等之间的容许最小距离，应符合表 2-11 中规定。

表 2-11 电缆与电缆、管道、道路、构筑物等之间的容许最小距离

电缆直埋敷设时的配置情况		平行/m	交叉/m
控制电缆之间		—	0.5 *
电力电缆之间或与控制电缆之间	10 kV 及以下电力电缆	0.1	0.5 *
	10 kV 以上电力电缆	0.25 * *	0.5 *
不同部门使用的电缆		0.5 * *	0.5 *
电缆与地下管沟	热力管道	2 * * *	0.5 *
	油管或易（可）燃气管道	1	0.5 *
	其他管道	0.5	0.5 *
电缆与铁路	非直流电气化铁路路轨	3	1.0
	直流电气化铁路路轨	10	1.0
电缆与建筑物基础		0.6 * * *	—
电缆与公路边		1.0 * * *	—
电缆与排水沟		1.0 * * *	—
电缆与树木的主干		0.7	—
电缆与 1 kV 以下架空线电杆		1.0 * * *	—
电缆与 1 kV 以上架空线杆塔基础		4.0 * * *	—

注：1. *用隔板分隔或电缆穿管时不得小于 0.25 m。

2. **用隔板分隔或电缆穿管时不得小于 0.1 m。

3. ***特殊情况时，减小值不得大于 50%（电缆穿管敷设时，与公路、街道路面、杆塔基础、建筑物基础、排水沟等的平行最小间距可按表中数据减半）。

特殊情况应按下列规定执行：

1）电缆与公路平行的净距，当情况特殊时可酌减。

2）当电缆穿管或者其他管道有保温层等防护措施时，表中净距应从管壁或防护设施的外壁算起。

（7）电力电缆间、控制电缆间以及它们相互之间，不同使用部门的电缆间在交叉点前后 1 m 范围内，当电缆穿入管中或用隔板隔开时，其交叉净距可降低为 0.25 m。

（8）电缆与热管道（沟）、油管道（沟）、可燃气体及易燃液体管道（沟）、热力设备或其他管道（沟）之间，虽净距能满足要求，但检修线路可能伤及电缆时，在交叉点前后 1 m 范围内应采取保护措施；电缆与热管道（沟）及热力设备平行、交叉时，应采取隔热措施，使电缆周围土壤的温升不超过 10 ℃。

（9）当直流电缆与电气化铁路路轨平行、交叉，其净距不能满足要求时，应采取防电化腐蚀措施；防止的措施主要有增加绝缘和增设保护电极。

（10）直埋电缆穿越城市街道、公路、铁路，或穿过有载重车辆通过的大门，进入

建筑物的墙角处，进入隧道、人井，或从地下引出到地面时，应将电缆敷设在满足强度要求的管道内，并将管口封堵好。

（11）直埋敷设的电缆与铁路、公路或街道交叉时，应穿保护管，保护范围应超出路基、街道路两边以及排水沟边 0.5 m 以上。引入构筑物，在贯穿墙孔处应设置保护管，管口应设置阻水堵塞。

（12）直埋敷设电缆采取特殊换土回填时，回填土的土质应对电缆外护层无腐蚀性。在电缆线路路径上有可能使电缆受到机械性损伤、化学作用、地下电流、振动、热影响、腐蚀物质、虫害等危害的地段，应采取保护措施（如穿管、铺砂、筑槽、毒土处理等）。

（13）直埋电缆回填土前，应经隐蔽工程验收合格，并分层夯实。

三、直埋敷设的危险点分析与控制

1. 高处坠落

（1）直埋敷设作业中，起吊电缆上终端塔时如遇登高工作，应检查杆根或铁塔基础是否牢固，必要时加设拉线。在高度超过 1.5 m 的工作地点工作时，应系安全带，或采取其他可靠的措施。

（2）作业过程中，起吊电缆工作时必须系好安全带，安全带必须绑在牢固物件上，转移作业位置时不得失去安全带保护，并应有专人监护。

（3）施工现场的所有孔洞应设可靠的围栏或盖板。

2. 高空落物

（1）直埋敷设作业中起吊电缆遇到高处作业必须使用工具包防止掉东西。

（2）所用的工器具、材料等必须用绳索传递，不得乱扔，终端塔下应防止行人逗留。

（3）现场人员应佩戴安全帽。

（4）起吊电缆时应避免上下交叉作业，上下交叉作业或多人一处作业时应相互照应、密切配合。

3. 烫伤、烧伤

（1）封电缆牵引头和电缆帽头等动用明火作业时，火焰应远离易燃易爆品，工作人员应穿长袖工作服。

（2）不熟悉喷灯或喷枪使用方法的人员不得擅自使用喷灯或喷枪。

（3）使用喷枪应先检查本体是否漏气或堵塞，禁止在明火附近进行放气或点火。

（4）喷枪使用完毕应放置在安全地点，冷却后装运。

4. 机械损伤

（1）在使用电锯锯电缆时，应使用合格的带有保护罩的电锯。

（2）不准使用无合格防护罩和有裂纹及其他不良情况的砂轮机和无齿锯。

5．触电

（1）现场施工电源应采用绝缘导线，并在开关箱的首端处装设合格的漏电保护器。

（2）现场使用的电动工具应按规定周期进行试验合格。

（3）移动式电动设备或电动工具应使用软橡胶电缆，电缆不得破损、漏电。

6．挤伤、砸伤

（1）电缆盘运输、敷设过程中应设专人监护，防止电缆盘倾倒。

（2）用滑轮敷设电缆时，不要在滑轮滚动时用手搬动滑轮，工作人员应站在滑轮前进方向。

7．钢丝绳断裂

（1）用机械牵引电缆时，绳索应有足够的机械强度；工作人员应站在安全位置，不得站在钢丝绳内角侧等危险地段；电缆盘转动时，应用工具控制转速。

（2）牵引机需要装设保护罩。

8．现场勘查不清

（1）必须核对图纸，勘查现场，查明可能向作业点反送电的电源，并断开其断路器、隔离开关。

（2）对大型作业及较为复杂的施工项目，勘查现场后，制定"三措一案"，并报有关领导批准，方可实施。

9．任务不清

现场负责人要在作业前将工作人员的任务分工、危险点及控制措施予以明确并交代清楚。

10．人员安排不当

（1）选派的工作负责人应有一定的工作经验、较强的责任心和安全意识，并熟练掌握所承担工作的检修项目和质量标准。

（2）选派的工作班成员能安全、保质保量地完成所承担的工作任务。

（3）工作人员精神状态和身体条件能够胜任本职工作。

11．特种工作作业票不全

进行电焊、起重、动用明火等作业，特殊工作现场作业票、动火票应齐全。

12．单人留在作业现场

起吊电缆盘及起吊电缆上终端构架时，工作人员不得单独留在作业现场。

13．违反监护制度

（1）被监护人在作业过程中，工作监护人的视线不得离开被监护人。

（2）专责监护人不得做其他工作。

14．违反现场作业纪律

（1）工作负责人应及时提醒和制止影响工作的不安全行为。

（2）工作负责人应注意观察工作班成员的精神和身体状态，必要时可对作业人员进行适当的调整。

（3）工作中严禁喝酒、谈笑、打闹等。

15. 擅自变更现场安全措施

（1）不得随意变更现场安全措施。

（2）特殊情况下需要变更安全措施时，必须征得工作负责人同意，完成后及时恢复原安全措施。

16. 穿越临时围栏

（1）临时围栏的装设需在保证作业人员不能误登带电设备的前提下，方便作业人员进出现场和实施作业。

（2）严禁穿越和擅自移动临时围栏。

17. 工作不协调

（1）多人同时进行工作时，应互相呼应，协同作业。

（2）多人同时进行工作，应设专人指挥，并明确指挥方式。使用通信工具应事先检查工具是否完好。

18. 交通安全

（1）工作负责人应提醒司机安全行车。

（2）乘车人员严禁在车上打闹或将头、手伸出车外。

（3）注意防止随车装运的工器具挤、砸、碰伤乘车人员。

19. 交通伤害

在交通路口、人口密集地段工作时设安全围栏、挂标示牌。

2.3.2　电力电缆的排管敷设

电缆排管敷设，是指将电缆敷设于预先建设好的地下排管中的安装方法。排管敷设断面示意图如图 2-5 所示。

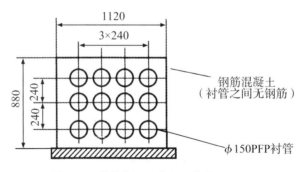

图 2-5　排管断面示意图（单位：mm）

一、排管敷设的特点

电缆排管敷设保护电缆效果比直埋敷设好，电缆不容易受到外部机械损伤，占用空间小，且运行可靠。当电缆敷设回路数较多、平行敷设于道路的下面、穿越公路、铁路和建筑物时，排管敷设是一种较好的选择。排管敷设适用于交通比较繁忙、地下走廊比较拥挤、敷设电缆数较多的地段。敷设在排管中的电缆应有塑料外护套，不得有金属铠装层。

工井和排管的位置一般在城市道路的非机动车道，也可设在人行道或机动车道。工井和排管的土建工程完成后，除敷设近期的电缆线路外，以后相同路径的电缆线路安装维修或更新电缆不必重复挖掘路面。

电缆排管敷设施工较为复杂，敷设和更换电缆不方便，散热差，影响电缆载流量；土建工程投资较大，工期较长。当管道中电缆或工井内接头发生故障，往往需要更换两座工井之间的整段电缆，修理费用较大。

二、排管敷设的施工方法

电缆排管敷设示意图如图 2-6 所示，其作业顺序如图 2-7 所示。

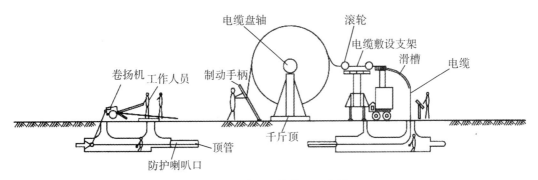

图 2-6　电缆排管敷设示意图

1. 排管敷设作业前的准备

排管建好后，敷设电缆前，应检查电缆管安装时的封堵是否良好。电缆排管内不得有因漏浆形成的水泥结块及其他残留物。衬管接头处应光滑，不得有尖突。如发现问题，应进行疏通清扫，以保证管内无积水、无杂物堵塞。在疏通检查过程中发现排管内有可能损伤电缆护套的异物时必须及时清除，可用钢丝刷、铁链和疏通器来回牵拉。必要时，用管道内窥镜探测检查。只有当管道内异物清除、整条管道双向畅通后，才能敷设电缆。

2. 排管敷设的操作步骤

（1）在疏通排管时，可用直径不小于 0.85 倍管孔内径、长度约 600 mm 的钢管来回疏通，再用与管孔等直径的钢丝刷清除管内杂物。试验棒疏通电缆导管示意图如图 2-8所示。

（2）敷设在管道内的电缆一般为塑料护套电缆。为了减少电缆和管壁间的摩擦阻力，便于牵引，电缆入管前可在护套表面涂以润滑剂（如滑石粉等）。润滑剂不得采用对电缆外护套产生腐蚀的材料。敷设电缆时，应特别注意避免机械损伤外护层。

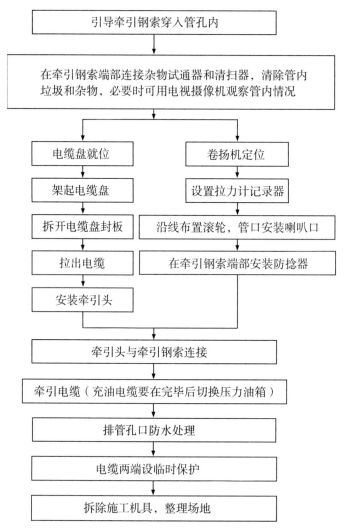

图 2-7　电缆排管敷设作业顺序

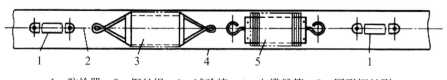

1—防捻器；2—钢丝绳；3—试验棒；4—电缆导管；5—圆形钢丝刷。

图 2-8　试验棒疏通电缆导管示意图

（3）在排管口应套以波纹聚乙烯或铝合金制成的光滑喇叭管（图 2-9），用以保护电缆。如果电缆盘搁置位置离工井口有一段距离，则需在工井外和工井内安装滚轮支架组，或采用保护套管，以确保电缆敷设牵引时的弯曲半径，减小牵引时的摩擦阻力，防止损伤电缆外护套。

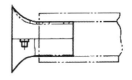

图 2-9　防护喇叭管

（4）润滑钢丝绳。一般钢丝绳涂有防锈油脂，但用作排管牵引进入管孔前仍要涂抹润滑剂。这不但可减小牵引力，还可防止钢丝绳对管孔内壁的擦损。

（5）牵引力监视。装有监视张力表是保证牵引质量的较好措施，除了克服启动时的静摩擦力大于允许的牵引力外，一般如发现张力过大应找出其原因，如电缆盘的转动是否和牵引设备同步，制动有可能未释放，等解决后才能继续牵引。比较牵引力记录和计算牵引力的结果，可判断所选用的摩擦因数是否适当。

（6）排管敷设采用人工敷设时，短段电缆可直接将电缆穿入管内，稍长一些的管道或有直角弯时，可采用先穿入导引铁丝的方法牵引电缆。

（7）管路较长时需用牵引，一般采用人工和机械牵引相结合的方式敷设电缆。将电缆盘放在工井口，然后用预先穿过管子的钢丝绳将电缆拖拉过管道到另一个工井。对大长度、重量大的电缆，应制作电缆牵引头牵引电缆导体，可在线路中间的工井内安装输送机，并与卷扬机采用同步联动控制。在牵引力不超过外护套抗拉强度时，还可用网套牵引。

（8）电缆敷设前后应用绝缘电阻表测试电缆外护套绝缘电阻，并做好记录，以监视电缆外护套在敷设过程中有无受损。如有损伤，应立即采取修补措施。

（9）从排管口到接头支架之间的一段电缆，应借助夹具弯成两个相切的圆弧形状，即形成"伸缩弧"，以吸收排管电缆因温度变化所引起的热胀冷缩，从而保护电缆和接头免受热机械力的影响。伸缩弧的弯曲半径应不小于电缆允许弯曲半径。

（10）对于工井的接头和单芯电缆，必须用非磁性材料或经隔磁处理的夹具固定。每只夹具应加熟料或橡胶衬垫。

（11）电缆敷设完成后，所有管口应严密封堵，所有备用孔也应封堵。

（12）工井内电缆应有防火措施，可以涂防火漆、绕包防火带、填沙等。

3. 排管敷设的质量标准及注意事项

（1）电缆排管内径应不小于电缆外径的 1.5 倍，且最小不宜小于 75 mm。管子内部必须光滑，管子连接时，管孔应对准，接缝应严密，不得有地下水和泥浆渗入。管子接头相互之间必须错开。

（2）电缆管的埋设深度，自管子顶部至地面的距离，一般地区应不小于 0.7 m，在人行道下不应小于 0.5 m，室内不宜小于 0.2 m。

（3）为了便于检查和敷设电缆，在埋设的电缆管其直线段电缆牵引张力限制的间距处（包含转弯、分支、接头、管路坡度较大的地方）设置电缆工作井，电缆工作井的高度应不小于1.9 m，宽度应不小于2.0 m，应满足施工和运行要求。

（4）穿入管中的电缆应符合设计要求，交流单芯电缆穿管不得使用铁磁性材料或形成磁性闭合回路材质的管材，以免因电磁感应在钢管内产生损耗。

（5）排管内部应无积水，且无杂物堵塞。穿电缆时，不得损伤护层，可采用无腐蚀性的润滑剂。

（6）电缆排管在敷设电缆前，应进行疏通，清除杂物。

（7）管孔数应按发展预留适当备用。

（8）电缆芯工作温度相差较大的电缆，宜分别置于适当间距的不同排管组。

（9）排管地基应坚实、平整，不得有沉陷。不符合要求时，应对地基进行处理并夯实，并在排管和地基之间增加垫块，以免地基下沉损坏电缆。管路顶部土壤覆盖厚度不宜小于0.5 m。纵向排水坡度不宜小于0.2%。

（10）管路纵向连接处的弯曲度应符合牵引电缆时不致损伤的要求。

（11）管孔端口应进行防止损伤电缆的处理。

三、排管敷设的危险点分析与控制

1. 烫伤、烧伤

（1）排管敷设作业中封电缆牵引头、封电缆帽头或对管接头进行热连接处理等动用明火作业时，火焰应远离易燃易爆品，工作人员应穿长袖工作服。

（2）不熟悉喷灯或喷枪使用方法的人员不得擅自使用喷灯或喷枪。

（3）使用喷枪应先检查本体是否漏气或堵塞，禁止在明火附近进行放气或点火。喷枪使用完毕应放置在安全地点，冷却后装运。

（4）排管敷设作业中动火作业票应齐全完善。

2. 机械损伤

（1）在使用电锯锯电缆时，应使用合格的带有保护罩的电锯。

（2）不准使用无合格防护罩和有裂纹及其他不良情况的砂轮机和无齿锯。

3. 触电

（1）现场施工电源应采用绝缘导线，并在开关箱的首端处装设合格的漏电保护器。

（2）现场使用的电动工具应按规定周期进行试验合格。

（3）移动式电动设备或电动工具应使用软橡胶电缆，电缆不得破损、漏电。

4. 挤伤、砸伤

（1）电缆盘运输、敷设过程中应设专人监护，防止电缆盘倾倒。

（2）用滑轮敷设电缆时，不要在滑轮滚动时用手搬动滑轮，工作人员应站在滑轮前进方向。

5. 钢丝绳断裂

（1）用机械牵引电缆时，绳索应有足够的机械强度，工作人员应站在安全位置，不得站在钢丝绳内角侧等危险地段，电缆盘转动时应用工具控制转速。

（2）牵引机需要装设保护罩。

6. 现场勘察不清

（1）必须核对图纸，勘察现场，查明可能向作业点反送电的电源，并断开其断路器、隔离开关。

（2）对大型作业及较为复杂的施工项目，勘察现场后，制定"三措一案"，并报有关领导批准，方可实施。

7. 任务不清

现场负责人要在作业前将工作人员的任务分工、危险点及控制措施予以明确并交代清楚。

8. 人员安排不当

（1）选派的工作负责人应有一定的工作经验、较强的责任心和安全意识，并熟练掌握所承担工作的检修项目和质量标准。

（2）选派的工作班成员能安全、保质保量地完成所承担的工作任务。

（3）工作人员精神状态和身体条件能够胜任本职工作。

9. 单人留在作业现场

起吊电缆盘及起吊电缆上终端构架时，工作人员不得单独留在作业现场。

10. 违反监护制度

（1）被监护人在作业过程中，工作监护人的视线不得离开被监护人。

（2）专责监护人不得做其他工作。

11. 违反现场作业纪律

（1）工作负责人应及时提醒和制止影响工作的不安全行为。

（2）工作负责人应注意观察工作班成员的精神和身体状态，必要时可对作业人员进行适当的调整。

（3）工作中严禁喝酒、谈笑、打闹等。

12. 擅自变更现场安全措施

（1）不得随意变更现场安全措施。

（2）特殊情况下需要变更安全措施时，必须征得工作负责人同意，完成后及时恢复原安全措施。

13. 穿越临时遮拦

（1）临时遮拦的装设需在保证作业人员不能误登带电设备的前提下进行，方便作业人员进出现场和实施作业。

（2）严禁穿越和擅自移动临时遮拦。

14．工作不协调

（1）多人同时进行工作时，应互相呼应，协同作业。

（2）多人同时进行工作，应设专人指挥，并明确指挥方式。使用通信工具应事先检查工具是否完好。

15．交通安全.

（1）工作负责人应提醒司机安全行车。

（2）乘车人员严禁在车上打闹或将头、手伸出车外。

（3）注意防止随车装运的工器具挤、砸、碰伤乘车人员。

16．交通伤害

在交通路口、人口密集地段工作时应设安全围栏、挂示牌。

2.3.3　电力电缆的沟道敷设

电缆的沟道敷设主要是指电缆沟敷设和电缆隧道敷设。

一、电缆沟敷设

电缆沟是指封闭式不通行、盖板与地面相齐或稍有上下、盖板可开启的电缆构筑物，其断面如图2-10所示。电缆沟敷设是指将电缆敷设于预先建设好的电缆沟中的安装方法。

1．电缆沟敷设的特点

电缆沟敷设适用于并列安装多根电缆的场所，如发电厂及变电站内、工厂厂区或城市人行道等。电缆不容易受到外部机械损伤，占用空间相对较小。根据并列安装的电缆数量，需在沟的单侧或双侧装置电缆支架，敷设的电缆应固定在支架上。敷设在电缆沟中的电缆应满足防火要求，如具有不延燃的外护套或钢带铠装，重要的电缆线路应具有阻燃外护套。

地下水位太高的地区不宜采用普通电缆沟敷设，因为电缆沟内容易积水、积污，而且清除不方便。电缆沟施工复杂，周期长，电缆沟中电缆的散热条件较差，影响其允许载流量，但电缆维修和抢修相对简单，费用较低。

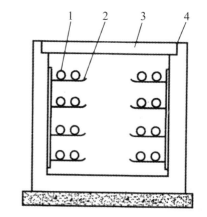

1—电缆；2—支架；3—盖板；4—沟边齿口。

图2-10　电缆沟断面图

2．电缆沟敷设的施工方法

电缆沟敷设作业顺序如图2-11所示。

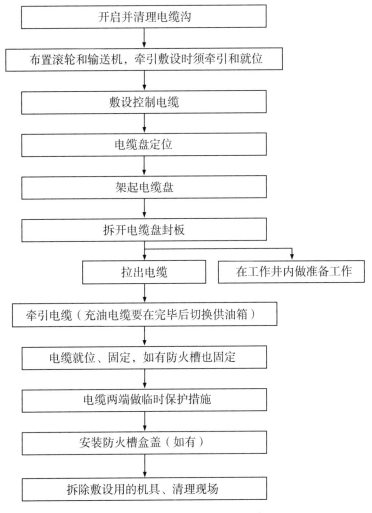

开启并清理电缆沟

↓

布置滚轮和输送机，牵引敷设时须牵引和就位

↓

敷设控制电缆

↓

电缆盘定位

↓

架起电缆盘

↓

拆开电缆盘封板

↓ ↓

拉出电缆 | 在工作井内做准备工作

↓

牵引电缆（充油电缆要在完毕后切换供油箱）

↓

电缆就位、固定，如有防火槽也固定

↓

电缆两端做临时保护措施

↓

安装防火槽盒盖（如有）

↓

拆除敷设用的机具、清理现场

图 2-11 电缆沟敷设作业顺序

（1）电缆沟敷设前的准备。电缆施工前需揭开部分电缆沟盖板。在不妨碍施工人员下电缆沟工作的情况下，可以采用间隔方式揭开电缆沟盖板；然后在电缆沟底安放滑轮，清除沟内外杂物，检查支架预埋情况并修补，并把沟盖板全部置于沟上面不利展放电缆的一侧，另一侧应清理干净；采用钢丝绳牵引电缆，电缆牵引完毕后，用人力将电缆定位在支架上；最后将所有电缆沟盖板恢复原状。

（2）电缆沟敷设的操作步骤。施放电缆的方法，一般情况下是先放支架最下层、最里侧的电缆，然后从里到外，从下层到上层依次展放。

电缆沟中敷设牵引电缆，与直埋敷设基本相同，需要特别注意的是，要防止电缆在牵引过程中被电缆沟边或电缆支架刮伤。因此，在电缆引入电缆沟处和电缆沟转角处，必须搭建转角滑轮支架，用滚轮组成适当圆弧，减小牵引力和侧压力，以控制电缆弯曲半径，防止电缆在牵引时受到沟边或沟内金属支架擦伤，从而对电缆起到很好的保护作用。

电缆搁在金属支架上应加一层塑料衬垫。在电缆沟转弯处使用加长支架,让电缆在支架上允许适当位移。单芯电缆要有固定措施,如用尼龙绳将电缆绑扎在支架上,每2档支架扎一道,也可将三相单芯电缆呈品字形绑扎在一起。

在电缆沟中应有必要的防火措施,这些措施包括适当的阻火分割封堵。如将电缆接头用防火槽盒封闭,电缆及电缆接头上包绕防火带等阻燃处理;或将电缆置于沟底再用黄沙将其覆盖;也可选用阻燃电缆等。

电缆敷设完后,应及时将沟内杂物清理干净,盖好盖板。必要时,应将盖板缝隙密封,以免水、汽、油、灰等侵入。

（3）电缆沟敷设的质量标准及注意事项。

1）电缆沟采用钢筋混凝土或砖砌结构,用预制钢筋混凝土或钢制盖板覆盖,盖板顶面与地面相平。电缆可直接放在沟底或电缆支架上。

2）电缆固定于支架上,在设计无明确要求时,各支撑点间距应符合相关规定。

3）电缆沟的内净距尺寸应根据电缆的外径和总计电缆条数决定。电缆沟内最小允许距离应符合表 2-12 的规定。

表 2-12　电缆沟内最小允许距离

项目		最小允许距离/mm
通道高度	两侧有电缆支架时	500
	单侧有电缆支架时	450
电力电缆之间的水平净距		不小于电缆外径
电缆支架的层间净距	电缆为 10 kV 及以下	200
	电缆为 20 kV 及以下	250
	电缆在防火槽盒内	1.6×槽盒高度

4）电缆沟内金属支架、裸铠装电缆的金属护套和铠装层应全部与接地装置连接。为了避免电缆外皮与金属支架间产生电位差,从而发生交流腐蚀或电位差过高危及人身安全,电缆沟内全长应装设连续的接地线装置,接地线的规格应符合规范要求。电缆沟中应用扁钢组成接地网,接地电阻应小于 4 Ω。电缆沟中预埋铁件与接地网应以电焊连接。

电缆沟中的支架,按结构不同有装配式和工厂分段制造的电缆托架等种类。以材质分,有金属支架和塑料支架。金属支架应采用热浸镀锌,并与接地网连接。以硬质塑料制成的塑料支架又称绝缘支架,其具有一定的机械强度并耐腐蚀。

5）电缆沟盖板必须满足道路承载要求。钢筋混凝土盖板应有角钢或槽钢包边。电缆沟的齿口也应有角钢保护。盖板的尺寸应与齿口相吻合，不宜有过大间隙。盖板和齿口的角钢或槽钢要除锈后刷红丹漆二遍，黑色或灰色漆一遍。

6）室外电缆沟内的金属构件均应采取镀锌防腐措施；室内外电缆沟，也可采用涂防锈漆的防腐措施。

7）为保持电缆沟干燥，应适当采取防止地下水流入沟内的措施。在电缆沟底设不小于0.5%的排水坡度，在沟内设置适当数量的积水坑。

8）充沙电缆沟内，电缆平行敷设在沟中，电缆间净距不小于35 mm，层间净距不小于100 mm，中间填满沙子。

9）敷设在普通电缆沟内的电缆，为防火需要，应采用裸铠装或阻燃性外护套的电缆。

10）电缆线路上如有接头，为防止接头故障时殃及邻近电缆，可将接头用防火保护盒保护或采取其他防火措施。

11）电力电缆和控制电缆应分别安装在沟的两边支架上。若不能时，则应将电力电缆安置在控制电缆之下的支架上，高电压等级的电缆宜敷设在低电压等级电缆的下方。

二、电缆隧道敷设

电缆隧道是指容纳电缆数量较多、有供安装和巡视的通道、全封闭的电缆构筑物，其断面如图2-12所示。电缆隧道敷设，是指将电缆敷设于预先建设好的隧道中的安装方法。

1. 电缆隧道敷设的特点

电缆隧道应具有照明、排水装置，并采用自然通风和机械通风相结合的通风方式。隧道内还应具有烟雾报警、自动灭火、灭火箱、消防栓等消防设备。

电缆敷设于隧道中，消除了外力损坏的可能性，对电缆的安全运行十分有利。但是隧道的建设投资较大，建设周期较长。

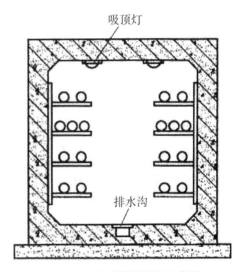

图2-12 电缆隧道断面示意图

电缆隧道适用的场合有：

1）大型发电厂或变电站，进出线电缆在20根以上的区段；

2）电缆并列敷设在20根以上的城市道路；

3）有多回路高压电缆从同一地段跨越的内河河堤。

2. 电缆隧道敷设的施工方法

电缆隧道敷设示意图如图2-13所示，其作业顺序如图2-14所示。

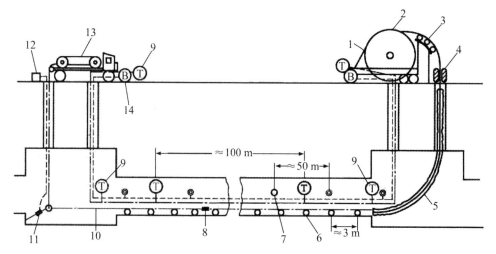

1—电缆盘制动装置；2—电缆盘；3—上弯曲滑轮组；4—履带牵引机；5—波纹保护管；
6—滑轮；7—紧急停机按钮；8—防捻器；9—电话；10—牵引钢丝绳；11—张力感受器；
12—张力自动记录仪；13—卷扬机；14—紧急停机报警器。

图 2-13　电缆隧道敷设示意图

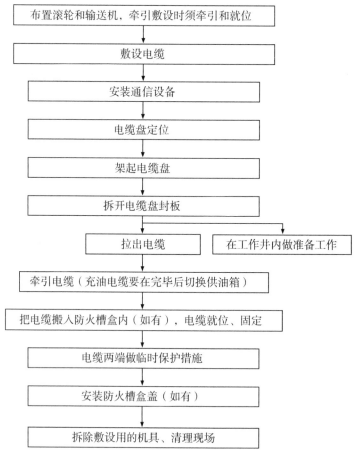

图 2-14　电缆隧道敷设作业顺序

（1）电缆隧道敷设前的准备。

1）电缆隧道敷设一般采用卷扬机钢丝绳牵引和电缆输送机牵引相结合的办法。在敷设电缆前，电缆端部应制作牵引端。将电缆盘和卷扬机分别安放在隧道入口处，并搭建适当的滑轮、滚轮支架。在电缆盘处和隧道中转弯处设置电缆输送机，以减小电缆的牵引力和侧压力。

2）当隧道相邻入口相距较远时，电缆盘和卷扬机安置在隧道的同一入口处，牵引钢丝绳经隧道底部的开口葫芦反向。

3）电缆隧道敷设必须有可靠的通信联络设施。

（2）电缆隧道敷设的操作步骤。

1）电缆隧道敷设牵引，一般采用卷扬机钢丝绳牵引和输送机（或电动滚轮）相结合的方法，其间使用联动控制装置。电缆从工作井引入，端部使用牵引端和防捻器。牵引钢丝绳如需使用葫芦及滑车转向，可选择隧道内位置合适的拉环。在隧道底部每隔 2～3 m 安放一只滑轮，用输送机敷设时，一般根据电缆重量每隔 30 m 设置一台，敷设时关键部位应有专人监视。高度差较大的隧道两端部位，应防止电缆引入时因自重产生过大的牵引力、侧压力和扭转应力。隧道中宜选用交联聚乙烯电缆，当敷设充油电缆时，应注意监视高、低端油压变化。位于地面电缆盘上油压应不低于最低允许油压，在隧道底部最低处电缆油压应不高于最高允许油压。

2）电缆敷设时卷扬机的启动和停车，一定要执行现场指挥人员的统一指令。常用的通信联络手段是架设临时有线电话或专用无线通信。

3）电缆敷设完后，应根据设计施工图规定将电缆安装在支架上，单芯电缆必须采用适当夹具将电缆固定。高压大截面单芯电缆应使用可移动式夹具，以蛇形方式固定。

（3）电缆隧道敷设的质量标准及注意事项。

1）电缆隧道一般为钢筋混凝土结构，也可采用砖砌或钢管结构，可视当地的土质条件和地下水位高低而定。一般隧道高度为 1.9～2 m，宽度为 1.8～2.2 m。

2）电缆隧道两侧应架设用于放置固定电缆的支架。电缆支架与顶板或底板之间的距离，应符合规定要求。支架上蛇形敷设的高压、超高压电缆应按设计节距用专用金具固定或用尼龙绳绑扎。电力电缆与控制电缆最好分别安装在隧道的两侧支架上，如果条件不允许，则控制电缆应该放在电力电缆的上方。

3）深度较浅的电缆隧道应有两个以上的人孔，长距离一般每隔 100～200 m 应设一人孔。设置人孔时，应综合考虑电缆施工敷设。在敷设电缆的地点设置两个人孔，一个用于电缆进入，另一个用于人员进出。近人孔处装设进出风口，在出风口处装设强迫排风装置。深度较深的电缆隧道，两端进出口一般与竖井相连接，并通常使用强迫排风管道装置进行通风。电缆隧道内的通风要求在夏季以不超过室外空气温度10 ℃为原则。

4）在电缆隧道内设置适当数量的积水坑，一般每隔 50 m 左右设积水坑一个，以使水及时排出。

5）隧道内应有良好的电气照明设施、排水装置，并采用自然通风和机械通风相结合的通风方式。隧道内还应具有烟雾报警、自动灭火、灭火箱、消防栓等消防设备。

6）电缆隧道内应装设贯通全长的连续的接地线，所有电缆金属支架应与接地线连通。电缆的金属护套、铠装除有绝缘要求（如单芯电缆）以外，应全部相互连接并接地。这是为了避免电缆金属护套或铠装与金属支架间产生电位差，从而发生交流腐蚀。

电缆隧道敷设方式选择应遵循以下几点：

1）同一通道的地下电缆数量众多，电缆沟不足以容纳时，应采用隧道。

2）同一通道的地下电缆数量较多，且位于有腐蚀性液体或经常有地面水流溢的场所，或含有 35 kV 以上高压电缆，或穿越公路、铁路等地段，宜用隧道。

3）受城镇地下通道条件限制或交通流量较大的道路下，与较多电缆沿同一路径有非高温的水、气和通信电缆管线共同配置时，可在公用性隧道中敷设电缆。

三、电缆沟道敷设的危险点分析与控制

1．高处坠落

（1）沟道敷设作业中起吊电缆在高度超过 1.5 m 的工作地点工作时，应系安全带，或采取其他可靠的措施。

（2）作业过程中起吊电缆时必须系好安全带，安全带必须绑在牢固物件上，转移作业位置时不得失去安全带保护，并应有专人监护。

（3）施工现场的所有孔洞应设可靠的围栏或盖板。

2．高空落物

（1）沟道敷设作业中起吊电缆遇到高处作业必须使用工具包防止掉东西。

（2）所用的工器具、材料等必须用绳索传递，不得乱扔，终端塔下应防止行人逗留。

（3）现场人员应按规定佩戴安全帽。

（4）起吊电缆时应避免上下交叉作业，上下交叉作业或多人一处作业时应相互照应、密切配合。

3．烫伤、烧伤

（1）封电缆牵引头和电缆帽头等动用明火作业时，火焰应远离易燃易爆品，工作人员应穿长袖工作服。

（2）不熟悉喷灯或喷枪使用方法的人员不得擅自使用喷灯或喷枪。

（3）使用喷枪应先检查本体是否漏气或堵塞，禁止在明火附近进行放气或点火。喷枪使用完毕应放置在安全地点，冷却后装运。

4. 机械损伤

(1) 在使用电锯锯电缆时，应使用合格的带有保护罩的电锯。

(2) 不准使用无合格防护罩和有裂纹及其他不良情况的砂轮机和无齿锯。

5. 触电

(1) 现场施工电源应采用绝缘导线，并在开关箱的首端处装设合格的漏电保护器。

(2) 现场使用的电动工具应按规定周期进行试验合格。

(3) 移动式电动设备或电动工具应使用软橡胶电缆，电缆不得破损、漏电。

6. 挤伤、砸伤

(1) 电缆盘运输、敷设过程中应设专人监护，防止电缆盘倾倒。

(2) 用滑轮敷设电缆时，不要在滑轮滚动时用手搬动滑轮，工作人员应站在滑轮前进方向。

7. 钢丝绳断裂

(1) 用机械牵引电缆时，绳索应有足够的机械强度，工作人员应站在安全位置，不得站在钢丝绳内角侧等危险地段，电缆盘转动时应用工具控制转速。

(2) 牵引机需要装设保护罩。

8. 现场勘查不清

(1) 必须核对图纸，勘查现场，查明可能向作业点反送电的电源，并断开其断路器、隔离开关。

(2) 对大型作业及较为复杂的施工项目，勘查现场后，制定"三措一案"，并报有关领导批准，方可实施。

9. 任务不清

现场负责人要在作业前将工作人员的任务分工，危险点及控制措施予以明确并交代清楚。

10. 人员安排不当

(1) 选派的工作负责人应有一定的工作经验、较强的责任心和安全意识，并熟练地掌握所承担工作的检修项目和质量标准。

(2) 选派的工作班成员能安全、保质保量地完成所承担的工作任务。

(3) 工作人员精神状态和身体条件能够胜任本职工作。

11. 特种工作作业票不全

进行电焊、起重、动用明火等作业时，特殊工作现场作业票、动火票应齐全。

12. 单人留在作业现场

起吊电缆盘及起吊电缆上终端构架时，工作人员不得单独留在作业现场。

13. 违反监护制度

(1) 被监护人在作业过程中，工作监护人的视线不得离开被监护人。

（2）专责监护人不得做其他工作。

14．违反现场作业纪律

（1）工作负责人应及时提醒和制止影响工作的不安全行为。

（2）工作负责人应注意观察工作班成员的精神和身体状态，必要时可对作业人员进行适当的调整。

（3）工作中严禁喝酒、谈笑、打闹等。

15．擅自变更现场安全措施

（1）不得随意变更现场安全措施。

（2）特殊情况下需要变更安全措施时，必须征得工作负责人同意，完成后及时恢复原安全措施。

16．穿越临时遮拦

（1）临时遮拦的装设需在保证作业人员不能误登带电设备的前提下进行，应方便作业人员进出现场和实施作业。

（2）严禁穿越和擅自移动临时遮拦。

17．工作不协调

（1）多人同时进行工作时，应互相呼应，协同作业。

（2）多人同时进行工作，应设专人指挥，并明确指挥方式。使用通信工具应事先检查工具是否完好。

18．交通安全

（1）工作负责人应提醒司机安全行车。

（2）乘车人员严禁在车上打闹或将头、手伸出车外。

（3）注意防止随车装运的工器具挤、砸、碰伤乘车人员。

19．交通伤害

在交通路口、人口密集地段工作时，应设安全围栏、挂标示牌。

2.3.4 水底和桥梁上的电力电缆敷设

一、水底电力电缆敷设

水底电缆是指通过江、河、湖、海，敷设在水底的电力电缆。主要使用在海岛与大陆或海岛与海岛之间的电网连接，横跨大河、长江或港湾以连接陆上架空输电线路，陆地与海上石油平台以及用于海上石油平台之间的相互连接。

（一）水底电缆敷设的特点

水底电缆敷设因跨越水域不同，敷设方法也有较大差别，应根据电压等级、水域地质、跨度、水深、流速、潮汐、气象资料及埋设深度等综合情况，确定水底电缆敷设施工方案，选择敷设工程船吨位、主要装备以及相应的机动船只数量等。

（二）水底电缆敷设的施工方法

1. 水底电缆敷设前的准备

（1）水下电缆路径的选择，应满足电缆不易受机械性损伤、能实施可靠防护、敷设作业方便、经济合理等要求，且应符合下列规定：

1）电缆宜敷设在河床稳定、流速较缓、岸边不易被冲刷、海底无石山或沉船等障碍、少有沉锚和拖网渔船活动的水域。

2）电缆不宜敷设在码头、渡口、水工构筑物附近，且不宜敷设在疏浚挖泥区和规划筑港地带。在码头、锚地、港湾及有船停泊处敷设电缆时，必须采取可靠的保护措施。当条件允许时，应深埋敷设。

3）水下电缆不得悬空于水中，应埋置于水底。在通航水道等需防范外部机械力损伤的水域，电缆应埋置于水底适当深度的沟槽中，并应加以稳固覆盖保护。浅水区的埋深不宜小于 0.5 m；深水航道的埋深不宜小于 2 m。

4）水下电缆严禁交叉、重叠。相邻的电缆应保持足够的安全间距，且应符合下列规定：

a）主航道内，电缆间距不宜小于平均最大水深的 2 倍，引至岸边间距可适当缩小。

b）在非通航的流速未超过 1 m/s 的小河中，同回路单芯电缆间距不得小于 0.5 m，不同回路电缆间距不得小于 5 m。

c）除上述情况外，应按水的流速和电缆埋深等因素确定安全间距。

（2）水底电缆路径的调查。

1）两端登陆点的调查。应包括以下主要内容：

a）确定敷设路径长度，测量拟建终端的位置，并标注在路径平面图上，测量终端距高潮位和低潮位岸线的水平距离。

b）详细测量登陆点附近永久建筑设施、道路、桥梁、河沟等障碍物的位置、尺寸，并标注在路径平面图上。

c）了解和调查登陆点及浅水区有无对电缆安全运行构成威胁的各种因素。

2）水底地形的调查。测量船沿拟订的路径航行，同步测量船位和水深，了解水下地形和路径最大水深。用适当的比例，根据同步测得的船位和水深数据，分别绘出各测线的水下地形剖面图，剖面图应标出最低和最高水位或潮位线、登陆点位置的高程。

3）水底地质的调查。进行水底地质调查是为了进一步掌握和了解水底不同土质情况及其分布，以便采用较经济、可靠的方法保护电缆。

4）水底障碍物的调查。用旁视声呐的方法可扫测到路径水底两侧的障碍物，能较清晰地显示出诸如沉船、礁石等障碍物的性质、形状、大小和位置，为排除或绕开水下障碍物提供可靠的依据。

　　5）水文气象调查。主要包括潮汐特征、潮流或水流、风况、波浪等其他项目。

　　6）其他项目的调查。内容包括：①水域船舶航行情况，如船舶大小、吃水深度、船舶锚型等；②渔业伸展方式，如插网或抛锚的深度等；③滩涂的海水养殖及青苗、绿化的赔偿等。

　　（3）在电缆敷设工程船上，应配备的主要机具设备有发电机、卷扬机、水泵、空气压缩机、潜水作业设备、电缆盘支架及轴、输送机、电缆盘制动装置、GPS全球定位系统、电缆张力监视装置、尺码计、滚轮和入水槽等。

　　2. 水底电缆敷设的操作步骤

　　水底电缆敷设分始端登陆、中间水域敷设和末端登陆三个阶段。

　　（1）电缆的始端登陆。始端登陆宜选择登陆作业相对比较困难和复杂的一侧作为电缆的始端登陆点。

　　1）敷设船根据船只吃水深度，利用高潮位尽量向岸滩登陆点靠近，平底船型的敷设船甚至可以坐滩，然后用工作艇将事先抛在浅水处的锚或地锚上的钢缆系在船上绞车滚筒上。

　　2）测量和引导敷设船通过绞缆的方法将船定位在设计路径轴线上，锚泊固定；再次测量船位距电缆终端架的距离，根据设计余量计算出登陆所需缆长。

　　3）做好电缆牵引头。将电缆端头牵引至入水槽后，用置于岸上的牵引卷扬机的拖曳钢绳和防捻器与电缆牵引头连接在一起。

　　4）启动岸上卷扬机带动拖曳钢绳及电缆，将电缆不断地从船上输入水中。

　　5）登陆作业时，应从计米器测量登陆电缆的长度，观察和测量牵引卷扬机、地锚的受力和船位的变化。电缆穿越预留孔洞的地方应由专人看管，并防止沿途电缆滚轮发生移动。

　　6）浅滩或登陆点附近的电缆沟槽可用机械或人工开挖。可以先挖沟槽，后进行电缆登陆作业；也可以在电缆登陆作业完成后再挖沟槽。

　　（2）电缆在中间水域敷设。电缆在中间水域敷设作业必须连续进行，中途不允许停顿，更不允许发生施工船后退。

　　电缆在中间水域敷设施工时，根据敷设船的类型、尺度和动力配置情况及施工水域的自然条件，一般可采取以下五种敷设方法。

　　1）自航敷设船的敷设。在较开阔的施工水域、水较深及电缆较长的工况下进行电缆敷设，可使用操纵性能良好的机动船舶施工，如图2-15所示。这种方法船舶选型较方便，有时候将货轮或者车辆渡船稍加改造便可用于作业。

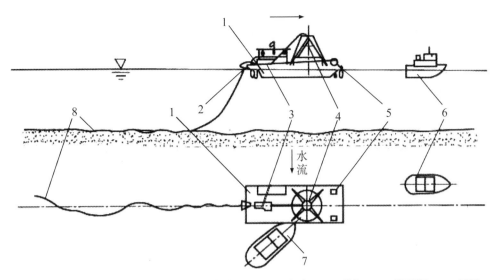

1—自航敷设船；2—驾驶舱；3—履带布缆机；4—退扭架；5—锚机；6—巡逻船；7—辅助拖轮；8—电缆。

图 2－15　敷设船自航敷缆法

2）钢丝绳牵引平底船敷缆。该法如图 2－16 所示，适用于弯曲半径和盘绕半径较大、直径较粗的电缆敷设施工。其特点是敷设船不受水深限制，甚至坐滩也可进行作业。敷设速度平稳，容易控制，能原地保持船位处理突发事情，敷设质量易保证。

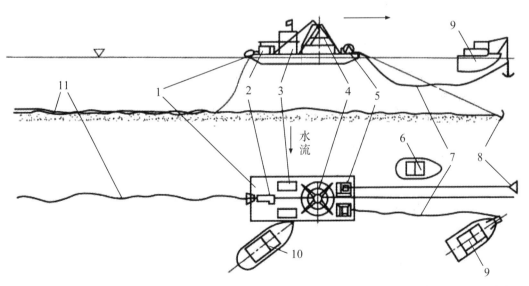

1—平底敷缆船；2—履带布缆机；3—发电机；4—退扭架；5—牵引卷扬机；6—巡逻船；7—接力锚、锚缆；8—牵引锚、锚缆；9—锚艇；10—辅助拖轮；11—电缆。

图 2－16　钢丝绳牵引平底船敷缆法

中间水域敷设作业前，用锚艇沿设计路径敷设一根钢丝绳，一端连接在终端水域的锚上或地锚上，另一端则绕在敷设船牵引卷扬机上。

3）敷设船移锚敷缆。该法适用于敷设路径很短，水深较浅、电缆自重大或先敷设后深埋的电缆工程。这种方法的特点是敷、埋设速度很平稳，船位控制精度很高，可长时间锚泊在水上进行电缆的接头安装作业等，也为潜水员下水作业提供极好的场所，但不适宜长距离电缆敷设施工。

敷设船一般为箱型非自航甲板驳，甲板上除设置敷缆机具外，还配置多台移船绞车。船舶前进依靠绞车分别绞入和放松前后八字锚缆进行，锚用锚艇进行起锚和抛锚作业，并不断重复上述移锚、绞缆过程，使敷设船沿设计路径前进。

4）拖航敷缆。敷设船既无动力，亦无牵引机械，敷缆时的船舶移动靠拖轮吊拖或绑拖进行，因此，敷设船选择更为方便，一般的货驳、甲板驳稍加改造即可使用。拖轮或推轮可以是普通船只，施工造价低廉，敷缆速度较快。该法仅适用于对敷设路径允许偏差较大、规模较小的电缆敷设工程。

5）装盘电缆敷设。该法与陆上电缆的敷设方法相似，电缆直接从电缆盘退绕出来放入水中。有以下两种作业方法：

第一种：将绕有电缆的电缆盘固定在路径一端的登陆点上，电缆盘用放线支架托起，能转动自如。路径另一端设置一台卷扬机，卷扬机上的钢丝绳先由小船拖放至电缆一侧，并与电缆端头用网套连接。开动卷扬机，就可将电缆盘上的电缆牵引入水中至另一端岸上。由于受牵引力限制、河道通航影响和电缆盘可容电缆长度所限，该法一般仅局限于水域宽度 500 m 以下的工程施工。

第二种：绕有电缆的电缆盘连同放线支架被固定在施工船上，施工船可通过自航、牵引或拖航前进，将电缆盘上的电缆敷设于水底。

（3）电缆末端登陆。电缆经过始端登陆作业、中间水域敷设作业后，敷设船抵达路径另一端浅水区，准备进行电缆的末端登陆作业。

1）敷设船敷缆至终端附近水域时，辅助船舶将事先抛设在水域中的锚缆或地锚上的钢缆递至敷设船，敷设船利用这些锚缆将船位锚泊在水面上。然后通过绞车调整这些锚缆的长度，将船体转向，将原来与路径平行方向的船体转至与路径垂直，入水槽朝向下游或与水流流向相同。

2）敷设船转向期间，电缆随船位移动，不断敷出，同时又保持适当张力，避免因电缆突然失去张力而打扭。

3）敷设船转向就位后，测量其位置距终端的距离，就能方便地求出末端登陆所用电缆的长度。然后在船上量取这段电缆长度，并作切割、封头工作。

4）敷设船用布缆机将电缆不断从缆舱内慢慢拉出，送至水面。由人工在入水槽下部把充过气的浮胎逐一绑扎在电缆下部。

5）布缆机送出预计长度电缆，其尾端被牵引至入水槽附近，套上牵引网套。由人工将电缆末端搁置在停泊于敷设船旁的小船上，并与之可靠绑扎。然后将牵引钢丝绳通过防捻器和电缆尾端连接，牵引钢丝绳的一段被绕在岸上卷扬机卷筒上。

6）启动安置在终端架旁的卷扬机，牵引电缆尾端连同小船一起向岸边靠拢。当牵引至岸边时，将搁置在小船上电缆尾端转放在预先设置在浅滩上的拖轮或其他设施上。继续启动卷扬机，并同时逐一拆除绑扎在电缆上的浮胎，直至将电缆全部牵引至末端。

7）电缆登陆至末端后，浮在水面上的电缆由人工在小船上将浮胎逐一拆除，使电缆全部沉入水底。

3．水底电缆敷设的质量标准及注意事项

（1）水底电缆不应有接头，当整根电缆超过制造厂的制造能力时，可采用软接头连接。

（2）通过河流的电缆，应敷设于河床稳定及河岸很少受到冲损的地方。在码头、锚地、港湾、渡口及有船停泊处敷设电缆时，必须采取可靠的保护措施。当条件允许时，应深埋敷设。

（3）水底电缆的敷设必须平放水底，不得悬空。当条件允许时，宜埋入河床（海底）0.5 m以下。

（4）水底电缆平行敷设时的间距不宜小于最高水位水深的2倍；当埋入河床（海底）以下时，其间距按埋设方式或埋设机的工作活动能力确定。

（5）水底电缆引到岸上的部分应穿管或加保护盖板等保护措施，其保护范围，下端应为最低水位时船只搁浅及撑篙达不到之处；上端高于最高洪水位。在保护范围的下端，电缆应固定。

（6）电缆线路与小河或小溪交叉时，应穿管或埋在河床下足够深处。

（7）在岸边水底电缆与路上电缆连接的接头处，应装有锚定装置。

（8）水底电缆的敷设方法、敷设船只的选择和施工组织的设计，应按电缆的敷设长度、外径、重量、水深、流速和河床地形等因素确定。

（9）水底电缆的敷设，当全线采用盘装电缆时，根据水域条件，电缆盘可放在岸上或船上，敷设时可用浮筒浮托，严禁使电缆在水底拖拉。

（10）水底电缆不能装盘时，应采用散装敷设法。其敷设程序是：先将电缆圈绕在敷设船舱内，再经仓顶高架、滑轮、制动装置至入水槽下水，用拖轮绑拖，自航敷设或用钢缆牵引敷设。

（11）敷设船的选择，应符合下列条件：

1）船舱的容积、甲板面积、稳定性等应满足电缆长度、重量、弯曲半径和作业场所等的要求。

2）敷设船应配有制动装置、张力计量、长度测量、入水角、水深和导航、定位等仪器，并配有通信设备。

（12）水底电缆敷设应在小潮汛、憩流或枯水期进行，并应视线清晰，风力小于5级。

（13）敷设船上的放线架应保持适当的退扭高度。敷设时，应根据水的深浅控制敷设张力，使其入水角在30°～60°。采用牵引顶推敷设时，其速度宜为20～30 m/min；采用拖轮或自航牵引敷设时，其速度宜为90～150 m/min。

（14）水底电缆敷设时，两岸应按设计设立导标。敷设时应定位测量，及时纠正航线和校核敷设长度。

（15）水底电缆引到岸上时，应将全线全部浮托在水面上，再牵引至陆上。浮托在水面上的电缆应按设计路径沉入水底。

（16）水底电缆敷设后，应做潜水检查。电缆应放平，河床起伏处电缆不得悬空，并测量电缆的确切位置。在两岸必须设置标志牌。

二、桥梁上的电力电缆敷设

为跨越河道，将电缆敷设在交通桥梁或专用电缆桥上的电缆安装方式称为电缆桥梁敷设。

（一）桥梁上电缆敷设的特点

在短跨距的交通桥梁上敷设电缆，一般应将电缆穿入内壁光滑、耐燃的管子内，并在桥堍部位设过渡工井，以吸收过桥部分电缆的热伸缩量。电缆专用桥梁一般为箱型，其断面结构与电缆沟相似。

（二）桥梁上电缆敷设的施工方法

1. 桥梁上电缆敷设前的准备

桥梁上电缆敷设一般采用卷扬机钢丝绳牵引和电缆输送机牵引相结合的办法。在敷设电缆前，电缆端部应制作牵引头。将电缆盘和卷扬机分别安放在桥箱入口处，并搭建适当的滑轮、滚轮支架。在电缆盘处和隧道中转弯处设置电缆输送机，以减小电缆的牵引力和侧压力。在电缆桥箱内安放滑轮，清除桥箱内外杂物；检查支架预埋情况并修补；采用钢丝绳牵引电缆。电缆牵引完毕后，用人力将电缆定位在支架上。

电缆桥梁敷设，必须有可靠的通信联络设施。

2. 桥梁上电缆敷设的操作步骤

电缆桥梁敷设施工方法与电缆沟道或排管敷设方法相似。电缆桥梁敷设的最难点在于两个桥堍处。此位置电缆的弯曲和受力情况必须经过计算确认在电缆允许值范围内，并有严密的技术保证措施，以确保电缆施工质量。

短跨距交通桥梁，电缆应穿入内壁光滑、耐燃的管子内，在桥堍部位设电缆伸缩弧（图2-17），以吸收过桥电缆的热伸缩量。

长跨距交通桥梁人行道下敷设电缆，为降低桥梁振动对电缆金属护套的影响，应在电缆下每隔 1～2 m 加垫橡胶垫块。在两边桥堍建过渡井，设置电缆伸缩弧。高压大截面电缆应作蛇形敷设。

长跨距交通桥梁采用箱形电缆通道。当通过交通桥梁电缆根数较多，应按市政规划把电缆通道作为桥梁结构的一部分进行统一设计。这种过桥电缆通道一般为箱型结构，类似电缆隧道，桥面应有临时供敷设电缆的人孔。在桥梁伸缩间隙部

图 2-17 电缆伸缩弧

位，应按桥桁最大伸缩长度设置电缆伸缩弧。高压大截面电缆应作蛇形敷设。

在没有交通桥梁可通过电缆时，应建专用电缆桥。专用电缆桥一般为弓形，采用钢结构或钢筋混凝土结构，断面形状与电缆沟相似。

公路、铁道桥梁上的电缆，应采取防止振动、热伸缩以及风力影响下金属套因长期应力疲劳导致断裂的措施。

电缆桥梁敷设，除填砂和穿管外，应采取与电缆沟敷设相同的防火措施。

3. 桥梁上电缆敷设的质量标准及注意事项

（1）木桥上的电缆应穿管敷设。在其他结构的桥上敷设的电缆，应在人行道下设电缆沟或穿入由耐火材料制成的管道中。在人不易接触处，电缆可在桥上裸露敷设，但应采取避免太阳直接照射的措施。

（2）悬吊架设的电缆与桥梁架构之间的净距不应小于 0.5 m。

（3）在经常受到振动的桥梁上敷设的电缆，应有防振措施。桥墩两端和伸缩缝处的电缆，应留有松弛部分。

（4）电缆在桥梁上敷设时，要求：

1）电缆及附件的质量在桥梁设计的允许承载范围之内；

2）在桥梁上敷设的电缆及附件，不得低于桥底距水面的高度；

3）在桥梁上敷设的电缆及附件，不得有损桥梁及外观。

（5）在长跨距桥桁内或桥梁人行道下敷设电缆时，应注意：

1）为降低桥梁振动对电缆金属护套的影响，在电缆下每隔 1～2 m 加垫用弹性材料制成的衬垫；

2）在桥梁伸缩间隙部位的一端，应设置电缆伸缩弧，即把电缆敷设成圆弧形，以吸收由于桥梁主体热胀冷缩引起的电缆伸缩量；

3）电缆宜采用耐火槽盒保护，全长作蛇形敷设，在两边桥堍，电缆必须采用活动

支架固定。

三、水底和桥梁上敷设的危险点分析与控制

1. 高处坠落

（1）水底和桥梁上敷设作业中，起吊电缆在高度超过 1.5 m 的工作地点工作时，应系安全带，或采取其他可靠的措施。

（2）作业过程中起吊电缆时必须系好安全带，安全带必须绑在牢固物件上，转移作业位置时不得失去安全带保护，并应有专人监护。

（3）施工现场的所有孔洞应设可靠的围栏或盖板。

2. 高空落物

沟道敷设作业中，起吊电缆遇到高处作业时必须使用工具包，以防掉东西。所用的工器具、材料等必须用绳索传递，不得乱扔。终端塔下应防止行人逗留。现场人员应佩戴安全帽。

起吊电缆时应避免上下交叉作业，上下交叉作业或多人一处作业时应相互照应、密切配合。

3. 烫伤、烧伤

（1）封电缆牵引头和电缆帽头等动用明火作业时，火焰应远离易燃易爆品。工作人员应穿长袖工作服。

（2）不熟悉喷灯或喷枪使用方法的人员不得擅自使用喷灯或喷枪。

（3）使用喷枪应先检查本体是否漏气或堵塞，禁止在明火附近进行放气或点火。喷枪使用完毕应放置在安全地点，冷却后装运。

4. 机械损伤

（1）在使用电锯锯电缆时，应使用合格的带有保护罩的电锯。

（2）不准使用无合格防护罩和有裂纹及其他不良情况的砂轮机和无齿锯。

5. 触电

（1）现场施工和敷设船上使用电源应采用绝缘导线，并在开关箱的首端处装设合格的漏电保护器。

（2）使用的电动工具应按规定周期进行试验，结果应合格。

（3）移动式电动设备或电动工具应使用软橡胶电缆，电缆不得破损、漏电。

6. 挤伤、砸伤

（1）电缆盘运输、电缆敷设船敷设过程中应设专人监护，防止电缆盘倾倒。

（2）用滑轮敷设电缆时，不要在滑轮滚动时用手搬动滑轮，工作人员应站在滑轮前进方向。

7. 落水

（1）在电缆敷设船上进行敷设作业时，应加强监护，做好安全措施，防止人员落

水。作业人员应穿戴救生衣，并安排专门的救生人员和船只。

（2）需进行水下工作的潜水人员，应经专门训练并持有相关资质证书，潜水和供氧设备应经过定期检测并合格，且使用良好。

8．钢丝绳断裂

（1）用机械牵引电缆时，绳索应有足够的机械强度；工作人员应站在安全位置，不得站在钢丝绳内角侧等危险地段；电缆盘转动时，应用工具控制转速。

（2）牵引机需要装设保护罩。

9．现场勘察不清

（1）必须核对图纸，勘察现场，查明可能向作业点反送电的电源，并断开其断路器、隔离开关。

（2）对大型作业及较为复杂的施工项目，勘察现场后，制定"三措一案"，并报有关领导批准，方可实施。

10．任务不清

现场负责人要在作业前将工作人员的任务分工，危险点及控制措施予以明确并交代清楚。

11．人员安排不当

（1）选派的工作负责人应有一定的工作经验、较强的责任心和安全意识，并熟练掌握所承担工作的检修项目和质量标准。

（2）选派的工作班成员能安全、保质保量地完成所承担的工作任务。

（3）工作人员精神状态和身体条件能够胜任本职工作。

12．特种工作作业票不全

进行电焊、起重、动用明火等作业时，特殊工作现场作业票、动火票应齐全。

13．单人留在作业现场

起吊电缆盘及起吊电缆上终端构架时，工作人员不得单独留在作业现场。

14．违反监护制度

（1）被监护人在作业过程中，工作监护人的视线不得离开被监护人。

（2）专责监护人不得做其他工作。

15．违反现场作业纪律

（1）工作负责人应及时提醒和制止影响工作的不安全行为。工作负责人应注意观察工作班成员的精神和身体状态，必要时可对作业人员进行适当的调整。

（2）工作中严禁喝酒、谈笑、打闹等。

16．擅自变更现场安全措施

（1）不得随意变更现场安全措施。

（2）特殊情况下需要变更安全措施时，必须征得工作负责人同意，完成后及时恢复原安全措施。

17. 穿越临时围栏

(1) 临时围栏的装设需在保证作业人员不能误登带电设备的前提下进行，方便作业人员进出现场和实施作业。

(2) 严禁穿越和擅自移动临时围栏。

18. 工作不协调

(1) 多人同时进行工作时，应互相呼应，协同作业。

(2) 多人同时进行工作，应设专人指挥，并明确指挥方式。使用通信工具应事先检查工具是否完好。

19. 交通安全

(1) 工作负责人应提醒司机驾车、驾船安全。

(2) 乘车及乘船人员应注意安全，严禁在车船上打闹嬉戏或将头、手伸出交通工具外，以免造成人身伤亡。

(3) 注意防止随车、船装运的工器具挤、砸、碰伤乘坐人员。

20. 交通伤害

(1) 在交通路口、人口密集地段工作时应设安全围栏、挂标示牌。

(2) 在专门的水域管辖区域及航道内和水域、航道的两岸边应设警示标志。

2.3.5 电力电缆敷设的一般要求

一、电力电缆敷设基本要求

1. 电缆敷设一般要求

敷设施工前应按照工程实际情况对电缆敷设机械力进行计算。敷设施工中应采取必要措施，确保各段电缆的敷设机械力在允许范围内。根据敷设机械力计算，确定敷设设备的规格，并按最大允许机械力确定被牵引电缆的最大长度和最小弯曲半径。

2. 电缆的牵引方法

电缆的牵引方法主要有制作牵引头和网套牵引两种。为消除电缆的扭力和不退扭钢丝绳的扭转力传递作用，牵引前端必须加装防捻器。

(1) 牵引头。连接卷扬机的钢丝绳和电缆首端的金具，称作牵引头。它的作用不仅是电缆首端的一个密封套头，而且又是牵引电缆时将卷扬机的牵引力传递到电缆导体的连接件。对有压力的电缆，它还带有可拆接的供油或供气的油嘴，以便需要时连接供气或供油的压力箱。

常用的牵引头有单芯充油电缆牵引头、三芯交联电缆牵引头和高压塑料电缆牵引头，如图 2-18、图 2-19、图 2-20 所示。

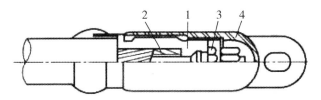

1—牵引头主体；2—加强钢管；3—插塞；4—牵引头盖。

图 2 - 18　单芯充油电缆牵引头

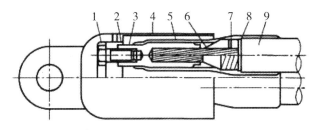

1—紧固螺栓；2—分线金具；3—牵引头主体；4—牵引头盖；5—防水层；6—防水填料；7—护套绝缘检测用导线；8—防水填料；9—电缆。

图 2 - 19　三芯交联电缆牵引头

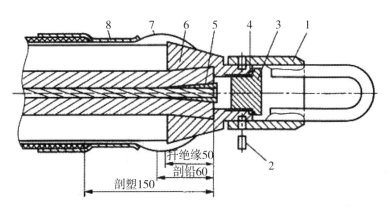

1—拉环套；2—螺钉；3—帽盖；4—密封圈；5—锥形钢衬管；6—锥形帽罩；7—封铅；8—热缩管。

图 2 - 20　高压单芯交联电缆牵引头

（2）牵引网套。牵引网套用钢丝绳（也有用尼龙绳或白麻绳）由人工编织而成。由于牵引网套只是将牵引力过渡到电缆护层上，而护层允许牵引强度较小，因此不能代替牵引头。只有在线路不长，经过计算，牵引力小于护层的允许牵引力时才可单独使用。图 2 - 21 所示为安装在电缆端头的牵引网套。

1—电缆；2—铅（铜）扎线；3—钢丝网套。

图 2 - 21　电缆牵引网套

（3）防捻器。用不退扭钢丝绳牵引电缆时，在达到一定张力后，钢丝绳会出现退扭，更由于卷扬机将钢丝绳收到收线盘上时增大了旋转电缆的力矩，如不及时消除这种退扭力，电缆会受到扭转应力，不但能损坏电缆结构，而且在牵引完毕后，积聚在钢丝绳上的扭转应力能使钢丝绳弹跳，容易击伤施工人员。为此，在电缆牵引前应串联一只防捻器，如图 2-22 所示。

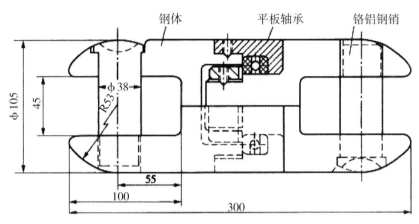

图 2-22　防捻器

3. 牵引力技术要求

电缆导体的允许牵引应力，用钢丝网套牵引塑料电缆：如无金属护套，则牵引力作用在塑料护套和绝缘层上；有金属套式铠装电缆时，牵引力作用在塑料护套和金属套式铠装上。用机械敷设电缆时的最大牵引强度宜符合表 2-13 的规定，充油电缆总拉力不应超过 27 kN。

表 2-13　电缆最大允许牵引强度　　　　　单位：N/mm²

牵引方式	牵引头		钢丝网套			
受力部位	铜芯	铝芯	铅套	铝套	皱纹铝护套	塑料护套
允许牵引强度	70	40	10	40	20	7

二、电力电缆弯曲半径

电缆在制造、运输和敷设安装施工中总要受到弯曲，弯曲时电缆外侧被拉伸，内侧被挤压。由于电缆材料和结构特性的原因，电缆能够承受弯曲，但有一定的限度。过度的弯曲容易对电缆的绝缘层和护套造成损伤，甚至破坏电缆，因此规定电缆的最小弯曲半径应满足电缆供货商的技术规定数据。制造商无规定时，按表 2-14 规定执行。

三、电力电缆敷设机械力计算

1. 牵引力

电缆敷设施工时牵引力的计算，要根据电缆敷设路径分段进行。比较常见的敷设路径有水平直线敷设、水平转弯敷设和斜坡直线敷设三种。总牵引力等于各段牵引力之和。

（1）敷设电缆的三种典型路径，其牵引力计算公式如下：

水平直线敷设 $T = \mu W L$

水平转弯敷设 $T_2 = T_1 e^{\mu \theta}$

斜坡直线敷设上行时　$T = WL(\mu \cos\theta + \sin\theta)$

　　　　　　下行时　$T = WL(\mu \cos\theta - \sin\theta)$

竖井中直线牵引上引法的牵引力为　$T = WL$

以上式中，T 牵引力，N；T_1 为弯曲前牵引力，N；T_2 为弯曲后牵引力，N；μ 为摩擦因数；W 为一电缆每米重量，N/m；L 为电缆长度，单位：m；θ 为转弯或倾斜角度，单位：rad。

表 2-14　电缆最小弯曲半径

电缆型式		多芯	单芯
控制电缆	非铠装、屏蔽型软电缆	6D	—
	铠装、铜屏蔽型	12D	
	其他	10D	
橡皮绝缘电缆	无铅包、钢铠护套	10D	
	裸铅包护套	15D	
	钢铠护套	20D	
塑料绝缘电缆	无铠装	15D	20D
	有铠装	12D	15D
油浸纸绝缘电缆	铝套	30D	
	铅套　有铠装	15D	20D
	铅套　无铠装	20D	—
自容式充油电缆		—	20D

注：D 为电缆外径。

（2）在靠近电缆盘的第一段，计算牵引力时，需将克服电缆盘转动时盘轴孔与钢轴间的摩擦力计算在内，这个摩擦力可近似相当于 15m 长电缆的重量。

（3）电缆在牵引中与不同物材相接触称为摩擦，产生摩擦力。其摩擦因数的大小对牵引力的增大影响不可忽视。电缆与各种不同接触物之间的摩擦因数见表 2-15。

2. 侧压力

作用在电缆上与其本体呈垂直方向的压力，称为侧压力。

侧压力主要发生在牵引电缆时的弯曲部分。控制侧压力的重要性在于：①避免电缆外护层遭受损伤；②避免电缆在转弯处被压扁变形。自容式充油电缆当受到过大的侧压力时，会导致油道永久变形。

表 2-15　摩擦因数表

牵引时电缆接触物	摩擦因数 μ	牵引时电缆接触物	摩擦因数 μ
钢管	0.17~0.19	砂土	1.5~3.5
塑料管	0.4	混凝土管，有润滑剂	0.3~0.4
滚轮	0.1~0.2	—	—

（1）侧压力的规定要求。电缆侧压力的允许值与电缆结构和转角处设置状态有关。电缆允许侧压力包括滑动允许值和滚动允许值，可根据电缆制造厂提供的技术条件计算；无规定时，电缆侧压力允许值应满足表 2-16 的规定。

表 2-16　电缆护层最大允许侧压力

电缆护层分类	滑动状态（涂抹润滑剂圆弧滑板或排管，kN/m）	滚动状态（每只滚轮，kN）
铅护层	3.0	0.5
皱纹铝护层	3.0	2.0
无金属护层	3.0	1.0

（2）侧压力的计算。

1）在转弯处经圆弧形滑板电缆滑动时的侧压力，与牵引力成正比，与弯曲半径成反比，计算公式为：

$$p = \frac{T}{R}$$

式中，p 为侧压力，单位：N/m；T 为牵引力，单位：N；R 为弯曲半径，单位：m。

2）转弯处设置滚轮，电缆在滚轮上受到的侧压力，与各滚轮之间的平均夹角或滚轮间距有关。每只滚轮对电缆的侧压力计算公式为：

$$p \approx 2T\sin\left(\frac{\theta}{2}\right)$$

其中，$\sin\left(\frac{\theta}{2}\right) \approx \frac{0.5s}{R}$，则 $p \approx \frac{Ts}{R}$。

式中，p 为侧压力，单位：N/m；T 为牵引力，单位：N；R 为转弯滚轮所设置的圆弧半径，单位：m；θ 为滚轮间平均夹角，单位：rad；s 为滚轮间距，单位：m。

3）当电缆呈 90°转弯时，每只滚轮上的侧压力计算公式可简化为：

$$p = \frac{\pi T}{2(n-1)}$$

计算出每只滚轮上的侧压力后,可得出转弯处需设置滚轮的个数。

4)显而易见,降低侧压力的措施是减少牵引力和增加弯曲半径。为控制侧压力,通常在转弯处使用特制的呈 L 状的滚轮,均匀地设置在以 R 为半径的圆弧上,间距要小。每只滚轮都要能灵活地转动,滚轮要固定好,防止牵引时倾翻或移动。

3. 扭力

扭力是作用在电缆上的旋转机械力。

作用在电缆上的扭力,如果超过一定限度,会造成电缆绝缘与护层的损伤,有时积聚的电缆上的扭力,还会使电缆打成"小圈"。

作用在电缆上的扭力有扭转力和退扭力两种,敷设施工牵引电缆时,采用钢丝绳和电缆之间装置防捻器,来消除钢丝绳在牵引中产生的扭转力向电缆传递。在敷设水底电缆施工中,采用控制扭转角度和规定退扭架高度的办法,消除电缆装船时潜存的退扭力。

在水下电缆敷设中,允许扭力以圈形周长单位长度的扭转角不大于 25°/m 为限度。退扭架的高度一般不小于 0.7 倍电缆圈形外圈直径。

四、电力电缆的排列要求

1. 同一通道同侧多层支架敷设

同一通道内电缆数量较多时,若在同一侧的多层支架上敷设,应符合下列规定:

(1)应按电缆等级由高至低的电力电缆、强电至弱电的控制和信号电缆、通信电缆由上而下的顺序排列。

1)当水平通道中含有 35 kV 以上高压电缆,或为满足引入柜盘的电缆符合允许弯曲半径要求时,宜按由下而上的顺序排列;

2)在同一工程中或电缆通道延伸于不同工程的情况,均应按相同的上下排列顺序配置。

(2)支架层数受到通道空间限制时,35 kV 及以下的相邻电压等级电力电缆,可排列于同一层支架上;1 kV 及以下电力电缆,可与强电控制和信号电缆配置在同一层支架上。

(3)同一重要回路的工作与备用电缆实行耐火分隔时,应配置在不同层的支架上。

2. 同层支架电缆配置

同一层支架上电缆排列的配置,宜符合下列规定:

(1)控制和信号电缆可紧靠或多层叠置。

(2)除交流系统用单芯电力电缆的同一回路可采取正三角形配置外,对重要的同一回路多根电力电缆,不宜叠置。

(3)除交流系统用单芯电缆情况外,电力电缆的相互间宜有不小于 0.1 m 的空隙。

五、电力电缆及附件的固定

垂直敷设或超过30°倾斜敷设的电缆，水平敷设转弯处或易于滑脱的电缆，以及靠近终端或接头附近的电缆，都必须采用特制的夹具将电缆固定在支架上。其作用是把电缆的重力和因热胀冷缩产生的热机械力分散到各个夹具上或得到释放，使电缆绝缘、护层、终端或接头的密封部位免受机械损伤。

电缆固定要求如下：

（1）刚性固定。采用间距密集布置的夹具将电缆固定，两个相邻夹具之间的电缆在受到重力和热胀冷缩的作用下被约束不能发生位移的夹紧固定方式称为刚性固定，如图2-23所示。

刚性固定通常适用于截面不大的电缆。当电缆导体受热膨胀时，热机械力转变为内部压缩应力，可防止电缆由于严重局部应力而产生纵向弯曲。在电缆线路转弯处，相邻夹具的间距应较小，约为直线部分的1/2。

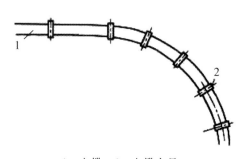

1—电缆；2—电缆夹具。

图2-23 电缆刚性固定示意图

（2）挠性固定。允许电缆在受到热胀冷缩影响时可沿固定处轴向产生一定的角度变化或稍有横向位移的固定方式称为挠性固定，如图2-24所示。

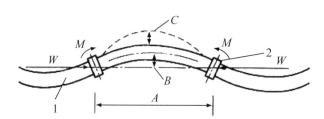

1—电缆；2—移动夹具；A—电缆挠性固定夹具节距；B—电缆至中轴线固定幅值；
C—挠性固定电缆移动幅值；M—移动夹具转动方向；W—两只夹具之间中轴线。

图2-24 电缆挠性固定示意图

采取挠性固定时，电缆呈蛇形状敷设。即将电缆沿平面或垂直部位敷设成近似正弦波的连续波浪形，在波浪形两头电缆用夹具固定，而在波峰（谷）处电缆不装夹具或装设可移动式夹具，以使电缆可以自由平移。

蛇形敷设中，电缆位移量的控制要求要以电缆金属护套不产生过分应变为原则，并据此确定波形的节距和幅值。一般蛇形敷设的波形节距为4~6 m，波形幅值为电缆外径的1~1.5倍。由于波浪形的连续分布，电缆的热膨胀均匀地被每个波形宽度所吸收，而不会集中在线路的某一局部。在长距离桥梁的伸缩间隙处设置电缆伸缩弧，或者采用能垂直和水平方向转动的万向铰链架,在这种场合的电缆固定均为挠性固定。

高压单芯电缆水平蛇形敷设施工竣工图如图 2-25 所示,垂直蛇形敷设施工竣工图如图 2-26 所示。

图 2-25　高压单芯电缆水平蛇形敷设施工竣工图

图 2-26　高压单芯电缆垂直蛇形敷设施工竣工图

(3) 固定夹具安装。

1) 选用。电缆的固定夹具一般采用两半组合结构,如图 2-27 所示。固定电缆用的夹具、扎带、捆绳或支托件等部件,应具有表面光滑、便于安装、足够的机械强度和适合使用环境的耐久性等性能。单芯电缆夹具不得以铁磁材料构成闭合磁路。

2) 衬垫。在电缆和夹具之间,要加上衬垫。衬垫材料有橡皮、塑料、铅板和木质垫圈,也可用电缆上剥下的塑料护套作为衬垫。衬垫在电缆和夹具之间形成一个缓冲层,使得夹具既夹紧电缆,又

图 2-27　电缆夹具图

不夹伤电缆。裸金属护套或裸铠装电缆以绝缘材料作衬垫,可使电缆护层对地绝缘,免受杂散电流或通过护层入地的短路电流的伤害。过桥电缆在夹具间加弹性衬垫,有防振作用。

3) 安装。在电缆隧道、电缆沟的转弯处及电缆桥架的两端采用挠性固定方式时,应选用移动式电缆夹具。固定夹具应当由有经验的人员安装。所有夹具的松紧程度应基本一致,夹具两边的螺母应交替紧固,不能过紧或过松,以使用力矩扳手紧固为宜。

(4) 电缆附件固定要求。35 kV 及以下电缆明敷时,应适当设置固定的部位,并应符合下列规定:

1) 水平敷设,应设置在电缆线路首、末端和转弯处以及接头的两侧,且宜在直线段每隔不少于 100 m 处。

2）垂直敷设，应设置在上、下端和中间适当数量位置处。

3）斜坡敷设，应遵照1）、2）款，并因地制宜设置。

4）当电缆间需保持一定间隙时，宜设置在每隔10 m处。

5）交流单芯电力电缆，还应满足按短路电动力确定所需予以固定的间距。

在35 kV以上高压电缆的终端、接头与电缆连接部位，宜设置伸缩节。伸缩节应大于电缆容许弯曲半径，并应满足金属护层的应变不超出容许值的要求。未设置伸缩节的接头两侧，应采取刚性固定或在适当长度内将电缆实施蛇形敷设。

电缆支持及固定如图2-28所示。

（5）电缆支架的选用。电缆支架除支持工作电流大于1500 A的交流系统单芯电缆外，宜选用钢制。

图2-28　电缆支持及固定图

六、电力电缆线路标志牌

1. **标志牌装设要求**

（1）电缆敷设排列固定后，及时装设标志牌。

（2）电缆线路标志牌装设应符合位置规定。

（3）标志牌上应注明线路编号。无编号时，应写明电缆型号、规格及起讫地点。

（4）并联使用的电缆线路应有顺序号。

（5）标志牌字迹应清晰不易脱落。

（6）标志牌规格宜统一。标志牌应能防腐，挂装应牢固。

高压单芯电缆排管敷设标志牌装设如图2-29所示。

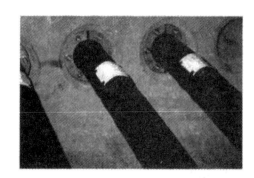

图2-29　高压单芯电缆排管敷设标志牌装设图

2. **标志牌装设位置**

（1）生产厂房或变电站内，应在电缆终端头和电缆接头处装设电缆标志牌。

（2）电力电网电缆线路，应在下列部位装设标志牌：

1）电缆终端头和电缆接头处；

2）电缆管两端电缆沟、电缆井等敞开处；

3）电缆隧道内转弯处、电缆分支处直线段间隔 50～100 m 处。

2.3.6 交联聚乙烯绝缘电力电缆的热机械力

一、电力电缆热机械力

1. 热机械力概念

交联聚乙烯绝缘电缆在制造过程中滞留在绝缘内部的热应力会引起绝缘回缩，导致绝缘回缩释放热应力而产生的机械力，以及电缆线路在运行状态下因负载变动引起或环境温差变化引起导体热胀冷缩而产生的电缆内部机械力，统称为热机械力。

2. 产生的原因

热机械力产生的原因主要有以下两方面：

（1）电缆制造中。

1）电缆在制造过程中，交联电缆温度超过结晶融化温度，使得其压缩弹性模数大幅度下降。然而电缆生产线冷却过程较为迅速，使得电缆热应力没有释放，最终在电缆本体中形成热应力。

2）交联电缆绝缘和导体的热膨胀系数不同，相差 10～30 倍，相对金属导体而言，交联聚乙烯绝缘较容易回缩，因而产生热机械力。

（2）电缆运行中。

电缆在运行中，对于较大的大截面电缆，负荷电流变化时，由于线芯温度的变化和环境温度变化引起的导体热胀冷缩所产生的机械力可能达到相当大的数值。据实验测试，导体截面为 2000 mm² 的电缆，最大热机械力可达到 100 kN 左右。

二、热机械力对电力电缆及附件的影响

1. 热机械力对电缆的影响

（1）损坏固定金具，并可能导致电缆跌落。

（2）电缆与金具、支架接触，机械压力过大可能损坏电缆外护套、金属护套，甚至造成电缆损坏。

（3）导体与绝缘、绝缘与电缆金属护套发生相对位移，在相互之间产生气隙，形成放电通道。

2. 热机械力对电缆附件的影响

（1）导体的热胀冷缩可使电缆附件受到挤压或脱离，导致附件机械性损坏故障。

（2）导体的热胀冷缩造成导体与绝缘之间产生气隙放电、接头受到机械力发生位移或损坏。

（3）绝缘回缩可能在接头内造成绝缘与附件间产生气隙或脱离，产生局部放电或击穿。

三、防止热机械力损伤电力电缆及附件的方法

1. **防止热机械力损伤电缆的技术措施**

电缆设计防止热机械力在电缆工程设计中，对大截面电缆必须预先对热机械力采取技术防范。通常采取以下措施：

（1）大截面电缆采用分裂导体结构（图2-30），以利于减少导体的热机械力。

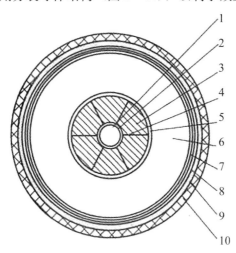

1—油道；2—油道螺旋管；3—分裂导体；4—分隔纸带；5—内屏蔽层；6—纸绝缘层；7—外屏蔽层；8—铅护套；9—径向铜带加强层；10—聚氯乙烯外护套。

图2-30　自容式充油电缆单芯分裂导体结构图

（2）电缆终端和中间接头的导体连接应有足够的抗张强度和刚度要求。

（3）电缆中间接头应避免靠近电缆线路的转弯处。

（4）电缆蛇形敷设布置，按照环境条件选择正确的方法。

（5）电缆蛇形敷设节距、幅值（计算值）符合规定。

2. **防止热机械力损伤电缆的方法**

在电缆安装敷设大截面电缆，必须预先对热机械力有适当防范措施。为了平衡热机械力，通常采取以下措施：

（1）排管敷设时，应在工井内的中间接头两端设置电缆垂直或水平"回弯"，靠接头近端的夹具采用刚性固定，靠接头远端的夹具采用挠性固定，以吸收由于温度变化所引起电缆的热胀冷缩，从而保护电缆和接头免受热机械力的影响。

（2）接头两端设置的电缆垂直或水平"回弯"，一般是将从排管口到接头之间的一段电缆弯曲成两个相切的半圆弧形状，其圆弧弯曲半径应不小于电缆的允许弯曲半径。

（3）在电缆沟、隧道、竖井内的电缆挠性固定，或水平蛇形敷设，或垂直蛇形敷设，以此吸收电缆在运行时由于温度变化而产生的电缆热胀冷缩，从而减少固定夹具所需的紧固力。

（4）电缆蛇形敷设布置方法以及蛇形节距、幅值，应根据设计按图施工。

3. 防止热机械力损伤电缆附件的方法

在电缆安装接头中，为了平衡大截面电缆的热机械力，通常采取以下措施：

（1）导体与出线梗之间连接方式采用插入式的电缆终端，应允许导体有 3 mm 的位移间隙。

（2）终端瓷套管应具有承受热机械力的抗张强度。

（3）交联聚乙烯绝缘电缆释放滞留在绝缘内部的热应力，方法有以下两种：

1）自然回缩：利用时间，让其自行回缩，消除绝缘热应力。

2）加热校直：电缆加热校直。对电缆绝缘加热，温度控制在（75±3）℃；加热持续时间，终端部位 3 h，中间接头部位 6 h。加热校直可减少安装后在绝缘末端产生气隙的可能性，确保绝缘热应力的消除与电缆的笔直度。

2.4 敷设工器具和设备的使用

电缆敷设施工需使用各种机械设备和工器具，包括挖掘与起重运输机械、牵引机械和其他专用敷设机械与器具。

一、挖掘与起重运输机械

1. 气镐和空气压缩机

气镐是以压缩空气为动力，用镐杆敲凿路面结构层的气动工具。除气镐外，挖掘路面的设备还有内燃凿岩机、象鼻式掘路机等机械。空气压缩机有螺杆式和活塞式两种，通常采用柴油发动机。螺杆式空气压缩机具有噪声较小的优点，较适宜城市道路的挖掘施工。

（1）气镐的工作原理。气镐由空气压缩机提供压缩空气，压缩空气经管状分配阀轮流进入缸体两端，在工作压力下，压缩空气做功，使锤体进行往复运动，冲击镐杆尾部，把镐杆打入路面的结构层中，实施路面开挖。

（2）气镐使用注意事项如下：

1）保持气镐内部清洁和气管接头接牢。

2）在软矿层工作时，勿使镐钎全部插入矿层，以防空击。

3）镐钎卡在岩缝中，不可猛力摇动气镐，以免缸体和连接套螺纹部分受损。

4）工作时应检查镐钎尾部和衬套配合情况，间隙不得过大、过小，以防镐钎偏歪和卡死。

（3）气镐维护要求如下：

1）气镐正常工作时，每隔 2～3 h 应加注一次润滑油。注油时卸掉气管接头，斜置气镐，按压镐柄，由连接处注入。如滤网被污物堵塞，应及时排除，不得取掉滤网。

2）气镐在使用期间，每星期至少拆卸两次，用清洁的柴油洗清，吹干，并涂以润滑油，再行装配和试验。如发现有易损件严重磨损或失灵，应及时调换。

2. 水平导向钻机

水平导向钻机是一种能满足在不开挖地表的条件下完成管道埋设的施工机械，即通过它实现"非开挖施工技术"。水平导向钻机具有液压控制和电子跟踪装置，能够有效控制钻头的前进方向。

（1）水平导向钻机的使用方法。按经可视化探测设计的非开挖钻进轨迹路径，先钻定向导向孔，同时注入适量以膨润土加水调匀的钻进液，以保持管壁稳定，并根据当地土壤特性调整泥浆黏度、密度、固相含量等参数。在全线贯通后再回头扩孔，当孔径符合设计要求时拉入电缆管道。

（2）水平导向钻机的注意事项如下：在水平导向钻机开机后，要对定向钻头进行导向监控。一般每钻进 2 m 用电子跟踪装置测一次钻头位置，以保证钻头不偏离设计轨迹。

3. 起重运输机械

起重运输机械包括汽车、吊车和自卸汽车等，用于电缆盘、各种管材、保护盖板和电缆附件的装卸和运输，以及电缆沟余土的外运。

二、牵引机械

1. 电动卷扬机

电动卷扬机（图 2-31）是由电动机作为动力，通过驱动装置使卷筒回转的机械装置。在电缆敷设时，可以用来牵引电缆。

（1）工作原理。当卷扬机接通电源后，电动机逆时针方向转动，通过连接轴带动齿轮箱的输入轴转动，齿轮箱的输出轴上装的小齿轮带动大齿轮转动，大齿轮固定在卷筒上，卷筒和大齿轮一起转动卷进钢丝绳，使电缆前行。

（2）电动卷扬机的使用及注意事项如下：

1）卷扬机应选择合适的安装地点，并固定牢固。

2）开动卷扬机前应对卷扬机的各部分进行检查，应无松脱或损坏。

3）钢丝绳在卷扬机滚筒上的排列要整齐，工作时不能放尽，至少要留 5 圈。

4）卷扬机操作人员应与相关工作人员保持密切联系。

（3）日常维护工作内容如下：

1）工作中检查运转情况，有无噪声、振动等。

2）检查电动机、减速箱及其他连接部是否紧固，制动器是否灵活可靠，弹性联轴器是否正常，传动防护是否良好。

3）检查电控箱各操作开关是否正常，阴雨天应特别注意检查电器的防潮情况。

4）定期清洁设备表面油污，对卷扬机开式齿轮、卷筒轴两端加油润滑，并对卷扬机钢丝绳进行润滑。

图 2‑31　电动卷扬机

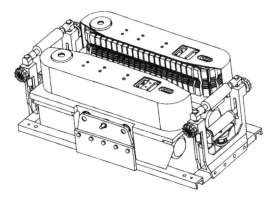

图 2‑32　电缆输送机

2. 电缆输送机

电缆输送机（图 2‑32）包括主机架、电机、变速装置、传动装置和输送轮，是一种电缆输送机械。

（1）工作原理。电缆输送机以电动机驱动，用凹型橡胶带夹紧电缆，并用预压弹簧调节对电缆的压力，使之对电缆产生一定的推力。

1）使用前应检查输送机各部分有无损坏，履带表面有无异物。

2）在电缆敷设施工时，如果同时使用多台输送机和牵引车，则必须要有联动控制装置，使各台输送机和牵引车的操作能集中控制，关停同步，速度一致。

（2）日常维护工作内容如下：

1）输送机运行一段时间以后，链条可能会松弛，应自行调整，并在链条部位加机油润滑。

2）检查各个连接部位紧固件的连接是否松动，对出现异常的进行恢复，避免因零部件松动损坏设备。

3）检查履带的磨损状况，及时更换，以免在正常夹紧力情况下敷设电缆时输送力不够；夹紧力太大又损伤电缆的外护套。

三、其他专用敷设机械和器具

1. 电缆盘支承架、液压千斤顶和电缆盘制动装置

电缆盘支承架一般用钢管或型钢制作，要求坚固，有足够的稳定性和适用于多种电缆盘的通用性。电缆盘支承架上配有液压千斤顶，用以顶升电缆盘和调整电缆盘离地高度及盘轴的水平度。

为了防止由于电缆盘转动速度过快导致盘上外圈电缆松弛下垂，以及满足敷设过程中临时停车的需要，电缆盘应安装有效的制动装置。千斤顶和电缆盘制动装置如图 2‑33所示。

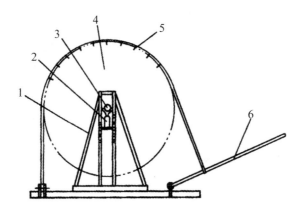

1—电缆盘支架；2—千斤顶；3—电缆盘轴；4—电缆盘；5—制动带；6—制动手柄。

图 2‑33　千斤顶和电缆盘制动装置

2. 防捻器

防捻器是安装在电缆牵引头和牵引钢丝绳之间的连接器，是用钢丝绳牵引电缆时必备的重要器具之一。因为具有两侧可相对旋转，并有耐牵引的抗张强度的特性，所以用防捻器来消除牵引钢丝绳在受张力后的退扭力和电缆自身的扭转应力。

3. 电缆牵引头和牵引网套

（1）电缆牵引头。它是装在电缆端部用作牵引电缆的一种金具，能将牵引钢丝绳上的拉力传递到电缆的导体和金属套。电缆牵引头能承受电缆敷设时的拉力，又是电缆端部的密封套头，安装后，应具有与电缆金属套相同的密封性能。有的牵引头的拉环可以转动，牵引时有退扭作用；如果拉环不能转动，则需连接一个防捻器。

用于不同结构电缆的牵引头，有不同的设计和式样。在自容式充油电缆的牵引头上装有油嘴，便于在电缆敷设完毕之后装上临时压力箱。高压电缆的牵引头通常由制造厂在电缆出厂之前安装好，有的则需要在现场安装。

（2）牵引网套。牵引网套用细钢丝绳、尼龙绳或麻绳经编结而成，用于牵引力较小或作辅助牵引。这时牵引力小于电缆护层的允许牵引力。

4. 电缆滚轮

正确使用电缆滚轮，可有效减小电缆的牵引力、侧压力，并避免电缆外护层遭到损伤。滚轮的轴与其支架之间，可采用耐磨轴套，也可采用滚动轴承。后者的摩擦力比前者小，但必须经常维护。为适应各种不同敷设现场的具体情况，电缆滚轮有普通型、加长型和 L 型等，如图 2‑34 所示。一般在电缆敷设路径上每 2～3 m 放置一个，以电缆不拖地为原则。

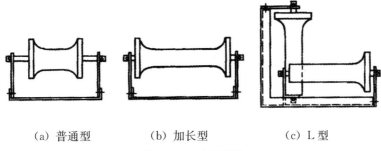

| (a) 普通型 | (b) 加长型 | (c) L 型 |

图 2-34 电缆滚轮

5. 电缆外护套防护用具

为防止电缆外护套在管孔口、工井口等处由于牵引时受力被刮破擦伤，应采用适当防护用具。通常在管孔口安装一副由两个半件组合的防护喇叭，在工井口、隧道、竖井口等处采用波纹聚乙烯管防护，将其套在电缆上。

6. 钢丝绳

在电缆敷设牵引或起吊重物时，通常使用钢丝绳作为连接。

（1）钢丝绳的使用及注意事项如下：

1）钢丝绳使用时不得超过允许最大使用拉力。

2）钢丝绳中有断股、磨损或腐蚀达到及超过原钢丝绳直径40%时，或钢丝绳受过严重火灾或局部电火烧过时，应予报废。

3）钢丝绳在使用中断丝增加很快时，应予换新。

4）环绳或双头绳结合段长度不应小于钢丝绳直径的 20 倍，且最短不应小于300 mm。

5）当钢丝绳起吊有棱角的重物时，必须垫以麻袋或木板等物，以避免物件尖锐边缘割伤绳索。

（2）日常维护工作内容如下：

1）钢丝绳上的污垢应用抹布和煤油清除，不得使用钢丝刷及其他锐利的工具清除。

2）钢丝绳必须定期上油，并放置在通风良好的室内架上保管。

3）钢丝绳必须定期进行拉力试验。

2.5 电力电缆工程竣工验收及资料管理

2.5.1 电力电缆线路工程验收

电缆线路工程属于隐蔽工程，其验收应贯穿于施工全过程中。为保证电缆线路工程质量，运行部门必须严格按照验收标准对新建电缆线路进行全过程监控和投运前竣工验收。

一、电力电缆线路工程验收制度

电缆线路工程验收分自验收、预验收、过程验收、竣工验收四个阶段，每个阶段都必须填写验收记录单，并做好整改记录。

（1）自验收由施工部门自行组织进行，并填写验收记录单。自验收整改结束后，向本单位质量管理部门提交工程验收申请。

（2）预验收由施工单位质量管理部门组织进行，并填写预验收记录单。预验收整改结束后，填写工程竣工报告，并向上级工程质量监督站提交工程验收申请。

（3）过程验收是指在电缆线路施工工程中对土建项目、电缆敷设、电缆附件安装等隐蔽工程进行的中间验收。施工单位的质量管理部门和运行部门要根据工程施工情况列出检查项目，由验收人员根据验收标准在施工过程中逐项进行验收，填写工程验收单并签字确认。

（4）竣工验收由施工单位的上级工程质量监督站组织进行，并填写工程竣工验收签证书，对工程质量予以等级评定。在验收中个别不完善项目必须限期整改，由施工单位质量管理部门负责复验并做好记录。工程竣工后1个月内施工单位应向运行单位进行工程资料移交，运行单位对移交的资料进行验收。

二、电力电缆线路工程验收方法

1. 验收程序

施工部门在工程开工前应将施工设计书、工程进度计划交质量监督站和运行部门，以便对工程进行过程验收。工程完工后，施工部门应书面通知质量监督站、运行部门进行竣工验收。同时施工部门应在工程竣工后1个月内将有关技术资料、工艺文件、施工安装记录（含工井、排管、电缆沟、电缆桥等土建资料）等一并移交运行部门整理归档。对资料不齐全的工程，运行部门可不予接收。

2. 电缆线路工程项目划分

电缆线路工程验收应按分部工程逐项进行。电缆线路工程可以分为电缆敷设、电缆接头、电缆终端、接地系统、信号系统、供油系统、调试七个分部工程（交联电缆线路无信号系统和供油系统）。每个分部工程又可分为几个分项工程，具体项目见表2-17。

表 2-17　电缆线路工程项目划分一览表

序号	分部工程	分项工程
1	电缆敷设	电缆通道（电缆沟槽开挖、排管、隧道建设）、电缆展放、电缆固定、孔洞封堵、回填掩埋、防火工程、分支箱安装等

序号	分部工程	分项工程
2	电缆接头	直通接头、绝缘接头、塞止接头、过渡接头
3	电缆终端	户外终端、户内终端、GIS终端、变压器终端
4	接地系统	终端接地、接头接地、护层交叉互联箱接地、分支箱接地、单芯电缆护层交叉互联系统
5	信号系统	信号屏、信号端子箱、控制电缆敷设和接头、自动排水泵
6	供油系统	压力箱、油管路、电触点压力表
7	调试	绝缘测试（含耐压试验和电阻测试）、参数测量、信号系统测试、油压整定、护层试验、接地电阻测试、油样试验、油阻试验、相位校核、交叉互联系统试验

3. 验收报告的编写

验收报告的内容主要分工程概况说明、验收项目签证和验收综合评价三个方面。

（1）工程概况说明。内容包括工程名称、起讫地点、工程开竣工日期以及电缆型号、长度、敷设方式、接头型号、数量、接地方式、信号装置布置和工程设计、施工、监理、建设单位名称等。

（2）验收项目签证。验收部门在工程验收前应根据工程实际情况和施工验收规范，编制好项目验收检查表，作为验收评估的书面依据，并对照项目验收标准对施工项目逐项进行验收签证和评分。

（3）验收综合评价。验收部门应根据有关国家标准和企业标准制定验收标准，对照验收标准对工程质量作出综合评价，并对整个工程进行评分。成绩分为优、良、及格、不及格四种，所有验收项目均符合验收标准要求者为优；所有主要验收项目均符合验收标准，个别次要验收项目未达到验收标准，不影响设备正常运行者为良；个别主要验收项目不合格，不影响设备安全运行者为及格；多数主要验收项目不符合验收标准，将影响设备正常安全运行者为不及格。

三、电力电缆线路敷设工程验收

电缆敷设工程属于隐蔽工程，验收应在施工过程中进行，并且要求抽样率大于50%。

1. 电缆敷设验收的内容和重点

电缆线路敷设验收的主要内容包括电缆通道（电缆沟槽开挖、排管、隧道建设）、电缆展放、电缆固定、孔洞封堵、回填掩埋、防火工程、分支箱安装等，其中电缆通道、电缆展放和电缆固定为关键验收项目，应重点加以关注。

2. 电缆线路敷设验收的标准及技术规范

1）电力电缆敷设规程。

2）工程设计书和施工图。

3）工程施工大纲和敷设作业指导书。

4）电缆沟槽、排管、隧道等土建设施的质量检验和评定标准。

5）电缆线路运行规程和检修规程的有关规定。

3. 电缆线路敷设验收内容

（1）电缆沟槽、排管和隧道等土建设施验收内容包括：

1）施工许可文件齐全。

2）电缆路径符合设计书要求。

3）与地下管线距离符合设计要求。

4）开挖深度按通道环境及线路电压等级均应符合设计要求。

（2）电缆展放及固定验收内容包括：

1）电缆牵引车位置、人员配置、电缆输送机安放位置均符合作业指导书和施工大纲要求。

2）如使用网套牵引，其牵引力不能大于厂家提供的电缆护套所能承受的拉力。

3）如使用牵引头牵引，按导体截面计算牵引力，同时要满足电缆所能承受的侧压力。

4）施工时电缆弯曲半径符合作业指导书及施工大纲要求。

5）电缆终端、接头及在工井、竖井、隧道中必须固定牢固，蛇形敷设节距符合设计要求。

（3）孔洞封堵验收。变电站电缆穿墙（或楼板）孔洞、工井排管口、开关柜底板孔等都要求用封堵材料密实封堵，符合设计要求。

（4）对电缆直埋、排管、竖井与电缆沟敷设施工的基本要求如下：

1）摆放电缆盘的场地应坚实，防止电缆盘倾斜。

2）电缆敷设前完成校潮、牵引端制作、取油样等工作。

3）充油电缆油压应大于 0.15 MPa。

4）电缆盘制动装置可靠。

5）110 kV 及以上电缆外护层绝缘应符合规程规定。

6）敷设过程中电缆弯曲半径应符合设计要求。

7）电缆线路各种标志牌完整、字迹清晰，悬挂符合要求。

（5）对直埋、排管、竖井敷设方式的特殊要求如下：

1）对直埋敷设的特殊要求是：①滑轮设置合理、整齐；②电缆沟底平整，电缆上下各铺 100 mm 的软土或细沙；③电缆保护盖板应覆盖在电缆正上方。

2）对排管敷设的特殊要求是：①排管疏通工具应符合有关规定，并双向畅通；②电缆在工井内固定应符合装置图要求，电缆在工井内排管口应有"伸缩弧"。

3）对竖井敷设的特殊要求是：①竖井内电缆保护装置应符合设计要求；②竖井内电缆固定应符合装置图要求。

（6）支架安装验收内容包括：

1）支架应排列整齐，横平竖直。

2）电缆固定和保护：在隧道、工井、电缆夹层内的电缆都应安装在支架上，电缆在支架上应固定良好，无法用支架固定时，应每隔 1 m 间距用吊索固定，固定在金属支架上的电缆应有绝缘衬垫。

3）蛇形敷设应符合设计要求。

（7）电缆防火工程验收内容包括：

1）电缆防火槽盒应符合设计要求，上下两部分安装平直，接口整齐，接缝紧密，槽盒内金具安装牢固，间距符合设计要求，端部应采用防火材料封堵，密封完好。

2）电缆防火涂料厚度和长度应符合设计要求，涂刷应均匀，无漏刷。

3）防火带应半搭盖绕包平整，无明显突起。

4）电缆夹层内接头应加装防火保护盒，接头两侧 3 m 内应绕包防火带。

5）其他防火措施应符合设计书及装置图要求。

（8）电缆分支箱验收内容包括：

1）分支箱基础的上平面应高于地面，箱体固定牢固，横平竖直，分支箱门开启方便。

2）内部电气安装和接地极安装应符合设计要求。

3）箱体防水密封良好，底部应铺以黄沙，然后用水泥抹平。

4）分支箱铭牌书写规范，字迹清晰，命名符合要求。

5）分支箱内相位标识正确、清晰。

四、电力电缆接头和终端工程验收

电缆接头及终端工程属于隐蔽工程，工程验收应在施工过程中进行。如采用抽样检查，抽样率应大于 50%。电缆接头有直通接头、绝缘接头、塞止接头、过渡接头等类型，电缆终端则有户外终端、户内终端、GIS 终端、变压器终端等类型。

1. 电缆接头和终端验收

（1）施工现场应做到环境清洁，有防尘、防雨措施，温度和湿度符合安装规范要求。

（2）电缆剥切、导体连接、绝缘及应力处理、密封防水保护层处理、相间和相对地距离应符合施工工艺、设计和运行规程要求。

（3）接头和终端铭牌、相色标志字迹清晰、安装规范。

（4）接头和终端应固定牢固，接头两侧及终端下方一定距离内保持平直，并做好接头的机械防护和阻燃防火措施。

（5）按设计要求做好电缆中间接头和终端的接地。

2. 电缆终端接地箱验收

（1）接地箱安装符合设计书及装置图要求。

（2）终端接地箱内电气安装符合设计要求，导体连接良好。护层保护器符合设计要求，完整无损伤。

（3）终端接地箱密封良好，接地线相色正确，标志清晰。

（4）接地箱箱体应采用不锈钢材料。

五、电力电缆线路附属设备验收

电缆线路附属设备验收主要是指接地系统、信号系统、供油系统的验收。

1. 接地系统验收

接地系统由终端接地、接头接地网、终端接地箱、护层交叉互联箱及分支箱接地网组成。接地系统主要验收以下项目：

（1）各接地点接地电阻符合设计要求。

（2）接地线与接地排连接良好，接线端子应采用压接方式。

（3）同轴电缆的截面应符合设计要求。

（4）护层交叉互联箱内接线正确，导体连接良好，相色标志正确清晰。

2. 信号保护系统验收

在对信号保护系统验收中，信号与控制电缆的敷设安装可参照电力电缆敷设安装规范来验收。信号屏、信号箱安装，以及自动排水装置安装等工程验收可按照二次回路施工工程验收标准进行。信号保护系统主要验收以下项目：

（1）控制电缆每对线芯核对无误且有明显标记。

（2）信号回路模拟试验正确，符合设计要求。

（3）信号屏安装符合设计要求，电器元件齐全，连接牢固，标志清晰。

（4）信号箱安装牢固，箱门和箱体由多股软线连接，接地良好。

（5）自动排水装置符合设计要求。

（6）低压接线连接可靠，绝缘符合要求，端部标志清晰。

（7）接地电阻符合设计要求。

（8）铭牌清晰，名称符合命名原则。

3. 供油系统验收

供油系统验收含压力箱、油管路和电触点压力表三个分项工程的验收。验收的主要内容包括：

（1）压力箱装置符合设计和装置图要求，表面无污迹和渗漏，各组压力箱有相位标识。压力箱支架采用热浸镀锌钢材。

（2）油管路及阀门。油管路采用塑包铜管，布置横平竖直，固定牢固，连接良好无渗漏。焊接点表面平整，管壁形变小于15％。

（3）压力表和电触点压力表应有检验记录和标识，连接良好无渗漏。

六、电力电缆线路调试

电缆线路调试由信号系统调试、油压整定、绝缘测试、电缆常数测试、护层试验、接地网测试、油阻试验、油样试验，相位校核、交叉互联系统试验等项目组成，其中绝缘测试包括直流或交流耐压试验和绝缘电阻测试。各调试结果均应符合电缆线路竣工交接试验规程和工程设计书要求。

2.5.2 电力电缆构筑物工程验收

为适应现代城市建设和电力网发展，往往需要在同一路径上敷设多条电缆。当采用直埋敷设方式难以解决电缆通道时，就需要建造电缆线路构筑物设施。构筑物设施建成之后，在敷设新电缆或检修故障电缆时，可以避免重复挖掘路面，同时将电缆置于钢筋混凝土的土建设施之中，还能够有效避免发生机械外力损坏事故。

一、电力电缆线路构筑物的种类

电缆线路构筑物的主要种类及结构特点见表2-18。

表2-18 电缆线路构筑物的主要种类及结构特点

种类		主要适用场所	结构特点
电缆管道	电缆排管管道	道路慢车道	钢筋混凝土加衬管并建工作井
	电缆非开挖管道	穿越河道、重要交通干道、地下管线、高层建筑	可视化定向非开挖钻进，全线贯通后回扩孔，拉入设计要求的电缆管道，两端建工作井
电缆沟		工厂区、变电站内（或周围）、人行道	钢筋混凝土或砖砌，内有支架
桥梁（市政桥、电缆专用桥）		跨越河道、铁路	钢构架、钢筋混凝土箱型，内有支架
电缆桥架		工厂区、高层建筑	钢构架
电缆隧道		发电厂、变电站出线、重要交通干道、穿越河道	钢筋混凝土、钢管，内有支架
电缆竖井		落差较大的水电站、电缆隧道出口、高层建筑	钢筋混凝土、在大型建筑物内，内有支架

二、电力电缆构筑物土建工程的验收

1. 土石方工程的验收

(1) 土石方工程竣工后，应检查验收下列资料：

1) 土石方竣工图。

2) 有关设计变更和补充设计的图纸或文件。

3) 施工记录和有关试验报告。

4) 隐蔽工程验收记录。

5) 永久性控制桩和水准点的测量结果。

6) 质量检查和验收记录。

(2) 土石方工程验收除检查验收相关资料外，还应验收挖方、填方、基坑、管沟等工程是否超过设计允许偏差。

2. 混凝土工程的验收

(1) 钢筋混凝土工程竣工后，应检查验收下列资料：

1) 原材料质量合格证件和试验报告。

2) 设计变更和钢材代用证件。

3) 混凝土试块的试验报告及质量评定记录。

4) 混凝土工程施工和养护记录。

5) 钢筋及焊接接头的试验数据和报告。

6) 装配式结构构件的合格证和制作、安装验收记录。

7) 预应力筋的冷拉和张拉记录。

8) 隐蔽工程验收记录。

9) 冬期施工热工计算及施工记录。

10) 竣工图及其他文件。

(2) 钢筋混凝土工程验收除检查验收相关资料外，尚应进行外观抽查。

3. 砖砌体工程的验收

(1) 砖砌体工程竣工后，应检查验收下列资料：

1) 材料的出厂合格证或试验检验资料。

2) 砂浆试块强度试验报告。

3) 砖石工程质量检验评定记录。

4) 技术复核记录。

5) 冬期施工记录。

6) 重大技术问题的处理或修改设计等技术文件。

(2) 施工中对下列项目应作隐蔽验收：

1）基础砌体。

2）沉降缝、伸缩缝和防震缝。

3）砖体中的配筋。

4）其他隐蔽项目。

三、电力电缆排管和工井的验收

电缆排管是一种使用比较广泛的土建设施，对排管和与之相配套的工井，应检查验收以下内容：

1. 管道和工井的验收

（1）排管孔径和孔数。电缆排管的孔径和孔数应符合设计要求。

（2）衬管材质的验收。排管用的衬管物理和化学性能应稳定，有一定机械强度，对电缆外护层无腐蚀，内壁光滑无毛刺，遇电弧不延燃。

（3）工井接地的验收。工井内的金属支架和预埋铁件要可靠接地，接地方式要与设计相符，且接地电阻满足设计要求。

（4）工井尺寸的验收。工井尺寸应符合设计要求，检查其是否有集水坑，是否满足电缆敷设时弯曲半径的要求，工井内应无杂物、无积水。

（5）工井间距的验收。由于电缆工井是引入电缆，放置牵引、输送设备和安装电缆接头的场所，根据高压和中压电缆的允许牵引力和侧压力，考虑到敷设电缆和检修电缆制作接头的需要，两座电缆工井之间的间距应符合电缆牵引张力限制的间距，满足施工和运行要求。

2. 土建验收

典型的电缆排管结构包括基础、衬管和外包钢筋混凝土。

（1）基础。排管基础通常为道砟垫层和素混凝土基础两层。

1）道砟垫层：采用粒径为 30～80 mm 的碎石或卵石，铺设厚度符合设计要求。垫层要夯实，其宽度要求比素混凝土基础宽一些。

2）素混凝土基础：在道砟垫层上铺素混凝土基础，厚度满足设计要求。素混凝土基础应浇捣密实，及时排除基坑积水。对一般排管的素混凝土基础，原则上应一次浇完。如需分段浇捣，应采取预留接头钢筋、毛面、刷浆等措施。浇注完成后要做好养护。

（2）排管。

1）排管施工，原则上应先建工井，再建排管，并从一座工井向另一座工井顺序铺设管材。排管间距要保持一致，应用特制的 U 形定位垫块将排管固定。垫块不得放在管子接头处，上下左右要错开，安装要符合设计要求。

2）排管的平面位置应尽可能保持平直。每节排管转角要满足产品使用说明书的要求，但相邻排管只能向一个方向转弯，不允许有 S 形转弯。

（3）外包钢筋混凝土。排管四周按设计图要求，以钢筋增强，外包混凝土。应使用小型手提式振荡器将混凝土浇捣密实。外包混凝土分段施工时，应留下阶梯形施工缝，每一施工段的长度应不少于 50 m。

（4）排管与工井的连接。

1）在工井墙壁预留与排管断面相吻合的方孔，在方孔的上下口预留与排管相同规格的钢筋作为插铁。排管接入工井预留孔处，将排管上、下钢筋与工井预留插铁绑扎。

2）在浇捣排管外包混凝土之前，应将工井留孔的混凝土接触面凿毛（糙），并用水泥浆冲洗。在排管与工井接口处应设置变形缝。

（5）排管疏通检查。为了确保敷设时电缆护套不被损伤，在排管建好后，应对各孔管道进行疏通检查。管道内不得有因漏浆形成的水泥结块及其他残留物，衬管接头处应光滑，不得有尖突。疏通检查方式是用疏通器来回牵拉，应双向畅通。疏通器的管径和长度应符合表 2-19 的规定。

表 2-19　疏通器规格　　　　　　　　　　　　　　　单位：mm

排管内径	150	175	200
疏通器外径	127	159	180
疏通器长度	600	700	800

在疏通检查中，如发现排管内有可能损伤电缆护套的异物，必须清除。清除方法是用钢丝刷、铁链和疏通器来回牵拉，必要时用管道内窥镜探测检查。只有当管道内异物排除，整条管道双向畅通后，才能敷设电缆。

四、电力电缆桥架和电缆沟的验收

电缆通过河道，在征得有关部门同意后，可从道路桥梁的人行道板下通过。电缆沟一般用于变配电站内或工厂区，不推荐用于市区道路。电缆沟采用钢筋混凝土或砖砌结构，用预制钢筋混凝土盖板或钢制盖板覆盖，盖板顶面与地面平齐。

对电缆桥架和电缆沟，应检查验收以下内容：

1. 尺寸和间距

电缆沟尺寸和支架间距应符合表 2-20 的规定。

表 2-20　电缆沟内最小允许距离　　　　　　　　　　单位：mm

名称	电缆沟深度		
	<600	600~1000	>1000
两侧有电缆支架时的通道宽度	300	500	700
单侧有电缆支架时的通道宽度	300	450	600

续表

名称		电缆沟深度		
		＜600	600～1000	＞1000
电力电缆之间的水平净距		不小于电缆外径		
电缆支架的层间净距	电缆为 10kV 及以下	200		
	电缆为 20kV 及以上	250		
	电缆在防火槽盒内	槽盒外壳高度 h＋80		

2. 支架和接地

电缆支架按结构分，有装配式和工厂分段制造式等种类；按材质分，有金属支架和塑料支架。金属支架应采用热浸镀锌，并与接地网连接。用硬质塑料制成的塑料支架又称绝缘支架，具有一定的机械强度并耐腐蚀。支架相互间距为 1 m。

电缆沟接地网的接地电阻应小于 4 Ω。

3. 防火措施

(1) 选用裸铠装或聚氯乙烯阻燃外护套电缆，不得选用纤维外被层的电缆。电缆排列间距应符合表 2-20 的规定。

(2) 电缆接头以置于防火槽盒中为宜，或者用防火包带包绕两层。

(3) 高压电缆应置于防火槽盒内，或敷设于沟底，并用沙子覆盖。

(4) 防范可燃性气体渗入。

4. 电缆沟盖板

电缆沟盖板必须满足道路承载要求，钢筋混凝土盖板应用角钢包边。电缆沟的齿口也应用角钢保护。盖板尺寸要与齿口相吻合，不宜有过大间隙。

五、电力电缆隧道的验收

电缆隧道的验收，除需按照土建要求进行验收外，还需对其附属设施进行验收。其检查验收内容如下：

1. 照明

从两端引入低压照明电源，并间隔布置灯具，设双向控制开关。灯具应选用防潮、防爆型。

2. 通风

隧道通风有自然通风和强制排风两种方式。市区道路上的电缆隧道，可在有条件的绿化地带建设进、出风竖井，利用进、出风竖井高度差形成的气压，使空气自然流通。强制排风需安装送风机，根据隧道容积和通风要求进行通风计算，以确定送风机功率和自动开机与关机的时间。采用强制排风可以提高电缆载流量。

3. 排水

整条隧道应有排水沟道，且必须有自动排水装置。隧道中如有渗漏水，将集中到两端集水坑中，当达到一定水位时，自动排水装置启动，用排水泵将水排至城市下水道。

4. 消防设施

为了确保电缆安全，电缆隧道中必须有可靠的消防措施。

（1）隧道中不得采用有纤维绕包外层的电缆，应选用具有阻燃性能、不延燃的外护套电缆。在不阻燃电缆外护层上，应涂防火涂料或绕包防火包带。

（2）应用防火槽盒。高压电缆应该用耐火材料制成的防火槽盒全线覆盖，如果是单芯电缆，可呈品字形排列，三相罩在一组防火槽中。防火槽两端用耐火材料堵塞。

（3）安装火灾报警和自动灭火装置。

2.5.3　电力电缆工程竣工技术资料

一、电力电缆线路竣工资料的种类

电缆线路工程竣工资料包括施工文件、技术文件和相关资料。

二、电力电缆工程施工文件

（1）电缆线路工程施工依据性文件，包括经规划部门批准的电缆路径图（简称规划路径批件）、施工图设计书等。

（2）土建及电缆构筑物相关资料。

（3）电缆线路安装的过程性文件，包括电缆敷设记录、接头安装记录、设计修改文件和修改图、电缆护层绝缘测试记录、油样试验报告，压力箱、信号箱、交叉互联箱和接地箱安装记录。

三、电力电缆工程技术文件

（1）由设计单位提供的整套设计图纸。

（2）由制造厂提供的技术资料，包括产品设计计算书、技术条件、技术标准、电缆附件安装工艺文件、产品合格证、产品出厂试验记录及订货合同。

（3）由设计单位和制造厂商签订的有关技术协议。

（4）电缆线路竣工试验报告。

四、电力电缆工程竣工验收相关资料

电缆线路工程属于隐蔽工程，电缆线路建设的全部文件和技术资料，是分析电缆线路在运行中出现的问题和需要采取措施的技术依据。电缆工程竣工验收相关资料主要包括以下内容：

（1）原始资料。电缆线路施工前的有关文件和图纸资料称为原始资料，主要包括工程计划任务书、线路设计书、管线执照、电缆及附件出厂质量保证书、有关施工协议书等。

（2）施工资料。电缆和附件在安装施工中的所有记录和有关图纸称为施工资料，主要包括电缆线路图、电缆接头和终端装配图、安装工艺和安装记录、电缆线路竣工试验报告。

1）电缆敷设后必须绘制详细的电缆线路走向图。直埋电缆线路走向图的比例一般为1：500；地下管线密集地段应取1：100，管线稀少地段可用1：1000。平行敷设的线路应尽量合用一张图纸，但必须标明各条线路的相对位置，并绘出地下管线断面图。

2）原始装置情况，包括电缆额定电压、型号、长度、截面积、制造日期、安装日期、制造厂名，以及电缆接头与终端的规格型号、安装日期和制造厂名。

（3）共同性资料。与多条电缆线路相关的技术资料为共同性资料，主要包括电缆线路总图、电缆网络系统接线图、电缆在管沟中的排列位置图、电缆接头和终端的装配图、电缆线路土建设施的工程结构图等。

本章思考题

1. 施工方案主要包括哪些项目？
2. 电力电缆检修作业指导书一般由哪几部分组成？
3. 电力电缆的存放与保管有哪些要求？
4. 电力电缆的现场验收包括哪些内容？
5. 电力电缆直埋敷设的特点是什么？
6. 电力电缆排管敷设的特点是什么？
7. 电力电缆沟敷设的特点是什么？
8. 电力电缆隧道敷设时，对接地有哪些要求？
9. 电力电缆在桥梁上敷设的注意事项有哪些？
10. 什么是热机械力？简述在安装电力电缆附件时应采取哪些措施消除热机械力影响。
11. 简述电力电缆线路敷设工程验收的重点内容。
12. 简述电力电缆接头和终端验收内容。
13. 电力电缆线路竣工资料的种类有哪些？

本章小结

本章主要介绍了电力电缆敷设、安装与工程验收，包括施工方案及作业指导书编制、电力电缆及附件的储运和验收、电力电缆敷设方式及要求、敷设工器具和设备的使用、电力电缆工程竣工验收及资料管理等内容。

第三章 电力电缆的运行维护

3.1 电力电缆线路运行维护的内容和要求

一、电力电缆线路运行维护工作范围

为满足电网和用户不间断供电，以先进科学技术、经济高效手段，提高电缆线路的供电可靠性和电缆线路的可用率，确保电缆线路安全经济运行，应对电缆线路进行运行维护。其范围如下：

1. 电缆本体及电缆附件

各电压等级的电缆线路（电缆本体、控制电缆）、电缆附件（接头、终端）的日常运行维护。

2. 电缆线路的附属设施

（1）电缆线路附属设备（电缆接地线、交叉互联线、回流线、电缆支架、分支箱、交叉互联箱、接地箱、信号装置、通风装置、照明装置、排水装置、防火装置、供油装置）的日常巡查维护。

（2）电缆线路附属其他设备（环网柜、隔离开关、避雷器）的日常巡查维护。

（3）电缆线路构筑物（电缆沟、电缆管道、电缆井、电缆隧道、电缆竖井、电缆桥梁、电缆架）的日常巡查维护。

二、电力电缆线路运行维护基本内容

1. 电缆线路的巡查

（1）运行部门应根据《电力法》及有关电力设施保护条例，宣传保护电缆线路的重要性。了解和掌握电缆线路上的一切情况，做好保护电缆线路的防外力损坏工作。

（2）巡查各种电压等级的电缆线路，观察路面状态正常与否。

（3）巡查各种电压等级的电缆线路有无化学腐蚀、电化学腐蚀、虫害鼠害迹象。

（4）对运行电缆线路的绝缘（电缆油）进行事故预防监督工作：

1）电缆线路载流量应按 DL/T 1253—2013《电力电缆线路运行规程》中规定，原则上不允许过负荷，每年夏季高温或冬、夏电网负荷高峰期，多根电缆并列运行的电

缆线路载流量巡查及负荷电流监视。

2）电力电缆比较密集和重要的运行电缆线路，进行电缆表面温度测量。

3）电缆线路上，防止（交联电缆、油纸电缆）绝缘变质预防监视。

4）充油电缆内的电缆油，进行介质损耗 tanδ 和击穿强度测量。

2．电缆线路设备连接点的巡查

（1）户内电缆终端巡查和检修维护。

（2）户外电缆终端巡查和检修维护。

（3）单芯电缆保护器定期检查与检修维护。

（4）分支箱内终端定期检查与检修维护。

3．电缆线路附属设备的巡查

（1）各类线架（电缆接地线、交叉互联线、回流线、电缆支架）定期巡查和检修维护。

（2）各类箱型（分支箱、交叉互联箱、接地箱）定期巡查和检修维护。

（3）各类装置（信号装置、通风装置、照明装置、排水装置、防火装置、供油装置）巡查：

1）装有自动信号控制设施的电缆井、隧道、竖井等场所，应定期检查和检修维护。

2）装有自动温控机械通风设施的隧道、竖井等场所，应定期检查和检修维护。

3）装有照明设施的隧道、竖井等场所，应定期检查和检修维护。

4）装有自动排水系统的电缆井、隧道等场所，应定期检查和检修维护。

5）装有自动防火系统的隧道、竖井等场所，应定期检查和检修维护。

6）装有油压监视信号、供油系统及装置的场所，应定期检查和检修维护。

（4）其他设备（环网柜、隔离开关、避雷器）的定期巡查和检修维护。

4．电缆线路构筑物的巡查

（1）电缆管道和电缆井的定期检查与检修维护。

（2）电缆沟、电缆隧道和电缆竖井的定期检查与检修维护。

（3）电缆桥及过桥电缆、电缆桥架的定期检查与检修维护。

5．水底电缆线路的监视

（1）按水域管辖部门的航运规定，划定一定宽度的防护区，禁止船只抛锚。

（2）按船只往来频繁情况，配置能引起船只注意的警示设施，必要时设置瞭望岗哨。

（3）收集电缆水底河床资料，并检查水底电缆线路状态变化情况。

三、电力电缆线路运行维护要求

1．电缆线路运行维护分析

（1）电缆线路运行状况分析。

1）对有过负荷运行记录或经常处于满负荷或接近满负荷运行电缆线路，应加强电缆绝缘监测，并记录数据进行分析。

2）要重视电缆线路户内、户外终端及附属设备所处环境，检查电缆线路运行环境和有无机械外力存在，以及对电缆附件及附属设备有影响的因素。

3）积累电缆故障原因分析资料，调查故障的现场情况和检查故障实物，并收集安装、运行原始资料进行综合分析。

4）对电缆绝缘老化状况变化的监测，对油纸电缆和交联电缆线路运行中的在线监测，记录绝缘检测数据，进行寻找老化特征表现的分析。

（2）制定电缆线路反事故措施。

1）加强运行管理和完善管理机制，对电缆线路安装施工过程控制、电缆线路设备运行前验收把关、竣工各类电缆资料等均做到动态监视和全过程控制。

2）改善电缆线路运行环境，消除对电缆线路安全运行构成威胁的各种环境影响因素和其他影响因素。

3）使电缆线路安全经济运行，对电缆线路运行设备老化等状况，应有更新改造具体方案和实施计划。

4）使电缆线路适应电网和用户供电需求，对不适应电网和用户供电需求的电缆线路，应重新规划布局，实施调整。

2. 电缆线路运行技术资料管理

（1）电缆线路的技术资料管理是电缆运行管理的重要内容之一。电缆线路工程属于隐蔽工程，电缆线路建设和运行的全部文件和技术资料，是分析电缆线路在运行中出现的问题和确定采取措施的技术依据。

（2）建立电缆线路一线一档管理制度，每条线路技术资料档案包括以下四大类资料：

1）原始资料：电缆线路施工前的有关文件和图纸资料存档。

2）施工资料：电缆和附件在安装施工中的所有记录和有关图纸存档。

3）运行资料：电缆线路在运行期间逐年积累的各种技术资料存档。

4）共同性资料：与多条电缆线路相关的技术资料存档。

（3）电缆线路技术资料保管。由电力电缆运行管理部门根据国家档案法、国家质量技术监督局发布的 GB/T 11822—2008《科学技术档案案卷构成的一般要求》等法规，制定电缆线路技术资料档案管理制度。

3. 电缆线路运行信息管理

（1）建立电缆线路运行维护信息计算机管理系统，做到信息共享，规范管理。

（2）运行部门管理人员和巡查人员应及时输入和修改电缆运行计算机管理系统中的数据和资料。

（3）建立电缆运行计算机管理的各项制度，做好运行管理和巡查人员计算机操作应用的培训工作。

（4）电缆运行信息计算机管理系统设有专人负责电缆运行计算机硬件和软件系统的日常维护工作。

四、电力电缆线路运行维护技术规程

1. 电缆线路基本技术规定

（1）电缆线路的最高点与最低点之间的最大允许高度差应符合电缆敷设技术规定。

（2）电缆的最小弯曲半径应符合电缆敷设技术规定。

（3）电缆在最大短路电流作用时间内产生的热效应，应满足热稳定条件。系统短路时，电缆导体的最高允许温度应符合 DL/T 1253—2013《电力电缆线路运行规程》规定。

（4）电缆正常运行时的长期允许载流量，应根据电缆导体的工作温度、电缆各部分的损耗和热阻、敷设方式、并列条数、环境温度以及散热条件等加以计算确定。电缆在正常运行时不允许过负荷。

（5）电缆线路运行中，不允许将三芯电缆中的一芯接地运行。

（6）电缆线路的正常工作电压，一般不得超过电缆额定电压15%。电缆线路升压运行，必须按升压后的电压等级进行电气试验及技术鉴定，同时需经技术主管部门批准。

（7）电缆终端引出线应保持固定，其带电裸露相与相之间部分乃至相对地部分的距离应符合技术规定。

（8）运行中电缆线路接头，终端的铠装、金属护套、金属外壳应保持良好的电气连接，电缆及其附属设备的接地要求应符合 GB 50169—2016《电气装置安装工程接地装置施工及验收规范》。

（9）充油电缆线路正常运行时，其线路上任一点的油压都应在规定值范围内。

（10）对运行电缆及其附属设备可能着火蔓延导致严重事故，以及容易受到外部影响波及火灾的电缆密集场所，必须采取防火和阻止延燃的措施。

（11）电缆线路及其附属设备、构筑物设施，应按周期性检修要求进行检修和维护。

2. 单芯电缆运行技术规定

（1）在三相系统中，采用单芯电缆时，三根单芯电缆之间距离的确定，要结合金属护套或外屏蔽层的感应电压和由其产生的损耗、一相对地击穿时危及邻相可能性、所占线路通道宽度及便于检修等各种因素，全面综合考虑。

（2）除了充油电缆和水底电缆外，单芯电缆的排列应尽可能组成紧贴的正三角形。三相线路使用单芯电缆或分相铅包电缆时，每相周围应无紧靠铁件构成的铁磁闭合

环路。

（3）单芯电缆金属护套上任一点非接地处的正常感应电压，无安全措施不得大于 50 V 或有安全措施不得大于 300 V，电缆护层保护器应能承受系统故障情况下的过电压。

（4）单芯电缆线路当金属护套正常感应电压无安全措施大于 50 V 或有安全措施大于 300 V 时，应对金属护套层及与其相连设备设置遮蔽，或者采用将金属护套分段绝缘后三相互联方法。

（5）交流系统单芯电缆金属护套单点直接接地时，其接地保护和接地点选择应符合有关技术规定，并且沿电缆邻近平行敷设一根两端接地的绝缘回流线。

（6）单芯电缆若有加固的金属加强带，则加强带应和金属护套连接在一起，使两者处于同一电位。有铠装丝单芯电缆无可靠外护层时，在任何场合都应将金属护套和铠装丝两端接地。

（7）运行中的单芯电缆，一旦发生护层击穿而形成多点接地时，应尽快测寻故障点并予以修复。因客观原因无法修复时，应由上级主管部门批准后，通知有关调度降低电缆运行载流量。

3. 电缆线路安装技术规定

（1）电缆直接埋在地下，对电缆选型、路径选择、管线距离、直埋敷设等的技术要求。

（2）电缆安装在沟道及隧道内，对防火要求、允许间距、电缆固定、电缆接地、防锈、排水、通风、照明等的技术要求。

（3）电缆安装在桥梁构架上，对防振、防火、防胀缩、防腐蚀等的技术要求。

（4）电缆敷设在排管内，对电缆选型、排管材质、电缆工作井位置等的技术要求。

（5）电缆敷设在水底，对电缆铠装、埋设深度、电缆保护、平行间距、充油电缆油压整定等的技术要求。

（6）电缆安装的其他要求，如对气候低温电缆敷设、电缆防水、电缆终端相间及对地距离、电缆线路铭牌、安装环境等的技术要求。

4. 电缆线路运行故障预防技术规定

（1）电缆化学腐蚀是指电缆线路埋设在地下，因长期受到周围环境中的化学成分影响，逐渐使电缆的金属护套遭到破坏或交联聚乙烯电缆的绝缘产生化学树枝，最后导致电缆异常运行甚至发生故障。

（2）电缆电化学腐蚀是指电缆运行时，部分杂散电流流入电缆，沿电缆的外导电层（金属屏蔽层、金属护套、金属加强层）流向整流站的过程中，其外导电层逐步受到破坏，因长期受到周围环境中直流杂散电流的影响，最后导致电缆异常运行甚至发生故障。

（3）电缆线路应无固体、液体、气体化学物质引起的腐蚀生成物。

（4）电缆线路应无杂散（直流）电流引起的电化学腐蚀。

（5）为了监视有杂散（直流）电流作用地带的电缆腐蚀情况，必须测量沿电缆线路铅包（铝包）流入土壤内杂散电流密度。阳极地区的对地电位差不大于＋1 V及阴极地区附近无碱性土壤存在时，可认为安全，但对阳极地区仍应严密监视。

（6）直接埋设在地下的电缆线路塑料外护套遭受白蚁、老鼠侵蚀情况，应及时报告当地相关部门采取灭治处理。

（7）电缆运行部门应了解有腐蚀危险的地区，必须对电缆线路上的各种腐蚀做分析，并有专档记载腐蚀分析资料。设法杜绝腐蚀的来源，及时采取防止对策，并会同有关单位，共同做好防腐蚀工作。

（8）对油纸电缆绝缘变质事故的预防巡查，黏性浸渍纸绝缘1.5年以上的上杆部分予以更换。

3.2 电力电缆设备巡视

3.2.1 电力电缆线路的巡查周期和内容

一、电力电缆线路巡查的一般规定

1. 电缆线路巡查目的

对电缆线路巡查的目的是监视和掌握电缆线路和所有附属设备运行情况，及时发现和消除电缆线路和所有附属设备异常和缺陷，预防事故发生，确保电缆线路安全运行。

2. 设备巡查的方法及要求

（1）巡查方法。巡查人员在巡查中一般通过察看、听嗅、检测等方法对电缆线路设备进行检查，见表3-1。

（2）安全事项。

1）电缆线路设备巡查时，必须严格遵守《电力安全工作规程（线路部分）》和企业管理标准相关规定，做到不漏巡、错巡，不断提高电缆线路设备巡查质量，防止设备事故发生。

2）允许单独巡查高压电缆线路设备的人员名单应经安监部门审核批准，新进人员和实习人员不得单独巡查。

3）巡查电缆线路户内设备时应随手关门，不得将食物带入室内，电站内禁止烟火，巡查高压电缆设备时，应戴安全帽并按规定着装，应按规定的路线、时间进行。

表 3-1 巡视检查基本方法

方法	电缆设备	正常状态	异常状态及原因分析
察看	1）电缆设备外观。 2）电缆设备位置。 3）电缆线路压力或油位指示。 4）电缆线路信号指示。	1）设备外观无变化，无移位。 2）电缆线路走向位置上无异物，电缆支架坚固，电缆位置无变化。 3）压力指示在上限和下限之间或油位高度指示在规定值范围内。 4）信号指示无闪烁和警示。	1）终端设备外观渗漏、连接处松弛及风吹摇动、相间或相对地距离狭小等。 2）电缆走向位置上有打桩、挖掘痕迹等。支架腐蚀锈烂、脱落。电缆跌落移位等。 3）压力指示高于上限或低于下限，有油位指示低于规定值等。 4）信号闪烁、出现警示、信号熄灭等。
听嗅	1）电缆终端设备运行声音。 2）电缆设备气味。	1）均匀的嗡嗡声。 2）无塑料焦煳味。	1）电缆终端处啪啪等异常声音，电缆终端对地放电或设备连接点松弛等。 2）有塑料焦煳味等异常气味，电缆绝缘过热熔化等。
检测	1）测量：电缆设备温度（红外线测温仪、红外热成像仪、热电偶、压力式温度表）。 2）检测：单芯电缆接地电流。	1）电缆设备温度小于电缆长期允许运行温度。 2）单芯电缆接地电流（环流）小于该电缆线路计算值。	1）超过允许运行温度可能有以下原因：①电缆终端设备连接点松弛；②负荷骤然变化较大；③超负荷运行等。 2）接地电流（环流）大于该电缆线路计算值。

（3）巡查质量。

1）巡查人员应按规定认真巡查电缆线路设备，对电缆线路设备异常状态和缺陷做到及时发现，认真分析，正确处理，做好记录并按电缆运行管理程序进行汇报。

2）电缆线路设备巡查应按季节性预防事故特点，根据不同地区、不同季节的巡查项目检查侧重点不同进行。例如：电缆进入电站和构筑物内的防水、防火、防小动物；冬季的防暴风雪、防寒冻、防冰雹；夏季的雷雨迷雾和沙尘天气的防污闪、防渗水漏雨；以及构筑物内的照明通风设施、排水防火器材是否完善等。

3. 电缆线路巡查周期

（1）电缆线路及电缆线段巡查

1）敷设在土中、隧道中以及沿桥梁架设的电缆，每3个月至少检查一次，根据季节及基建工程特点，应增加巡查次数。

2）电缆竖井内的电缆，每半年至少检查一次。

3）水底电缆线路，根据具体现场需要规定，如水底电缆直接敷于河床上，可每年检查一次水底路线情况，在潜水条件允许下，应派遣潜水员检查电缆情况，当潜水条件不允许时，可测量河床的变化情况。

4）发电厂、变电所的电缆沟、隧道、电缆井、电缆架及电缆线段等的巡查，至少每3个月一次。

5）对挖掘暴露的电缆，按工程情况，酌情加强巡视。

（2）电缆终端附件和附属设备巡查

1）电缆终端头，由现场根据运行情况每1～3年停电检查一次。

2）装有油位指示的电线终端，应检视油位高度，每年冬、夏季节必须检查一次油位。

3）对于污秽地区的主设备户外电线终端，应根据污秽地区的定级情况及清扫维护要求巡查。

（3）电缆线路上构筑物巡查

1）电缆线路上的电缆沟、电缆排管、电缆井、电缆隧道、电缆桥梁、电缆架应每3个月巡查一次。

2）电缆竖井应每半年巡查一次。

3）电缆构筑物中，电缆架包含电缆支架和电缆桥架。

表 3－2　电缆线路巡查周期表

巡查项目	巡查周期
电缆线路及电缆线段（敷设在土壤中、隧道中及桥梁架设）	≤3个月
发电厂和变电所的电缆沟、电缆井、电缆架及电缆线段	≤3个月
电缆竖井	≤6个月
交联电缆、充油电缆终端供油装置油位指示	冬季、夏季
单芯电缆护层保护器	≤1年
水底电缆线路	≤1年
户内、户外电缆终端头	1～3年

（4）电缆线路巡查周期

电缆线路巡查周期见表3－2。电缆线路及附属设备巡查周期在 DL/T 1253—2013《电力电缆线路运行规程》中无明确规定的，如分支箱、电缆排管、环网柜、隔离闸刀、避雷器等，各地可结合本地区的实际情况，制定相适应的巡查周期。

4. 电缆线路巡查分类

电缆线路设备巡查分为周期巡查，故障、缺陷的巡查，异常天气的特别巡查，电网保电特殊巡查等。

（1）周期巡查

1）周期巡查是按规定周期和项目进行的电缆线路设备巡查。

2）周期巡查项目包括电缆线路本体、电缆终端附件、电缆线路附属设备、电缆线路上构筑物等。

3）周期巡查结果应记录在运行周期巡查日志中。

（2）故障、缺陷的巡查

1）故障、缺陷的巡查是在电缆线路设备出现保护动作，或线路出现跳闸动作，或发现电缆线路设备有严重缺陷等情况下进行的电缆线路设备重点巡查。

2）故障、缺陷的巡查项目包括电缆线路本体、电缆终端附件、电缆线路附属设备等。

3）故障、缺陷的巡查结果应记录在运行重点巡查交接日志中。

（3）异常天气的特别巡查

1）异常天气的特别巡查是在暴雨、雷电、狂风、大雪等异常气候条件下进行的电缆线路设备特别巡查。

2）异常天气的特别巡查项目包括电缆终端附件、电缆线路附属设备等。

3）异常天气的特别巡查结果应记录在特别巡查交接日志中。

（4）电网保电特殊巡查

1）电网保电特殊巡查是在因电缆线路故障造成单电源供电运行方式状态、特殊运行方式、特殊保电任务、电网异常等特定情况下进行的电缆线路设备特殊巡查。

2）电网保电巡查项目包括电缆线路本体、电缆终端附件、电缆线路附属设备等。

3）电网保电巡查结果应记录在运行特殊巡查日志中。

二、电力电缆线路巡查流程

电缆线路巡查包括巡查安排、巡查准备、核对设备、检查设备、巡查汇报等部分内容。

1. 电缆线路巡查流程

1）巡查人员编排月度巡查周期表，班长审核，电缆运行管理护线专责审批。

2）班长布置每日工作：当日巡查责任线路、巡查区域内的施工工地检查、特巡和保电线路。

3）巡查人接受任务，安排当日巡查行进路线优化方案。

4）依据行进线路，进行电缆线路周期巡查，施工工地检查，特巡和保电线路巡查。

5）当日巡查正常并记录，巡查中发现缺陷，应按电缆缺陷管理规定和缺陷处理闭环流程执行。

6）班长组织班组每日收工会，巡查人员汇报当日巡查工作情况，并抽查巡查人员的巡视记录。

7）班长将收工会内容和抽查巡查人员的记录备案。

2．电缆线路巡查的流程

（1）巡查安排。设备巡查工作安排，依据巡查人员管辖的责任设备和责任区域，明确巡查任务的性质（周期巡查、交接班巡查、特殊巡查），并根据现场情况提出安全注意事项。特殊巡查还应明确巡查的重点及对象。

（2）巡查准备。根据巡查性质，检查所需使用的钥匙、工器具、照明器具以及测量仪器具是否正确、齐全；检查着装是否符合安全工作规程规定；检查巡查人员对巡查任务、注意事项和重点是否清楚。

（3）核对设备。开始巡查电缆设备，巡查人员记录巡查开始时间。设备巡查应按巡查性质、责任设备、项目内容进行，不得漏巡。到达巡查现场后，巡查人员根据巡查内容认真核对电缆设备铭牌。

（4）检查设备。设备巡查时，巡查人员根据巡查内容，逐一巡查电缆设备部位。依据巡查性质逐项检查设备状况，并将巡查结果做记录。巡查中发现紧急缺陷时，应立即终止其他设备巡查，仔细检查缺陷情况，详细记录在运行工作记录簿中。巡查中，巡查负责人应做好其他巡查人的安全监护工作。

（5）巡查汇报。全部设备巡查完毕后，由巡查责任人填写巡查结束时间，巡查性质，所有参加巡查人，分别签名。巡查发现的设备缺陷，应按照缺陷管理进行判断分类定性，并详细向上级汇报设备巡查结果。

三、电力电缆线路的巡查项目及要求

1．电缆线路及线段的巡查

（1）巡查各种电压等级的电缆线路，观察路面状态正常与否。

1）对电缆线路及线段，查看路面正常，无挖掘痕迹、打桩及路线标志牌完整无缺等。

2）敷设在地下的直埋电缆线路上，不应堆置瓦砾、矿渣、建筑材料、笨重物件、酸碱性排泄物或砌堆石灰坑等。

3）在直埋电缆线路上的松土地段通行重车，除必须采取保护电缆措施外，还应将该地段详细记入守护记录簿内。

（2）巡查各种电压等级的电缆线路有无化学腐蚀、电化学腐蚀、虫害鼠害迹象。

1）巡查电缆线路有被腐蚀状或嗅到电缆线路附近有腐蚀性气味时，采用 pH 值化学分析来判断土壤和地下水对电缆的侵蚀程度（如土壤和地下水中含有有机物、酸、碱等化学物质，酸与碱的 pH 值小于 6 或大于 8 等）。

2）巡查电缆线路时，发现电缆金属护套铅包（铝包）或铠装呈痘状及带淡黄或淡粉红的白色，一般可判定为化学腐蚀。

3）巡查电缆线路时，发现电缆被腐蚀的化合物为呈褐色的过氧化铅时，一般可判定为阳极地区杂散电流（直流）电化学腐蚀，发现电缆被腐蚀的化合物为呈鲜红色（也有呈绿色或黄色）的铅化合物时，一般可判定为阴极地区杂散电流（直流）电化学腐蚀。

4）当发现电缆线路有腐蚀现象时，应调查腐蚀来源，设法从源头上切断，同时采取适当防腐措施，并在电缆线路专档中记载发现腐蚀、化学分析、防腐处理的资料。

5）对已运行的电缆线路，巡查中发现沿线附近有白蚁繁殖，应立即报告当地白蚁防治部门灭蚁，采用集中诱杀和预防措施，以防运行电缆受到白蚁侵蚀。

6）巡查电缆线路时，发现电缆有鼠害咬坏痕迹，应立即报告当地卫生防疫部门灭鼠，并对已经遭受鼠害的电缆进行处理，亦可更换为防鼠害的高硬度特殊护套电缆。

（3）电缆线路负荷监视巡查，运行部门在每年夏季高温或冬、夏电网负荷高峰期间，通过测量和记录手段，做好电缆线路负荷巡查及负荷电流监视工作。

目前较先进的运行部门与电力调度的计算机联网（也称为 PMS 系统），随时可监视电缆线路负荷实时曲线图，掌握电缆线路运行动态负荷。

电缆线路过负荷反映出来的损坏部件大体可分为下面五类：

1）造成导体接点的损坏，或是造成终端头外部接点的损坏。

2）因过热造成固体绝缘变形，降低绝缘水平，加速绝缘老化。

3）使金属铅护套发生龟裂现象，整条电缆铅包膨胀，在铠装隙缝处裂开。

4）电缆终端盒和中间接头盒胀裂，是因为灌注在盒内的沥青绝缘胶受热膨胀所致，在接头封铅和铠装切断处，其间露出的一段铅护套，可能由于膨胀而裂开。

5）电缆线路过负荷运行带来加速绝缘老化的后果，缩短电缆寿命和导致电缆金属护套的不可逆膨胀，并会在电缆护套内增加气隙。

（4）运行电缆要检查外皮的温度状况：

1）电缆线路温度监视巡查，在电力电缆比较密集和重要的电缆线路上，可在电缆表面装设热电偶测试电缆表面温度，确定电缆无过热现象。

2）应选择在负荷最大时和在散热条件最差的线段（长度一般不少于 10 m）进行检查。

3）电缆线路温度测温点选择，在电缆密集和有外来热源的地域可设点监视，每个测量地点应装有两个测温点，检查该地区地温是否已超过规定温升。

4）运行电缆周围的土壤温度按指定地点定期进行测量，夏季一般每 2 周一次，冬、夏负荷高峰期间每周一次。

5）电缆的允许载流量在同一地区随着季节温度的变化而不同，运行部门在校核电缆线路的额定输送容量时，为了确保安全运行，按该地区的历史最高气温、地温和该地区的电缆分布情况，按照规定作出适当校正。

2. 电缆终端附件的巡查

（1）户内、户外电缆终端巡查

1）电缆终端无电晕放电痕迹，终端头引出线接触良好，无发热现象，电缆终端接地线良好。

2）电缆线路铭牌正确及相位颜色鲜明。

3）电缆终端盒内绝缘胶（油）无水分，绝缘胶（油）不满者应予以补充。

4）电缆终端盒壳体及套管有无裂纹，套管表面无放电痕迹。

5）电缆终端垂直保护管，靠近地面段电缆无被车辆撞碰痕迹。

6）装有油位指示器的电缆终端油位正常。

7）高压充油电缆取油样进行油试验，检查充油电缆的油压力，定期抄录油压。

8）单芯电缆保护器巡查，测量单芯电缆护层绝缘，检查安装有保护器的单芯电缆在通过短路电流后阀片或球间隙有无击穿或烧熔现象。

（2）电缆线路绝缘监督巡查

1）对电缆终端盒进行巡查，发现终端盒因结构不密封有漏油和安装不良导致油纸电缆终端盒绝缘进水受潮、终端盒金属附件及瓷套管胀裂等问题时，应及时更换。

2）填有流质绝缘油的终端头，一般应在冬季补油。

3）需定期对黏性浸渍油纸电缆线路进行巡查，应针对不同敷设方式的特点，加强对电缆线路的机械保护，电缆和接头在支架上应有绝缘衬垫。

4）对充油电缆内的电缆油进行巡查，一般 2～3 年测量一次介质损失角正切值、室温下的击穿强度，试验油样取自远离油箱的一端，必要时可增加取样点。

5）为预防漏油失压事故，充油电缆线路只要安装完成后，不论是否投入运行，巡查其油压示警系统，如油压示警系统因检修需要较长时间退出运行，则必须加强对供油系统的监视巡查。

6）对交联电缆绝缘变质事故的预防巡查，采用在线检测等方法来探测交联聚乙烯电缆绝缘性能的变化。

7）对交联聚乙烯电缆在任何情况下密封部位巡查，防止水分进入电缆本体产生水树枝渗透现象。

8）对交联聚乙烯电缆线路运行故障的电缆绝缘进行外观辨色和切片检测。

3. 电缆线路附属设施的巡查

（1）对地面电缆分支箱巡查

1）核对分支箱铭牌无误，检查周围地面环境无异常，如无挖掘痕迹、无地面沉降。

2）检查通风及防漏情况良好。

3）检查门锁及螺栓、铁件油漆状况。

4）分支箱内电缆终端的检查内容与户内终端相同。

（2）对电缆线路附属设备巡查

1）装有自动温控机械通风设施的隧道、竖井等场所巡查，内容包括排风机的运转正常，排风进出口畅通，电动机绝缘电阻、控制系统继电器的动作准确，绝缘电阻数值正常，表计准确等。

2）装有自动排水系统的工井、隧道等的巡查，内容包括水泵运转正常，排水畅通，逆止阀正常，电动机绝缘电阻正常，控制系统继电器的动作准确，自动合闸装置的机械动作正常，表计准确等。

3）装有照明设施的隧道、竖井等场所巡查，内容包括照明装置完好无损坏，漏电保护器正常，控制系统继电器的动作准确，绝缘电阻数值正常，表计、开关准确并无损坏等。

4）装有自动防火系统的隧道、竖井等场所巡查，内容包括报警装置测试正常，控制系统继电器的动作准确，绝缘电阻数值正常，表计准确等。

5）装有油压监视信号装置的场所巡查，内容包括表计准确，阀门开闭位置正确、灵活，与构架绝缘部分的零件无放电现象，充油电缆线路油压正常，管道无渗漏油，油压系统的压力箱、管道、阀门、压力表完善，对于充油（或充气）电缆油压（气压）监视装置、电触点压力表进行油（气）压自动记录和报警正常，通过正常巡查及时发现和消除产生油（气）压异常的因素和缺陷。

4. 电缆线路上构筑物巡查

（1）工井和排管内的积水无异常气味。电缆支架及挂钩等铁件无腐蚀现象。井盖和井内通风良好，井体无沉降、裂缝。工井内电缆位置正常，电缆无跌落，接头无漏油，接地良好。

（2）电缆沟、隧道和竖井的门锁正常，进出通道畅通。隧道内无渗水、积水。

（3）隧道内的电缆要检查电缆位置正常，电缆无跌落。电缆和接头的金属护套与支架间的绝缘垫层完好，在支架上无烙伤。支架无脱落。

（4）隧道内电缆防火包带、涂料、堵料及防火槽盒等完好，防火设备、通风设备完善正常，并记录室温。

（5）隧道内电缆接地良好，电缆和电缆接头有无漏油。隧道内照明设施完善。

（6）通过市政桥梁的电缆及专用电缆桥的两边电缆不受过大拉力。桥堍两边电缆无龟裂，漏油及腐蚀。

（7）通过市政桥梁的电缆及专用电缆桥的电缆保护管、槽未受撞击或外力损伤。电缆铠装护层完好。

5. 水底电缆线路的巡查

（1）水底电缆线路的河岸两端可视警告标志牌清晰，夜间灯光明亮。

（2）在水底电缆两岸设置瞭望岗哨，应有扩音设备和望远镜，瞭望清楚，随时监视来往船只，发现异常情况及早呼号阻止。

（3）未设置瞭望岗哨的水底电缆线路，应在水底电缆防护区内架设防护钢索链，减少违反航运规定所引起的电缆损坏事故。

（4）检查邻近河岸两侧的水底电缆无受潮水冲刷现象，电缆盖板无露出水面或移位。

（5）根据水文部门提供的测量数据资料，观察水底电缆线路区域内的河床变化情况。

6. 电缆线路上施工保护区的巡查

（1）运行部门和运行巡查人员必须了解和掌握全部运行电缆线路上的施工情况，宣传保护电缆线路的重要性，并督促和配合挖掘、钻探等有关单位切实执行《电力法》和当地政府所颁布的有关地下管线保护条例或规定，做好电缆线路反外力损坏防范工作。

（2）在高压电缆线路和郊区挖掘、钻探施工频繁的电缆线路上，应设立明显的警告标志牌。

（3）在电缆线路和保护区附近施工，护线人员应对施工所涉及范围内的电缆线路进行交底，认真办理"地下管线交底卡"，并提出保护电缆的措施。

（4）凡因施工必须挖掘而暴露的电缆，应由护线人员在场监护配合，并应告知施工人员有关施工注意事项和保护措施。配合工程结束前，护线人员应检查电缆外部情况是否完好无损，安放位置是否正确。待保护措施落实后，方可离开现场。

（5）在施工配合过程中，发现现场出现严重威胁电缆安全运行的施工，应立即制止，并落实防范措施，同时汇报有关领导。

（6）运行部门和运行巡查人员应定期对护线工作进行总结，分析护线工作动态，同时对发生的电缆线路外力损坏故障和各类事故进行分析，制定防范措施和处理对策。

四、危险点分析

巡查电缆线路时，防止人身、设备事故的危险点预控分析和预控措施见表 3-3。

表 3-3　电缆线路设备巡查的危险点分析和预控措施

序号	危险点	预控措施
1	人身触电	1. 巡查时应与带电电缆设备保持足够的安全距离：10 kV 及以下，0.7 m；35 kV，1 m；110 kV，1.5 m；220 kV，3 m；330 kV，4 m；500 kV，5 m。 2. 巡查时不得移开或越过有电电缆设备遮拦。
2	有害气体燃爆中毒	1. 下电缆井巡查时，应配有可燃和有毒气体浓度显示的报警控制器。 2. 报警控制器的指示误差和报警误差应符合下列规定： （1）可燃气体的指示误差：指示范围为 0～100%LEL 时，±5%LEL。 （2）有毒气体的指示误差：指示范围为 0～3TLV 时，±10%指示值。 （3）可燃气体和有毒气体的报警误差：±25%设定值以内。

续表

序号	危险点	预控措施
3	摔伤或碰砸伤人	1. 巡查时注意行走安全，上下台阶、跨越沟道或配电室门口防鼠挡板时，防止摔伤、碰伤。 2. 巡查中需要搬动电缆沟盖板时，应防止砸伤和碰伤人。 3. 在电缆井、电缆隧道、电缆竖井内巡查中，应及时清理杂物，保持通道畅通，上下扶梯及行走时，防止绊倒摔伤。
4	设备异常伤人	1. 电缆本体受到外力机械损伤或地面下陷倾斜等异常可能对人身安全构成威胁时，巡查人员远离现场，防止发生意外伤人。 2. 电缆终端设备放电或异常可能对人身安全构成威胁时，巡查人员应远离现场。
5	意外伤人	1. 巡查人员巡查电缆设备时应戴好安全帽。 2. 进入电站巡查电缆设备时，一般应两人同时进行，注意保持与带电体的安全距离和行走安全，并严禁接触电气设备的外壳和构架。 3. 巡查人员巡查电缆设备时，应携带通信工具，随时保持联络。 4. 高压设备发生接地时，室内不得接近故障点4 m以内，室外不得接近故障点8 m以内。 5. 夜间巡查设备时携带照明器具，并两人同时进行，注意行走安全。
6	保护及自动装置误动	1. 在电站内禁止使用移动通信工具，以免造成保护及自动装置误动。 2. 在电站内巡查行走应注意地面标志线，以免误入禁止标志线，造成保护及自动装置误动。

3.2.2 红外测温仪的使用和应用

一、用途

红外线测温技术是一项简便、快捷的设备状态在线检测技术。主要用来对各种户内、户外高压电气设备和输配电线路（包括电力电缆）运行温度进行带电检测，可以大大减少甚至从根本上杜绝由于电气设备异常发热而引起的设备损坏和系统停电事故。具有不停电、不取样、非接触、直观、准确、灵敏度高、快速、安全、应用范围广等特点，是保证电力设备安全、经济运行的重要技术措施。

二、基本原理与结构

1. 基本原理

红外线测温仪应用非电量的电测法原理，由光学系统、光电探测器、信号放大器及信号处理、显示输出等部分组成。通过接受被测目标物体发射、反射和传导的能量来测量其表面温度。测温仪内的探测元件将采集的能量信息输送到微处理器中进行处理，然后转换成温度由读数显示器显示。

2. 结构分类

红外测温仪根据原理分为单色测温仪和双色测温仪（又称辐射比色测温仪）。

（1）单色测温仪在进行测温时，被测目标面积应充满测温仪视场，被测目标尺寸超过视场大小50％为好。如果目标尺寸小于视场，背景辐射能量就会进入而干扰测温读数，容易造成误差。

（2）比色测温仪在进行测温时，其温度是由两个独立的波长带内辐射能量的比值来确定的，因此不会对测量结果产生重大影响。

三、操作步骤与缺陷判断

1. 操作步骤

（1）检测操作时，应充分利用红外测温仪的有关功能并进行修正，以达到检测最佳效果。

（2）红外测温仪在开机后，先进行内部温度数值显示稳定，然后进行功能修正步骤。

（3）红外测温仪的测温量程（所谓"光点尺寸"）宜设置修正至安全及合适范围内。

（4）为使红外测温仪的测量准确，测温前一般要根据被测物体材料发射率修正。

（5）发射率修正的方法是：根据不同物体的发射率（表3-4）调整红外测温仪放大器的放大倍数（放大器倍数＝1/发射率），使具有某一温度的实际物体的辐射在系统中所产生的信号与具有同一温度的黑体所产生的信号相同。

表3-4　常用材料发射率的选择（推荐）

材料	金属	瓷套	带漆金属
发射率（8～14 μm）	0.80	0.85	0.90

（6）红外测温仪检测时，先对所有应测试部位进行激光瞄准器瞄准，检查有无过热异常部位，然后再对异常部位和重点被检测设备进行检测，获取温度值数据。

（7）检测时，应及时记录被测设备显示器显示的温度值数据。

2. 缺陷判断

（1）表面温度判断法。根据测得的设备表面温度值，对照GB/T 11022—2020《高压开关设备和控制设备标准的共用技术要求》中，高压开关设备和控制设备各种部件、材料和绝缘介质的温度和温升极限的有关规定，结合环境气候条件、负荷大小进行分析判断。

（2）同类比较判断法：

1）根据同组三相设备之间对应部位的温差进行比较分析。

2）一般情况下，对于电压致热的设备，当同类温差超过允许温升值的30％时，应定为重大缺陷。

（3）档案分析判断法。分析同一设备不同时期的检测数据，找出设备致热参数的变化，判断设备是否正常。

四、操作注意事项

（1）在检测时应与被检设备以及周围带电运行设备保持相应电压等级的安全距离。

（2）不应在有雷、雨、雾、雪的情况下进行，风速一般不大于 5 m/s。

（3）在有噪声、电磁场、振动和难以接近的环境中，或其他恶劣条件下，宜选择双色测温仪。

（4）被检设备为带电运行设备，并尽量避开视线中的遮挡物。由于光学分辨率的作用，测温仪与测试目标之间的距离越近越好。

（5）检测不宜在温度高的环境中进行。检测时环境温度一般不低于 0 ℃，空气相对湿度不大于95％，检测同时记录环境温度。

（6）在户外检测时，晴天要避免阳光直接照射或反射的影响。

（7）在检测时，应避开附近热辐射源的干扰。

（8）防止激光对人眼的伤害。

五、日常维护事项

（1）仪器专人使用，专人保管。

（2）保持仪器表面的清洁。

（3）仪器长时间存放时，应间隔一段时间开机运行，以保持仪器性能稳定。

（4）电池充电完毕应停止充电，如果要延长充电时间，不要超过 30 min，不能对电池进行长时间充电。仪器不使用时，应把电池取出。

（5）仪器应定期进行校验，每年校验或比对一次。

3.2.3　温度热像仪的使用和应用

一、用途

红外温度热成像技术是一项简便、快捷的设备状态在线检测技术，主要用来对各种户内、户外高压电气设备和输配电线路（包括电力电缆）运行温度进行带电检测，其结果在电视屏或监视器上成像显示。

红外温度热成像技术可以反映电力系统各种户内、户外高压电气设备和输配电线路（包括电力电缆）设备温度不均匀的图像，检测异常发热区域，及时发现设备存在的缺陷。具有不停电、不取样、非接触、直观、准确、灵敏度高、快速、安全、应用范围广等特点。大大减少由于电气设备异常发热而引起的设备损坏和系统停电事故，是保证电力设备安全、经济运行重要技术措施。

二、基本原理与结构

1. 工作原理

红外温度热成像仪是利用红外探测器、光学成像镜和光机扫描系统（目前先进的焦平面技术则省去了光机扫描系统）接受被测目标的红外辐射能量分布图形，反映到红外探测器的光敏元件上，在光学系统和红外探测器之间，有一个光扫描机构（焦平面热像仪无此机构）对被测物体的红外热像进行扫描，并聚焦在单元或多元分光探测器上，由探测器将红外辐射能转换成电信号，经过放大处理、转换成标准视频信号通过电视屏或监视器显示红外热成像图。

2. 结构分类

（1）红外热像仪一般分光机扫描成像系统和非光机扫描成像系统两类。

（2）光机扫描热像仪的成像系统采用单元或多元（元数有 8，10，16，23，48，55，60，120，180 甚至更多）光电导或光伏红外探测器。用单元探测器时速度慢，主要是帧幅响应的时间不够快，多元阵列探测器可做成高速实时热像仪。

（3）非光机扫描成像的热像仪。近几年推出的阵列式凝视成像的焦平面热成像仪，属新一代的热成像装置，在性能上大大优于光机扫描式热成像仪，有逐步取代光机扫描式热成像仪的趋势。

三、操作步骤与缺陷判断

1. 操作步骤

（1）红外热像仪在开机后，先进行内部温度校准，在图像稳定后进行功能设置修正。

（2）热像系统的测温量程宜设置修正在环境温度加温升（10 K～20 K）之间进行检测。

（3）红外测温仪的测温辐射率，应正确选择被测物体材料的比辐射率（ε）（表 3-5）进行修正。

表 3-5　常用材料比辐射率（ε）的选择（推荐）

材料	金属	瓷套	带漆金属
比辐射率（ε）	0.90	0.92	0.94

（4）检测时应充分利用红外热像仪的有关功能（温度宽窄调节、电平值大小调节等）达到最佳检测效果，如图像均衡、自动跟踪等。

（5）红外热像仪有大气条件的修正模型，可将大气温度、相对湿度、测量距离等补偿参数输入，进行修正并选择适当的测温范围。

（6）检测时先用红外热像仪对被检测设备所有应测试部位进行全面扫描，检查有无过热异常部位，然后对异常部位和重点部位进行准确检测。

2. 缺陷判断

（1）表面温度判断法。根据测得的设备表面温度值，对照 GB/T 11022—2020《高压开关设备和控制设备标准的共用技术要求》中高压开关设备和控制设备各种部件、材料和绝缘介质的温度和温升极限的有关规定，结合环境气候条件、负荷大小进行分析判断。

（2）相对温度判断法：

1）两个对应测点之间的温差与其中较热点的温升之比的百分数。

2）对电流致热的设备，采用相对温差可减小设备小负荷下的缺陷漏判。

（3）同类比较判断法：

1）根据同组三相设备之间对应部位的温差进行比较分析。

2）一般情况下，对于电压致热的设备，当同类温差超过允许温升值的30%时，应定为重大缺陷。

（4）图像特征判断法。根据同类设备的正常状态和异常状态的热图像判断设备是否正常。当电气设备其他试验结果合格时，应排除各种干扰对图像的影响，才能得出结论。

（5）档案分析判断法。分析同一设备不同时期的检测数据，找出设备致热参数的变化，判断设备是否正常。

四、操作注意事项

1. 检测时离被检设备以及周围带电运行设备应保持相应电压等级的安全距离。

2. 被检设备为带电运行设备，应尽量避开视线中的遮挡物。

3. 检测时以阴天、多云气候为宜，晴天（除变电站外）尽量在日落后检测。在室内检测要避开灯光的直射，最好闭灯检测。

4. 不应在有雷、雨、雾、雪的情况下进行，风速一般不大于 5 m/s。

5. 检测时，环境温度一般不低于 5 ℃，空气相对湿度不大于85%。

6. 由于大气衰减的作用，检测距离应越近越好。

7. 检测电流致热的设备，宜在设备负荷高峰下进行，一般不低于设备负荷的30%。

8. 在有电磁场的环境中，热像仪连续使用时，每隔 5～10 min，或者图像出现不均衡现象时（如两侧测得的环境温度比中间高），应进行内部温度校准。

五、日常维护事项

1. 仪器专人使用，专人保管。

2. 保持仪器表面的清洁，镜头脏污可用镜头纸轻轻擦拭。不要用其他物品清洗或直接擦拭。

3. 避免镜头直接照射强辐射源，以免对探测器造成损伤。

4. 仪器长时间存放时，应间隔一段时间开机运行，以保持仪器性能稳定。

5. 电池充电完毕，应该停止充电，如果要延长充电时间，不要超过 30 min，不能对电池进行长时间充电。仪器不使用时，应把电池取出。

6. 仪器应定期进行校验，每年校验或比对一次。

3.3 设备运行分析及管理

3.3.1 电力电缆缺陷管理

一、电力电缆缺陷管理范围

对于已投入运行或备用的各电压等级的电缆线路及附属设备有威胁安全运行的异常现象，必须进行处理。电缆线路及附属设备缺陷涉及范围包括电缆本体、电缆接头、接地设备，电缆线路附属设备，电缆线路上构筑物。

1. 电缆本体、电缆接头、接地设备

包括电缆本体、电缆连接头和电缆终端、接地装置和接地线（包括终端支架）。

2. 电缆线路附属设备

（1）电缆保护管、电缆分支箱、高压电缆交叉互联箱、接地箱、信号端子箱。

（2）电缆构筑物内电源和照明系统、排水系统、通风系统、防火系统、电缆支架等各种装置设备。

（3）充油电缆供油系统压力箱及所有表计，报警系统信号屏及报警设备。

（4）其他附属设备，包括环网柜、隔离开关、避雷器。

3. 电缆线路上构筑物

电缆线路上的电缆沟、电缆管道、电缆井、电缆隧道、电缆竖井、电缆桥、电缆桥架。

二、电力电缆缺陷性质分类

1. 电缆缺陷定义

运行中或备用的电缆线路（电缆本体、电缆附件、电缆附属设备、电缆构筑物）出现影响或威胁电力系统安全运行、危及人身和其他安全的异常情况，称为电缆线路缺陷。

2. 缺陷性质判断

根据缺陷性质，可分为一般、严重和紧急三种类型。其判断标准如下：

（1）一般缺陷性质判断标准：情况轻微，近期对电力系统安全运行影响不大的电缆设备缺陷，可判定为一般缺陷。

（2）严重缺陷性质判断标准：情况严重，虽可继续运行，但在短期内将影响电力系统正常运行的电缆设备缺陷，可判定为严重缺陷。

（3）紧急缺陷性质判断标准：情况危急，危及人身安全或造成电力系统设备故障甚至损毁电缆设备的缺陷，可判定为紧急缺陷。

三、电气设备评级分类

1. 电气设备绝缘定级原则

电气设备的绝缘定级，主要是根据设备的绝缘试验结果，结合运行和检修中发现的缺陷，权衡对安全运行的影响程度，确定其绝缘等级。绝缘等级分为三级。

（1）一级绝缘。符合下列指标的设备，其绝缘定为一级绝缘。

1）试验项目齐全，结果合格，并与历次试验结果比较无明显差别。

2）运行和检修中未发现（或已消除）绝缘缺陷。

（2）二级绝缘。凡有下列情况之一的设备，其绝缘定为二级绝缘。

1）主要试验项目齐全，但有某些项目处于缩短检测周期阶段。

2）一个及以上次要试验项目漏试或结果不合格。

3）运行和检修中发现暂不影响安全的缺陷。

（3）三级绝缘。凡有下列情况之一的设备，其绝缘定为三级绝缘：

1）一个及以上主要试验项目漏试或结果不合格。

2）预防性试验超过规定的期限：

a）需停电进行的项目为规定的周期加 6 个月。

b）不需停电进行的项目为规定的周期加 1 个月。

3）耐压试验因故障低于试验标准（规程中规定允许降低的除外）。

4）运行和检修中发现威胁安全运行的绝缘缺陷。

三级绝缘表示绝缘存在严重缺陷，威胁安全运行，应限期予以消除。

2. 电缆设备评级分类

电缆设备评级分类是电缆设备安全运行重要环节，也是电缆设备缺陷管理一项基础工作，运行人员应做到对分类电缆设备运行状态全面掌握。电缆设备评级分为以下三类：

（1）一类设备。是经过运行考验，技术状况良好，能保证在满负荷下安全供电的设备。

（2）二类设备。是基本完好的设备，能经常保证安全供电，但个别部件有一般缺陷。

（3）三类设备。是有重大缺陷的设备，不能保证安全供电，或出力降低，严重漏剂，外观很不整洁，锈烂严重。

电缆设备分类参考标准：

（1）一类设备。

1）规格能满足实际运行需要，无过热现象。

2）无机械损伤，接地正确可靠。

3）绝缘良好，各项试验符合规程要求，绝缘评为一级。

4）电缆终端无漏油、漏胶现象，绝缘套管完整无损。

5）电缆的固定和支架完好。

6）电缆的敷设途径及接头区位置有标志。

7）电缆终端分相颜色和标志铭牌正确清楚。

8）技术资料完整正确。

9）电缆线路附属设备（如供油箱及管路、装有油压监视、外护层绝缘、专用接地装置、换位装置、信号装置系统等）完好。

（2）二类设备：仅能达到一级设备1～4项标准的，绝缘评级为一级或二级。

（3）三类设备：达不到二级设备标准的，绝缘评级为三级者。

四、电力电缆缺陷闭环管理

1. 建立完善管理制度

（1）制定处理权限细则。

1）对电缆线路异常运行的电缆设备缺陷的处理，必须制定各级运行管理人员的权限和职责。

2）运行电缆缺陷处理批准权限，各地可结合本地区运行管理体制，制定相适应的电缆缺陷管理细则。

（2）规范电缆缺陷管理。

1）在巡查电缆线路中，巡线人员发现电缆线路有紧急缺陷，应立即报告运行管理人员，管理人员接到报告后根据巡线人员对缺陷描述，应采取对策立即消除缺陷。

2）在巡查电缆线路中，巡线人员发现电缆线路有严重缺陷，应迅速报告运行管理人员，并做好记录，填写严重缺陷通知单，运行管理人员接到报告后，应采取措施及时消除缺陷。

3）在巡查电缆线路中，巡线人员发现有一般缺陷，应记入缺陷记录簿内，据以编订月度、季度维护检修计划消除缺陷，或据以编制年度大修计划消除缺陷。

2. 制定电缆消缺流程

（1）建立电缆缺陷处理闭环管理系统，明确运行各个部门的职责。

（2）采用计算机消除缺陷流程信息管理，填写缺陷单，流转登录审核和检修消除缺陷。

（3）电缆缺陷消除后实行闭环，缺陷单应归档留存等规范化管理。

（4）运行部门每月应进行一次汇总和分析，作出处理安排。

（5）电缆缺陷闭环流程：设备周期巡查—巡查发现缺陷—汇报登录审核—流转检

修消缺—定期复查闭环。

3. 规范电缆缺陷闭环操作

（1）登记。巡查人员在电缆线路周期巡查中发现电缆设备缺陷，根据缺陷部位性质分类判断，汇报班长并在计算机上登记缺陷。

（2）审核。巡查人员出消除缺陷方案，运行班长阅读后递交运行相关专责审核，再转交检修专责。

（3）布置。检修专责根据缺陷性质和消除缺陷方案，布置检修人员停电申请、消缺内容、技术要求。

（4）处理。检修人员接受消缺任务，按照消除缺陷任务单、带电或停电工作票消除缺陷。

（5）验收闭环。检修人员消除缺陷通知巡查人员，缺陷消除后，现场立即验收或在下一巡查周期验收。检修人员消除缺陷后，在计算机的该缺陷单上打钩，巡查人员验收合格后，在计算机该缺陷单上打钩，运行班长闭环存档。

3.3.2 电力电缆缺陷处理

一、电力电缆线路缺陷处理周期

各类电缆线路缺陷从发现后到消缺处理的时间段称为周期，缺陷处理周期根据各类缺陷性质不同而定。

（1）电缆线路一般缺陷可列入月度检修计划消除处理。

（2）电缆线路严重缺陷应在1周内安排处理。

（3）电缆线路紧急缺陷必须在24 h内进行处理。

二、电力电缆缺陷处理技术原则

1. 不同性质缺陷处理原则

（1）一般缺陷。如油纸电缆终端漏油、电缆金属护套和保护管严重腐蚀等，可在一个检修周期内消除。

（2）重要缺陷。如接点发热、电缆出线金具有裂纹、塑料电缆终端表面闪络开裂、金属壳体胀裂并严重漏剂等，必须及时消除。

（3）紧急缺陷。如接点过热发红、终端套管断裂、充油电缆失压等，必须立即消除。

2. 电缆缺陷处理遵循原则

（1）电缆缺陷处理，应贯彻"应修必修，修必修好"的原则。

（2）电缆缺陷处理时，应符合电力电缆各类相应的技术工艺规程要求。

（3）电缆缺陷处理过程中发现其电缆线路上还存在其他异常情况时，应在消除检修中一并处理，防止或减少事故发生。

三、电力电缆缺陷处理技术要求

1. 电缆缺陷处理要求

（1）在电缆设备事故处理中，不允许留下严重及以上性质的缺陷。

（2）在电缆线路缺陷处理中，因一些特殊原因有个别一般缺陷尚未处理的，必须填好设备缺陷单，做好记录，在规定的一个检修周期内处理。

（3）电缆缺陷处理应首先制订"缺陷检修作业指导书"，在电缆线路缺陷处理中应严格遵照执行。

（4）电缆设备运行责任人员应对电缆缺陷处理过程进行监督，在处理完毕后按照相关的技术规程和验收规范进行验收签证。

2. 电缆缺陷处理技术

（1）制定缺陷处理方案。电缆线路"缺陷检修作业指导书"应根据不同性质的电缆绝缘处理技术和各种类型的缺陷制定处理方案，详细拟订检修消缺步骤和技术质量要求。

（2）不同电缆处理技术。

1）油纸绝缘电缆缺陷，如终端渗油、金属护套膨胀或龟裂等，应严格按照相关技术规程规定进行检查处理。

2）交联聚乙烯绝缘电缆缺陷，如终端温升、终端放电等，应严格按照相关技术规程规定进行检查处理。

3）自容式充油电缆缺陷，如供油系统漏油、压力下降等，应严格按照相关技术规程规定进行检查处理。

（3）电缆缺陷带电处理：

1）充油电缆线路的油压调整：当油压偏低时，可将供油箱接到油管路系统进行补压。

2）在不加热的情况下，修补金属护套及外护层。

3）户内或户外电缆终端的带电清扫。

4）电缆终端引出线发热检修或更换。

本章思考题

1. 电力电缆线路运行维护包括哪些基本内容？

2. 简述电力电缆线路运行维护中单芯电力电缆运行技术的规定。

3. 电力电缆线路运行巡查有哪些周期要求？

4. 简述电力电缆线路防外力损坏的工作重点。

5. 红外测温仪日常维护应注意哪些事项？

6. 简述电力电缆线路缺陷管理范围。

7. 简述电力电缆设备评级分类参考标准。

8. 简述电力电缆线路各类性质缺陷处理周期规定。

9. 简述电力电缆缺陷带电处理的规定。

本章小结

本章主要介绍了电力电缆的运行维护，包括电力电缆运行维护的内容和要求、电力电缆设备巡视、设备运行及管理等内容。

第四章　电力电缆附件安装

4.1　电力电缆附件种类和安装工艺要求

4.1.1　电力电缆附件的种类

电缆附件通常是电缆终端和电缆接头的统称，是电缆线路不可缺少的组成部分。电缆终端安装在电缆线路的末端，使电缆与其他电气设备连接的装置，具有一定的绝缘和密封性能。电缆接头是安装在电缆与电缆之间，使电缆导体连通，使之形成连续电路并具有一定绝缘和密封性能的装置。

一、35 kV 及以下电力电缆附件的种类

（一）按照附件在电力电缆线路中安装位置分类

1. 电缆终端的种类

电缆终端按使用场所不同可分为以下几类：

（1）户内终端。在既不受阳光直射又不暴露在气候环境下使用的终端。

（2）户外终端。在受阳光直射或暴露在气候环境下或二者都存在情况下使用的终端。

（3）设备终端。被连接的电气设备上带有与电缆相连接的相应结构或部件，以使电缆导体与设备的连接处于全绝缘状态。例如，GIS 终端，插入变压器的象鼻式终端和用于中压电缆的可分离连接器等。

2. 电缆中间接头的种类

电缆中间接头可以分为以下几类：

（1）直通接头。连接两根电缆形成连续电路的附件。

（2）分支接头。将分支电缆连接到主干电缆上的附件。

（3）过渡接头。把两根不同导体或两种不同绝缘的电缆连接起来的中间接头。

（二）按照附件制作原材料分类

1. 预制式附件

应用乙丙橡胶、三元乙丙橡胶或硅橡胶材料，在工厂经过挤塑、模塑或铸造成型后，再经过硫化工艺制成的预制件，在现场进行装配的附件。

2. 热缩式附件

应用高分子聚合物的基料加工成绝缘管、应力管、分支手套和伞裙等部件，在现场经装配、加热，紧缩在电缆绝缘线芯上的附件。

3. 冷缩式附件

应用乙丙橡胶、三元乙丙橡胶或硅橡胶加工成型，经扩张后用螺旋形尼龙条或整体骨架支撑，安装时抽去支撑尼龙条或整体骨架，绝缘管靠橡胶收缩特性紧缩在电缆线芯上的附件。

二、110 kV 及以上电力电缆附件的种类及其接地系统的组成

（一）110 kV 及以上电力电缆附件的种类

1. 电缆终端的种类

（1）户外终端（也称敞开式终端）。在受阳光直接照射或暴露在气候环境下或二者都存在的情况下使用的终端。户外终端主要型式有预制橡胶应力锥终端和硅油浸渍薄膜电容锥终端。按照户外终端套管的类型分为瓷套充油式和硅橡胶复合套管充油式。此外，还有预制橡胶应力锥干式终端。

110 kV、220 kV 的高压电缆一般采用预制橡胶应力锥终端。硅油浸渍薄膜电容锥的使用可以满足操作冲击过电压与雷电冲击过电压，一般在 330 kV 及以上电压等级上采用。户外终端采用电容锥结构的主要原因是为了均匀套管表面电场分布，使得户外终端达到承受较高的耐操作冲击过电压与雷电冲击过电压。随着预制橡胶应力锥终端技术的发展，400～500 kV 电压等级上亦可采用预制橡胶应力锥终端技术。

预制干式终端整体结构上没有刚性的支撑件，机械性能完全依靠电缆的导体和绝缘进行支撑，易产生弯曲形变（大负荷时此种形变更加明显），在线路投切或线路故障时终端要承受电场应力，终端的形变还会加大，长期的形变将导致终端内产生气隙使局部放电量增大进而降低终端使用寿命。但它也具有重量轻，便于安装的优点。

（2）气体绝缘终端（也称封闭式终端）。安装在气体绝缘封闭开关设备（GIS）内部以六氟化硫（SF_6）气体为外绝缘的电缆终端。GIS 终端用预制式终端来进行应力控制，采用乙丙橡胶或硅橡胶制作的应力锥套在经过处理的电缆绝缘上，搭盖绝缘屏蔽尺寸按生产厂家提供的参数，以保证终端内外部的绝缘配合。

（3）油浸终端（也称封闭式终端）。安装在油浸变压器油箱内以绝缘油为外绝缘的电缆终端。油浸终端是用预制式终端来进行应力控制，采用乙丙橡胶或硅橡胶制作的应力锥套在经过处理的电缆绝缘上，搭盖绝缘屏蔽尺寸按生产厂家提供的参数，以保证终端内外部的绝缘配合。

2. 电缆中间接头的种类

（1）按照用途不同分类。

1）绝缘接头，将电缆的金属套、接地金属屏蔽和绝缘屏蔽在电气上断开的接头。

2）直通接头，连接两根电缆形成连续电路的附件。特指接头的金属外壳与被连接电缆的金属屏蔽和绝缘屏蔽在电气上连续的接头。

（2）按照绝缘结构分类。

1）组合预制绝缘件接头（也称装配式中间接头），是采用预制橡胶应力锥及预制环氧绝缘件现场组装的接头。采用弹簧紧压使得预制橡胶应力锥与交联电缆绝缘界面间，预制橡胶应力锥与预制环氧绝缘件界面间达到一定压力以保证界面电气绝缘强度。由于采用弹簧机械加压措施，交联电缆外径与预制橡胶应力锥内径可采用较小的过盈配合，预制橡胶应力锥较易套在交联电缆绝缘体上，即使长期运行后预制橡胶应力锥弹性模量有所下降，也可以凭借弹簧紧压而保证界面所需压力。

组合预制绝缘件中间接头的绝缘结构稳定，当对中间接头的保护盒采用紧固定位装置后，即可耐受中间接头两端电缆导体热机械力不平衡的作用，例如电缆从直埋过渡到隧道敷设，或直埋过渡到其他有位置移动的敷设条件。

2）整体预制橡胶绝缘件接头（也称预制式中间接头），采用单一预制橡胶绝缘件的接头。交联绝缘外径与橡胶绝缘件内径有较大的过盈配合，以保证橡胶绝缘件对交联电缆绝缘界面的压力。要求橡胶绝缘件具有较大的断裂伸长率及较低的应力松弛度，以使橡胶绝缘件不致在安装过程中受损伤，并能在长期运行中不会因弹性降低而松弛，避免了因降低与交联绝缘界面压力而使界面绝缘性能下降的可能。

（二）110 kV 及以上交联电缆常用接地系统的组成

110 kV 及以上交联电缆接地系统由接地箱、保护接地箱、交叉互联箱、接地极、接地电缆、同轴电缆构成。

1. 接地箱

较短的电缆线路，仅在电缆线路的一侧终端处将金属护套相互连接并经接地箱接地。不接地端金属护套通过保护箱和大地绝缘。

2. 保护接地箱

为了降低金属护套或绝缘接头隔板两侧护套间的冲击电压，应在护套不接地端和大地之间，或在绝缘接头的隔板之间装设过电压保护器，目前普遍使用氧化锌阀片保护器。保护器安装在交叉互联箱和保护箱内。

3. 交叉互联箱

较长的电缆线路，在绝缘接头处将不同相的金属护套用交叉跨越法相互连接。金属护套通过交叉互联箱换位连接。

4. 接地电缆（接地线）的选择

（1）绝缘要求：接地线在正常的运行条件下，应保持和护层同样的绝缘水平，即具有耐受 10 kV 直流电压 1 min 不击穿的绝缘特性。

（2）截面的选择：考虑高压电缆系统是采用直接接地系统，短路的电流比较大，接地线应选用截面 120 mm² 或以上的铜芯绝缘线。

（3）终端接地的要求：单芯电缆终端接地电阻应不大于 0.5 Ω。

4.1.2 电力电缆附件安装的技术要求

电缆附件不同于其他工业产品，工厂不能提供完整的电缆附件产品，只是提供附件的材料、部件或组件，必须通过现场安装在电缆上以后才构成真正的、完整的电缆附件，组装在电缆上完整的附件组合统称为电缆头，因此，要保持运行中的电缆附件有良好的性能，与电缆本身具有同等的绝缘水平不仅要求有设计合理、材料性能良好、加工质量可靠的附件，还要求现场安装工艺正确、操作认真仔细，这就不仅要求从事电缆附件安装工作人员掌握电缆附件的有关知识，而且要有相应的工艺标准来严格控制。

一般在电缆线路中绝缘水平的弱点是在受外界因素影响较多的接头部位，故障（非外力损坏）也大部分发生在电缆的接头附件上。无论从理论上或实际中都可以证实接头部位是电缆线路的薄弱环节，因此电缆接头的质量直接关系到电缆线路的运行安全，所以电缆附件安装必须满足以下一些技术要求。

一、电力电缆附件安装的基本技术要求

（1）导体连接良好。

1）电缆导体必须和出线接触、接线端子或连接管有良好的连接。连接点的接触电阻要求小而稳定。与相同长度，相同截面的电缆导体相比，连接点的电阻比值，新敷设电缆应不大于 1.1，经运行后，其比值应不大于 1.2。

2）电缆终端和电缆接头的导体连接试验，应能通过导体温度比电缆允许最高工作温度高 5 ℃ 的负荷循环试验，并通过 1 s 短路热稳定试验。

（2）绝缘可靠。

1）电缆与电缆之间或与其他电气设备连接时，连接处必须去除电缆的绝缘，一般都需加大连接点的截面和距离等，从而使接头内部的电场分布发生畸变产生不均匀现象，因此在接头内部不但要恢复绝缘，并且要求接头的绝缘强度不低于电缆本体。要有满足电缆线路在各种状态下长期安全运行的绝缘结构，并有一定的裕度。

2）电缆终端和电缆接头应能通过交、直流耐压试验、冲击耐压试验和局部放电等电气试验。户外终端还要能承受淋雨和盐雾条件下的耐压试验。

（3）密封良好。电缆与电缆之间或与其他电气设备的连接时，连接处电缆的密封被破坏。为了防止外界的水分和杂物，防止电缆或接头内的绝缘剂流失，电缆附件均应达到可靠的密封性能要求。

1）终端和接头的密封结构，包括壳体、密封垫圈、搪铅和热缩管等，在安装过程中，必须仔细检查，要能有效地防止外界水分或有害物质侵入绝缘，并能防止绝缘剂流失。

2）为了防止电缆绝缘"水树枝"产生，电缆附件必须采用严格的密封结构。交联电缆本体的防水结构主要有金属护套（如铅护套、铝护套）或复合护套（铝箔和聚合物材料）。对于不同的护层结构，附件安装时，必须采用不同的密封方式来保证电缆在安装投运后，杜绝潮气及其他有害物质的侵入。

（4）足够的机械强度。电缆终端和接头，应能承受在各种运行条件下所产生的机械应力。终端的瓷套管和各种金具，包括上下屏蔽罩、紧固件、底板及尾管等，都应有足够的机械强度。对于固定敷设的电力电缆，其连接点的抗拉强度应不低于电缆导体本身抗拉强度的60％。

（5）防腐蚀。在制作电缆接头时，要使用焊剂、清洁剂、填充物和绝缘胶等材料，这些材料必须是无腐蚀性的，并且在接头部位的表面采取防腐蚀措施，以防止周围环境对接头产生腐蚀作用。

二、电力电缆附件安装的相关技术要求

1. 常用电缆终端在电气装置方面的规定

电缆终端在电气装置方面应符合 GB 50168—2018《电气装置安装工程电缆线路施工及验收规范》的有关规定。

（1）电缆终端相位色别。电缆终端应清晰地标注相位色别，即 A 相黄色，B 相绿色，C 相红色，并与系统的相位一致。

（2）安全净距。电缆终端的端部裸露金属部件（含屏蔽罩）在不同相导体之间和各相带电部分对地之间，应符合室内外配电装置安全净距的规定值（表 4-1）。

表 4-1　室内外配电装置的安全净距　　　　　　　　　　单位：mm

运行电压/kV		0.4	6	10	35	110
室内	相～相	20	100	125	300	900
	带电部位～地					850
室外	相～相	75	200	200	400	1000
	带电部位～地					900

2. 35 kV 及以下常用电缆附件接地线的规定

当电缆发生绝缘击穿或系统短路时，电缆导体中的故障电流，将通过电缆金属屏蔽层导入大地，为了人身和设备的安全，在电缆终端和接头处必须按规定装设接地线。在电缆终端和接头处，应依据 GB 50169—2016《电气装置安装工程接地装置施工及验收规范》的规定，将电缆终端和接头的金属外壳、电缆金属屏蔽层、铠装层、电缆的金属支架，采用接地线或接地排接地。接头的金属屏蔽层和铠装层，需用等位连接线联通。

电缆终端接地线和接头的等位连接线，一般采用 25 mm² 镀锡铜编织线。接头处的两端金属屏蔽层还需增加铜网连接。

在 6～10 kV 的电缆线路中，电缆采用零序保护时，当电缆接地点在零序电流互感器以下时，接地线应直接接地；当电缆接地点在零序电流互感器以上时，该接地线应采用绝缘线并穿过零序电流互感器接地。

3. 35 kV 及以下常用电缆中间接头的防腐蚀和机械保护要求

在制作电缆接头时，由于工艺方面的需要，必须剥去一段电缆外护套和铠装层，应有适当材料替代原电缆外护层，作为防蚀和机械保护结构。

（1）常用防腐蚀材料有：一种是铠装带；另一种是热收缩管，两端用防水带正搭盖绕包两层，再包自黏性橡胶带一层。

（2）电缆接头的机械保护。直埋电缆常用的接头机械保护材料是钢筋混凝土保护盒，盒内空隙填充细黏土或细沙。新型的接头保护盒以硬质塑料或环氧玻璃钢制造，这种保护盒由于结构紧凑、重量轻，受到使用者欢迎。

4.2 电力电缆附件安装的基本操作

4.2.1 电力电缆的剥切

一、电力电缆剥切的内容

电缆的剥切是电力电缆附件安装的重要步骤，电缆附件安装之前，需要按照规定的尺寸剥切电缆的护套、铠装（铝护套）、绝缘屏蔽、绝缘等部分。

二、电力电缆剥切专用工器具

电缆剥切专用工器具一般适用于 66 kV 及以上的电力电缆，用来制作电缆接头或终端使用。当剥除塑料外护套时，不得伤及金属护套；当剥除电缆绝缘屏蔽时，不能损伤主绝缘；当切削绝缘层或削制反应力锥时，不能损伤电缆导体。以上切削操作，需使用一些专用工具。

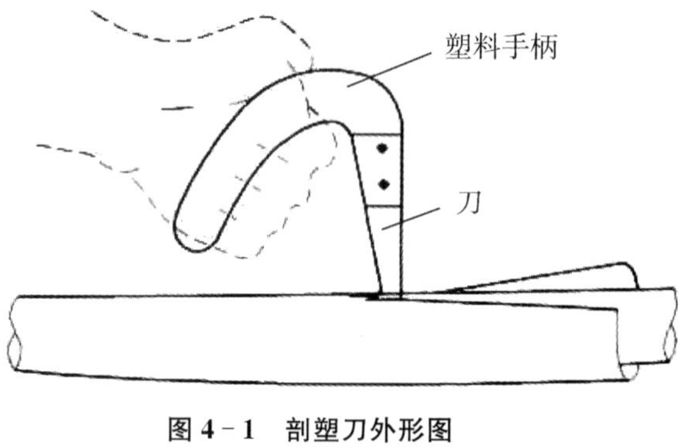

图 4 - 1　剖塑刀外形图

1. 剖塑刀

剥切电缆塑料外护套，除用一般刀具剥切外，还可用专用工具，即剖塑刀，也称钩刀或护套剥切刀。剖塑刀外形如图 4 - 1 所示。剖塑刀的下端有一底托，使用时将底托压在护套内，用力拉手柄，以刀刃切割塑料外护套。

2. 切削刀

切削刀也称绝缘屏蔽剥切刀，它是用来切削交联聚乙烯绝缘和绝缘屏蔽层的专用工具，有可调切削刀和不可调切削刀两种。可调剥切刀可切除电缆的绝缘屏蔽、绝缘、制作反应力锥。不可调剥切刀只能切除电缆的绝缘。其外形如图4-2和图4-3所示。使用切削刀要先根据电缆绝缘厚度和导体外径对刀片进行调节，切削绝缘层应使刀片旋转直径略大于电缆导体外径；切削绝缘屏蔽层，应略大于电缆绝缘外径。在切削绝缘层时，将绝缘层和内半导电层同时切削，再调节刀具，以保留此段内半导电层。为了防止损伤电缆导体，应嵌入内衬管，对导体加以保护。

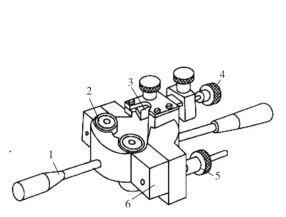

1—手柄；2—轴承；3—刀片；4—刀片调节钮；
5—绝缘直径调节钮；6—本体。

图4-2 可调切削刀

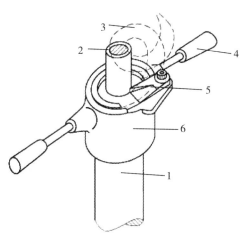

1—电缆；2—导体；3—绝缘；4—手柄；
5—刀片；6—本体。

图4-3 不可调切削刀

切削反应力锥卷刀，外形如图4-4所示。这种工具实际上是仿照削铅笔的卷刀制成的。使用时，为了避免在切削过程中损伤导体和内半导电层，应在导体外套装一根钢套管，并根据电缆截面积和绝缘厚度，调节好刀片的位置，然后以螺丝固定之。反应力锥切削好后，再用玻璃片修整，并用细砂纸对其表面进行打磨处理。

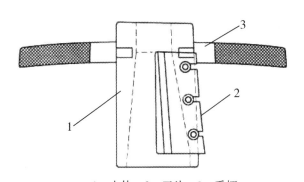

1—本体；2—刀片；3—手柄

图4-4 切削反应力锥卷刀

三、电缆剥切方法及工艺要求

1. 剥切工艺一般要求

（1）严格按照工艺尺寸剥切，每一步剥切，均需用直尺量好尺寸，并做好标记，尺寸误差控制在允许的公差范围内。

（2）剥切过程层次要分明，在剥切外层时，切莫划伤内层结构，特别是不能损伤绝缘屏蔽、绝缘层和导体。

2. 剥切顺序

剥切电缆是附件安装中的第一步。剥切顺序应由表及里、逐层剥切。从剥去电缆外护套开始，依次剥去铠装层（或金属护套）、内衬层、填料、金属屏蔽层、外半导电层、绝缘层及内半导电层。对于绝缘屏蔽层为不可剥的交联聚乙烯电缆，应用玻璃片或可调剥切刀小心地刮去外半导电层。在电缆端部，为完成导体连接而剥切绝缘层后，再按工艺尺寸制作反应力锥。

3. 电缆剥切方法

（1）剥切外护套。剥除塑料外护套，先将电缆末端外护套保留 100 mm，防止钢甲松散。然后按规定尺寸剥除外护套，要求断口平整。

（2）剥切钢带铠装（铝护套）。按规定尺寸在钢甲上绑扎铜线，绑线的缠绕方向应与钢甲的缠绕方向一致，使钢甲越绑越紧不致松散。绑线用直径 2.0 mm 的铜线，每道 3～4 匝。锯钢铠时，其圆周锯痕深度应均匀，不得锯透而损伤内护套。剥钢带时，应先沿锯痕将钢带卷断，钢带断开后再向电缆端头剥除。

对于高压单芯电缆的铝护套，从剥切点开始沿铝护套的圆周小心环切铝护套，并去掉切除的铝护套。要求不得损伤内衬层，打磨铝护套断口，去除毛刺，以防损伤绝缘。

（3）剥除内护套及填料。在应剥除内护套处用刀子横向切一环形痕，深度不超过内护套厚度的一半，纵向剥除内护套。刀子切口应在两芯之间，防止切伤金属屏蔽层。剥除内护套后应将金属屏蔽带末端用聚氯乙烯黏带扎牢，防止松散。切除填料时刀口应向外，防止损伤金属屏蔽层及外半导电层。

（4）剥切金属屏蔽层应按接头工艺图纸的要求进行如下操作：

1）在应保留的铜屏蔽带断口处用焊锡点焊。

2）用直径 1.0 mm 铜线在应剥除金属屏蔽层处临时绑两匝。

3）轻轻撕下铜屏蔽带，断口要整齐，无尖刺或裂口。

4）暂时保留铜绑线，在热缩应力控制管或包缠半导电屏蔽带前再拆除，以防铜屏蔽带松散。

5）当保留的铜屏蔽带裸露部分较长时，应隔一定的距离用焊锡点焊，以防铜屏蔽带松散。

（5）剥切半导电层。半导电屏蔽层分为可剥离和不可剥离两种，35 kV 及以下电缆为可剥离型（35 kV 根据用户要求也可为不可剥离型），110 kV 及以上电缆必须为不可剥离型。

1）剥除可剥离的挤包半导电层。用聚氯乙烯黏带在应保留的半导电层上临时包缠一圈做标记，用刀横向划一环痕，再纵向从环痕处向末端用刀划 3～4 道竖痕，注意不应伤及绝缘层。用钳子从末端撕下一条或多条半导电层，然后全部剥除，并拆除临时包带。半导电层切断口应平整，且不应损伤绝缘层。

2）剥除不可剥离的挤包半导电层。用聚氯乙烯黏带在应保留的半导电层上临时包缠一圈做标记，用玻璃片或可调剥切刀将应剥除的半导电层刮除，注意不应损伤绝缘层，并按工艺要求在屏蔽断口处形成一带坡度的过渡段。

（6）剥切绝缘层。对于小截面电缆可使用电工刀按要求的尺寸进行剥切。

对于大截面电缆需使用专用的电缆绝缘切割工具，如切削刀。以下是不可调切削刀剥切绝缘的步骤：

1）在要保留的绝缘端部做一标记。

2）按电缆绝缘外径选用适当的切削刀。

3）将刀刃移开，套入内衬管。

4）将刀刃放下，用深度调节螺丝调节深度。

5）将切削刀安装在电缆末端，将刀刃平滑地放置在电缆断面上，刀刃应距离电缆导体 0.8 mm。转动切削刀，应不伤及电缆导体及屏蔽，将内衬管向前移动，仔细调节深度螺丝，以达到合适的位置。

6）沿着电缆向前转动切削刀，开始切削电缆绝缘，直至要保留的绝缘端部。

（7）清洁绝缘表面。对可剥离型半导电层的电缆绝缘层表面，用浸有清洁剂的不掉纤维的细布或清洁纸清除绝缘层表面上的污垢和炭痕。清洁时应从绝缘端口向外半导电层端口方向擦抹，不能反复擦，严禁用带有炭痕的布或纸擦抹。擦净后用一块干净的布或纸再次擦抹绝缘表面，检查布或纸上无炭痕时方可继续下一步操作。而对不可剥离型半导电层的电缆绝缘表面，应先用 200～400 号砂纸打磨光滑平整，不应留有半导电痕迹，然后再用上述方法清洁绝缘层。

4.2.2 电力电缆常用带材的绕包

一、常用带材的种类及性能

电力电缆附件安装中经常用到的带材有绝缘带、半导电带、防水带和防火带等。

1. 绝缘带

绝缘带材是制作电缆终端和接头的辅助材料，用作增绕和填充绝缘。

（1）自黏性绝缘带是以硫化或局部硫化的合成橡胶（丁基橡胶或乙丙橡胶）为

主体材料，加入其他配合剂制成的带材，主要用于挤包绝缘电缆接头和终端的绝缘包带。使用时，一般应拉伸100%后包绕，使其紧密地贴附在电缆上，产生足够的黏附力，并成为一个整体。由于在层间不存在间隙，因而也具有良好的密封性能。自黏性橡胶绝缘带一般厚度为0.7 mm，宽20 mm，每卷长约5 m，产品储存期为2年。

（2）PVC绝缘胶带。PVC绝缘胶带是以软质聚氯乙烯（PVC）薄膜为基材，涂橡胶型压敏胶制造而成，具有良好的绝缘、耐燃、耐电压、耐寒等特性，适用于绝缘保护等。

在电缆中间接头制作时，为减少气隙的存在，在复合管两端包绕密封胶后，将凹陷处填平，使整个接头呈现一个整齐的外观，使用PVC胶带缠绕扎紧。

PVC绝缘胶带使用前应清洁被保护部位表面并磨砂处理。再去掉隔离纸，充分拉伸复合带，涂胶层面朝被包覆表面，以半搭盖式绕包。一般在正常情况下，贮存期5年。

2. 半导电带

（1）半导电自黏带。半导电自黏带的主要特点是电阻系数很低，要求不超过103 Ω·m，在6～35 kV电缆接头和终端中起调整电场分布而不使场强局部集中作用。一般是在橡胶类弹性体中掺入大量的导电炭黑，并辅以其他相应组分而形成。

（2）电应力控制带。电应力控制带是一种可以显著简化6～35 kV电缆附件结构、简化制作程序、节约成本和工时的材料。电应力控制带使用在电缆终端和接头上时，由于其自身独特的电性能参数——特别大的介电常数和适中的体积电阻率，而只要在电缆终端或接头的外半导电层断口形成一定长度的管状，就可以明显改善电缆终端或接头的局部电场集中现象，不再需要借助应力锥的作用。

电应力控制带是在适当的高分子主体材料中（满足自黏带性能基本要求），掺入大量能调整材料介电常数和体积电阻率的特种组分而构成的。

3. 防水带

防水带用于交联电缆附件制作中，起绝缘、填充、防水和密封作用。防水带具有高度黏着性和优异的防水密封性能，同时还具有耐碱、酸、盐等化学腐蚀性。防水带材质较软，不能单独使用，外面还需要其他带材进行加强保护。

4. 防火带

防火包带分两类：一类是耐火包带，除具有阻燃性外，还具有耐火性，即在火焰直接燃烧下能保持电绝缘性，用于制作耐火电线电缆的耐火绝缘层，如耐火云母带；另一类是阻燃包带，具有阻止火焰蔓延的性能，但在火焰中可能被烧坏或绝缘性能受损，用作电线电缆的绕包层，以提高其阻燃性能，如玻璃丝带、石棉带或添加阻燃剂的高聚物带、阻燃玻璃丝带、阻燃布带等。

5. 铠装带

铠装带又称铠甲带、装甲带，是一种高科技产品，系用高分子材料和无机材料复合而成的高强度结构材料，适用于电力电缆、通信电缆接头铠装保护、电力电缆护套的修补、通信充气电缆或非充气电缆护套损坏的修复，也适合各类管道的修复。铠装带的技术特点如下：

1）电气绝缘性能好。

2）机械强度高，固化后可形成极佳的、像钢铁一般坚韧的铠装层。

3）单组分包装，可操作性好，适应各种形状的成形。

4）室温固化、无需明火。

二、带材绕包方法及工艺要求

1. 绕包前将电缆绕包部位清洁干净，避免有杂质存在，影响胶带的操作与效果。

2. 要求均匀拉伸100%，使其层间产生足够的黏合力，并消除层间气隙。

3. 采用半重叠法绕包。

4. 绕包厚度按照附件安装工艺要求执行。

5. 绕包结束后，用双手挤压绕包部位，直至完全自黏。

三、带材绕包注意事项

1. 绕包绝缘带时应保持环境清洁。

2. 室外施工现场应有工作棚，防止灰尘或水分落入绝缘内。

3. 绕包绝缘带的操作者应戴乳胶或尼龙手套，以避免汗水沾到绝缘上。

4. 自黏性绝缘带使用前应检查外观是否完好。

5. 有质量保证期限规定的自黏性绝缘带应注意是否超过保质期。

6. 注意湿度、温度等应达到规定要求。

4.2.3 电力电缆附件的密封

一、电力电缆附件的密封工艺

电缆安装时，为了防止外界水分或有害物质进入电缆内部，电缆附件必须具有完善而可靠的密封，这对于确保电缆附件的绝缘性能是极其重要的。电缆附件密封工艺的质量，在很大程度上决定了电缆附件的使用寿命。电缆附件常用密封工艺有以下几种。

（一）搪铅

搪铅工艺应用于电缆附件的金属外壳与电缆金属护套之间的密封。搪铅是借助燃烧器的火焰，将金属部件和电缆金属护套局部加热，在封铅焊料呈半固体状态下，通过手工加工成形，从而形成金属密封结构。

（二）橡胶密封

橡胶密封在电缆附件中应用很广泛。橡胶密封是将一定形状和一定厚度的橡胶制品，置于电缆附件的两个连接部件之间，或者放置在进线套管与电缆护套之间，通过紧固件施加适当的压力，使橡胶产生弹性变形，从而起到密封效果。

对橡胶密封材料有以下性能要求：

1. 橡胶的永久变形要小。

2. 橡胶件的几何尺寸应符合设计要求。例如，进线套管橡胶密封圈的内径要随电缆金属护套的外径大小而选用，密封圈内径不得大于电缆金属护套外径 3 mm。

橡胶密封件形式有平橡胶圈、成型橡胶圈、圆橡胶圈和螺旋状橡胶圈等种类，如图 4-5 所示。

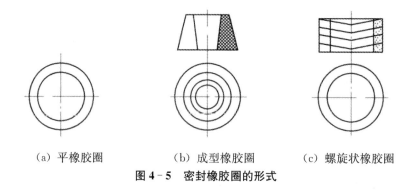

（a）平橡胶圈　　　　　（b）成型橡胶圈　　　（c）螺旋状橡胶圈

图 4-5　密封橡胶圈的形式

（三）环氧树脂密封

环氧树脂对金属有较强的黏合力，应用这一特性，在电缆附件的金属外壳与电缆金属护套之间，可采用浇注环氧树脂复合物或以无碱玻璃丝带与环氧树脂涂料组合绕包的办法，组成环氧树脂密封结构。

采用环氧树脂密封，必须严格清除金属表面的油污，另外，将金属表面打毛可以增强环氧树脂对它的黏合力。

（四）绕包自黏性带材和热收缩护套管密封

在电缆附件连接处，应用自黏性橡胶带或自黏性塑料带绕包成一定形状，即具有密封效果，这是一种简易而实用的密封方式。热收缩护套管的密封方式在交联聚乙烯电缆附件中被广泛采用，也可用于油纸-交联过渡接头。热收缩护套管内壁应涂热熔胶，热熔胶能使热收缩护套管在加热收缩后界面紧密结合，增强密封、防漏和防潮效果。

在热缩之前必须将热收缩护套管及其被覆盖的电缆附件和电缆外护套表面擦拭干净，不得有残留油污或杂物。

热收缩护套管的热缩操作，应使用装上热缩喷嘴的液化气喷枪。喷枪火焰应是内层呈蓝色，外层呈黄色。注意火焰要散开，使热缩管温度达到 120 ℃～140 ℃。同时要注意火焰方向，一般以控制火焰与热收缩护套管轴线呈 45°夹角为宜。应沿着圆周方向均匀加热，缓慢向前推进，加热时必须不断移动火焰，不得对准局部位置加热时间过长。热收缩护套管热缩后表面应光滑、平整，无烫伤痕迹，内部不夹有气泡。

热收缩的其他部件，如热收缩绝缘管、热收缩半导电管、热收缩应力控制管，以及预制式电缆接头中的硅橡胶预制件等，它们与被覆盖物均要求能紧密结合，实际上也兼有密封作用。

二、搪铅操作和封铅焊条使用的注意事项

（一）搪铅操作

搪铅是电缆工的基本操作技能之一。电缆工在通过专门训练和反复实践后，应熟练掌握搪铅操作技术。要求搪铅操作做到以下几点：

1. 封铅要与电缆金属护套和电缆附件的铜套管紧密连接，封铅致密性要好，不应有杂质和气泡。

2. 搪铅时要掌握好温度，时间要短，温度不能过高，不能损伤电缆绝缘。

3. 搪铅圆周方向应厚度均匀，外形要美观。

搪铅操作有触铅法和浇铅法两种。触铅法是以燃烧器加热封铅部位，同时熔化封铅焊条，将其粘牢于封铅部位，然后继续加热，用揩布将封铅加工成形。浇铅法是将封铅焊条在铅缸中加热熔化，用铁勺舀取，浇在封铅部位，然后经加工成形。浇铅法成形速度快，封铅黏合紧密，搪铅时间大为缩短。

搪铅操作时用的燃烧器有汽油喷灯和丙烷液化气喷枪两种。在有条件的地方，应尽量采用液化气喷枪。液化气喷枪与燃料储存罐分离，使用轻巧，火力充足，可缩短搪铅时间。而且喷枪火焰纯净，不含炭粒，有利于保证搪铅质量。

（二）封铅焊条

为了在搪铅过程中不烧坏电缆内部绝缘，要求封铅焊料的熔化温度不能过高。铅锡合金是理想的封铅焊料。铅的熔点是 327 ℃，锡的熔点是 232 ℃，封铅焊条是以铅 65％和锡 35％的配比制成的铅锡合金，在 180 ℃～250 ℃的温度范围内呈半固体状态，也就是类似糨糊状态，这样的铅锡合金有较宽的可操作温度范围，是比较适宜进行搪铅操作的。经验表明，如果含锡量太少，则搪铅时不容易搪成形；但如果含锡量太多，焊料成糨糊状的温度范围缩小，则可搪铅的时间太短，容易造成铅锡分离。

封铅焊条可从市场上购买，也可自行配制。配制方法是：按 65％纯铅、35％纯锡的质量进行配比，将铅块放在铁制铅缸中加热熔化，再加入锡，待锡全部熔化后，将温度维持在 260 ℃左右，为防止铅锡表面氧化，可在铅缸上盖一层稻草灰。

经过搅拌均匀后，即可将铅锡料用铁勺舀到特制模具中，即成封铅焊条。在配制过程中，要注意充分搅拌，使铅锡均匀混合，要避免二者分层。还要注意投入液态铅中的锡块以及进入铅锡溶液的搅拌棒、铁勺等物必须经烘干，表面不得沾有水分，否则，当水分遇到液态铅锡时突然汽化，会引起铅锡液飞溅，以致烫伤周围人员。

三、交联电缆波纹铝护套的搪铅操作步骤

波纹铝护套电缆搪铅操作的特点在于封铅焊料不能直接搪在铝护套表面，必须先在铝护套表面均匀地涂上一层焊接底料，然后用封铅焊料填平"波谷"，形成一道"底铅"。具体操作步骤如下。

（一）处理铝护套表面

剥除塑料外护套后，推荐使用液化气喷枪为燃烧器，均匀烘热铝护套，用纯棉布清除铝护套表面油污，然后用清洁的白布蘸汽油或三氯乙烯溶剂清洁。清洁后，铝护套表面应保持光亮，特别是即将搪上"底铅"的部位不能沾上污物，不可用手触摸。

（二）涂焊接底料

铝护套电缆搪铅用焊接底料以锌锡为主要成分，所以称为锌锡合金底料，其中含有12%的锌，另有少量的银。锌能够和铝形成表面共晶合金，而锡能够使焊接底料熔点降低，流动性较好。

涂焊接底料的方法一般称"摩擦法"，其步骤是：

（1）用钢丝刷沿波纹圆周方向把铝护套表面刷亮，以清除表面的氧化铝膜。

（2）烘热铝护套，涂第一道焊接底料，要涂得均匀。操作时，注意用燃烧器烘热铝护套，不要将火焰直接烧熔焊接底料。

（3）用燃烧器烘热铝护套，用钢丝刷顺圆周方向刷第二遍，使表面有金属光泽。

（4）涂第二道焊接底料。第二道焊接底料一定要全部涂到，不能有遗漏。

（5）用钢丝刷刷第三遍，使铝护套表面有一层均匀的锌锡镀层。

（三）搪"底铅"

用触铅法在涂好焊接底料的铝护套上加封铅焊料，应加得上下均匀。一般波纹铝护套交联聚乙烯电缆底铅长度180 mm，底铅厚度控制在填满波谷后有3～5 mm，如图4-6（a）所示。封铅焊料加好后，搪铅时，燃烧器烘热面积要大，揩布要呈大圆周运作（在运用钢丝刷和涂焊接底料时也应如此），如图4-6（b）所示。搪铅时，要揩过底部，避免分离的锡留在下面。

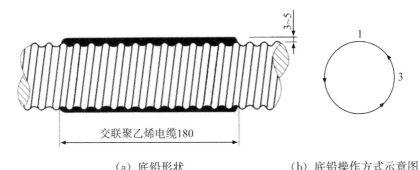

（a）底铅形状 （b）底铅操作方式示意图

图 4-6 铝护套电缆的底铅（单位：mm）

铝护套电缆在底铅搪好之后，即可按上述的方法搪铅。在搪铅完毕后，应检查封铅与铝护套交界处是否密封良好，在封焊中留存的残渣或毛刺必须清除。为了防止铝护套在搪铅处产生电化腐蚀，应对搪铅处铝护套加以良好的防水护层，例如绕包环氧树脂涂料加玻璃丝带 2～3 层等。

4.2.4 电力电缆接地系统安装

一、接地箱、接地保护箱和交叉互联箱的安装

（一）接地箱、接地保护箱、交叉互联箱的结构及作用

1. 接地箱主要由箱体、绝缘支撑板、芯线夹座、连接金属铜排等零部件组成，适用于高压单芯交联电缆接头、终端的直接接地。

2. 接地保护箱主要由箱体、绝缘支撑板、芯线夹座、连接金属铜排、护层保护器等零部件组成，适用于高压单芯交联电缆接头、终端的保护接地，用来控制金属护套的感应电压，减少或消除护层上的环形电流，提高电缆的输送容量，防止电缆外护层击穿，确保电缆的安全运行。

3. 交叉互联箱主要由箱体、绝缘支撑板、芯线夹座、连接金属铜排、电缆护层保护器等零部件组成，适用于高压单芯交联电缆接头、终端的交叉互联换位保护接地，用来限制护套和绝缘接头绝缘两侧冲击过电压升高，控制金属护套的感应电压，减少或消除护层上的环形电流，提高电缆的输送容量，防止电缆外护层击穿，确保电缆的安全运行。

箱体采用高强度不锈钢，机械强度高，密封性能好，且具有良好的阻燃性，耐腐蚀性；其内部接线板采用铜板镀银制成，导电性能优良；护层保护器采用 ZnO 压敏电阻作为保护元件，护层保护器外绝缘采用绝缘材料制成，电气性能优越，密封性能好，具有优良的伏安曲线特性。

接地箱、接地保护箱结构如图 4-7 所示，交叉互联箱结构如图 4-8 所示。

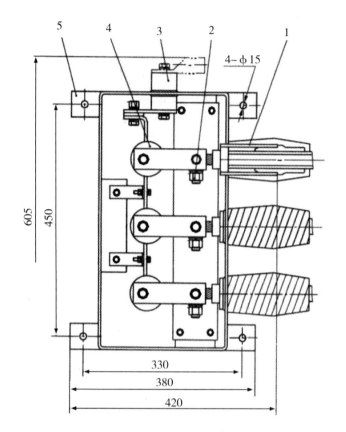

1—进线端口；2—线芯夹座螺栓；3—接地端头；4—保护器（ZJD型无）；5—固定脚板。

图 4‑7　接地箱、接地保护箱结构图（单位：mm）

（二）接地箱、接地保护箱、交叉互联箱的安装方法和要求

电缆接地系统包括电缆接地箱、电缆接地保护箱（带护层保护器）、电缆交叉互联箱等部分。一般容易发生的问题主要是因为箱体密封不好进水导致多点接地，引起金属护层感应电流过大。所以箱体应可靠固定，密封良好，严防在运行中发生进水。

1. 安装方法

交叉互联换位箱、接地箱按照图纸位置安装；螺丝要紧固，箱体牢固、整洁、横平竖直。根据接地箱及终端接地端子的位置和结构截取电缆，电缆长度在满足需要的情况下，应尽可能短。

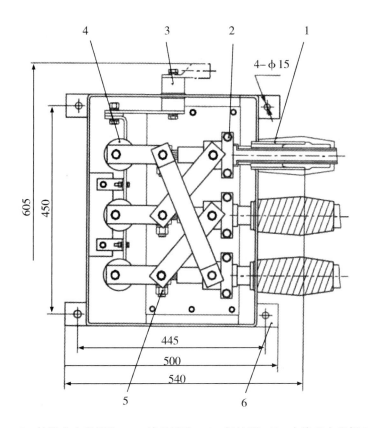

1—进线端口；2—外线芯夹座螺栓；3—接地端头；4—保护器；5—内线芯夹座螺母；6—固定脚板进线孔径 50 mm，箱体高度为 345 mm。

图 4-8　交叉互联箱结构示意图（单位：mm）

（1）安装接地箱、接地保护箱。

1）按安装工艺要求剥除电缆两端绝缘，压好电缆一端的接线端子，再将电缆另一端穿入接地箱的芯线夹座中，拧紧螺栓。接地电缆应排列一致，严禁电缆交叉，注意将电缆与接地箱和终端接地端子连接牢固。

2）安装密封垫圈和箱盖，箱体螺栓应对角均匀，逐渐紧固。

3）按照安装工艺的要求密封出线孔。

4）在接地箱出线孔外缠相色，应一致美观。

5）接地电缆的接地点选择永久接地点，接触面抹导电膏，连接牢固。

6）接地采用圆钢，焊接长度应为直径的 6 倍，采用扁钢应为宽度的 2.5 倍。接地圆钢、扁钢表面按要求涂漆。

（2）安装交叉互联箱。

1）确认护层保护器的型号和规格符合设计要求且试验合格、完好无损。

2）交叉互联系统通常采用相应截面的同轴电缆。根据绝缘中间接头的结构，按安装工艺，剥除屏蔽线绝缘护套，压好屏蔽线接线端子；剥除同轴电缆线芯绝缘，压好线芯导体接线端子；导体压接后，表面要光滑、无毛刺；与绝缘中间接头的接线端子连接。

3）将交叉互联电缆穿入交叉互联箱，按要求剥切绝缘露出线芯，线芯表面要光滑、无毛刺，与接线端子连接；根据交叉互联换位箱内部尺寸，去除多余的屏蔽导体，固定屏蔽导体。

4）重复上述步骤，将 A、B、C 三相交叉互联换位电缆连接好，应一致美观。注意整个线路的交叉互联箱的相位必须一致。

5）安装密封垫圈和箱盖，箱体螺栓应对角均匀，逐渐紧固。

6）按照安装工艺的要求密封出线孔。

7）在交叉互联箱出线孔外缠相色，一致美观。

8）接地电缆的接地点选择永久接地点，接地面抹导电膏，连接牢固。

9）接地采用圆钢，焊接长度应为直径的 6 倍，采用扁钢应为宽度的 2.5 倍。接地圆钢、扁钢表面按要求涂漆。

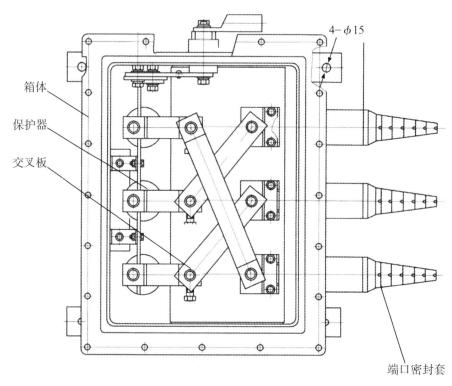

图 4-9　交叉互联箱安装图

2. 安装要求

（1）安装应由经过培训的熟悉操作工艺的人员进行。

（2）仔细审核图纸，熟悉电缆金属护套交叉互联及接地方式。

（3）检查现场应与图纸相符。终端及中间接头制作完毕后，根据图纸及现场情况测量交叉互联电缆和接地电缆的长度。

（4）检查接地箱、接地保护箱、交叉互联箱内部零件应齐全。

（5）确认交叉互联电缆和接地电缆符合设计要求。

交叉互联箱安装图如4-9所示。

二、同轴电缆的结构及作用和安装要求

1. 同轴电缆的结构

同轴电缆是指有两个同心导体，而两个导体又共用同一轴心的电缆。电力电缆线路最常见的同轴电缆结构如图4-10所示，内层绝缘采用交联聚乙烯，外绝缘护套采用聚氯乙烯或聚乙烯。

2. 同轴电缆的作用

同轴电缆主要用于电缆交叉互联接地箱、接地箱和电缆金属护层的连接。由于同轴电缆的波阻抗要远远小于普通绝缘接地线的波阻抗，与电缆的波阻抗相近，为减少冲击过电压在交叉换位连接线上的压降，减少冲击波的反射过电压，应尽量用同轴电缆代替普通绝缘接地线。

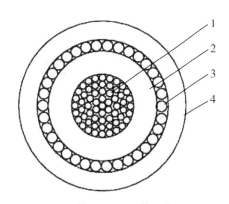

1—内导体；2—内导体绝缘层；
3—外导体；4—外绝缘护套。

图4-10　同轴电缆结构示意图

三、同轴电缆的安装

1. 技术要求

（1）同轴电缆的绝缘水平不得小于电缆外护套的绝缘水平，截面应满足系统单相接地电流通过时的热稳定要求。

（2）电缆线芯连接金具，应采用符合标准的连接管和接线端子，其内径应与电缆线芯紧密配合，间隙不应过大；截面宜为线芯截面的1.2～1.5倍。采用压接时，压接钳和模具应符合规格要求。

2. 安装要求

（1）电缆线芯连接时，应除去线芯和连接管内壁油污及氧化层。

（2）压接模具与金具应配合恰当。压缩比应符合要求。

（3）压接后应将端子或连接管上的凸痕修理光滑，不得残留毛刺。采用锡焊连接铜芯，应使用中性焊锡膏，不得烧伤绝缘。

（4）由于同轴电缆的内外导体之间有不低于电缆外护套的绝缘水平绝缘要求，在与接地箱和换位箱连接时，内外绝缘的剥切长度必须保证绝缘的要求，并绝缘良好。

（5）内外导体分支时，应不得损伤内外导体，外导体应排列整齐。分支处应使用分支手套，密封良好，绝缘满足要求。

（6）电缆与箱体要采用自黏带、黏胶带、胶黏剂（热熔胶）等方式密封。

（7）塑料护套表面应打毛，黏接表面应用溶剂除去油污，黏接应良好。

4.2.5 电力电缆线芯的连接

电缆附件安装工艺的基本要求之一是导体连接良好，这包括中间接头安装中的接管与电缆线芯的连接和终端安装中的接线端子与电缆线芯的连接。

一、电力电缆线芯连接方法

电缆线芯的连接一般采用压缩连接、机械连接、锡焊连接和熔焊连接等方法。

1. 压缩连接

压缩连接简称压接，它是以专用工具对连接金具和导体施加径向压力，靠压应力产生塑性变形，使导体和连接金具的压缩部位紧密接触，形成导电通路。压缩连接是一种不可拆卸的连接方法。

按压接模具形状不同，压缩连接分局部压接和整体压接两类。局部压接又叫点压或坑压，整体压接又叫围压或环压。这两种压接方式的特点比较见表 4-2。

表 4-2 两种压接方式的特点比较

压接方式	局部压接	整体压接
所需压力	较小	较大
压接部位延伸率	较小	较大
压接部位变形情况	不均匀	较均匀

2. 机械连接

机械连接是靠旋紧螺栓，扭力弹簧或金具本身的楔形产生的压力，使导体和连接金具相连接的方法。这种连接方法是可拆卸的。机械连接的优点是工艺比较简单，它适用于低压电缆的导体连接。

机械连接的一种常用形式是应用连接线夹。这种连接金具是通过拧紧螺栓，对线夹和导体的接触面施加一定压力，以增加接触面积，减小接触电阻。

线夹和导体的接触面有时采用螺纹状结构，在拧紧螺栓时，能够使其紧紧"咬住"导体表面，以达到良好的导电和机械性能。拧紧线夹螺栓，应使用力矩扳手，使连接线夹与导体之间达到合适的紧固力，螺栓紧固力矩符合 GB 50149—2010《电气装置安装工程母线装置施工及验收规范》表 2.3.2 的规定。

3. 锡焊连接

使用开口或有浇注孔的镀锡金具（连接管或出线梗），将熔化的焊锡（成分是锡、铅各 50%）填注在导体和金具之间，从而完成导体和金具连接的方法称为锡焊连接。

锡焊是"钎焊"的一种，是古老的铜导体连接方法。

用于锡焊连接的连接管，通常叫作弱背式连接管。连接管有轴向开口槽，在管壁内有与开口槽对应的槽沟，焊接时可将连接管拉开以利焊料流入填充。锡焊连接要求焊料填充饱满，避免在连接管内形成空隙。

锡焊连接的缺点是其短路允许温度只有 120 ℃，如温度过高，有引起焊锡熔化流失以至接点脱焊的危险。所以，短路允许温度比较高的交联聚乙烯电缆，不宜采用锡焊连接。

4. 熔焊连接

应用焊接设备或焊料燃烧反应产生高温将导体熔化，使导体相互熔融连接，这种连接方法称为熔焊连接。熔焊连接包括利用电焊机的电弧焊、利用棒状焊料对接的摩擦焊（可用于铜铝过渡连接）以及铝热剂焊。应用于大截面铝导体的氧弧焊，也是一种熔焊连接技术。

铝热剂熔焊是一种比较简便的熔焊连接方法。这种熔焊方法，又称"药包焊"，不需要专用焊接设备，而是利用置于特制模具中的粒状氧化铜和铝，经点燃后产生激烈化学反应，生成铜和氧化铝，同时放出大量的热。使特制模具中的温度迅速上升到2500 ℃左右，从而产生液态铜，使电缆铜导体完成焊接，氧化铝渣则浮在表面。铝热剂熔焊操作时，会产生一股呛人的烟雾，必须采用强制排风将其驱散。

5. 触头插拔连接方法

随着城市电网电缆化进程的快速发展，电力电缆线路安全运行是保障供电可靠性的关键。由于电缆线路运行中的突发故障，需要在电缆线路完全停电的状况下，用较长的时间测寻和修复故障，恢复供电的时间难以有效控制，最终造成停电时间长、电网供电可靠性下降，因此有必要探讨带电作业旁路系统，能够在很短的时间内，构建一套临时供电系统，在不间断地供电状态下，确保故障段电缆线路安全快捷完成抢修工作的同时，向沿线用户保持不间断临时供电。该旁路系统必须安全、可靠，且安装简单、方便。在很短时间内，通过现场带电作业，安装积木式组件，快速调整旁路线路长度和供电分支数量，有效跨接故障线路段，保证对用户临时用电的安全可靠。

带电作业旁路系统最早应用于 10 kV 架空绝缘线路故障抢修。它是一种由旁路电缆、旁路接头、旁路开关以及相关辅助器材和设备组成的临时输电系统。该系统在韩国、日本和中国的上海、浙江等地得到应用。这种旁路作业系统，应用于电缆线路不停电故障抢修、缺陷处理、例行维护的条件基本具备。

电缆线路旁路作业系统暴露在大气环境中运行，且因为其敷设方式的临时性，时常会影响邻近人口密集和交通密集区域，其安全、可靠性能显得尤为重要。基于插拔式快速终端和接头位置的电场严重畸变，是绝缘性能最为薄弱的环节，因此，其绝缘结构设计、界面压强和电场控制以及制造质量，直接关系到线路旁路作业系统安全、可靠运行。

其次，线路旁路作业系统中插拔式终端和接头，要求具有插拔 1000 次的使用寿命，在 1000 次插拔过程中，接头材料会产生大量磨损。这种磨损会使界面配合尺寸发生变化，界面压强减小，所以沿面放电的电压值也会随之降低，产品轴向沿面击穿的概率升高。

电缆插拔式快速终端和接头绝缘结构是典型的固体复合介质绝缘结构，界面沿面放电与界面压强和界面状态密切相关。设计插拔式快速终端和接头绝缘组件，以消除或减少材料界面损耗，应首选锥形（俗称推拔形）主绝缘结构，以减小插拔阻力，利用斜面力学原理提高界面正压强，同时在插拔过程中快捷地排除界面气隙。提高模具的配合精度和表面光洁度，保证产品表面平整光滑，界面配合准确完好。每次插拔时均应涂抹润滑剂以降低界面摩擦系数，避免表面磨损，使得产品经历 1000 次插拔后仍具有足够的过盈量，以保证界面始终保持足够的界面压强。

插拔式快速终端和接头的触头可采用表带触头设计，表带触头的特点有：体积小，结构简单，不需要压紧弹簧；接触点多，导电能力强，额定电流可达到 500 A；动稳定性及热稳定性都非常高；在插拔多次后仍能保证接触良好，不会出现发热现象。

二、电力电缆线芯的压缩连接（压接）

压缩连接（压接）是目前应用最广泛的电缆线芯连接方法。

1. 压接方法和原理

将要连接的电缆线芯穿进压接金具（接管或接线端子），在压接金具外套上压接模具，使用与压接模具配套的压接钳，应用杠杆或液压原理，施加一定的机械压力于压接模具，使电缆线芯和压接金具在连接部位产生塑性变形，在界面上构成导电通路，并具有足够机械强度。

2. 压接工具及材料

（1）压接钳。压接钳主要有机械压接钳、油压钳和电动油压钳等种类。对压接钳的要求是，第一应有足够的压力，以使压接金具和电缆线芯有足够的变形；第二应轻便，容易携带，操作维修方便；第三要求模具齐全，一钳多用。

1）机械压接钳。机械压接钳是利用杠杆原理的导体压接机具。机械压接钳操作方便，压力传递稳定可靠，适用于小截面的导体压接。图 4-11 是机械压接钳的外形图，它的特点是通过操作手柄，直接在钳头形成机械压力。

图 4-11 机械压接钳外形

图 4-12 油压钳

2）油压钳。油压钳是利用液压原理的导体压接机具。常用油压钳有手动油压钳和脚踏式油压钳两种。图 4-12 是油压钳的外形图。

油压钳中装有活塞自动返回装置，即在活塞内有压力弹簧。在压接过程中，压力弹簧受压，当压接完毕，打开回油阀门，压力弹簧迫使活塞返回，而油缸中的油经回油阀回到储油器中。

手动油压钳比较轻巧，使用方便，适用于中、小截面的导体压接。脚踏式油压钳钳头和泵体分离，以高压耐油橡胶管或紫铜管连接来传递油压，这种压接钳的钳头可灵活转动，出力较大，适用于较大截面的导体连接。

3）电动油压钳。电动油压钳包括充电式手提电动油压钳和分离式电动油压钳。

充电式手提电动油压钳具有重量轻、使用方便的优点，但是价格较贵，压力不会太大。图 4-13 是充电式手提电动油压钳的外形图。

分离式电动油压钳由高压泵站与钳头组成，通过高压耐油橡胶管将压力传递到与泵体相分离的钳头。适用于高压大截面电缆的导体压接。这种压接钳出力较大，有 60 T、100 T、125 T、200 T 等系列产品，其模具一般用围压模，形状有六角形、圆形和椭圆形。图 4-14 为分离式电动油压钳的外形图。

图 4-13　充电式手提电动油压钳

图 4-14　分离式电动油压钳

（2）压接模具。压接模具的作用是，在压接钳的工作压力下促使导电金具和电缆导体的连接部位产生塑性变形，在界面上构成导电通路并具有足够机械强度。当压模宽度及压接钳压力一次不能满足压接需要时，可分多次压接。

压接模具有围压模和点压模两个系列，并且按电缆导体材料不同，选用不同的模具。压接模具的型号以其适用的导体材料和导体标称截面表示，模具材料应采用模具钢，经热处理后其表面硬度不小于 HRC40，其工作面需经防锈处理。

（3）压接金具。压接金具内容主要分三类，35 kV 及以下电缆可参考 GB 14315—2008《电力电缆导体用压接型铜、铝接线端子和连接管》选用；66 kV 及以上交联聚乙烯绝缘电缆要根据电缆终端、接头规格型号单独设计。

1）压接型接线端子。压接型接线端子是使电缆末端导体和电气装置连接的导电金具，它与电缆末端导体连接部位是管状，与电气装置连接部位是特定的平板，平板中央有与螺栓直径配合的端孔。压接型接线端子按连接的导体不同有铜、铝和铜铝过渡端子之分，按结构特征不同有密封式和非密封式之分。

接线端子规格尺寸依其适用的电缆截面积确定，应符合接触电阻和抗拉强度的要求。管状部位的内径要与电缆导体的外径相配合。相同截面导体适用的端子，紧压型的内径要比非紧压型的略小一些。

2）压接型连接管。压接型连接管是将两根及以上电缆导体在线路中间互相连接的管状导电金具。连接管按连接的导体不同有铜、铝和铜铝过渡连接管之分，按结构特征不同有直通式和堵油式之分。连接管的规格尺寸依其适用的电缆截面积确定，应符合接触电阻和抗拉强度的要求。连接管的内径要与电缆导体的外径相配合。相同截面导体的连接管，紧压型的内径要比非紧压型稍小些。

3. 线芯压接工艺要求

（1）压接前要检查核对连接金具和压模，必须与电缆导体标称截面、导体材料、导体结构种类（紧压或非紧压）相符。

（2）压接前按连接长度需要剥除绝缘，清除导体表面油污和导丝间半导电残物，铝导体要用钢丝刷除去表面氧化膜，使导体表面出现金属光泽。

（3）导体经整圆后插入连接管或接线端子，对端子要插到孔底，对连接管两侧导体要对接上。

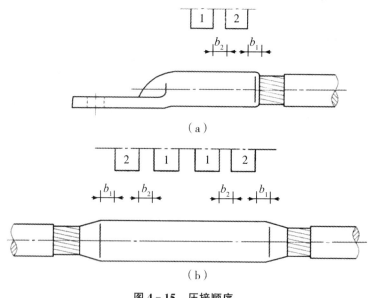

图 4-15 压接顺序

（4）围压法压接的顺序如图 4-15 所示。每道压痕间的距离及其与端部的距离应符合表 4-3 的规定。在压接部位，围压形成棱线或点压的压坑中心线应成一条直线。

（5）当压模合拢到位，应停留 10～15 s 后再松模，以使压接部位金属塑性变形达到基本稳定。

表 4-3　压痕间距和其离管端的距离　　　　　　　　　　　单位：mm

导体标称截面	铜压接		铝压接压接	
	离管端距离	压痕间距离	离管端距离	压痕间距离
10	3	3	3	3
16	3	4	3	3
25	3	4	3	3
35	3	4	3	3
50	3	4	5	3
70	3	5	5	3
95	3	5	5	3
120	3	5	5	4
150	4	6	5	4
185	4	6	5	5
240	4	6	6	5
300	5	7	7	6
400	5	7	7	6

（6）压接后，不应有裂纹，压接部位表面应打磨光滑，无毛刺和尖端。点压的压坑深度应与阳模的压入部位高度一致，坑底应平坦无裂纹。

（7）6 kV 及以上电缆接头当采用点压法时，应将压坑填实，以消除因压坑引起的电场畸变的影响。

4. 电缆线芯压接注意事项

（1）压接钳的选用。在电缆施工中，可根据导体截面大小、工艺要求，并考虑应用环境，选用适当的压接钳。

（2）由于油压钳的吨位不同，其所能压接的导体截面和导体材料也不相同。另外，有的油压钳没有保险阀门，因此在使用中不应超出油压钳本身所能承受的压力范围，以免损坏油压钳。

（3）手动液压钳一般均按一人操作进行压接设计，使用时应由一人进行压接，不应多人合力强压，以免超出油压钳允许的吨位。

（4）压接过程中，当上下模接触时，应停止施加压力，以免损坏压钳、压模。

（5）油压钳应按要求注入规定型号的液压油，以保证油压钳在不同季节能正常使用。

（6）注油时应注意机油清洁，带有杂质的油会引起油阀开闭不严，使油压钳失灵或达不到应有压力。

4.3 1 kV 及以下电力电缆附件安装

4.3.1 1 kV 电力电缆终端头制作

一、作业内容

本部分主要讲述 1 kV 热缩式电力电缆终端头安装所需工器具和材料的选择、附件安装的基本要求、步骤以及安全注意事项等。

二、危险点分析与控制措施

1. 为防止触电，挂接地线前，应使用合格验电器及绝缘手套进行验电，确认无电压后再挂接地线。

2. 使用移动电气设备时必须装设漏电保护器。

3. 搬运电缆附件人员应相互配合，轻搬轻放，不得抛接。

4. 用刀或其他切割工具时，应正确控制切割方向。

5. 使用液化气枪应先检查液化气瓶、减压阀、液化喷枪，点火时火头不准对人，以免人员烫伤，其他工作人员应对火头保持一定距离，用后及时关闭阀门。

6. 吊装电缆终端时，保证与带电设备的安全距离。

三、制作工艺质量控制要点

1. 剥除外护套、铠装、内护套

（1）剥除外护套。应分两次进行，以避免电缆铠装层铠装松散。先将电缆末端外护套保留 100 mm，然后按规定尺寸剥除外护套，要求断口平整。外护套断口以下 100 mm 部分用砂纸打毛并清洁干净，以保证分支手套定位后密封性能可靠。

（2）剥除铠装。按规定尺寸在铠装上绑扎铜线，绑线的缠绕方向应与铠装的缠绕方向一致，使铠装越绑越紧不致松散。绑线用直径 2.0 mm 的铜线，每道 3~4 匝。锯铠装时，其圆周锯痕深度应均匀，不得锯透，以防损伤内护套。剥铠装时，应首先沿锯痕将铠装卷断，铠装断开后再向电缆端头剥除。

（3）剥除内护套及填料。在应剥除内护套处用刀子横向切一环形痕迹，深度不超过内护套厚度的一半。纵向剥除内护套时，刀子切口应在两芯之间，防止切伤绝缘层。切除填料时刀口应向外，防止损伤绝缘层。

2. 焊接地线，绕包密封填充胶

（1）接地铜编织带必须焊牢在铠装的两层铠装上。焊接时，铠装焊区应用锉刀和砂纸打毛，并先镀上一层锡，将铜编织带用铜绑线扎紧并焊牢在铠装镀锡层上，同时对焊面上的尖角毛刺，必须打磨平整，并在外面绕包几层 PVC 胶带，也可用恒力弹簧扎紧，但在恒力弹簧外面也必须绕包几层 PVC 胶带加强固定。

（2）自外护套断口向下 40 mm 范围内的铜编织带必须用焊锡做不少于 30 mm 的防潮段，同时在防潮段下端电缆上绕包两层密封胶，将接地编织带埋入其中，以提高密封防水性能。

（3）在电缆内、外护套断口绕包密封填充胶，必须严实紧密，分叉部位空间应填实，绕包体表面应平整，绕包后外径必须小于分支手套内径。

3. 热缩分支手套，调整线芯

（1）将分支手套套入电缆分叉部位，必须压紧到位。由中间向两端加热收缩，注意火焰不得过猛，应环绕加热，均匀收缩，收缩后不得有空隙存在，并在分支手套下端口部位绕包几层密封胶加强密封。

（2）根据系统相色排列及布置形式，适当调整排列好线芯。

4. 切除相绝缘，压接接线端子

（1）剥除末端绝缘时，注意不要伤及线芯。

（2）压接时，接线端子必须和导体紧密接触，按先上后下顺序进行压接。端子表面尖端和毛刺必须打磨平整。

5. 热缩绝缘管

（1）热缩绝缘管时火焰不得过猛，必须由下向上缓慢、环绕加热，将管中气体全部排出，使其均匀收缩。

（2）在冬季环境温度较低时施工，热缩绝缘管前，应先将金属端子预热，以使绝缘管与金属端子有更紧密的接触。对绝缘管进行二次加热收缩效果更好。

6. 热缩相色管

按系统相色，将相色管分别套入各相绝缘管上端部，环绕加热收缩。

四、作业前准备

1. 工器具和材料准备

安装 1 kV 热缩式电力电缆终端头常用工器具及材料分别见 4-4 和表 4-5。

表 4-4　1 kV 热缩式电力电缆终端头安装所需工器具

序号	名称	规格	单位	数量	备注
1	常用工具		套	1	电工刀、克丝钳、改锥、卷尺
2	绝缘电阻表	1000 V	块	1	
3	万用表		块	1	
4	验电器	1 kV	个	1	
5	绝缘手套	1 kV	副	1	

续表

序号	名称	规格	单位	数量	备注
6	发电机	2 kW	台	1	
7	电锯		把	1	
8	手动压钳		把	1	
9	手锯		把	1	
10	液化气罐	50 L	瓶	1	
11	喷枪头		把	1	
12	电烙铁	1 kW	把	1	
13	锉刀	平锉/圆锉	把	1/1	
14	电源轴		卷	2	
15	灭火器		个	2	

表 4-5 1 kV 热缩式电力电缆终端头安装所需材料

序号	名称	规格	单位	数量	备注
1	热缩交联终端头	根据需要选用	套	1	分支手套、绝缘管、相色管
2	酒精	95%	瓶	1	
3	PVC 黏带	黄、绿、红色	卷	3	
4	清洁布		kg	2	
5	清洁纸		包	1	
6	铜绑线	$\phi 2$ mm	kg	1	
7	焊锡膏		盒	1	
8	焊锡丝		卷	1	
9	铜编织带	25 mm^2	m	1	
10	接线端子	根据需要选用	支	3	
11	砂布	180 号/240 号	张	2/2	

2. 电缆附件安装作业条件

(1) 室外作业时应避免在雨天、雾天、大风天气及湿度在 70% 以上的环境下进行。遇紧急故障处理，应做好防护措施并经上级主管领导批准。在尘土较多及重灰污染区，应搭临时帐篷。

(2) 冬季施工气温低于 0 ℃时，电缆应预先加热。

五、操作步骤及要求

由于不同厂家其附件安装工艺尺寸会略有不同，本节所介绍的工艺尺寸仅供参考。

1. 固定电缆

确定安装位置，量好电缆尺寸，锯掉多余电缆。

2. 电缆预处理

按图4-16所示尺寸剥除外护套，锯铠装，剥除内护套及填料。

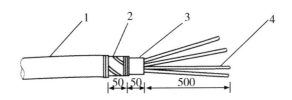

1—外护套；2—铠装；3—内护套；4—线芯。

图4-16 1 kV 热缩式电力电缆终端剥切尺寸图（单位：mm）

3. 焊接铠装接地线

用锉刀打毛铠装表面，用铜绑线将一根铜编织带端头扎紧在铠装上，用锡焊牢，再在外面绕包几层PVC胶带。

自外护套断口以下40 mm长范围内的铜编织带均需进行渗锡处理，使焊锡渗透铜编织带间隙，形成防潮段。

4. 热缩分支手套

在电缆内、外护套端口上绕包两层填充胶，将铜编织带压入其中，在外面绕包几层填充胶，再分别绕包三叉口，绕包后的外径应小于分支手套内径。

套入分支手套，并尽量拉向三芯根部。

取出手套内的隔离纸，从分支手套中间开始向下端热缩，然后向手指方向热缩。

5. 剥除绝缘层、压接接线端子

将电缆端部接线端子孔深加5 mm长的绝缘剥除，擦净导体，套入接线端子进行压接。压接后将接线端子表面用砂纸打磨光滑、平整。

6. 热缩绝缘管

每相套入绝缘管，与分支手套搭接不少于30 mm，从根部向上加热收缩，绝缘管收缩后应平整、光滑、无皱纹、气泡。

7. 热缩相色管

将相色管按相位颜色分别套入各相，环绕加热收缩。

8. 连接接地线

将电缆接地线与电杆的接地引线连接如图4-17所示。户内终端接地线应与变电站内接地网连通。

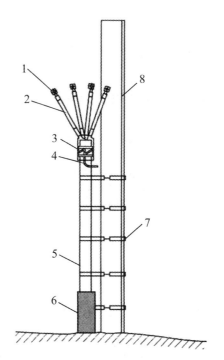

1—接线端子；2—热缩绝缘管；3—分支手套；4—地线；5—电缆；6—保护钢管；7—卡具；8—电杆。

图 4‑17 1 kV 及以下橡塑电力电缆户外终端示意图

9. 与其他电气设备连接

将电缆终端导体端子与架空线或开关柜连接，确保接触良好。

10. 清理现场

施工结束后，工作负责人依据施工验收规范对施工工艺、质量进行自查验收，按要求清理施工现场，整理工具、材料，办理工作终结手续。

4.3.2 1 kV 电力电缆中间接头制作

一、作业内容

本部分主要讲述 1 kV 热缩式电力电缆中间接头安装所需工器具和材料的选择、附件安装的基本要求、步骤以及安全注意事项等。

二、危险点分析与控制措施

1. 明火作业，工作现场应配备灭火器，并及时清理杂物。

2. 使用移动电气设备时必须装设漏电保护器。

3. 搬运电缆附件时，人员应相互配合，轻搬轻放，不得抛接。

4. 用刀或其他切割工具时，正确控制切割方向。

5. 使用液化气枪前应先检查液化气瓶、减压阀，液化气喷枪点火时火头不准对人，以免人员烫伤，其他工作人员应与火头保持一定距离，用后及时关闭阀门。

6. 施工时，电缆沟边上方禁止堆放工具及杂物，以免掉落伤人。

三、制作工艺质量控制要点

1. 剥除外护套、铠装、内护套

（1）剥除外护套。首先在电缆的一侧套入附件中的外护套。在剥切电缆外护套时，应分两次进行，以避免电缆铠装松散。先将电缆末端外护套保留 100 mm，然后按规定尺寸剥除外护套，要求断口平整。外护套断口以下 100 mm 部分用砂纸打毛并清洁干净，以保证外护套定位后，密封性能可靠。

（2）剥除铠装。按规定尺寸在铠装上绑扎铜线，绑线的缠绕方向应与铠装的缠绕方向一致，使铠装越绑越紧不致松散。绑线用直径 2.0 mm 的铜线，每道 3～4 匝。锯铠装时，其圆周锯痕深度应均匀，不得锯透，不得损伤内护套。剥铠装时，应首先沿锯痕将铠装卷断，铠装断开后再向电缆端头剥除。

（3）剥除内护套及填料。在应剥除内护套处用刀子横向切一环形痕，深度不超过内护套厚度的一半。纵向剥除内护套时，刀子切口应在两芯之间，防止切伤绝缘层。切除填料时刀口应向外，防止损伤绝缘层。

2. 电缆分相，锯除多余电缆线芯

（1）扳弯线芯时应在电缆线芯分叉部位进行，弯曲不宜过大，以便于操作为宜，但一定要保证弯曲半径符合规定要求。

（2）将接头中心尺寸核对准确，然后锯断多余电缆芯线，锯割时，应保持电缆线芯端口平直。

3. 套入绝缘管

先将电缆表面清洁干净，然后套入绝缘管。

4. 剥除线芯末端绝缘

按工艺要求，剥除线芯末端绝缘。剥除绝缘层时，不得损伤导体，不得使导体变形。

5. 压接连接管

（1）压接前用清洁纸将连接管内、外和导体表面清洁干净。检查连接管与导体截面及导体外径尺寸，以及压接模具与连接管外径尺寸是否匹配。如连接管套入导体较松动，则应用单丝填实后进行压接。

（2）压接后，连接管表面的棱角和毛刺必须用锉刀和砂纸打磨光洁，并将金属粉末清洁干净。

（3）将连接管与绝缘连接处用自黏绝缘带拉伸后绕包填平，绝缘带绕包必须紧密、平整。

6. 热缩绝缘管

（1）将电缆线芯绝缘层用清洁纸清洁干净。

（2）将绝缘管移至连接管上，保证二者中心对正。从中部向两端均匀、缓慢、环绕进行加热收缩，把管内气体全部排出，保证均匀收缩，防止局部温度过高导致绝缘碳化和管材损坏。

7. 连接两端铠装

（1）编织带应焊在两层铠装上。

（2）焊接时，铠装焊区应用锉刀或砂纸打磨，并先镀上一层锡，将铜编织带两端分别接在铠装镀锡层上，同时用铜绑线扎紧并焊牢。

8. 热缩外护套

（1）接头部位及两端电缆必须调整平直。

（2）外护套管定位前，必须将接头两端电缆外护套清洁干净并绕包一层密封胶。热缩时，由中间向两端均匀、缓慢、环绕加热，使其收缩到位。

四、作业前准备

（1）工器具和材料准备

安装 1kV 热缩式电力电缆中间接头常用工器具及材料分别见表 4-6 和表 4-7。

表 4-6 1kV 热缩式电力电缆中间接头安装所需工器具

序号	名称	规格	单位	数量	备注
1	常用工具		套	1	电工刀、克丝钳、改锥、卷尺
2	绝缘电阻表	1000 V	块	1	
3	榔头		把	1	
4	验电器	1 kV	把	1	
5	绝缘手套	1 kV	副	2	
6	发电机	2 kW	台	1	
7	电锯		把	1	
8	手动压钳		把	1	
9	手锯		把	2	
10	液化气罐	50 L	瓶	2	
11	喷枪头		把	2	
12	电烙铁	1 kW	把	2	
13	锉刀	平锉/圆锉	把	1/1	
14	电源轴		卷	2	
15	灭火器		个	2	

表 4-7 1 kV 热缩式电力电缆中间接头安装所需材料

序号	名称	规格	单位	数量	备注
1	热缩交联中间头	根据需要选用	套	1	外护套、绝缘管、相色管
2	酒精	95%	瓶	1	
3	PVC 黏带	黄绿红	卷	3	
4	清洁布		kg	2	
5	清洁纸		包	1	
6	铜绑线	$\phi 2$ mm	kg	1	
7	焊锡膏		盒	1	
8	焊锡丝		卷	1	
9	铜编织带	25 mm²	根	1	
10	接管	根据需要选用	支	4	
11	砂布	180 号/240 号	张	2/2	
12	接头盒		套	1	直埋时使用
13	盖板		块	30	
14	防外力标示布	10 m×0.5 m	块	2	
15	阻燃带	60 mm×0.7 mm	盘	16	工井内用

（2）电缆附件安装作业条件。

1）室外作业应避免在雨天、雾天、大风天气及湿度在 70% 以上的环境下进行。遇紧急故障处理时，应做好防护措施并经上级主管领导批准。在尘土较多及重灰污染区，应搭临时帐篷。

2）冬季施工气温低于 0 ℃时，电缆应预先加热。

五、操作步骤及要求

由于不同厂家其附件安装工艺尺寸会略有不同，本节所介绍的工艺尺寸仅供参考。

1. 定接头中心、预切割电缆

将电缆调直，确定接头中心。电缆长端 500 mm，短端 350 mm，两电缆重叠 200 mm，锯掉多余电缆。

2. 套入护套管

将电缆两端外护套擦净，在两端电缆上依次套入外护套管，将护套管两端包严，防止进入尘土影响密封。

3. 剥除外护套、铠装和内护套

按图 4-18 所示尺寸，剥除电缆的外护套、铠装、内护套和线芯间的填料。

4. 锯线芯

按相色要求将各对应线芯绑好，将多余线芯锯掉。锯线芯前，应按图4-18所示核对接头长度。

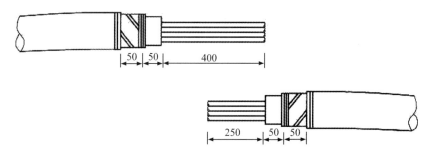

图4-18　1kV热缩式电力电缆中间接头剥切尺寸图（单位：mm）

5. 套入绝缘管

分开线芯，绑好分相支架，固定电缆线芯，将300mm长的热缩绝缘管套入各相长端。

6. 剥去线芯末端绝缘

将长度为1/2接管长加5mm的末端绝缘去除，擦净油污，把导体绑扎圆整。

7. 压连接管

(1) 套上压接管，两侧导体对实后进行压接（先压接管两端，后压中间）。

(2) 将压接管修整光滑，拆去分相支架，把线芯及接管用干净的布擦拭干净。

8. 热缩绝缘管

用自黏绝缘带将接管两端导体包平后，将各相热缩绝缘管移至中心，由绝缘管中间向两端开始均匀加热收缩。绝缘管收缩后应平整、光滑，无皱纹、气泡。

9. 连接两端铠装

(1) 收紧线芯，用白布带绕包扎牢。

(2) 用恒力弹簧或用焊接方式将铠装两端用铜编织地线连接在一起。

10. 热缩外护套

按图4-19所示，将预先套入的护套管移至接头中央，由中间向两端加热收缩（管两端内侧涂有密封胶）。

11. 装保护盒

组装好机械保护盒，盒内填入软土，防机械损伤。

1kV及以下橡塑电力电缆中间接头安装如图4-19所示。

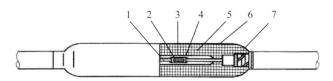

1—线芯；2—连接管；3—自黏带；4—热缩绝缘管；5—白布带；6—铜编织地线；7—热缩护套管。

图 4‑19 1 kV 橡塑电力电缆中间接头安装示意图

12. 清理现场

施工作业结束后，工作负责人依据施工验收规范对施工工艺、质量进行自查验收，按要求清理施工现场，整理工具、材料，办理工作终结手续。

4.4 10 kV 电力电缆附件安装

4.4.1 10 kV 常用电力电缆终端头制作

一、作业内容

本部分主要讲述 10 kV 常用电力电缆终端安装所需工器具和材料的选择、附件安装的基本要求、步骤以及安全注意事项等。

二、危险点分析与控制措施

1. 为防止触电，挂接地线前，应使用合格验电器及绝缘手套进行验电，确认无电后再挂接地线。

2. 使用移动电气设备时必须装设漏电保护器。

3. 搬运电缆附件时，施工人员应相互配合，轻搬轻放，不得抛接。

4. 用刀或其他切割工具时，正确控制切割方向。

5. 使用液化气枪应先检查液化气瓶、减压阀，液化气喷枪点火时火头不准对人，以免人员烫伤，其他工作人员应对火头保持一定距离，用后及时关闭阀门。

6. 吊装电缆终端头时，应保证与带电设备安全距离。

三、10 kV 常用电力电缆终端头制作工艺质量控制要点

（一）10 kV 热缩式电力电缆终端头制作工艺质量控制要点

1. 剥除外护套、铠装、内护套

（1）制作电缆终端头时，应尽量垂直固定，对于大截面电缆终端头，建议在杆塔上进行制作，以免在地面制作后吊装时容易造成线芯伸缩错位，三相长短不一，使分支手套局部受力损坏。

（2）剥除外护套。应分两次进行，以避免电缆铠装层铠装松散。先将电缆末端外护套保留 100 mm。然后按规定尺寸剥除外护套，要求断口平整。外护套断口以下

100 mm部分用砂纸打毛并清洁干净，以保证分支手套定位后，密封性能可靠。

（3）剥除铠装。按规定尺寸在铠装上绑扎铜线，绑线的缠绕方向应与铠装的缠绕方向一致，使铠装越绑越紧不致松散。绑线用直径2.0 mm的铜线，每道3～4匝。锯铠装时，其圆周锯痕深度应均匀，不得锯透，不得损伤内护套。剥铠装时，应首先沿锯痕将铠装卷断，铠装断开后再向电缆端头剥除。

（4）剥除内护套及填料。在应剥除内护套处用刀子横向切一环形痕迹，深度不超过内护套厚度的一半。纵向剥除内护套时，刀子切口应在两芯之间，防止切伤金属屏蔽层。剥除内护套后应将金属屏蔽带末端用聚氯乙烯黏带扎牢，防止松散。切除填料时刀口应向外，防止损伤金属屏蔽层。

（5）分开三相线芯时，不可硬行弯曲，以免铜屏蔽层褶皱、变形。

2. 焊接地线，绕包密封填充胶

（1）两条接地编织带必须分别焊牢在铠装的两层钢带和三相铜屏蔽层上。焊接时，铠装和三相铜屏蔽焊区应用锉刀和砂纸打毛，并先镀上一层锡，焊牢后的焊面上尖角毛刺必须打磨平整，并在外面绕包几层PVC胶带，也可用恒力弹簧扎紧，但在恒力弹簧外面也必须绕包几层PVC胶带加强固定。

（2）自外护套断口向下40 mm范围内的两条铜编织带必须用焊锡做不少于30 mm的防潮段，同时在防潮段下端电缆上绕包两层密封胶，将接地编织带埋入其中，提高密封防水性能。两条编织带之间必须绝缘分开，安装时错开一定距离。

（3）电缆内、外护套断口绕包密封胶，必须严实紧密，三相分叉部位空间应填实，绕包体表面应平整，绕包后外径必须小于分支手套内径。

3. 热缩分支手套，调整三相线芯

（1）将分支手套套入电缆三叉部位，必须压紧到位，由中间向两端加热收缩，注意火焰不得过猛，应环绕加热，均匀收缩。收缩后不得有空隙存在，并在分支手套下端口部位绕包几层密封胶加强密封。

（2）根据系统相序排列及布置形式，适当调整排列好三相线芯。

4. 剥切铜屏蔽层、外半导电层、缠绕应力控制胶

（1）剥切铜屏蔽时，在其断口处用直径1.0 mm镀锡铜绑线扎紧或用恒力弹簧固定，切割时，只能环切一刀痕，不能切透，以防损伤外半导电层。剥除时，应从刀痕处撕剥，断开后向线芯端部剥除。

（2）剥除外半导电层后，绝缘表面必须用细砂纸打磨，去除吸附在绝缘表面的半导电粉尘。

（3）用浸有清洁剂且不掉纤维的细布或清洁纸清除绝缘层表面上的污垢和炭痕。清洁时应从绝缘端口向外半导电层方向擦抹，不能反复擦，严禁用带有炭痕的布或纸擦抹。擦净后用一块干净的布或纸再次擦抹绝缘表面，检查布或纸上无炭痕时方为

合格。

（4）缠绕应力控制胶，必须拉薄拉窄，将外半导电层与绝缘之间台阶绕包填平，再搭盖外半导电层和绝缘层，绕包的应力控制胶应均匀圆整，端口平齐。

（5）涂硅脂时，注意不要涂在应力控制胶上。

5. 热缩应力控制管

（1）根据安装工艺图纸要求，将应力控制管套在适当的位置。

（2）加热收缩应力控制管时，火焰不得过猛，应温火均匀加热，使其自然收缩到位。

6. 热缩绝缘管

（1）在分支手套的指管端口部位绕包一层密封胶。密封胶一定要绕包严实紧密。

（2）套入绝缘管时，应注意将涂有热熔胶的一端套至分支手套三指管根部，热缩绝缘管时，火焰不得过猛，必须由下向上缓慢、环绕加热，将管中气体全部排出，使其均匀收缩。

（3）在冬季环境温度较低时施工，绝缘管做二次加热，收缩效果会更好。

7. 压接接线端子

（1）剥除末端绝缘时，注意不要伤到线芯。绝缘端部应力处理前，用PVC胶带黏面朝外将电缆三相线芯端头包扎好，以防倒角时伤到导体。

（2）压接接线端子时，接线端子必须和导体紧密接触，按先上后下顺序进行压接。压接后，端子表面尖端和毛刺必须打磨光滑。

8. 热缩密封管和相色管

（1）在绝缘管与接线端子之间用填充胶和密封胶将台阶填平，使其表面平整。

（2）热缩密封管时，其上端不宜搭接到接线端子孔的顶端，以免形成豁口进水。

（3）热缩相色管时，按系统相色，将相色管分别套入各相绝缘管上端部，环绕加热收缩。

9. 户外安装时固定防雨裙

（1）固定防雨裙应符合图纸尺寸要求，并与线芯、绝缘管垂直。

（2）热缩防雨裙时，应对防雨裙上端直管部位圆周加热，加热时应用温火，火焰不得集中，以免防雨裙变形和损坏。

（3）热缩防雨裙过程中，应及时在水平和垂直方向对其进行调整，对防雨裙边进行整形。

（4）防雨裙加热收缩只能一次性定位，收缩后不得移动和调整，以免防雨裙上端直管内壁密封胶脱落，影响固定及防雨功能。

10. 连接接地线

（1）压接接地端子，并与地网连接牢靠。

（2）固定三相，应保证相间（接线端子之间）距离满足户外≥200 mm，户内≥125 mm。

（二）10 kV 预制式电力电缆终端头制作工艺质量控制要点

1. 剥除外护套、铠装、内护套

（1）制作电缆终端头时，应尽量垂直固定，对于大截面电缆终端头，建议在杆塔上进行制作，以免在地面制作后吊装时容易造成线芯伸缩错位，三相长短不一，使分支手套局部受力损坏。

（2）剥除外护套。应分两次进行，以避免电缆铠装层铠装松散。先将电缆末端外护套保留 100 mm。然后按规定尺寸剥除外护套，要求断口平整。外护套断口以下 100 mm 部分用砂纸打毛并清洁干净，以保证分支手套定位后，密封性能可靠。

（3）剥除铠装。按规定尺寸在铠装上绑扎铜线，绑线的缠绕方向应与铠装的缠绕方向一致，使铠装越绑越紧不致松散。绑线用直径 2.0 mm 的铜线，每道 3～4 匝。锯铠装时，其圆周锯痕深度应均匀，不得锯透，不得损伤内护套。剥铠装时，应首先沿锯痕将铠装卷断，铠装断开后再向电缆端头剥除。

（4）剥除内护套及填料。在应剥除内护套处用刀子横向切一环形痕迹，深度不超过内护套厚度的一半。纵向剥除内护套时，刀子切口应在两芯之间，防止切伤金属屏蔽层。剥除内护套后应将金属屏蔽带末端用聚氯乙烯黏带扎牢，防止松散。切除填料时刀口应向外，防止损伤金属屏蔽层。

（5）分开三相线芯时，不可硬行弯曲，以免铜屏蔽层褶皱、变形。

2. 焊接地线，绕包密封填充胶

（1）两条接地编织带必须分别焊牢在铠装的两层钢带和三相铜屏蔽层上。焊接时，铠装和三相铜屏蔽焊区应用锉刀和砂纸打毛，并先镀上一层锡，焊牢后的焊面上尖角毛刺必须打磨平整，并在外面绕包几层 PVC 胶带，也可用恒力弹簧扎紧，但在恒力弹簧外面也必须绕包几层 PVC 胶带加强固定。

（2）自外护套断口向下 40 mm 范围内的两条铜编织带必须用焊锡做不少于 30 mm 的防潮段，同时在防潮段下端电缆上绕包两层密封胶，将接地编织带埋入其中，提高密封防水性能。两条编织带之间必须绝缘分开，安装时错开一定距离。

（3）电缆内、外护套断口绕包密封胶，必须严实紧密，三相分叉部位空间应填实，绕包体表面应平整，绕包后外径必须小于分支手套内径。

3. 热缩分支手套，调整三相线芯

（1）将分支手套套入电缆三叉部位，必须压紧到位，由中间向两端加热收缩，注意火焰不得过猛，应环绕加热，均匀收缩。收缩后不得有空隙存在，并在分支手套下端口部位绕包几层密封胶加强密封。

（2）根据系统相序排列及布置形式，适当调整排列好三相线芯。

4. 热缩护套管

（1）套入护套管时，应注意将涂有热熔胶的一端套至分支手套三指管根部。热缩护套管时，应由下端分支手套指管处开始向上端加热收缩。应缓慢、均匀加热，使管中的气体完全排出。

（2）切割多余护套管时，必须绕包两层PVC胶带固定，圆周环切后，才能纵向割切，剥切时不得损伤铜屏蔽层，严禁无包扎切割。

5. 剥切铜屏蔽层、外半导电层

（1）剥切铜屏蔽时，在其断口处直径1.0 mm镀锡铜绑线扎紧或用恒力弹簧固定，切割时，只能环切一刀痕，不能切透，以防损伤外半导电层。剥除时，应从刀痕处撕剥，断开后向线芯端部剥除。

（2）剥除外半导电层后，绝缘表面必须用细砂纸打磨，去除吸附在绝缘表面的半导电粉尘。

（3）用砂纸打磨外半导电层端部或切削小斜坡时，注意不得损伤绝缘层，打磨或切削后，半导电层端口应平齐，坡面应平整光洁，与绝缘层平滑过渡。

6. 剥切线芯绝缘、内半导电层

（1）割切线芯绝缘时，注意不得损伤线芯导体，剥除绝缘层时，应顺着导线绞合方向进行，不得使导体松散变形。

（2）内半导电层应剥除干净，不得留有残迹。

（3）绝缘端部处理前，用PVC胶带黏面朝外将电缆三相线芯端头包好，以防倒角时伤到导体。

（4）仔细检查绝缘层，如发现有半导电粉质、颗粒或较深的凹槽等，则必须用细砂纸打磨或用玻璃片刮干净。

（5）清洁绝缘层时，必须用清洁纸，从绝缘层端部向外半导电层端部一次性清洁，以免把半导电粉质带到绝缘上。

7. 绕包半导电带台阶

将半导电带拉伸100%，绕包成圆柱形台阶，其上平面应和线芯垂直，圆周应平整，不得绕包成圆锥形或鼓形。

8. 安装终端套管

（1）套入终端时，应注意先把塑料护帽套在线芯导体上，防止导体边缘刮伤终端套管。

（2）整个套入过程不宜过长，应一次性推到位。

（3）在终端头底部电缆上绕包一圈密封胶，将底部翻起的裙边复原，装上卡带并紧固。

（4）按系统相色，包缠相色带。

9. 压接接线端子和连接接地线

（1）把接线端子套到导体上，使接线端子下端防雨罩罩在终端头顶部裙边上。

（2）压接时保证接线端子和导体紧密接触，按先上后下顺序进行压接。端子表面尖端和毛刺必须打磨光洁。

（3）压接接地端子，并与地网连接牢靠。

（4）固定三相，应保证相间（接线端子之间）距离满足户外≥200 mm，户内≥125 mm。

（三）10 kV 预制式肘型电力电缆终端头制作工艺质量控制要点

1. 剥除外护套、铠装、内护套

（1）制作电缆终端头时，应尽量垂直固定，以免在地面制作后安装时容易造成线芯伸缩错位，三相长短不一，使分支手套局部受力损坏。

（2）剥除外护套。应分两次进行，以避免电缆铠装层铠装松散。先将电缆末端外护套保留 100 mm。然后按规定尺寸剥除外护套，要求断口平整。外护套断口以下100 mm部分用砂纸打毛并清洁干净，以保证分支手套定位后，密封性能可靠。

（3）剥除铠装。按规定尺寸在铠装上绑扎铜线，绑线的缠绕方向应与铠装的缠绕方向一致，使铠装越绑越紧不致松散。绑线用直径 2.0 mm 的铜线，每道 3～4 匝。锯铠装时，其圆周锯痕深度应均匀，不得锯透，不得损伤内护套。剥铠装时，应首先沿锯痕将铠装卷断，铠装断开后再向电缆端头剥除。

（4）剥除内护套及填料。在应剥除内护套处用刀子横向切一环形痕迹，深度不超过内护套厚度的一半。纵向剥除内护套时，刀子切口应在两芯之间，防止切伤金属屏蔽层。剥除内护套后应将金属屏蔽带末端用聚氯乙烯黏带扎牢，防止松散。切除填料时刀口应向外，防止损伤金属屏蔽层。

（5）分开三相线芯时，不可硬行弯曲，以免铜屏蔽层褶皱、变形。

2. 固定接地线，绕包密封填充胶

（1）接地编织带必须分别固定在铠装层的两层钢带和三相铜屏蔽层上。铠装和铜屏蔽与地线接触部位应用砂纸打毛，在恒力弹簧外面必须绕包几层 PVC 胶带，以保证铠装与金属屏蔽层的绝缘。

（2）自外护套断口向下 40 mm 范围内的铜编织带必须做不少于 30 mm 的防潮段，同时在防潮段下端电缆上，绕包两层密封胶，将接地编织带埋入其中，提高密封防水性能。两编织带之间必须绝缘分开，安装时错开一定距离。

（3）电缆内、外护套断口处要绕包填充胶，三相分叉部位空间应填实，绕包体表面应平整，绕包后外径必须小于分支手套内径。

3. 安装分支手套

（1）电缆三叉部位用填充胶绕包后，根据实际情况，上半部分可半搭盖绕包一层

PVC 胶带,以防止内部粘连和抽塑料衬管条时将填充胶带出。但填充胶绕包体上不能全部绕包 PVC 胶带。

(2) 冷缩分支手套套入电缆前应事先检查三指管内塑料衬管条内口预留是否过多,注意抽衬管条时,应谨慎小心,缓慢进行,以避免衬管条弹出。

(3) 分支手套应套至电缆三叉部位填充胶上,必须压紧到位,检查三指管根部,不得有空隙存在。

4. 安装冷缩护套管

(1) 安装冷缩护套管,抽出衬管条时,速度应均匀缓慢,两手应协调配合,以防冷缩护套管收缩不均匀造成拉伸和反弹。

(2) 护套管切割时,必须绕包两层 PVC 胶带固定,圆周环切后,才能纵向剖切,剥切时不得损伤铜屏蔽层,严禁无包扎切割。

5. 剥切铜屏蔽层、外半导电层

(1) 铜屏蔽剥切时,应用直径 1.0 mm 镀锡铜绑线扎紧或用恒力弹簧固定,切割时,只能环切一刀痕,不能切透,损伤外半导电层。剥除时,应从刀痕处撕剥,断开后向线芯端部剥除。

(2) 外半导电层剥除后,绝缘表面必须用细砂纸打磨,去除嵌入在绝缘表面的半导电颗粒。

(3) 外半导电层端部切削打磨斜坡时,注意不得损伤绝缘层。打磨后,外半导电层端口应平齐,坡面应平整光洁,与绝缘层圆滑过渡。

6. 剥切线芯绝缘、内半导电层

(1) 割切线芯绝缘时,注意不得损伤线芯导体,剥除绝缘时,应顺着导线绞合方向进行,不得使导体松散。

(2) 内半导电应剥除干净,不得留有残迹。

(3) 绝缘端部应力处理前,用 PVC 胶带黏面朝外将电缆三相线芯端头包扎好,以防倒角时伤到导体。

(4) 仔细检查绝缘层,如有半导电粉末、颗粒或较深的凹槽等,则必须再用细砂纸打磨干净。

(5) 清洁绝缘层时,必须用清洁纸,从绝缘层端部向外半导电层端部方向一次性清洁绝缘和外半导电,以免把半导电粉末带到绝缘上。

7. 绕包半导电带台阶

半导电带必须拉伸 100%,绕包成圆柱形台阶,其上平面应和线芯垂直,圆周应平整,不得绕包成圆锥形或鼓形。

8. 安装应力锥

(1) 将硅脂均匀涂抹在电缆绝缘表面和应力锥内表面,注意不要涂在半导电层上。

（2）将应力锥套入电缆绝缘上，直到应力锥下端的台阶与绕包的半导电带圆柱形凸台紧密接触。

9. 压接接线端子

压接时，必须保证接线端子和导体紧密接触，按先上后下顺序进行压接。端子表面尖端和毛刺必须打磨光洁。

10. 安装肘型插头，连接接地线

（1）将肘型头套在电缆端部，并推到底，从肘型头端部可见压接端子螺栓孔。

（2）按系统相色，包缠相色带。

（3）将螺栓拧紧在环网柜套管上，确保螺纹对位。

（4）将肘型头套入环网柜套管上，确保电缆端子孔正对螺栓，用螺母将电缆端子压紧在套管端部的铜导体上。

（5）用接地线在肘型头耳部将外屏蔽接地。

（四）10 kV 冷缩式电力电缆终端头制作工艺质量控制要点

1. 剥除外护套、铠装、内护套

（1）制作电缆终端头时，应尽量垂直固定，对于大截面电缆终端头，建议在杆塔上进行制作，以免在地面制作后吊装时容易造成线芯伸缩错位，三相长短不一，使分支手套局部受力损坏。

（2）剥除外护套。应分两次进行，以避免电缆铠装层铠装松散。先将电缆末端外护套保留 100 mm。然后按规定尺寸剥除外护套，要求断口平整。外护套断口以下 100 mm 部分用砂纸打毛并清洁干净，以保证分支手套定位后，密封性能可靠。

（3）剥除铠装。按规定尺寸在铠装上绑扎铜线，绑线的缠绕方向应与铠装的缠绕方向一致，使铠装越绑越紧不致松散。绑线用直径 2.0 mm 的铜线，每道 3～4 匝。锯铠装时，其圆周锯痕深度应均匀，不得锯透，不得损伤内护套。剥铠装时，应首先沿锯痕将铠装卷断，铠装断开后再向电缆端头剥除。

（4）剥除内护套及填料。在应剥除内护套处用刀子横向切一环形痕迹，深度不超过内护套厚度的一半。纵向剥除内护套时，刀子切口应在两芯之间，防止切伤金属屏蔽层。剥除内护套后应将金属屏蔽带末端用聚氯乙烯黏带扎牢，防止松散。切除填料时刀口应向外，防止损伤金属屏蔽层。

（5）分开三相线芯时，不可硬行弯曲，以免铜屏蔽层褶皱、变形。

2. 固定接地线，绕包密封填充胶

（1）用恒力弹簧将两条接地编织带分别固定在铠装层的两层钢带和三相铜屏蔽层上。铠装和铜屏蔽与地线接触部位应用砂纸打毛，在恒力弹簧外面必须绕包几层 PVC 胶带，以保证铠装与金属屏蔽层的绝缘。

（2）自外护套断口向下 40 mm 范围内的铜编织带必须做不少于 30 mm 的防潮段，

同时在防潮段下端电缆上绕包两层密封胶，将接地编织带埋入其中，提高密封防水性能。两编织带之间必须绝缘分开，安装时错开一定距离。

（3）电缆内、外护套断口处要绕包填充胶，三相分叉部位空间应填实，绕包体表面应平整，绕包后外径必须小于分支手套内径。

3. 安装分支手套

（1）电缆三叉部位用填充胶绕包后，根据实际情况，上半部分可半搭盖绕包一层PVC胶带，以防止内部粘连和抽塑料衬管条时将填充胶带出。但填充胶绕包体上不能全部绕包PVC胶带。

（2）冷缩分支手套套入电缆前应事先检查三指管内塑料衬管条内口预留是否过多，注意抽衬管条时，应谨慎小心，缓慢进行，以避免衬管条弹出。

（3）分支手套应套至电缆三叉部位填充胶上，必须压紧到位，检查三指管根部，不得有空隙存在。

4. 安装冷缩护套管

（1）安装冷缩护套管，抽出衬管条时，速度应均匀缓慢，两手应协调配合，以防冷缩护套管收缩不均匀容易造成拉伸和反弹。

（2）护套管切割时，必须绕包两层PVC胶带固定，圆周环切后，才能纵向剖切，剥切时不得损伤铜屏蔽层，严禁无包扎切割。

5. 剥切铜屏蔽层、外半导电层

（1）铜屏蔽剥切时，应用直径1.0 mm镀锡铜绑线扎紧或用恒力弹簧固定，切割时，只能环切一刀痕，不能切透，损伤外半导电层。剥除时，应从刀痕处撕剥，断开后向线芯端部剥除。

（2）外半导电层剥除后，绝缘表面必须用细砂纸打磨，去除嵌入在绝缘表面的半导电颗粒。

（3）外半导电层端部切削打磨斜坡时，注意不得损伤绝缘层。打磨后，外半导电层端口应平齐，坡面应平整光洁，与绝缘层圆滑过渡。

6. 剥切线芯绝缘、内半导电层

（1）割切线芯绝缘时，注意不得损伤线芯导体，剥除绝缘时，应顺着导线绞合方向进行，不得使导体松散。

（2）内半导电部分应剥除干净，不得留有残迹。

（3）绝缘端部应力处理前，用PVC胶带黏面朝外将电缆三相线芯端头包扎好，以防倒角时伤到导体。

（4）仔细检查绝缘层，如有半导电粉末、颗粒或较深的凹槽等，则必须用细砂纸打磨干净。

（5）清洁绝缘层时，必须用清洁纸，从绝缘层端部向外半导电层端部方向一次性清洁绝缘和外半导电部分，以免把半导电粉末带到绝缘上。

7. 安装终端、罩帽

（1）安装终端头时，用力将终端套入，直至终端下端口与标记对齐为止，注意不能超出标记。

（2）在终端与冷缩护套管搭接处，必须绕包几层 PVC 胶带，加强密封。

（3）套入罩帽时，将罩帽大端向外翻开，必须待罩帽内腔台阶顶住绝缘后，方可将罩帽大端复原罩住终端。

（4）按系统相色，包缠相色带。

表 4-8　10 kV 常用电力电缆终端头安装所需工器具

序号	名称	规格	单位	数量	备注
1	常用工具		套	1	电工刀、克丝钳、改锥、卷尺
2	绝缘电阻表	500 V/2500 V	块	1/1	
3	万用表		块	1	
4	验电器	10 kV	个	1	
5	绝缘手套	10 kV	副	1	
6	发电机	2 kW	台	1	
7	电锯		把	1	
8	电压钳		把	1	
9	手锯		把	1	
10	液化气罐	50L	瓶	1	
11	喷枪头		把	1	
12	电烙铁	1 kW	把	1	
13	锉刀	平锉/圆锉	把	1/1	
14	电源轴		卷	2	
15	铰刀		把	2	
16	工作灯	200 W	盏	4	
17	活动扳手	10/12 in	把	2/2	
18	棘轮扳手	17/19/22/24	把	2/2/2/2	
19	力矩扳手		套	1	
20	手电		把	2	
21	灭火器		个	2	

8. 压接接线端子，连接接地线

（1）把接线端子套到导体上，必须将接线端子下端防雨罩罩在终端头顶部裙边上。

（2）压接时，接线端子必须和导体紧密接触，按先上后下顺序进行压接。

（3）压接接地端子，并与地网连接牢靠。

（4）固定三相，应保证相与相（接线端子之间）的距离，户外≥200 mm，户内≥125 mm。

四、作业前准备

1. 工器具和材料准备

10 kV常用电力电缆终端头安装所需工器具和材料见表4-8和表4-9。

表4-9　10 kV常用电力电缆终端头安装所需材料

序号	名称	规格	单位	数量	备注
1	热缩（预制、冷缩）交联终端头	根据需要选用	组	1	手套、应力管、绝缘管、预制或冷缩绝缘终端、相色管等
2	酒精	95%	瓶	1	
3	PVC黏带	黄绿红	卷	3	
4	清洁布		kg	2	
5	清洁纸		包	1	
6	铜绑线	φ2 mm	kg	1	
7	焊锡膏		盒	1	
8	焊锡丝		卷	1	
9	铜编织带	25 mm²	根	2	
10	接线端子	根据需要选用	支	3	
11	砂布	180号/240号	张	2/2	

2. 电缆附件安装作业条件

（1）室外作业应避免在雨天、雾天、大风天气及湿度在70%以上的环境下进行。遇紧急故障处理，应做好防护措施并经上级主管领导批准。在尘土较多及重灰污染区，应搭临时帐篷。

（2）冬季施工气温低于0 ℃时，电缆应预先加热。

五、操作步骤及要求

由于不同厂家其附件安装工艺尺寸会略有不同，本节所介绍的工艺尺寸仅供参考。

（一）10 kV 热缩式电力电缆终端头安装步骤及要求

1. 固定电缆

根据终端头的安装位置，将电缆固定在终端头支持卡子上，为防止损伤外护套，卡子与电缆间应加衬垫，将支持卡子至末端 1 m 以外的多余电缆锯除。

2. 电缆预处理

按图 4‑20 所示尺寸剥除外护套，锯铠装，剥除内护套及填料。

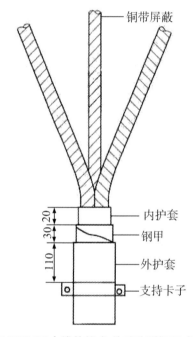

图 4‑20　10 kV XLPE 电缆热缩式 终端头剥切尺寸图（单位：mm）

3. 焊接铠装和铜屏蔽层接地线

（1）用锉刀打毛铠装表面，用铜绑线将一根铜编织带端头扎紧在铠装上，用锡焊牢，在外面绕包几层 PVC 胶带。将另一根铜编织带一端分成三股，分别用铜绑线临时扎紧在三相铜屏蔽层上，用锡焊牢，再在外面绕包几层 PVC 胶带。

（2）自外护套断口以下 40 mm 长范围内的铜编织带均需进行渗锡处理，使焊锡渗透铜编织带间隙，形成防潮段。

4. 热缩分支手套

（1）将两条铜编织带撩起，在防潮段处的外护套上包缠一层密封胶，再将铜编织带放回，在铜编织带和外护层上再包两层密封胶带，使两条铜编织带相互绝缘。

（2）套入分支手套，并尽量拉向三芯根部。

（3）取出手套内的隔离纸，从分支手套中间开始向下端热缩，然后向手指方向热缩。

5. 剥切铜屏蔽层、外半导电层

（1）在距分支手套手指端口 55 mm 处将铜屏蔽层剥除。

（2）在距铜屏蔽端口 20 mm 处剥除外半导电层。

6. 清洁绝缘表面

用细砂纸打磨绝缘后再用清洁纸将绝缘表面擦净，清洁时应从绝缘端口向外半导电层方向擦抹，不能反复擦。

7. 包应力控制胶

将应力控制胶拉薄，包在半导电层断口将断口填平，各压绝缘和半导电层 5～10 mm。在绝缘上涂硅脂，注意不要涂到应力控制胶上。

10 kV XLPE 电缆热缩式终端头剥切尺寸如图 4‑21 所示。

8. 热缩应力控制管

如图 4‑21 所示，将应力控制管套在铜屏蔽层上，与铜屏蔽层重叠 20 mm，从下端开始向电缆末端热缩。

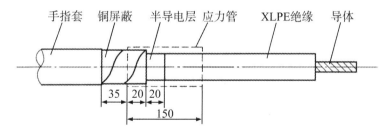

图 4‑21 10 kV XLPE 电缆热缩式终端头电缆线芯剥切尺寸图（单位：mm）

9. 热缩绝缘管

（1）在线芯裸露部分包密封胶，并与绝缘搭接 10 mm，然后在接线端子的圆管部位包两层，在分支手套的手指上各包一层密封胶。

（2）在三相上分别套入耐气候绝缘管，套至三叉根部，从三叉根部向电缆末端热缩。

10. 剥除绝缘层、压接接线端子

核对相色，按系统相色摆好三相线芯，户外终端头引线从内护套端口至绝缘端部不小于 700 mm，户内不小于 500 mm，再留端子孔深加 5 mm，将多余电缆芯锯除。将电缆端部接线端子孔深加 5 mm 长的绝缘剥除，绝缘层端口倒角 3 mm×45°。擦净导体，套入接线端子进行压接，压接后将接线端子表面用砂纸打磨光滑、平整。

11. 热缩密封管和相色管

（1）在接线端子和相邻的绝缘端部包缠密封胶，然后热缩密封管。

（2）按系统相色，在三相接线端子上套入相色管并热缩。

12. 对户外终端的安装

对户外终端头，还需按图 4-22 所示安装防雨裙。

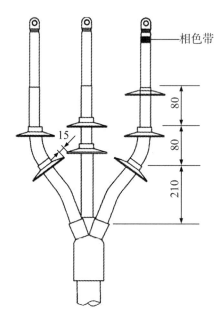

图 4-22 10 kV XLPE 电缆热缩式户外终端头防雨裙安装位置图（单位：mm）

13. 终端头的接地网连接

终端头的铜屏蔽层接地线及铠装接地线均应与接地网连接良好。

14. 清理现场

施工作业结束后，工作负责人依据施工验收规范对施工工艺、质量进行自查验收，按要求清理施工现场，整理工具、材料，办理工作终结手续。

（二）10 kV 预制式电力电缆终端头安装步骤及要求

1. 固定电缆

根据终端头的安装位置，将电缆固定在终端头支持卡子上，为防止损伤外护套，卡子与电缆间应加衬垫，将支持卡子至末端 1 m 以外的多余电缆锯除。

2. 电缆预处理

按图 4-23 所示尺寸剥除外护套，锯铠装，剥除内护套及填料。

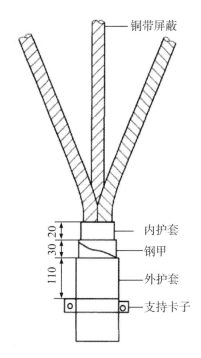

铜带屏蔽

内护套

钢甲

外护套

支持卡子

图 4‑23　10 kV XLPE 电缆预制式终端头剥切尺寸图（单位：mm）

3. 焊接铠装和铜屏蔽层接地线

1）用锉刀打毛铠装表面，用铜绑线将一根铜编织带端头扎紧在铠装上，用锡焊牢，在外面绕包几层 PVC 胶带。将另一根铜编织带一端分成三股，分别用铜绑线临时扎紧在三相铜屏蔽层上，用锡焊牢，再在外面绕包几层 PVC 胶带。

2）自外护套断口以下 40 mm 长范围内的铜编织带均需进行渗锡处理，使焊锡渗透铜编织带间隙，形成防潮段。

4. 热缩分支手套

1）将两条铜编织带撩起，在防潮段处的外护套上包缠一层密封胶，再将铜编织带放回，在铜编织带和外护层上再包两层密封胶带，使两条铜编织带相互绝缘。

2）套入分支手套，并尽量拉向三芯根部。

3）取出手套内的隔离纸，从分支手套中间开始向下端热缩，然后向手指方向热缩。

5. 安装绝缘保护管

清洁分支手套的手指部分，分别包缠红色密封胶，将三根绝缘保护管分别套在三相铜屏蔽层上，下端盖住分支手套的手指，从下端开始向上加热，使其均匀收缩。

6. 剥除多余保护管

1）将三相线芯按各相终端预定的位置排列好，用 PVC 黏带在三相线芯上标出接线端子下端面的位置。

2）将标志线以下 185 mm（户外为 225 mm）电缆线芯上的热缩保护管剥除。

7. 剥除铜屏蔽带及外半导电层

按图 4‑24 所示，将距保护管末端 15 mm 以外的铜屏蔽带剥除，将距保护管末端 35 mm 以外的外半导电层剥除。

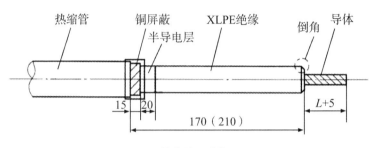

L—接线端子孔深

图 4‑24　10 kV XLPE 电缆预制式终端头缆芯剥切尺寸图（单位：mm）

8. 包缠半导电带

在铜屏蔽带上包缠圆柱状半导电带，长 25 mm，即分别压半导电层和保护管各 5 mm，其直径 D 符合表 4‑10 所给尺寸。包缠时应从压 5 mm 外半导电层开始。

表 4‑10　包缠半导电带尺寸

电缆截面/mm^2	150	240
D/mm	35	38

9. 锯除多余电缆芯

按图 4‑24 所示尺寸，将多余电缆芯锯除。

10. 剥除绝缘层

按图 4‑24 所示尺寸，将电缆芯端部接线端子孔深加 5 mm 长的绝缘剥除，绝缘端部倒角 3 mm×45°。

11. 安装终端头

（1）擦净线芯、绝缘及半导电层表面。

（2）在导电线芯端部包两层 PVC 黏带，防止套入终端头时刺伤内部绝缘。

（3）在线芯绝缘、半导电层表面及终端头内侧底部均匀地漆上一层硅脂。

（4）套入终端头，使线芯导体从终端头上端露出，直到终端头应力锥套至电缆上的半导电带缠绕体为止。

（5）擦净挤出的硅脂，检查确认终端头下部与半导电带有良好的接触和密封，并在底部装上卡带，包缠相色带。

12. 压接接线端子

拆除导电线芯上的 PVC 黏带，将接线端子套至线芯上并与终端头顶部接触，用压

电力电缆运行及检修

接钳进行压接。

13. 连接接地线

将终端头的铜屏蔽接地线及铠装接地线与地网良好连接。

14. 10 kV XLPE 电缆预制式终端头的整体结构

10 kV XLPE 电缆预制式终端头的整体结构如图4-25所示。

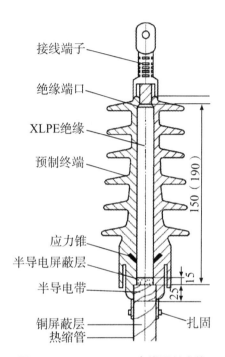

图4-25 10 kV XLPE 电缆预制式终端头的整体结构图（单位：mm）

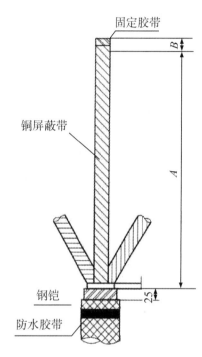

图4-26 10 kV XLPE 电缆预制式肘型终端头剥切尺寸图（单位：mm）

15. 清理现场

施工作业结束后，工作负责人依据施工验收规范对施工工艺、质量进行自查验收，按要求清理施工现场，整理工具、材料，办理工作终结手续。

（三）10 kV 预制式肘型电缆终端头安装步骤及要求

1. 固定电缆

根据终端头的安装位置，将电缆固定在终端头支持卡子上，为防止损伤外护套，卡子与电缆间应加衬垫，将支持卡子至末端1 m以外的多余电缆锯除。

2. 电缆预处理

按图4-26所示尺寸剥除外护套，锯铠装，剥除内护套及填料。

（1）自电缆端头量取 A＋B（A 为现场实际尺寸；B 为接线端子孔深）剥除电缆外护套。外护套端口以下100 mm部分用清洁纸擦洗干净。

（2）从电缆外护套端口量取铠装 25 mm 用铜扎线扎紧，锯除其余铠装。

（3）保留 10 mm 内护套，其余部分剥除。

（4）剥除纤维色带，切割填充料，用 PVC 黏带把三相铜屏蔽端头临时包好，将三相线芯分开。

3. 铠装及铜屏蔽接地线的安装

对铠装接地处进行打磨，去除氧化层，然后用两个恒力弹簧将两根地线分别固定在铜屏蔽和铠装上。顺序是先装铠装接地线，安装完用绝缘胶带缠绕两层。再安装铜屏蔽接地线，三相要求接触良好，并且用绝缘胶带缠绕两层。铠装接地线与铜屏蔽接地线分别安装在电缆两侧。

4. 填充绕包处理

用填充胶将接地线处绕包充实，并在接地线与外护套间及地线上面各绕包一层填充胶，将地线包在中间，以起到防潮和避免凸出异物损伤分支手套的作用。

5. 安装冷缩三相分支手套

将分支手套套入电缆分叉处，先抽出下端内部塑料螺旋条，再抽出三个指管内部的塑料螺旋条。注意收缩要均匀，不能用蛮力，以免造成附件损坏。

6. 安装冷缩护套管

（1）将冷缩护套管分别套入电缆各芯，绝缘管要套入根部，与分支手套搭接符合要求。

（2）调整电缆，按照开关柜实际尺寸将电缆多余部分去除。

7. 剥除铜屏蔽层、外半导电层

按图 4-27 所示尺寸，剥除铜屏蔽层、外半导电层。

（1）从护套管端口向上量取 35 mm 铜屏蔽层，用细铜线扎紧，其以上部分铜屏蔽层剥除。

（2）自铜屏蔽层端口向上量取 40 mm 半导电层，其余半导电层剥除。

（3）用细砂纸将绝缘层表面吸附的半导电粉尘打磨干净，并使绝缘层表面平整光洁。

（4）将外半导电层端口切削成约 4 mm 的小斜坡并打磨光洁，与绝缘圆滑过渡。绕包两层半导电带将铜屏蔽层与外半导电层之间的台阶盖住。

（5）在冷缩套管管口往下 6 mm 的地方绕包

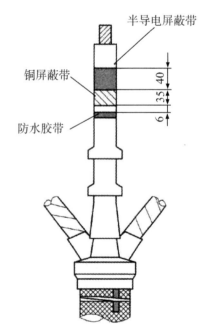

图 4-27　10 kV XLPE 电缆预制式肘型终端头铜屏蔽层、外半导电层剥切尺寸图（单位：mm）

一层防水胶黏条。

8. 切除相绝缘

根据接线端子孔深加 5 mm 来确定切除绝缘的长度。

9. 打磨并清洁电缆绝缘表面

用细砂纸打磨主绝缘表面（不能用打磨过半导电层的砂纸打磨主绝缘）并用清洁纸由绝缘向外半导电层方向擦拭。

10. 绕包半导电层圆柱形凸台

在铜屏蔽层断口用半导电带绕包一宽 20 mm、厚 3 mm 的圆柱形凸台，分别压半导电层和保护管各 5 mm。

11. 涂硅脂

将硅脂均匀涂抹在电缆绝缘表面和应力锥内表面上（不要涂在半导电层上）。

12. 安装应力锥

将应力锥边转动边用力套至电缆绝缘上，直到应力锥下端的台阶与绕包的半导体圆柱形凸台紧密接触，如图 4-28 所示。

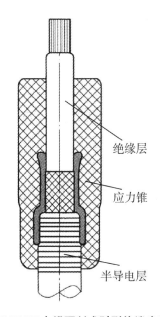

图 4-28　10 kV XLPE 电缆预制式肘型终端头应力锥安装图

13. 压接接线端子

根据电缆的规格选择相对应的模具，压接的顺序为先上后下。压接后打磨毛刺、飞边。

14. 安装肘型插头

（1）在肘型插头的内表面均匀涂上一层硅脂。

（2）用螺丝刀将双头螺杆旋入环网开关柜套管的螺孔内。如图 4-29 所示。

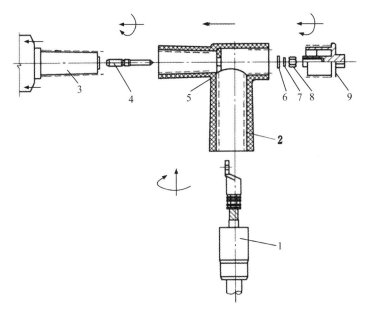

1—应力锥；2—肘型插头；3—插座；4—双头螺杆；5—压缩连接
器；6—弹簧垫圈；7—垫圈；8—螺母；9—绝缘塞。

图 4 - 29   10 kV XLPE 电缆预制式肘型终端头安装图

（3）将肘型插头以单向不停顿运动方式套入压好接线端子的电缆头上，直到与接线端子孔对准为止。

（4）将肘型插头以单向不停顿运动的方式套至环网开关柜套管上。

（5）按顺序套入平垫圈、弹簧垫圈和螺母，再用专用套筒扳子拧紧螺母。

（6）电缆预制式肘型终端头的安装最后套上绝缘塞，并用专用套筒拧紧。

15．安装相位标示

按系统相色，包缠相色带。

16．连接接地线

用接地线在肘型头耳部将外屏蔽接地。

17．清理现场

施工作业结束后，工作负责人依据施工验收规范对施工工艺、质量进行自查验收，按要求清理施工现场，整理工具、材料，办理工作终结手续。

（四）10 kV 冷缩式电力电缆终端头安装步骤及要求

1．电缆固定

根据终端头的安装位置，将电缆固定在终端头支持卡子上，为防止损伤外护套，卡子与电缆间应加衬垫，将支持卡子至末端 1 m 以外的多余电缆锯除。

2．电缆预处理

按图 4 - 30 所示尺寸剥除外护套，锯铠装，剥除内护套及填料。

（1）剥除电缆外护套 800 mm，保留 30 mm 铠装及 10 mm 内护套，其余剥去。

（2）用 PVC 黏带将每相铜屏蔽带端头临时包好，清理填充物，将三相分开。

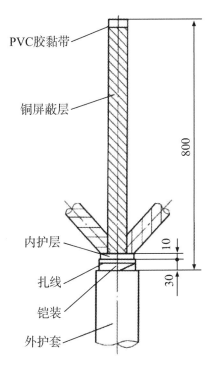

图 4‑30　10 kV XLPE 电缆冷缩式终端头剥切尺寸图（单位：mm）

3. **固定接地线，绕包密封填充胶**

（1）对铠装和铜屏蔽接地处进行打磨，去除氧化层，然后用两个恒力弹簧将两根地线分别固定在铜屏蔽和铠装上。顺序是先安装铠装接地线，安装完用绝缘胶带缠绕两层。再安装铜屏蔽接地线，三相要求接触良好，并且用绝缘胶带缠绕两层。

（2）掀起两铜编织带，在电缆外护套断口上绕两层填充胶，将做好防潮段的两条铜编织带压入其中，在其上绕几层填充胶，再分别绕包三叉口，在绕包的填充胶外表面再包绕一层胶黏带。绕包后的外径应小于扩张后分支手套内径。

4. **安装冷缩三相分支手套**

（1）将冷缩分支手套套至三叉口的根部，沿逆时针方向均匀抽掉衬管条，先抽掉尾管部分，然后再分别抽掉指套部分，使冷缩分支手套收缩。

（2）收缩后在手套下端用绝缘带包绕 4 层，再加绕 2 层胶黏带，加强密封。

5. **冷缩护套管的安装**

按图 4‑31 所示安装冷缩护套管、确定安装尺寸。

（1）将一根冷缩管套入电缆一相（衬管条伸出的一端后入电缆），沿逆时针方向均匀抽掉衬管条，收缩该冷缩管，使之与分支手套指管搭接 20 mm。

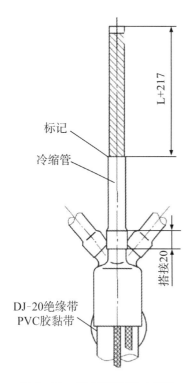

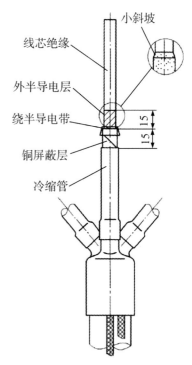

图 4-31　10 kV XLPE 电缆冷
　　　　缩式终端头冷缩护
　　　　套管安装尺寸图
　　　　（单位：mm）

图 4-32　10 kV XLPE 电缆冷缩
　　　　式终端头铜屏蔽层、
　　　　半导电层剥切尺寸图
　　　　（单位：mm）

（2）在距电缆端头 L+217 mm（L 为端子孔深，含雨罩深度）处用 PVC 黏带做好标记。除掉标记处以上的冷缩管，使冷缩管断口与标记齐平。按此工艺处理其他两相。

6. 铜屏蔽层、外半导电层的处理

按图 4-32 所示尺寸，剥除铜屏蔽层、外半导电层。

（1）自冷缩管端口向上量取 15 mm 长铜屏蔽层，其余铜屏蔽层去掉。

（2）自铜屏蔽断口向上量取 15 mm 长半导电层，其余半导电层去掉。

（3）将绝缘表面用砂带打磨以去除吸附在绝缘表面的半导电粉尘，半导电层端口切削成约 4 mm 的小斜坡并打磨光洁，与绝缘圆滑过渡。

（4）绕二层半导电带将铜屏蔽层与外半导电层之间的台阶盖住。

7. 线芯绝缘的处理

按图 4-33 所示尺寸，剥切线芯绝缘。

（1）自电缆末端剥去线芯绝缘 L（L 为端子孔深，含雨罩深度）。

（2）将绝缘层端头倒角 3 mm×45°。

（3）在半导电层端口以下 45 mm 处用 PVC 黏带做好标记。

8. 安装终端绝缘主体

（1）用清洁纸从上至下把各相清洗干净，待清洁剂挥发后，在绝缘层表面均匀地涂上硅脂。

（2）将冷缩终端绝缘主体套入电缆，衬管条伸出的一端后入电缆，沿逆时针方向均匀地抽掉衬管条使终端绝缘主体收缩（注意：终端绝缘主体收缩好后，其下端与标记齐平）；然后用扎带将终端绝缘主体尾部扎紧。

9. 安装罩帽、压接接线端子

按图 4-34 所示安装罩帽、压接接线端子。

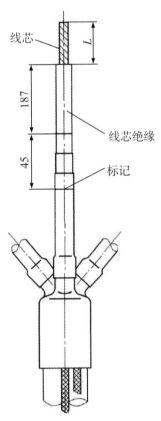

图 4-33　10 kV XLPE 电缆冷缩式终端头线芯绝缘剥切尺寸图（单位：mm）

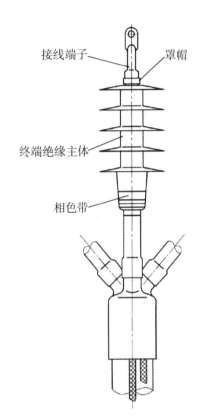

图 4-34　10 kV XLPE 电缆冷缩式终端头结构图

（1）将罩帽穿过线芯套上接线端子（注意：必须将接线端子雨罩罩过罩帽端头），压接接线端子。

（2）将相色带绕在各相终端下方。

（3）将接地铜编织带与地网连接好，安装完毕。

10．清理现场

施工作业结束后，工作负责人依据施工验收规范对施工工艺、质量进行自查验收，按要求清理施工现场，整理工具、材料，办理工作终结手续。

4.4.2　10 kV 常用电力电缆中间接头制作

一、作业内容

本部分主要讲述 10 kV 常用电力电缆中间接头安装所需工器具和材料的选择、附件安装的基本要求、步骤以及安全注意事项等。

二、危险点分析与控制措施

（1）明火作业现场应配备灭火器，并及时清理杂物。

（2）使用移动电气设备时必须装设漏电保护器。

（3）搬运电缆附件时，工作人员应相互配合，轻搬轻放，不得抛接。

（4）用刀或其他切割工具时，正确控制切割方向。

（5）使用液化气枪应先检查液化气瓶、减压阀、液化喷枪。点火时火头不准对人，以免人员烫伤，其他工作人员应对火头保持一定距离，用后及时关闭阀门。

（6）施工时，电缆沟边上方禁止堆放工具及杂物以免掉落伤人。

三、10 kV 常用电力电缆中间接头制作工艺质量控制要点

（一）10 kV 热缩式电力电缆中间接头制作工艺质量控制要点

1．剥除外护套、铠装、内护套

（1）剥除外护套。首先在电缆的两侧套入附件中的内外护套管。在剥切电缆外护套时，应分两次进行，以避免电缆铠装层铠装松散。先将电缆末端外护套保留100 mm，然后按规定尺寸剥除外护套，要求断口平整。外护套断口以下 100 mm 部分用砂纸打毛并清洁干净，以保证外护套收缩后密封性能可靠。

（2）剥除铠装。按规定尺寸在铠装上绑扎铜线，绑线的缠绕方向应与铠装的缠绕方向一致，使铠装越绑越紧不致松散。绑线用直径 2.0 mm 的铜线，每道 3～4 匝。锯铠装时，其圆周锯痕深度应均匀，不得锯透，损伤内护套。剥铠装时，应首先沿锯痕将铠装卷断，铠装断开后再向电缆端头剥除。

（3）剥除内护套及填料。在应剥除内护套处用刀子横向切一环形痕迹，深度不超过内护套厚度的一半。纵向剥除内护套时，刀子切口应在两芯之间，防止切伤金属屏蔽层。剥除内护套后应将金属屏蔽带末端用聚氯乙烯黏带扎牢，防止松散。切除填料时刀口应向外，防止损伤金属屏蔽层。

2．电缆分相，锯除多余电缆线芯

（1）在电缆线芯分叉处将线芯扳弯，弯曲不宜过大，以便于操作为宜。但一定要保证弯曲半径符合规定要求，避免铜屏蔽层变形、褶皱和损坏。

（2）将接头中心尺寸核对准确后，锯断多余电缆芯线。锯割时，应保证电缆线芯端口平直。

3. 剥除铜屏蔽层和外半导电层

（1）剥切铜屏蔽时，在其断口处用直径 1.0 mm 镀锡铜绑线扎紧或用恒力弹簧固定，切割时，只能环切一刀痕，不能切透，以防损伤半导电层。剥除时，应从刀痕处撕剥，断开后向线芯端部剥除。

（2）铜屏蔽层的断口应切割平整，不得有尖端和毛刺。

（3）外半导电层应剥除干净，不得留有残迹。剥除后必须用细砂纸将绝缘表面吸附的半导电粉尘打磨干净，并清洗光洁。剥除外半导电层时，刀口不得伤及绝缘层。

4. 绕包应力控制胶，热缩半导电应力控制管

（1）绕包应力控制胶时，必须拉薄拉窄把外半导电层和绝缘层的交接处填实填平，圆周搭接应均匀，端口应整齐。

（2）热缩应力控制管时，应用微弱火焰均匀环绕加热，使其收缩，收缩后，在应力控制管与绝缘层交接处应绕包应力控制胶，绕包方法同上。

5. 剥除线芯末端绝缘，切削"铅笔头"、保留内半导电层

（1）切割线芯绝缘时，刀口不得损伤导体，剥除绝缘层时，不得使导体变形。

（2）"铅笔头"切削时，锥面应圆整、均匀、对称，并用砂纸打磨光洁，切削时刀口不得划伤导体。

（3）保留的内半导电层表面不得留有绝缘痕迹，端口平整，表面应光洁。

6. 依次套入管材和铜屏蔽网套

（1）套入管材前，电缆表面必须清洁干净。

（2）按附件安装说明依次套入管材，顺序不能颠倒，所有管材端口，必须用塑料布加以包扎，以防水分、灰尘、杂物浸入管内污染密封胶层。

7. 压接连接管，绕包屏蔽层，增绕绝缘带

（1）压接前用清洁纸将连接管内、外和导体表面清洁干净。检查连接管与导体截面及径向尺寸应相符，压接模具与连接管外径尺寸应配套，如连接管套入导体较松动，应填实后进行压接。

（2）压接后，连接管表面的棱角和毛刺必须用锉刀和砂纸打磨光洁，并将金属粉屑清洗干净。

（3）半导电带必须拉伸后绕包并填平压接管的压坑和接管与导体屏蔽层之间的间隙，然后在连接管上半搭盖绕包两层半导电带，两端与内半导电屏蔽层必须紧密搭接。

（4）在两端绝缘末端"铅笔头"处与连接管端部用绝缘自黏带拉伸后绕包填平，再半搭盖绕包与两端"铅笔头"之间，绝缘带绕包必须紧密、平整，其绕包厚度略大于电缆绝缘直径。

8. 热缩内、外绝缘管和屏蔽管

(1) 电缆线芯绝缘和外半导电屏蔽层应清洁干净。清洁时，应由线芯绝缘端部向半导电应力控制管方向进行，不可颠倒，清洁纸不得往返使用。

(2) 将内绝缘管、外绝缘管、屏蔽管先后从长端线芯绝缘上移至连接管上，中部对正。加热时应从中部向两端均匀、缓慢环绕进行，把管内气体全部排出，保证完好收缩，以防局部温度过高造成绝缘碳化，管材损坏。

9. 绕包密封防水胶带

内外绝缘管及屏蔽管两端绕包密封防水胶带，必须拉伸100%，先将台阶绕包填平，再半搭盖绕包成一坡面。绕包必须圆整紧密，两边搭接电缆外半导电层和内外绝缘管及屏蔽管不得少于30 mm。

10. 固定铜屏蔽网套，连接两端铜屏蔽层

(1) 铜屏蔽网套两端分别与电缆铜屏蔽层搭接时，必须用铜扎线扎紧并焊牢。

(2) 铜编织带两端与电缆铜屏蔽层连接时，铜扎线应尽量扎在铜编织带端头的边缘，避免焊接时，温度偏高，焊接渗透使端头铜丝胀开，致焊面不够紧密复贴，影响外观质量。

(3) 用恒力弹簧固定时，必须将铜编织带端头沿宽度方向略加展开，夹入恒力弹簧收紧并用PVC胶带缠绕固定，以增加接触面，确保接点稳固。

11. 扎紧三相，热缩内护套，连接两端铠装层

(1) 将三相接头用白布带扎紧，以增加整体结构的紧密性，同时有利于内护套恢复。

(2) 热缩内护套前，先将两侧电缆内护套端部打毛，并包一层红色密封胶带。由两端向中间均匀、缓慢、环绕加热，使内护套均匀收缩。接头内护套管与电缆内护套搭接部位必须密封可靠。

(3) 铜编织带应焊在两层钢带上。焊接时，铠装焊区应用锉刀和砂纸砂光打毛，并先镀上一层锡，将铜编织带两端分别放在铠装镀锡层上，用铜绑线扎紧并焊牢。

(4) 用恒力弹簧固定铜编织带时，将铜编织带端头略加展开，夹入并反折在恒力弹簧之中，用力收紧，并用PVC胶带缠紧固定，以增加铜编织带与铠装的接触面和稳固性。

12. 固定金属护套和外护套管

(1) 接头部位及两端电缆必须调整平直，金属护套两端套头端齿部分与两端铠装绑扎应牢固。

(2) 外护套管定位前，必须将接头两端电缆外护套端口150 mm内清洁干净并用砂纸打磨，外护套定位后，应均匀环绕加热，使其收缩到位。

(二) 10 kV 预制式电力电缆中间接头制作工艺质量控制要点

1. 剥除外护套、铠装、内护套

(1) 剥除外护套。首先在电缆的两侧套入附件中的内外护套管。在剥切电缆外护

套时，应分两次进行，以避免电缆铠装层铠装松散。先将电缆末端外护套保留100 mm，然后按规定尺寸剥除外护套，要求断口平整。外护套断口以下 100 mm 部分用砂纸打毛并清洁干净，以保证外护套收缩后密封性能可靠。

（2）剥除铠装。按规定尺寸在铠装上绑扎铜线，绑线的缠绕方向应与铠装的缠绕方向一致，使铠装越绑越紧不致松散。绑线用直径 2.0 mm 的铜线，每道 3～4 匝。锯铠装时，其圆周锯痕深度应均匀，不得锯透，以免损伤内护套。剥铠装时，应首先沿锯痕将铠装卷断，铠装断开后再向电缆端头剥除。

（3）剥除内护套及填料。在应剥除内护套处用刀子横向切一环形痕迹，深度不超过内护套厚度的一半。纵向剥除内护套时，刀子切口应在两芯之间，防止切伤金属屏蔽层。剥除内护套后应将金属屏蔽带末端用聚氯乙烯黏带扎牢，防止松散。切除填料时刀口应向外，防止损伤金属屏蔽层。

2．电缆分相，锯除多余电缆线芯

（1）在电缆线芯分叉处将线芯扳弯，弯曲不宜过大，以便于操作为宜。但一定要保证弯曲半径符合规定要求，避免铜屏蔽层变形、褶皱和损坏。

（2）将接头中心尺寸核对准确后，锯断多余电缆芯线。锯割时，应保证电缆线芯端口平直。

3．剥除铜屏蔽层和外半导电层

（1）剥切铜屏蔽时，在其断口处用直径 1.0 mm 镀锡铜绑线扎紧或用恒力弹簧固定，切割时，只能环切一刀痕，不能切透，以防损伤半导电层。剥除时，应从刀痕处撕剥，断开后向线芯端部剥除。

（2）铜屏蔽层的断口应切割平整，不得有尖端和毛刺。

（3）外半导电层应剥除干净，不得留有残迹。剥除后必须用细砂纸将绝缘表面吸附的半导电粉尘打磨干净，并清洗光洁。剥除外半导电层时，刀口不得伤及绝缘层。

（4）将外半导电层端部切削成小斜坡，注意不得损伤绝缘层，用砂纸打磨后，半导电层端口应平齐，坡面应平整光洁，与绝缘层平滑过渡。

4．剥线芯绝缘，推入硅橡胶预制体

（1）剥切线芯绝缘和内半导电层时，不得伤及线芯导体。剥除绝缘层时，应顺线芯绞合方向进行，以防线芯导体松散变形。

（2）绝缘端部倒角后，应用砂纸打磨圆滑。线芯导体端部的锐边应锉去，清洁干净后用 PVC 胶带包好，以防尖端锐边刺伤硅橡胶预制体。

（3）在推入硅橡胶预制体前，必须用清洁纸将长端绝缘及屏蔽层表面清洁干净。清洁时，应由绝缘端部向外半导电屏蔽层方向进行，不可颠倒，清洁纸不得往返使用。清洁后，涂上硅脂，再将硅橡胶预制体推入。

5. 压接连接管，预制体复位

（1）压接前用清洁纸将连接管内、外和导体表面清洗干净。检查连接管与导体截面及径向尺寸是否相符，压接模具与连接管外径尺寸是否配套。如连接管套入导体较松动，应用导体单丝填实后进行压接。

（2）压接连接管时，两端线芯应顶牢，不得松动。压接后，对连接管表面的棱角和毛刺，必须用锉刀和砂纸打磨光洁，并将铜屑粉末清洗干净。

（3）在绝缘表面涂一层硅脂，将硅橡胶预制体拉回过程中，应受力均匀。预制体定位后，必须用手从其中部向两端用力捏一捏，以消除推拉时产生的内应力，防止预制体变形和扭曲，同时使之与绝缘表面紧密接触。

6. 绕包半导电带，连接铜屏蔽层

（1）三相预制体定位后，在预制体的两端来回绕包半导电带时，半导电带必须拉伸100%，以增强绕包的紧密度。

（2）铜丝网套两端用恒力弹簧固定在铜屏蔽层上。固定时，恒力弹簧应用力收紧，并用PVC胶带缠紧固定，以防连接部分松弛导致接触不良。

（3）在铜网套外再覆盖一条25 mm² 铜编织带，两端与铜屏蔽层用铜绑线扎紧焊牢或用恒力弹簧卡紧。

7. 扎紧三相，热缩内护套，连接两端铠装

（1）将三相接头用白布带扎紧，以增加整体结构的紧密性，同时有利于内护套恢复。

（2）热缩内护套前先将两侧电缆内护套端部打毛，并包一层红色密封胶带。由两端向中间均匀、缓慢、环绕加热，使内护套均匀收缩。接头内护套管与电缆内护套搭接部位必须密封可靠。

（3）铜编织带应焊在两层钢带上。焊接时，铠装焊区应用锉刀和砂纸砂光打毛，并先镀上一层锡，将铜编织带两端分别放在铠装镀锡层上，用铜绑线扎紧并焊牢。

（4）用恒力弹簧固定铜编织带时，将铜编织带端头略加展开，夹入并反折在恒力弹簧之中，用力收紧，并用PVC胶带缠紧固定，以增加铜编织带与铠装的接触面和稳固性。

8. 热缩外护套

（1）热缩外护套前先将两侧电缆外护套端部150 mm清洁打毛，并包一层红色密封胶带。由两端向中间均匀、缓慢、环绕加热，使外护套均匀收缩。接头外护套管之间，以及与电缆外护套搭接部位，必须密封可靠。

（2）冷却30 min以后，方可进行电缆接头搬移工作，以免损坏外护层结构。

（三）10 kV冷缩式电力电缆中间接头制作工艺质量控制要点

1. 剥除外护套、铠装、内护套

（1）剥除外护套。首先在电缆的两侧套入附件中的内外护套管。在剥切电缆外护套时，应分两次进行，以避免电缆铠装层铠装松散。先将电缆末端外护套保留

100 mm，然后按规定尺寸剥除外护套，要求断口平整。外护套断口以下 100 mm 部分用砂纸打毛并清洁干净，以保证外护套收缩后密封性能可靠。

（2）剥除铠装。按规定尺寸在铠装上绑扎铜线，绑线的缠绕方向应与铠装的缠绕方向一致，使铠装越绑越紧不致松散。绑线用直径 2.0 mm 的铜线，每道 3～4 匝。锯铠装时，其圆周锯痕深度应均匀，不得锯透，损伤内护套。剥铠装时，应首先沿锯痕将铠装卷断，铠装断开后再向电缆端头剥除。

（3）剥除内护套及填料。在应剥除内护套处用刀子横向切一环形痕迹，深度不超过内护套厚度的一半。纵向剥除内护套时，刀子切口应在两芯之间，防止切伤金属屏蔽层。剥除内护套后应将金属屏蔽带末端用聚氯乙烯黏带扎牢，防止松散。切除填料时刀口应向外，防止损伤金属屏蔽层。

2. 电缆分相，锯除多余电缆线芯

（1）在电缆线芯分叉处将线芯扳弯，弯曲不宜过大，以便于操作为宜。但一定要保证弯曲半径符合规定要求，避免铜屏蔽层变形、褶皱和损坏。

（2）将接头中心尺寸核对准确后，锯断多余电缆芯线。锯割时，应保证电缆线芯端口平直。

3. 剥除铜屏蔽层和外半导电层

（1）剥切铜屏蔽时，在其断口处用直径 1.0 mm 镀锡铜绑线扎紧或用恒力弹簧固定，切割时，只能环切一刀痕，不能切透，以防损伤半导电层。剥除时，应从刀痕处撕剥，断开后向线芯端部剥除。

（2）铜屏蔽层的断口应切割平整，不得有尖端和毛刺。

（3）外半导电层应剥除干净，不得留有残迹。剥除后必须用细砂纸将绝缘表面吸附的半导电粉尘打磨干净，并清洗光洁。剥除外半导电层时，刀口不得伤及绝缘层。

（4）将外半导电层端部切削成小斜坡，注意不得损伤绝缘层，用砂纸打磨后，半导电层端口应平齐，坡面应平整光洁，与绝缘层平滑过渡。

4. 剥切绝缘层，套中间接头管

（1）剥切线芯绝缘和内半导电层时，不得伤及线芯导体。剥除绝缘层，应顺线芯绞合方向进行，以防线芯导体松散。

（2）绝缘层端口用刀或倒角器倒角。线芯导体端部的锐边应锉去，清洁干净后用PVC 胶带包好。

（3）中间接头管应套在电缆铜屏蔽保留较长一端的线芯上，套入前必须将绝缘层、外半导电层、铜屏蔽层用清洁纸依次清洁干净，套入时，应注意塑料衬管条伸出一端先套入电缆线芯。

（4）将中间接头管和电缆绝缘用塑料布临时保护好，以防碰伤和灰尘杂物落入，保持环境清洁。

5. 压接连接管

（1）必须事先检查连接管与电缆线芯标称截面相符，压接模具与连接管规范尺寸应配套。

（2）连接管压接时，两端线芯应顶牢，不得松动。

（3）压接后，连接管表面尖端、毛刺用锉刀和砂纸打磨平整光洁，必须用清洁纸将绝缘层表面和连接管表面清洁干净。应特别注意不能在中间接头端头位置留有金属粉屑或其他导电物体。

6. 安装中间接头管

（1）在中间接头管安装区域表面均匀涂抹一薄层硅脂，并经认真检查后，将中间接头管移至中心部位，其一端必须与记号齐平。

（2）抽出衬管条时，应沿逆时针方向进行，其速度必须缓慢均匀，使中间接头管自然收缩，定位后用双手从接头中部向两端圆周捏一捏，使中间接头内壁结构与电缆绝缘，外半导电屏蔽层有更好的界面接触。

7. 连接两端铜屏蔽层

铜网带应以半搭盖方式绕包平整紧密，铜网两端与电缆铜屏蔽层搭接，用恒力弹簧固定时，夹入铜编织带并反折恒力弹簧之中，用力收紧，并用PVC胶带缠紧固定。

8. 恢复内护套

（1）电缆三相接头之间间隙，必须用填充料填充饱满，再用PVC带或白布带将电缆三相并拢扎紧，以增强接头整体结构的严密性和机械强度。

（2）绕包防水带，绕包时将胶带拉伸至原来宽度的3/4，完成后，双手用力挤压所包胶带，使其紧密贴附。防水带应覆盖接头两端的电缆内护套足够长度。

9. 连接两端铠装层

铜编织带两端与铠装层连接时，必须先用锉刀或砂纸将钢铠表面进行打磨，将铜编织带端头呈宽度方向略加展开，夹入并反折恒力弹簧之中，用力收紧，并用PVC胶带缠紧固定，以增加铜编织带与钢铠的接触面和稳固性。

10. 恢复外护套

（1）绕包防水带，绕包时将胶带拉伸至原来宽度的3/4，完成后，双手用力挤压所包胶带，使其紧密贴附。防水带应覆盖接头两端的电缆外护套各50 mm。

（2）在外护套防水带上绕包两层铠装带。绕包铠装带以半重叠方式绕包，必须紧固，并覆盖接头两端的电缆外护套各70 mm。

（3）30 min以后，方可进行电缆接头搬移工作，以免损坏外护层结构。

四、作业前准备

1. 工器具和材料准备

10 kV常用电力电缆中间接头安装所需工器具及材料见表4-11和表4-12。

表 4‑11 10 kV 常用电力电缆中间接头安装所需工器具

序号	名称	规格	单位	数量	备注
1	常用工具		套	1	电工刀、克丝钳、改锥、卷尺
2	绝缘电阻表	500 V/2500 V	块	1/1	
3	万用表		块	1	
4	验电器	10 kV	个	1	
5	绝缘手套	10 kV	副	2	
6	发电机	2 kW	台	1	
7	电锯		把	1	
8	电压钳		把	1	
9	手锯		把	2	
10	液化气罐	50 L	瓶	2	
11	喷枪头		把	2	
12	电烙铁	1 kW	把	1	
13	锉刀	平锉/圆锉	把	1/1	
14	电源轴		卷	2	
15	铰刀		把	2	
16	工作灯	200 W	盏	4	
17	活动扳手	10/12 in	把	2/2	
18	棘轮扳手	17/19/22/24	把	2/2/2/2	
19	力矩扳手		套	1	
20	手电		把	2	
21	灭火器		个	2	

表 4‑12 10 kV 常用电力电缆中间接头安装所需材料

序号	名称	规格	单位	数量	备注
1	热缩（预制、冷缩）交联中间头	根据需要选用	组	1	应力管、绝缘管、内外护套管、预制或冷缩绝缘主体等
2	酒精	95％	瓶	1	
3	PVC 黏带	黄绿红	卷	3	
4	清洁布		kg	2	
5	清洁纸		包	1	
6	铜绑线	φ2 mm	kg	1	
7	焊锡膏		盒	1	

序号	名称	规格	单位	数量	备注
8	焊锡丝		卷	1	
9	铜编织带	25 mm²	根	4	
10	接管	根据需要选用	支	3	
11	砂布	180 号/240 号	张	2/2	

2. 电缆附件安装作业条件

（1）室外作业应避免在雨天、雾天、大风天气及湿度在 70% 以上的环境下进行。遇紧急故障处理，应做好防护措施并经上级主管领导批准。在尘土较多及重灰污染区，应搭临时帐篷。

（2）冬季施工气温低于 0 ℃时，应预先加热电缆。

五、10 kV 常用电力电缆中间接头安装的操作步骤及要求

由于不同厂家其附件安装工艺尺寸会略有不同，本节所介绍的工艺尺寸仅供参考。

（一）10 kV 热缩式电力电缆中间接头安装步骤及要求

1. 定接头中心、预切割电缆

将电缆调直，确定接头中心。电缆长端 1000 mm，短端 500 mm，两电缆重叠 200 mm，锯掉多余电缆。

2. 套入内外护套

将电缆两端外护套擦净（长度约 2.5 m），在两端电缆上依次套入内护套及外护套，将护套管两端包严，防止进入尘土。

3. 剥除外护套、铠装和内护套

按图 4 - 35 所示，剥除电缆的外护套、铠装、内护套和线芯间的填料。

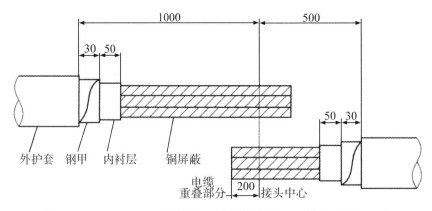

图 4 - 35　10 kV XLPE 电缆热缩式中间接头剥切尺寸图（单位：mm）

4. 锯线芯

按相色要求将各对应线芯绑好，将多余线芯锯掉。要求如下：

（1）锯线芯前，应按图 4-35 所示核对接头长度。

（2）为防止铜屏蔽带松散，可在缆芯适当位置包 PVC 黏带扎紧。

5. 剥除铜屏蔽层和外半导电层

按图 4-36 尺寸剥除各相的铜屏蔽层和外半导电层。

6. 剥切绝缘层

从线芯端部量 1/2 接管长加 5 mm，将绝缘层剥除，在绝缘端部倒角 3 mm×45°。如制作铅笔头型，还要按图 4-36（a）所示，在绝缘端部削一长 30 mm 的铅笔头。铅笔头应圆整对称，并用砂纸打磨光滑，末端保留导体屏蔽层 5 mm。

7. 套入管材和铜屏蔽网

在每相的长端套入应力管、内绝缘管、外绝缘管和屏蔽管，在短端套入铜屏蔽网和应力管。

8. 连接导体

按原定的相色将线芯套入连接管进行压接，用锉刀和砂纸打磨连接管表面。

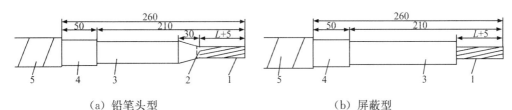

（a）铅笔头型   （b）屏蔽型

1—导体；2—导体屏蔽；3—XLPE 绝缘；4—绝缘屏蔽；5—铜屏蔽带。

图 4-36　10 kV XLPE 电缆热缩式中间接头铜屏蔽层和外半导电层剥切图（单位：mm）

9. 连接管处应力处理

如制作铅笔头型，在导电线芯及连接管表面半重叠包绕一层半导电带，再包缠一层绝缘胶带，将铅笔头和连接管包平，其直径略大于电缆绝缘直径。如制作屏蔽型，先用半导电带填平绝缘端部与连接管间的空隙，再将连接管包平，其直径等于电缆绝缘直径，最后再包两层半导电带，从连接管中部开始包至绝缘端部，与绝缘重叠 5 mm，再包至另一端绝缘上，同样重叠 5 mm，再返回至连接管中部结束（最后两层半导电带也可用热缩导电管代替，但管材要薄，且两端与绝缘重叠部分要整齐，导电管两端断口应用应力控制胶填平）。

10. 绕包应力控制胶，热缩应力控制管

将菱形黄色应力控制片尖端拉细拉薄，缠绕在外半导电层断口，压半导电层 5 mm，压绝缘 10 mm。在电缆绝缘表面涂一薄层硅脂，包括连接管位置，但不要涂到应力控制胶及外半导电层上。然后将各相线芯上的应力控制管套至绝缘上，与外半导

电层重叠 20 mm，从外半导电层断口向末端收缩。

11. 热缩内绝缘管

先在 6 根应力管端部断口处的绝缘上用应力控制胶将断口间隙填平，包缠长度 5～10 mm。然后将三根绝缘管套入，管中与接头中心对齐，从中部向两端热缩（可三根管同时收缩）。

12. 热缩外绝缘管

将三根外绝缘管套入，两端长度对称，从中部向两端热缩。

13. 包密封胶带

从铜屏蔽断口至外绝缘管端部包红色弹性密封胶带，将间隙填平成圆锥形。

14. 热缩屏蔽管

将三相屏蔽管套至接头中央，两端对称，从中央向两端收缩，两端要压在密封胶上。

15. 焊接地线

在每相线芯上平敷一条 25 mm² 的铜编织带，并临时固定，将预先套入的铜屏蔽网拉至接头上，拉紧并压在铜编织带上，两端用直径 1.0 mm 的铜丝缠绕两匝扎紧，再用烙铁焊牢。

16. 热缩内护套

将三相线芯并拢，用白布带扎紧。用粗砂纸打毛内护套，并包一层红色密封胶带，将内护套热缩管拉至接头上，与红色密封胶带搭接，从红色密封胶带处向中间收缩。用同一方法收缩另一半内护套，二者搭接部分应打毛，并包 100 mm 长红色密封胶。

17. 连接铠装地线

用 25 mm² 的铜编织带连接两端铠装，用铜线绑紧并焊牢。

18. 热缩外护套

其程序方法及要求与热缩内护套相同。

19. 清理现场

施工作业结束后，工作负责人依据施工验收规范对施工工艺、质量进行自查验收，按要求清理施工现场，整理工具、材料，办理工作终结手续。

（二）10 kV 预制式电力电缆中间接头安装步骤及要求

1. 定接头中心、预切割电缆

将电缆调直，确定接头中心电缆长端 665 mm，短端 435 mm，两电缆重叠 200 mm，锯除多余电缆。

2. 套入内、外护套热缩管

将电缆接头两端的外护套擦净，在长端套入两根长管，在短端套入一根短管。

3. 剥除外护套、铠装和内护套

按图 4 - 37 所示尺寸，依次剥除电缆的外护套、铠装、内护套及线芯间的填料。

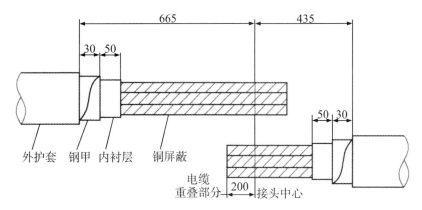

图 4-37 10 kV XLPE 电缆预制式中间接头剥切尺寸图（单位：mm）

4. 锯线芯

按相色要求将各对应线芯绑好，把多余线芯锯掉。要求如下：

（1）锯线芯前应按图 4-37 所示尺寸核对接头长度。

（2）为防止铜屏蔽带松散，可在缆芯适当位置包缠 PVC 黏带扎紧。

5. 剥除铜屏蔽层和外半导电层

按图 4-38 所示尺寸依次将铜屏蔽和外半导电层剥除。

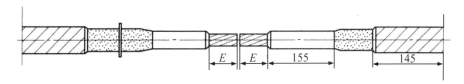

图 4-38 10 kV XLPE 电缆预制式中间接头缆芯剥切尺寸图（单位：mm）

6. 剥切绝缘

按图 4-38 所示尺寸 E（1/2 接管长＋5 mm）剥切电缆绝缘，绝缘端部倒角 3 mm×45°。

7. 推入硅橡胶接头

在长端线芯导体上缠两层 PVC 带，以防推入中间接头时划伤内绝缘。用浸有清洁剂的布（纸）清洁长端电缆绝缘层及半导电层，然后分别在中间接头内侧、长端电缆绝缘层及半导电层上均匀地涂一层硅脂。用力一次性将中间接头推入到长端电缆芯上，直到电缆绝缘从另一端露出为止，用干净的布擦去多余的硅脂。

8. 压接连接管

拆除线芯导体上的 PVC 带，擦净线芯导体，按原定相色将线芯套入连接管，进行压接，然后用砂纸将接管表面打磨光滑。

9. 中间接头归位

清洁连接管、短端电缆的绝缘层和半导电层表面，并在绝缘表面涂一层硅脂，然后在电缆短端半导电层上距半导电断口 20 mm 处，用相色带做好标记，将中间接头用力推过连接管及绝缘，直至中间接头的端部与相色带标记平齐。擦去多余硅脂，消除安装应力。

10. 接头定位

如图 4-39 所示，在接头两端用半导电带绕出与接头相同外径的台阶，然后以半重叠的方式在接头外部绕一层半导电带。

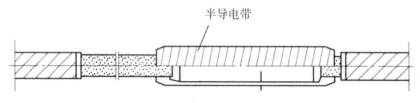

图 4-39　10 kV XLPE 电缆预制式中间接头定位图

11. 连接铜屏蔽

在三相电缆线芯上，分别用 25 mm^2 的铜编织带连接两端铜屏蔽层，并临时固定，用半重叠法绕包一层铜网带，两端与铜编织带平齐，分别用直径 1.0 mm 的铜丝扎紧，再用焊锡焊牢。

12. 热缩内护套

将三相线芯并拢，用白布带扎紧。用粗砂纸打毛两侧内护套端部，并包一层密封胶带，将一根长热缩管拉至接头中间，两端与密封胶搭盖，从中间开始向两端加热，使其均匀收缩。

13. 连接铠装

用 25 mm^2 的铜编织带连接两端铠装，用铜线绑紧并焊牢。

14. 热缩外护套

擦净接头两端电缆的外护套，将其端部用粗砂纸打毛，缠两层密封胶带，将剩余两根热缩管拉至接头上并热缩。要求热缩管与电缆外护套及两热缩管之间搭接长度不小于 100 mm，两热缩管重叠部分也要用砂纸打毛并缠密封胶。

15. 清理现场

施工作业结束后，工作负责人依据施工验收规范对施工工艺、质量进行自查验收，按要求清理施工现场，整理工具、材料，办理工作终结手续。

（三）10 kV 冷缩式电力电缆中间接头安装步骤及要求

1. 定接头中心、预切割电缆

将电缆调直，确定接头中心电缆长端 700 mm，短端 460 mm，两电缆重叠200 mm，锯除多余电缆。

2. 剥除外护套、铠装和内护套

按图 4-40 所示尺寸，依次剥除电缆的外护套、铠装、内护套及线芯间的填料。

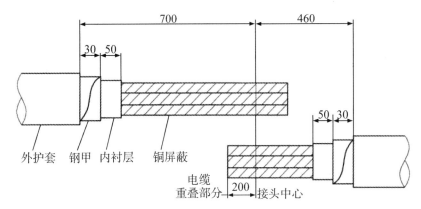

图 4-40　10 kV XLPE 电缆冷缩式中间接头剥切尺寸图（单位：mm）

3. 锯线芯

电缆施工中要核实接头中心位置，锯除多余电缆。

4. 剥切铜屏蔽层和外半导电层

按照图 4-41 尺寸要求，去除铜屏蔽和外半导电层，铜屏蔽边缘用铜黏条缠绕，铜屏蔽及外半导电层断口边缘应整齐、无毛刺。去除外半导电层时不得划伤绝缘。操作此步骤时要格外小心，铜屏蔽及外半导电断口边缘不能有毛刺及尖端。

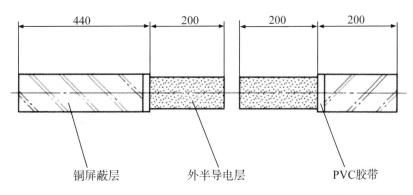

图 4-41　10 kV XLPE 电缆冷缩式中间接头铜屏蔽层和外半导电层剥切图（单位：mm）

5. 剥切绝缘

按接管长度的 1/2 加 5 mm 切除绝缘，并将两端电缆绝缘的端部倒角 3 mm×45°。

6. 处理外半导电层和主绝缘层

将外半导电层端口倒成斜坡并用砂纸进行打磨处理，用细砂布打磨主绝缘表面（不能用打磨过半导电层的砂纸打磨主绝缘）。

7. 套入铜网和冷缩绝缘主体

将铜编织网套入短端，冷收缩绝缘主体套入剥切尺寸长的一端，衬管条伸出的一端要先套入电缆，将接头绝缘主体和电缆绝缘临时保护好。

8. 导体连接

根据电缆的规格选择相对应的模具，压接的顺序为先中间后两边，压接后打磨毛刺、飞边，按安装工艺的要求将接管处填充。

9. 电缆绝缘的清洁

清洁电缆绝缘表面，必须由绝缘端口向半导电层方向擦拭。在两端电缆绝缘和填充物上均匀涂抹硅脂。

10. 安装冷缩绝缘主体

按安装工艺的要求在电缆短端的半导电层上做应力锥的定位标记。将冷收缩绝缘主体拉至接头中间，使其一端与定位标记平齐。然后逆时针方向旋转拉出衬条，收缩完毕后立刻调整位置，使中间接头处在两定位标记中间，如图4-42所示。在收缩后的绝缘主体两端用阻水胶缠绕成45°的斜坡，坡顶与中间接头端面平齐，再用半导电带在其表面进行包缠。

11. 恢复铜屏蔽

将预先套入的铜网移至接头绝缘主体上，铜网两端分别与电缆铜屏蔽搭接50 mm以上，并覆盖铜编织带，用镀锡铜绑线扎紧或用恒力弹簧固定。

12. 缠白布带

将三相并拢，用白布带从一端内护层开始向另一端内护层半搭盖缠绕。

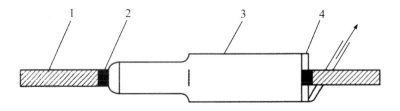

1—铜屏蔽；2—定位标记；3—冷收缩绝缘主体；4—衬条。

图4-42 10 kV XLPE电缆冷缩式中间接头安装冷缩绝缘主体图

13. 恢复电缆内护套

在两端露出的50 mm的内护套上用砂纸打磨粗糙并清洁干净，从一端内护套上开始至另一端内护套，在整个接头上一个来回绕包防水带。

14. 安装铠装连接线

用恒力弹簧将一根铜编织地线固定在两端铠装上。用PVC带在恒力弹簧上绕包两层。

15. 恢复电缆外护套

（1）用防水胶带作接头防潮密封，在电缆外护套上从开剥端口起 60 mm 的范围内用砂纸打磨粗糙，并清洁干净，然后从距护套口 60 mm 处开始半重叠绕包防水胶带至另一端护套口，压护套 60 mm，绕包一个来回。绕包时，将胶带拉伸至原来宽度的3/4，绕包后，双手用力挤压所包胶带，使其紧密贴附。

（2）半重叠绕包两层铠装带用以机械保护。为得到一个整齐的外观，可先用防水带填平两边的凹陷处。

（3）静置 30 min 后，待铠装带胶层完全固化后方可移动电缆。

16. 清理现场

施工作业结束后，工作负责人依据施工验收规范对施工工艺、质量进行自查验收，按要求清理施工现场，整理工具、材料，办理工作终结手续。

4.5　35 kV 电力电缆附件安装

4.5.1　35 kV 常用电力电缆终端头制作

一、作业内容

本部分主要讲述 35 kV 常用电力电缆终端头安装所需工器具和材料的选择、附件安装的基本要求、步骤以及安全注意事项等。

二、危险点分析与控制措施

1. 为防止触电，挂接地线前，应使用合格验电器及绝缘手套进行验电，确认无电后再挂接地线。

2. 使用移动电气设备时必须装设漏电保护器。

3. 搬运电缆附件时，施工人员应相互配合，轻搬轻放，不得抛接。

4. 用刀或其他切割工具时，正确控制切割方向。

5. 使用液化气枪应先检查液化气瓶、减压阀，液化气喷枪点火时火头不准对人，以免人员烫伤，其他工作人员应对火头保持一定距离，用后及时关闭阀门。

6. 吊装电缆终端头时，应保证与带电设备安全距离。

三、35 kV 常用电力电缆终端头制作工艺质量控制要点

（一）35 kV 热缩式电力电缆终端头制作工艺质量控制要点

1. 剥除外护套、铠装、内护套

（1）制作电缆终端头时，应尽量垂直固定，对于大截面电缆终端头，建议在杆塔上进行制作，以免在地面制作后吊装时容易造成线芯伸缩错位，三相长短不一，使分支手套局部受力损坏。

（2）剥除外护套。应分两次进行，以避免电缆铠装层铠装松散。先将电缆末端外护套保留 100 mm。然后按规定尺寸剥除外护套，要求断口平整。外护套断口以下 100 mm部分用砂纸打毛并清洁干净，以保证分支手套定位后，密封性能可靠。

（3）剥除铠装。按规定尺寸在铠装上绑扎铜线，绑线的缠绕方向应与铠装的缠绕方向一致，使铠装越绑越紧不致松散。绑线用直径 2.0 mm 的铜线，每道 3～4 匝。锯铠装时，其圆周锯痕深度应均匀，不得锯透，不得损伤内护套。剥铠装时，应首先沿锯痕将铠装卷断，铠装断开后再向电缆端头剥除。

（4）剥除内护套及填料。在应剥除内护套处用刀子横向切一环形痕迹，深度不超过内护套厚度的一半。纵向剥除内护套时，刀子切口应在两芯之间，防止切伤金属屏蔽层。剥除内护套后应将金属屏蔽带末端用聚氯乙烯黏带扎牢，防止松散。切除填料时刀口应向外，防止损伤金属屏蔽层。

（5）分开三相线芯时，不可硬行弯曲，以免铜屏蔽层褶皱、变形。

2. 焊接铠装及铜屏蔽接地线

（1）两条接地编织带必须分别焊牢在铠装的两层钢带和三相铜屏蔽层上。焊接时，铠装和三相铜屏蔽焊区应用锉刀和砂纸打毛，并先镀上一层锡，焊牢后的焊面上尖角毛刺必须打磨平整，并在外面绕包几层 PVC 胶带，也可用恒力弹簧扎紧，但在恒力弹簧外面也必须绕包几层 PVC 胶带加强固定。

（2）自外护套断口向下 40 mm 范围内的两条铜编织带必须用焊锡做不少于 30 mm 的防潮段，同时在防潮段下端电缆上绕包两层密封胶，将接地编织带埋入其中，提高密封防水性能。两条编织带之间必须绝缘分开，安装时错开一定距离。

（3）电缆内、外护套断口处要绕包填充胶，必须严实紧密，三相分叉部位空间应填实，绕包体表面应平整，绕包后外径必须小于分支手套内径。

3. 热缩分支手套

（1）分支手套套入电缆三叉部位，必须压紧到位，由中间向两端加热收缩，注意火焰不得过猛，应环绕加热，均匀收缩，收缩后不得有空隙存在，并在分支手套下端口部位，绕包几层密封胶加强密封。

（2）根据系统相序排列及布置形式，适当调整排列好三相线芯。

4. 热缩延长管

（1）在分支手套手指上缠绕一层红色密封胶，将黑色延长管收缩到线芯的铜屏蔽层上，并将其尽量推向电缆分叉处。

（2）热收缩顺序应从分支手套处向上收缩。

5. 剥切铜屏蔽层、外半导电层，缠绕应力控制胶

（1）铜屏蔽剥切时，应用直径 1.0 mm 镀锡铜绑线扎紧或用恒力弹簧固定，切割时，只能环切一刀痕，不能切透，以防损伤外半导电层。剥除时，应从刀痕处撕剥，断开后向线芯端部剥除。

（2）外半导电剥除后，绝缘表面必须用细砂纸打磨，去除嵌入在绝缘表面的半导电颗粒。

（3）清洁绝缘层时，用浸有清洁剂的不掉纤维的细布或清洁纸清除绝缘层表面上的污垢和炭痕。清洁时应从绝缘端口向半导电层方向擦抹，不能反复擦，严禁用带有炭痕的布或纸擦抹。擦净后用一块干净的布或纸再次擦抹绝缘表面，检查布或纸上无炭痕时方为合格。

（4）缠绕应力控制胶，必须拉薄拉窄，将外半导电层与绝缘层之间台阶绕包填平，再搭接外半导电层和绝缘层，绕包的应力控制胶应圆整，端口应平齐。

（5）涂硅脂时，注意不要涂在应力控制胶上。

6. 热缩应力控制管

（1）固定应力控制管，应根据图纸尺寸和工艺要求进行操作，不得随意改变结构和尺寸。

（2）应力控制管加热时，火焰不得过猛，应温火均匀加热，使其自然收缩到位。

7. 剥除绝缘层、压接接线端子

（1）剥除线芯末端绝缘时，注意不要伤到线芯，绝缘端部应力处理前，用PVC胶带黏面朝外将电缆三相线芯端头包扎好，以防倒角时伤到导体。

（2）压接接线端子。压接时，接线端子必须和导体紧密接触，按先上后下顺序进行压接。端子表面尖端和毛刺必须打磨光洁。

8. 热缩绝缘管

（1）热缩绝缘管，火焰不得过猛，必须由下向上缓慢、环绕加热，将管中气体全部排出，使其均匀收缩。

（2）冬季施工，环境温度较低，绝缘管做二次加热收缩效果更好。

9. 热缩密封管和相色管

（1）在绝缘管与接线端子之间用绕包的密封胶和填充胶将台阶填平，使其表面尽量平整。绕包时应注意严实紧密。

（2）密封管固定时，其位置应调整适当，密封管的上端不宜搭接到接线端子孔的顶端，以免形成槽口，长期积水渗透，影响密封结构。

（3）按系统相色，在三相密封管上套入相色管并热缩。

10. 户外安装时固定防雨裙

（1）防雨裙固定应符合图纸尺寸要求，并与线芯，绝缘管垂直。

（2）热缩防雨裙时，应对防雨裙上端直管部位圆周加热，加热时应用温火，火焰不得集中，以免防雨裙变形和损坏。

（3）防雨裙加热收缩中，应及时对水平、垂直方向进行调整和对防雨裙边整形。

（4）防雨裙加热收缩只能一次性定位，收缩后不得移动和调整，以免防雨裙上端直管内壁密封胶脱落，固定不牢，失去防雨功能。

11. 连接接地线

(1) 压接接地端子，并与地网连接牢靠。

(2) 固定三相，应保证相间（接线端子之间）距离满足户外≥400 mm，户内≥300 mm。

(二) 35 kV 预制式电力电缆终端头制作工艺质量控制要点

1. 剥除外护套、铠装、内护套

(1) 制作电缆终端头时，应尽量垂直固定，对于大截面电缆终端头，建议在杆塔上进行制作，以免在地面制作后吊装时容易造成线芯伸缩错位，三相长短不一，使分支手套局部受力损坏。

(2) 剥除外护套。应分两次进行，以避免电缆铠装层铠装松散。先将电缆末端外护套保留 100 mm。然后按规定尺寸剥除外护套，要求断口平整。外护套断口以下 100 mm 部分用砂纸打毛并清洁干净，以保证分支手套定位后，密封性能可靠。

(3) 剥除铠装。按规定尺寸在铠装上绑扎铜线，绑线的缠绕方向应与铠装的缠绕方向一致，使铠装越绑越紧不致松散。绑线用直径 2.0 mm 的铜线，每道 3～4 匝。锯铠装时，其圆周锯痕深度应均匀，不得锯透，不得损伤内护套。剥铠装时，应首先沿锯痕将铠装卷断，铠装断开后再向电缆端头剥除。

(4) 剥除内护套及填料。在应剥除内护套处用刀子横向切一环形痕迹，深度不超过内护套厚度的一半。纵向剥除内护套时，刀子切口应在两芯之间，防止切伤金属屏蔽层。剥除内护套后应将金属屏蔽带末端用聚氯乙烯黏带扎牢，防止松散。切除填料时刀口应向外，防止损伤金属屏蔽层。

(5) 分开三相线芯时，不可硬行弯曲，以免铜屏蔽层褶皱、变形。

2. 焊接铠装及铜屏蔽接地线

(1) 两条接地编织带必须分别焊牢在铠装的两层钢带和三相铜屏蔽层上。焊接时，铠装和三相铜屏蔽焊区应用锉刀和砂纸打毛，并先镀上一层锡，焊牢后的焊面上尖角毛刺必须打磨平整，并在外面绕包几层 PVC 胶带，也可用恒力弹簧扎紧，但在恒力弹簧外面也必须绕包几层 PVC 胶带加强固定。

(2) 自外护套断口向下 40 mm 范围内的两条铜编织带必须用焊锡做不少于 30 mm 的防潮段，同时在防潮段下端电缆上绕包两层密封胶，将接地编织带埋入其中，提高密封防水性能。两条编织带之间必须绝缘分开，安装时错开一定距离。

(3) 电缆内、外护套断口处要绕包填充胶，必须严实紧密，三相分叉部位空间应填实，绕包体表面应平整，绕包后外径必须小于分支手套内径。

3. 热缩分支手套

(1) 分支手套套入电缆三叉部位，必须压紧到位，由中间向两端加热收缩，注意火焰不得过猛，应环绕加热，均匀收缩，收缩后不得有空隙存在，并在分支手套下端口部位，绕包几层密封胶加强密封。

（2）根据系统相序排列及布置形式，适当调整排列好三相线芯。

4. 热缩护套管

（1）套入护套管时，应注意将涂有热熔胶的一端套至分支手套三指管根部。热缩护套管时，应由下端分支手套指管处开始向上端加热收缩。应缓慢、均匀加热，使管中的气体完全排出。

（2）切割多余护套管时，必须绕包两层 PVC 胶带固定，圆周环切后，才能纵向割切，剥切时不得损伤铜屏蔽层，严禁无包扎切割。

5. 剥切铜屏蔽层、外半导电层

（1）剥切铜屏蔽时，在其断口处用直径 1.0 mm 镀锡铜绑线扎紧或用恒力弹簧固定，切割时，只能环切一刀痕，不能切透，以防损伤外半导电层。剥除时，应从刀痕处撕剥，断开后向线芯端部剥除。

（2）剥除外半导电层后，绝缘表面必须用细砂纸打磨，去除吸附在绝缘表面的半导电粉尘。

（3）用砂纸打磨外半导电层端部或切削小斜坡时，注意不得损伤绝缘层，打磨或切削后，半导电层端口应平齐，坡面应平整光洁，与绝缘层平滑过渡。

6. 剥切线芯绝缘、内半导电层

（1）割切线芯绝缘时，注意不得损伤线芯导体，剥除绝缘层时，应顺着导线绞合方向进行，不得使导体松散变形。

（2）内半导电层应剥除干净，不得留有残迹。

（3）绝缘端部应力处理前，用 PVC 胶带黏面朝外将电缆三相线芯端头包好，以防倒角时伤到导体。

（4）仔细检查绝缘层，如发现有半导电粉质、颗粒或较深的凹槽等，则必须用细砂纸打磨或用玻璃片刮干净。

（5）清洁绝缘层时，必须用清洁纸，从绝缘层端部向外半导电层端部一次性清洁，以免把半导电粉质带到绝缘上。

7. 绕包半导电带台阶

将半导电带拉伸 100%，包成圆柱形台阶，其上平面应和线芯垂直，圆周应平整，不得绕包成圆锥形或鼓形。

8. 安装终端套管

（1）套入终端时，应注意先把塑料护帽套在线芯导体上，防止导体边缘刮伤终端套管。

（2）整个套入过程不宜过长，应一次性推到位。

（3）在终端头底部电缆上绕包一圈密封胶，将底部翻起的裙边复原，装上卡带并紧固。

9．压接接线端子和连接接地线

（1）把接线端子套到导体上，使接线端子下端防雨罩罩在终端头顶部裙边上。

（2）压接时保证接线端子和导体紧密接触，按先上后下顺序进行压接。端子表面尖端和毛刺必须打磨光洁。

（3）按系统相色，包缠相色带。

（4）压接接地端子，并与地网连接牢靠。

（5）固定三相，应保证相间（接线端子之间）距离满足户外≥400 mm，户内≥300 mm。

（三）35 kV 冷缩式电力电缆终端头制作工艺质量控制要点

1．剥除外护套、铠装、内护套

（1）制作电缆终端头时，应尽量垂直固定，对于大截面电缆终端头，建议在杆塔上进行制作，以免在地面制作后吊装时容易造成线芯伸缩错位，三相长短不一，使分支手套局部受力损坏。

（2）剥除外护套。应分两次进行，以避免电缆铠装层铠装松散。先将电缆末端外护套保留 100 mm。然后按规定尺寸剥除外护套，要求断口平整。外护套断口以下 100 mm部分用砂纸打毛并清洁干净，以保证分支手套定位后，密封性能可靠。

（3）剥除铠装。按规定尺寸在铠装上绑扎铜线，绑线的缠绕方向应与铠装的缠绕方向一致，使铠装越绑越紧不致松散。绑线用直径 2.0 mm 的铜线，每道 3～4 匝。锯铠装时，其圆周锯痕深度应均匀，不得锯透，不得损伤内护套。剥铠装时，应首先沿锯痕将铠装卷断，铠装断开后再向电缆端头剥除。

（4）剥除内护套及填料。在应剥除内护套处用刀子横向切一环形痕迹，深度不超过内护套厚度的一半。纵向剥除内护套时，刀子切口应在两芯之间，防止切伤金属屏蔽层。剥除内护套后应将金属屏蔽带末端用聚氯乙烯黏带扎牢，防止松散。切除填料时刀口应向外，防止损伤金属屏蔽层。

（5）分开三相线芯时，不可硬行弯曲，以免铜屏蔽层褶皱、变形。

2．固定接地线，绕包密封填充胶

（1）用恒力弹簧将两条接地编织带分别固定在铠装层的两层钢带和三相铜屏蔽层上。铠装和铜屏蔽与地线接触部位应用砂纸打毛，在恒力弹簧外面必须绕包几层 PVC 胶带，以保证铠装与金属屏蔽层的绝缘。

（2）自外护套断口向下 40 mm 范围内的铜编织带必须做不少于 30 mm 的防潮段，同时在防潮段下端电缆上绕包两层密封胶，将接地编织带埋入其中，提高密封防水性能。两编织带之间必须绝缘分开，安装时错开一定距离。

（3）电缆内、外护套断口处要绕包填充胶，三相分叉部位空间应填实，绕包体表面应平整，绕包后外径必须小于分支手套内径。

3. 安装分支手套

（1）电缆三叉部位用填充胶绕包后，根据实际情况，上半部分可半搭盖绕包一层 PVC 胶带，以防止内部粘连和抽塑料衬管条时将填充胶带出。但填充胶绕包体上不能全部绕包 PVC 胶带。

（2）冷缩分支手套套入电缆前应事先检查三指管内塑料衬管条内口预留是否过多，注意抽衬管条时，应谨慎小心，缓慢进行，以避免衬管条弹出。

（3）分支手套应套至电缆三叉部位填充胶上，必须压紧到位，检查三指管根部，不得有空隙存在。

4. 安装冷缩护套管

（1）安装冷缩护套管，抽出衬管条时，速度应均匀缓慢，两手应协调配合，以防冷缩护套管收缩不均匀容易造成拉伸和反弹。

（2）护套管切割时，必须绕包两层 PVC 胶带固定，圆周环切后，才能纵向剖切，剥切时不得损伤铜屏蔽层，严禁无包扎切割。

5. 剥除铜屏蔽层、外半导电层

（1）铜屏蔽剥切时，应用直径 1.0 mm 镀锡铜绑线扎紧或用恒力弹簧固定，切割时，只能环切一刀痕，不能切透，以防损伤外半导电层。剥除时，应从刀痕处撕剥，断开后向线芯端部剥除。

（2）外半导电层剥除后，绝缘表面必须用细砂纸打磨，去除嵌入在绝缘表面的半导电颗粒。

（3）外半导电层端部切削打磨斜坡时，注意不得损伤绝缘层。打磨后，外半导电层端口应平齐，坡面应平整光洁，与绝缘层圆滑过渡。

6. 剥切线芯绝缘、内半导电层

（1）割切线芯绝缘时，注意不得损伤线芯导体，剥除绝缘时，应顺着导线绞合方向进行，不得使导体松散。

（2）内半导电应剥除干净，不得留有残迹。

（3）绝缘端部应力处理前，用 PVC 胶带黏面朝外将电缆三相线芯端头包扎好，以防倒角时伤到导体。

（4）仔细检查绝缘层，如有半导电粉末、颗粒或较深的凹槽等，则必须再用细砂纸打磨干净。

（5）清洁绝缘层时，必须用清洁纸，从绝缘层端部向外半导电层端部方向一次性清洁绝缘和外半导电部分，以免把半导电粉末带到绝缘上。

7. 安装终端、罩帽

（1）安装终端头时，用力将终端套入，直至终端下端口与标记对齐为止，注意不能超出标记。

（2）在终端与冷缩护套管搭界处，必须绕包几层 PVC 胶带，加强密封。

（3）套入罩帽时，将罩帽大端向外翻开，必须待罩帽内腔台阶顶住绝缘后，方可将罩帽大端复原罩住终端。

表 4‑13　35 kV 常用电力电缆终端头安装常用工器具

序号	名称	规格	单位	数量	备注
1	常用工具		套	1	电工刀、克丝钳、改锥、卷尺
2	绝缘电阻表	500 V/2500 V	块	1/1	
3	万用表		块	1	
4	验电器	35 kV	个	1	
5	绝缘手套	35 kV	副	1	
6	发电机	2 kW	台	1	
7	电锯		把	1	
8	电压钳		把	1	
9	手锯		把	2	
10	液化气罐	50 L	瓶	2	
11	喷枪头		把	2	
12	电烙铁	1 kW	把	1	
13	锉刀	平锉/圆锉	把	1/1	
14	电源轴		卷	2	
15	铰刀		把	2	
16	工作灯	200 W	盏	4	
17	活动扳手	10/12 in	把	2/2	
18	棘轮扳手	17/19/22/24	把	2/2/2/2	
19	力矩扳手		套	1	
20	手电		把	2	
21	灭火器		个	2	

8. 压接接线端子，连接接地线

（1）把接线端子套到导体上，必须将接线端子下端防雨罩罩在终端头顶部裙边上。

（2）压接时，接线端子必须和导体紧密接触，按先上后下顺序进行压接。

（3）按系统相色，包缠相色带。

（4）最后压接接地端子与地网连接必须牢靠。

（5）固定三相，应保证相间（接线端子之间）距离满足户外≥400 mm，户内≥300 mm。

四、作业前准备

1. 工器具和材料准备

35 kV 常用电力电缆终端头安装所需工器具和材料见表 4-13 和表 4-14。

表 4-14　35 kV 常用电力电缆终端头安装所需材料

序号	名称	规格	单位	数量	备注
1	热缩（预制、冷缩）交联终端头	根据需要选用	组	1	手套、应力管、绝缘管、预制或冷缩绝缘终端、相色管等
2	酒精	95%	瓶	1	
3	PVC 黏带	黄绿红	卷	3	
4	清洁布		kg	2	
5	清洁纸		包	1	
6	铜绑线	φ2 mm	kg	1	
7	焊锡膏		盒	1	
8	焊锡丝		卷	1	
9	铜编织带	25 mm²	根	2	
10	接线端子	根据需要选用	支	3	
11	砂布	180 号/240 号	张	2/2	

2. 电缆附件安装作业条件

（1）室外作业应避免在雨天、雾天、大风天气及湿度在 70% 以上的环境下进行。遇紧急故障处理，应做好防护措施并经上级主管领导批准。在尘土较多及重灰污染区，应搭临时帐篷。

（2）冬季施工气温低于 0 ℃时，电缆应预先加热。

五、35 kV 常用电力电缆终端头安装的操作步骤及工艺要求

由于不同厂家其附件安装工艺尺寸会略有不同，本节所介绍的工艺尺寸仅供参考。

（一）35 kV 热缩式电力电缆终端头安装步骤及要求

1. 电缆预处理

35 kV XLPE 电缆热缩式终端头剥切尺寸如图 4-43 所示。

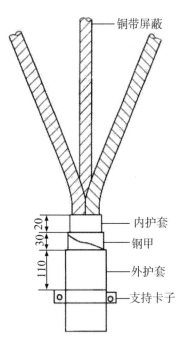

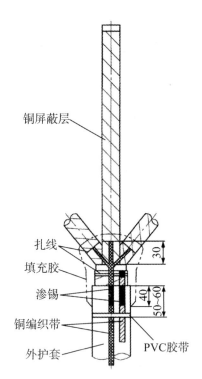

图 4 - 43　35 kV XLPE 电缆热缩式终端头
剥切尺寸图（单位：mm）

图 4 - 44　35 kV XLPE 电缆热缩式终端
头焊接地线及绕包密封填充
胶尺寸图（单位：mm）

（1）自电缆端头量取 940 mm（或根据安装需要的尺寸）剥除电缆外护套。外护套端口以下 100 mm 部分用清洁纸擦洗干净。

（2）从电缆外护套端口量取 30 mm 铠装用铜绑线扎紧，锯除其余铠装。

（3）保留 20 mm 内护套，其余部分剥除。

（4）剥除纤维色带，切割填充料，用 PVC 自黏带把三相铜屏蔽端头临时包好，将三相线芯分开。

2. 焊接铠装和铜屏蔽接地线

35 kV XLPE 电缆热缩式终端头焊接地线要求如图 4 - 44 所示。

（1）用锉刀打毛铠装表面，用铜绑线将一根铜编织带端头扎紧在铠装上，用锡焊牢或用恒力弹簧卡紧。将另一根铜编织带一端分成三股，分别用铜绑线扎紧在内护套以上 30 mm 处的三相铜屏蔽层上，用锡焊牢或用恒力弹簧卡紧，再在外面绕包几层 PVC 胶带。

（2）自外护套断口以下 40 mm 长范围内的铜编织带均需进行渗锡处理，使焊锡渗透铜编织带间隙，形成防潮段。

（3）掀起两条铜编织带，在电缆内、外护套端口上绕包两层填充胶，将两条铜编织带压入其中，在外面绕包几层填充胶，再分别绕包三叉口。两条铜编织带不能接触，绕包后的外径应小于分支手套内径。

（4）在离外护套断口50～60 mm位置，用PVC胶带将铜编织带固定在电缆上。

3. 热缩分支手套，调整三相线芯

35 kV XLPE电缆热缩式终端头热缩分支手套示意图如图4-45所示。

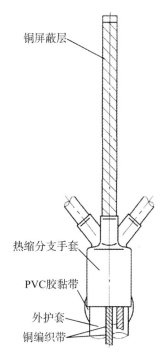

图4-45　35 kV XLPE电缆热缩式终端头热缩分支手套示意图

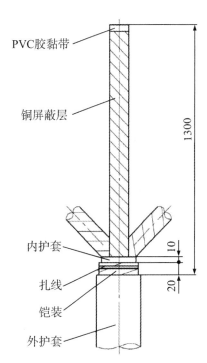

图4-46　35 kV XLPE电缆预制式终端头剥切尺寸图（单位：mm）

（1）将分支手套套入电缆三叉部位绕包的填充胶上，往下压紧，由分支手套的中间向两端加热收缩，收缩后在分支手套下端口部位绕包几层黏胶带，加强密封。

（2）根据安装位置、尺寸及布置形式将三相排列好。

4. 剥切铜屏蔽层、外半导电层，缠绕应力疏散胶

（1）从分支手套指管端口量取铜屏蔽层50 mm，用细铜线扎紧，剥除其余铜屏蔽层。

（2）自铜屏蔽层端口量取20 mm长半导电层，剥除其余半导电层。

（3）用细砂纸将绝缘表面吸附的半导电粉尘打磨干净，并使绝缘层表面平整光洁。

（4）用清洁纸清洁绝缘层表面和半导电层，将应力疏散胶拉薄拉窄，缠绕在半导电层与绝缘层的交接处，把台阶填平，再压半导电层和绝缘各5～10 mm。在绝缘上涂硅脂，注意不要涂到应力疏散胶上。

5. 热缩应力控制管

将应力控制管分别套入电缆三相线芯，各搭接铜屏蔽 20 mm，均匀加热固定。

6. 剥除绝缘层、压接接线端子

（1）按接线端子孔深加 5 mm 剥切三相线芯端部绝缘层及内半导电层，将绝缘层末端倒角 3 mm×45°。

（2）拆除导体端头上的胶黏带，用清洁纸将导体表面清洁干净，套入接线端子，按先上后下顺序进行压接。

7. 热缩绝缘管

（1）用清洁纸将三相绝缘清洁干净，待清洁剂挥发后，在绝缘层表面均匀地涂抹一层硅脂，将绝缘管分别套在三芯分支手套指管的根部，由下往上均匀加热收缩。

（2）冬季施工，环境温度较低，绝缘管做二次加热收缩效果更好。

8. 热缩密封管和相色管

（1）用密封胶填平接线端子压接凹痕，以及接线端子与线芯绝缘之间的连接部位，并搭接接线端子和线芯绝缘各 10 mm，然后热缩密封管。

（2）按照系统相序排列，在三相端部分别套入黄、绿、红相色管，加热固定。

9. 固定防雨裙

（1）户外热缩终端，每相套入 6 只单孔防雨裙。

（2）在距绝缘管下端口 130 mm 处，加热固定第一只防雨裙，再依次按 60 mm 加热固定其余防雨裙。

10. 终端头与接地线的连接

终端头的铜屏蔽层接地线及铠装接地线均应与接地网连接良好。

11. 清理现场

施工作业结束后，工作负责人依据施工验收规范对施工工艺、质量进行自查验收，按要求清理施工现场，整理工具、材料，办理工作终结手续。

（二）35 kV 预制式电力电缆终端头安装步骤及要求

1. 剥除外护套、铠装、内护套及填料

35 kV XLPE 电缆预制式终端头剥切尺寸如图 4-46 所示。

（1）自电缆端头量取 1300 mm，将外护套全部剥除（或根据安装需要的尺寸）。外护套断口以下 100 mm 部分用清洁纸擦洗干净。

（2）从电缆外护套端口向上量取 20 mm 铠装，用铜绑线扎紧，锯除其余铠装。

（3）保留 10 mm 内护套，其余部分剥除。

（4）剥除纤维色带，切割填充料，用黏胶带把三相铜屏蔽端头临时包好，将三相线芯分开。

2. 焊接地线，绕包密封填充胶

35 kV XLPE 电缆预制式终端头焊接地线及绕包密封填充胶尺寸如图 4 - 47 所示。

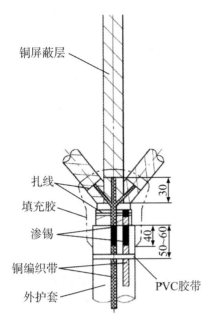

图 4 - 47　35 kV XLPE 电缆预制式终端头焊接
地线及绕包密封填充胶尺寸图（单
位：mm）

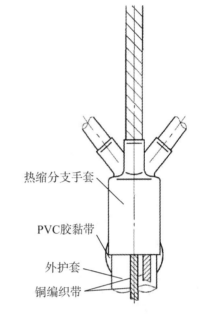

图 4 - 48　35 kV XLPE 电缆预制式终端头
热缩分支手套尺寸图

（1）用锉刀打毛铠装表面，用铜绑线将一根铜编织带端头扎紧在铠装上，用锡焊牢或用恒力弹簧卡紧。将另一根铜编织带一端分成三股，分别用铜绑线扎紧在内护套以上 30 mm 处的三相铜屏蔽层上，用锡焊牢或用恒力弹簧卡紧，再在外面绕包几层 PVC 胶带。

（2）自外护套断口以下 40 mm 长范围内的铜编织带均需进行渗锡处理，使焊锡渗透铜编织带间隙，形成防潮段。

（3）掀起两条铜编织带，在电缆内、外护套端口上绕包两层填充胶，将两条铜编织带压入其中，在外面绕包几层填充胶，再分别绕包三叉口。两条铜编织带不能接触，绕包后的外径应小于分支手套内径。

（4）在离外护套端口 50～60 mm 位置，用 PVC 胶带将铜编织带固定在电缆上。

3. 热缩分支手套，调整三相线芯

35 kV XLPE 电缆预制式终端头热缩分支手套示意图如图 4 - 48 所示。

4. 热缩护套管

35 kV XLPE 电缆预制式终端头热缩护套管尺寸如图 4 - 49 所示。

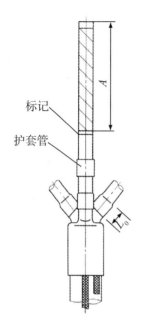

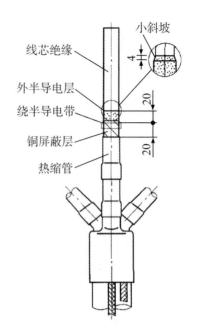

图 4-49　35 kV XLPE 电缆预制式终
端头热缩护套管尺寸图
（单位：mm）

图 4-50　35 kV XLPE 电缆预制式终端头铜屏
蔽层、外半导电层剥切尺寸图（单
位：mm）

表 4-15　热缩护套管距电缆端头尺寸 A

型号		HW35										
截面/mm²		50	70	95	120	150	185	240	300	400	500	630	800
A/mm	铜芯	475		480		480		480		510		540	

将热缩护套管分别套入电缆三相上，搭盖分支手套指管 20 mm，由下向上均匀加热收缩护套管。在距电缆端头尺寸 A 处查表 4-15，用 PVC 胶带绕包两层做好标记，切除多余护套管。

5. 剥除铜屏蔽层、外半导电层

35 kV XLPE 电缆预制式终端头铜屏蔽层、外半导电层剥切尺寸如图 4-50 所示。

（1）自护套管断口向上量取 20 mm 长铜屏蔽层，剥除其余铜屏蔽层。

（2）自铜屏蔽层断口向上量取 20 mm 长外半导电层，剥除其余外半导电层。

（3）用细砂纸将绝缘层表面吸附的半导电粉尘打磨干净，并使绝缘层表面平整光洁。

（4）半导电层断口用砂纸打磨或切割成约 4 mm 宽的小斜坡并打磨光洁，与绝缘层圆滑过渡。

6. 剥切线芯绝缘、内半导电层

35 kV XLPE 电缆预制式终端头线芯绝缘、内半导电层剥切图如图 4-51 所示。

（1）自铜屏蔽层端口向上量取 355 mm 处做好标记，剥除标记以上的绝缘层及内半导电层。

（2）将绝缘层端头倒角 3 mm×45°，并打磨圆滑，用 PVC 胶带将导体端头临时包好。

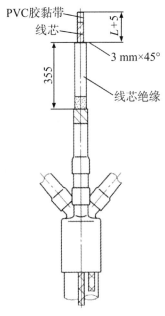

图 4-51　35 kV XLPE 电缆预制式终端头线芯绝缘、内半导电层剥切图（单位：mm）

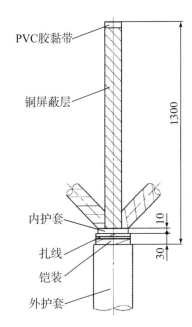

图 4-52　35 kV XLPE 电缆冷缩式终端头剥切尺寸图（单位：mm）

7. 绕包半导电带

（1）用清洁纸清洗电缆绝缘层和半导电层。

（2）待清洁剂挥发后，用半导电带在铜屏蔽层上方约 2 mm 处绕包高为 20～25 mm，不同电缆截面、绕包半导带电外径尺寸见表 4-16。然后再向下绕包几层，盖住护套管端部。

表 4-16　不同电缆截面、绕包半导电带外径尺寸（型号 HW35）

截面/mm²	50	70	95	120	150	185	240	300	400	500	630	800
圆柱（D/mm）		43		45		48	51.5	54.5	58	60	66	70

（3）再用清洁纸清洁绝缘层表面和半导电带绕包体，待清洁剂挥发后，即可安装终端套管。

8. 安装终端套管

（1）将终端套管底部裙边向外翻转，用干净的手指或专用塑料棒将硅脂均匀抹在电缆的绝缘层上和终端套管内，把专用塑料护帽套在线芯导体上。

（2）用一只手抓住终端套管中部，用另一只手堵住终端顶部小孔，用力将终端套管套在电缆上，使电缆导体从终端套管顶部露出。再用力推终端套管，直至终端内置应力锥与半导电带台阶接触好为止。

（3）安装后，擦去挤出的硅脂，取下塑料护帽。

9. 压接接线端子和接地端子

（1）拆除导体端头上的临时包带，用清洁纸清洗线芯导体。

（2）把接线端子套在导体上，端子下部应罩在终端套管顶部裙边上。

（3）按先上后下顺序，压接接线端子。最后压接接地端子。

（4）在终端头底部电缆上绕包一圈密封胶，将底部裙边向下翻转复原，覆盖在密封胶上并装上卡带。

（5）按照相序排列要求，将相色带绕包在三相终端头的上端。将接地端子与地网连接。

10. 清理现场

施工作业结束后，工作负责人依据施工验收规范对施工工艺、质量进行自查验收，按要求清理施工现场，整理工具、材料，办理工作终结手续。

（三）35 kV 冷缩式电力电缆终端头安装步骤及要求

1. 固定电缆

根据终端头的安装位置，将电缆固定在终端头支持卡子上，为防止损伤外护套，卡子与电缆间应加衬垫，将支持卡子至末端 1 m 以外的多余电缆锯除。

2. 剥除外护套，锯铠装，剥除内护套及填料

35 kV XLPE 电缆冷缩式终端头剥切尺寸如图 4-52 所示。

（1）剥除电缆外护套 1000 mm，保留 30 mm 铠装及 10 mm 内护套，其余剥去。

（2）用胶黏带将每相铜屏蔽带端头临时包好，清理填充物，将三相分开。

3. 固定接地线，绕包密封填充胶

（1）对铠装接地处进行打磨，去除氧化层，然后用两个恒力弹簧将两根地线分别固定在铜屏蔽和铠装上。顺序是先安装铠装接地线，安装完用绝缘胶带缠绕两层。再安装铜屏蔽接地线，三相要求接触良好，并且用绝缘胶带缠绕两层。

（2）掀起两铜编织带，在电缆外护套断口上绕两层填充胶，将做好防潮段的两条铜编织带（进行过渗锡处理）压入其中，在其上绕几层填充胶，再分别绕包三叉口，在绕包的填充胶外表面再包绕一层胶黏带。绕包后的外径应小于扩大后分支手套内径。

4. 安装冷缩三相分支手套

（1）将冷缩分支手套套至三叉口的根部，沿逆时针方向均匀抽掉衬管条，先抽掉

尾管部分，然后再分别抽掉指套部分，使冷缩分支手套收缩。

（2）收缩后在手套下端用绝缘带包绕 4 层，再加绕 2 层胶黏带，加强密封。

5. 安装冷缩护套管

35 kV XLPE 电缆冷缩式终端头冷缩护套管安装尺寸如图 4-53 所示。

（1）将一根冷缩管套入电缆一相（衬管条伸出的一端后入电缆），沿逆时针方向均匀抽掉衬管条，收缩该冷缩管，使之与分支手套指管搭接 20 mm。

（2）在距电缆端头 L+395 mm（L 为端子孔深，含雨罩深度）处用胶黏带做好标记。除掉标记处以上的冷缩管，使冷缩管断口与标记齐平。按此工艺处理其他两相。

6. 剥除铜屏蔽层、外半导电层

35 kV XLPE 电缆冷缩式终端头铜屏蔽层、半导电层剥切尺寸如图 4-54 所示。

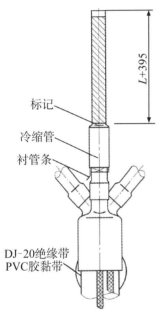

图 4-53　35 kV XLPE 电缆冷缩式终端头冷缩护套管安装尺寸图（单位：mm）

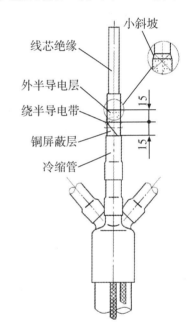

图 4-54　35 kV XLPE 电缆冷缩式终端头铜屏蔽层、半导电层剥切尺寸图（单位：mm）

（1）自冷缩管端口向上量取 15 mm 长铜屏蔽层，其余铜屏蔽层去掉。

（2）自铜屏蔽断口向上量取 15 mm 长半导电层，其余半导电层去掉。

（3）将绝缘表面用砂带打磨以去除吸附在绝缘表面的半导电粉尘，半导电层端口用砂纸打磨或切割成约 4 mm 的小斜坡并打磨光洁，与绝缘圆滑过渡。

（4）绕两层半导电带将铜屏蔽层与外半导电层之间的台阶盖住。

7. 剥切线芯绝缘

35 kV XLPE 电缆冷缩式终端头线芯绝缘剥切尺寸如图 4-55 所示。

（1）自电缆末端剥去线芯绝缘及内屏蔽层：L（L 为端子孔深，含雨罩深度）。

（2）将绝缘层端头倒角 3 mm×45°，用细砂纸将绝缘层表面打磨。

（3）在半导电层端口以下 45 mm 处用 PVC 黏带做好标记。

8. 安装终端、罩帽

（1）用清洁纸从上至下把各相清洁干净，待清洁剂挥发后，在绝缘层表面均匀地涂上硅脂。

（2）将冷缩终端绝缘主体套入电缆，衬管条伸出的一端后入电缆，沿逆时针方向均匀地抽掉衬管条使终端绝缘主体收缩（注意：终端绝缘主体收缩好后，其下端与标记齐平）。

（3）在终端与冷缩管搭接处绕包几层胶黏带。将罩帽大端向外翻开，套入电缆，待罩帽内腔台阶顶住绝缘，再将罩帽大端复原罩住终端。

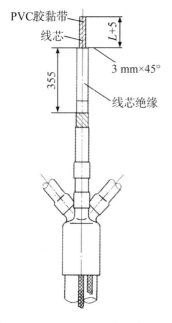

图 4－55　35 kV XLPE 电缆冷缩式终端头线芯绝缘剥切尺寸图（单位：mm）

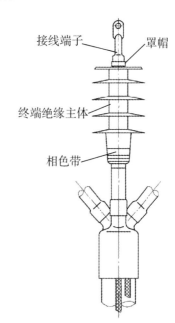

图 4－56　35 kV XLPE 电缆冷缩式终端头结构图

9. 压接接线端子、连接地线

35 kV XLPE 电缆冷缩式终端头结构图如图 4－56 所示。

（1）除去临时包在线芯端头上的胶黏带，将接线端子套在线芯上（注意：必须将接线端子雨罩罩在罩帽端口上），压接接线端子。

（2）将相色带绕在各相终端下方。

（3）将接地铜编织带与地网连接好；安装完毕。

10. 清理现场

施工作业结束后，工作负责人依据施工验收规范对施工工艺、质量进行自查验收，按要求清理施工现场，整理工具、材料，办理工作终结手续。

4.5.2 35 kV 常用电力电缆中间接头制作

一、作业内容

本部分主要讲述 35 kV 常用电力电缆中间接头安装所需工器具和材料的选择、附件安装的基本要求、步骤以及安全注意事项等。

二、危险点分析与控制措施

1. 明火作业现场应配备灭火器，并及时清理杂物。

2. 使用移动电气设备时必须装设漏电保护器。

3. 搬运电缆附件时，工作人员应相互配合，轻搬轻放，不得抛接。

4. 用刀或其他切割工具时，正确控制切割方向。

5. 使用液化气枪应先检查液化气瓶、减压阀、液化喷枪。点火时火头不准对人，以免人员烫伤，其他工作人员应对火头保持一定距离，用后及时关闭阀门。

6. 施工时，电缆沟边上方禁止堆放工具及杂物以免掉落伤人。

三、35 kV 常用电力电缆中间接头制作工艺质量控制要点

（一）35 kV 热缩式电力电缆中间接头制作工艺质量控制要点

1. 剥除外护套、铠装、内护套及填料

（1）剥除外护套。首先在电缆的两侧套入附件中的内外护套管。在剥切电缆外护套时，应分两次进行，以避免电缆铠装层铠装松散。先将电缆末端外护套保留350 mm，然后按规定尺寸剥除外护套，要求断口平整。外护套断口以下 350 mm 部分用砂纸打毛并清洁干净，以保证外护套收缩后密封性能可靠。

（2）剥除铠装。按规定尺寸在铠装上绑扎铜线，绑线的缠绕方向应与铠装的缠绕方向一致，使铠装越绑越紧不致松散。绑线用直径 2.0 mm 的铜线，每道 3～4 匝。锯铠装时，其圆周锯痕深度应均匀，不得锯透，损伤内护套。剥铠装时，应首先沿锯痕将铠装卷断，铠装断开后再向电缆端头剥除。

（3）剥除内护套及填料。在应剥除内护套处用刀子横向切一环形痕迹，深度不超过内护套厚度的一半。纵向剥除内护套时，刀子切口应在两芯之间，防止切伤金属屏蔽层。剥除内护套后应将金属屏蔽带末端用聚氯乙烯黏带扎牢，防止松散。切除填料时刀口应向外，防止损伤金属屏蔽层。

2. 电缆分相，锯除多余电缆线芯

（1）在电缆线芯分叉处将线芯扳弯，弯曲不宜过大，以便于操作为宜。但一定要保证弯曲半径符合规定要求，避免铜屏蔽层变形、褶皱和损坏。

（2）将接头中心尺寸核对准确后，锯断多余电缆芯线。锯割时，应保证电缆线芯端口平直。

3. 剥除铜屏蔽层和外半导电层

（1）剥切铜屏蔽时，在其断口处用直径 1.0 mm 镀锡铜绑线扎紧或用恒力弹簧固定，切割时，只能环切一刀痕，不能切透，以防损伤半导电层。剥除时，应从刀痕处撕剥，断开后向线芯端部剥除。

（2）铜屏蔽层的断口应切割平整，不得有尖端和毛刺。

（3）外半导电层应剥除干净，不得留有残迹。剥除后必须用细砂纸将绝缘表面吸附的半导电粉尘打磨干净，并清洗光洁。剥除外半导电层时，刀口不得伤及绝缘层。

4. 绕包应力控制胶，热缩半导电应力控制管

（1）绕包应力控制胶时，必须拉薄拉窄，把外半导电层和绝缘层的交接处填实填平，圆周搭接应均匀，端口应整齐。

（2）热缩应力控制管时，应用微弱火焰均匀环绕加热，使其收缩，收缩后，在应力控制管与绝缘层交接处应绕包应力控制胶，绕包方法同上。

5. 剥除线芯末端绝缘，倒角或切削"铅笔头"、保留内半导电层

（1）切割线芯绝缘时，刀口不得损伤导体，剥除绝缘层时，不得使导体变形。

（2）绝缘端部倒角后，应用砂纸打磨圆滑。若切削"铅笔头"，锥面应圆整、均匀、对称，并用砂纸打磨光洁，切削时刀口不得划伤导体。

（3）保留的内半导电层表面不得留有绝缘痕迹，端口平整，表面应光洁。

6. 依次套入管材和铜屏蔽网套

（1）套入管材前，电缆表面必须清洁干净。

（2）按附件安装说明，依次套入管材，顺序不能颠倒，所有管材端口，必须用塑料布加以包扎，以防水分、灰尘、杂物浸入管内污染密封胶层。

7. 压接连接管，绕包屏蔽层，增绕绝缘带

（1）压接前用清洁纸将连接管内、外和导体表面清洁干净。检查连接管与导体截面及径向尺寸应相符，压接模具与连接管外径尺寸应配套，如连接管套入导体较松动，即应填实后进行压接。

（2）压接后，连接管表面的棱角和毛刺必须用锉刀和砂纸打磨光洁，并将金属粉屑清洗干净。

（3）半导电带必须拉伸后绕包和填平压接管的压坑和连接与导体内半导电屏蔽层之间的间隙，然后在连接管上半搭盖绕包两层半导电带，两端与内半导电屏蔽层必须紧密搭接。

8. 热缩内、外绝缘管和屏蔽/绝缘复合管

（1）电缆线芯绝缘和外半导电屏蔽层应清洗干净。清洁时，应由线芯绝缘端部向

半导电应力控制管方向进行，不可颠倒，清洁纸不得往返使用。

（2）将内绝缘管、外绝缘管、屏蔽/绝缘复合管先后从长端线芯绝缘上移至连接管上，中部对正。加热时应从中部向两端均匀、缓慢环绕进行，把管内气体全部排出，保证完好收缩，以防局部温度过高，造成绝缘碳化，管材损坏。

9. 绕包防水胶带、半导电带

（1）屏蔽/绝缘复合管两端绕包防水胶带，必须拉伸100％，先将台阶绕包填平，再半搭盖绕包成一坡面。绕包必须圆整紧密，两边搭接铜屏蔽层和复合管半导电层不得少于30 mm。

（2）在绕包的防水胶带上，半搭盖绕包一层半导电带，两边搭接铜屏蔽层和复合管半导电层不得少于20 mm。

10. 固定铜屏蔽网套，连接两端铜屏蔽层

（1）铜屏蔽网套两端分别与电缆铜屏蔽层搭接时，必须用铜扎线扎紧并焊牢。

（2）铜编织带两端与电缆铜屏蔽层连接时，铜扎线应尽量扎在铜编织带端头的边缘，避免焊接时，温度偏高，焊接渗透使端头铜丝胀开，致焊面不够紧密复贴，影响外观质量。

（3）用恒力弹簧固定时，必须将铜编织带端头略加展开，夹入恒力弹簧收紧并用PVC胶带缠绕固定，以增加接触面，确保接点稳固。

11. 扎紧三相，热缩内护套，连接两端铠装层

（1）三相接头之间，必须填实后扎紧，有利于外护层的恢复，增加整体结构的紧密性。

（2）内护套管固定时，两端电缆内护套必须清洁干净绕包一层密封胶，热缩时，从距内护套管100 mm处开始向接头中部加热收缩套管，回到100 mm处向内护套端部收缩套管。两护套层中间搭接部位必须接触良好，密封可靠。

（3）编织带应焊在铠装层的两层钢带上。焊接时，铠装焊区应用锉刀和砂纸打毛，并先镀上一层锡，将铜编织带两端分别接在铠装镀锡层上，用铜绑线扎紧并用锡焊牢。

（4）用恒力弹簧固定铜编织带安装工艺同上。

12. 固定金属护套和外护套管

（1）接头部位及两端电缆必须调整平直，金属护套两端套头端齿部分与两端铠装绑扎应牢固。

（2）外护套管定位前，必须将接头两端电缆外护套端口150 mm内清洁干净并用砂纸打毛，外护套定位后，应均匀环绕加热，使其收缩到位，热缩方法同内护套。

（二）35 kV预制式电力电缆中间接头制作工艺质量控制要点

1. 剥除外护套、铠装、内护套及填料

（1）剥除外护套。首先在电缆的两侧套入附件中的内外护套管。在剥切电缆外护

套时，应分两次进行，以避免电缆铠装层铠装松散。先将电缆末端外护套保留350 mm，然后按规定尺寸剥除外护套，要求断口平整。外护套断口以下350 mm部分用砂纸打毛并清洁干净，以保证外护套收缩后密封性能可靠。

（2）剥除铠装。按规定尺寸在铠装上绑扎铜线，绑线的缠绕方向应与铠装的缠绕方向一致，使铠装越绑越紧不致松散。绑线用直径2.0 mm的铜线，每道3～4匝。锯铠装时，其圆周锯痕深度应均匀，不得锯透，损伤内护套。剥铠装时，应首先沿锯痕将铠装卷断，铠装断开后再向电缆端头剥除。

（3）剥除内护套及填料。在应剥除内护套处用刀子横向切一环形痕迹，深度不超过内护套厚度的一半。纵向剥除内护套时，刀子切口应在两芯之间，防止切伤金属屏蔽层。剥除内护套后应将金属屏蔽带末端用聚氯乙烯黏带扎牢，防止松散。切除填料时刀口应向外，防止损伤金属屏蔽层。

2．电缆分相，锯除多余电缆线芯

（1）在电缆线芯分叉处将线芯扳弯，弯曲不宜过大，以便于操作为宜。但一定要保证弯曲半径符合规定要求，避免铜屏蔽层变形、褶皱和损坏。

（2）将接头中心尺寸核对准确后，锯断多余电缆芯线。锯割时，应保证电缆线芯端口平直。

3．剥除铜屏蔽层和外半导电层

（1）剥切铜屏蔽时，在其断口处用直径1.0 mm镀锡铜绑线扎紧或用恒力弹簧固定，切割时，只能环切一刀痕，不能切透，以防损伤半导电层。剥除时，应从刀痕处撕剥，断开后向线芯端部剥除。

（2）铜屏蔽层的断口应切割平整，不得有尖端和毛刺。

（3）外半导电层应剥除干净，不得留有残迹。剥除后必须用细砂纸将绝缘表面吸附的半导电粉尘打磨干净，并清洗光洁。剥除外半导电层时，刀口不得伤及绝缘层。

（4）将外半导电层端部切削成小斜坡并用砂纸打磨，注意不得损伤绝缘层，打磨后，半导电层端口应平齐，坡面应平整光洁，与绝缘层平滑过渡。

4．剥线芯绝缘，推入硅橡胶预制体

（1）剥切线芯绝缘和内半导电层时，不得伤及线芯导体。剥除绝缘层时，应顺线芯绞合方向进行，以防线芯导体松散变形。

（2）绝缘端部倒角后，应用砂纸打磨圆滑。线芯导体端部的锐边应锉去，清洁干净后用PVC胶带包好，以防尖端锐边刺伤硅橡胶预制体。

（3）在推入硅橡胶预制体前，必须用清洁纸将长端绝缘及屏蔽层表面清洗干净。清洁时，应由绝缘端部向外半导电屏蔽层方向进行，不可颠倒，清洁纸不得往返使用。清洁后，涂上硅脂，再将硅橡胶预制体推入。

5．压接连接管，预制体复位

（1）压接前用清洁纸将连接管内、外和导体表面清洗干净。检查连接管与导体截面及径向尺寸是否相符，压接模具与连接管外径尺寸是否配套。如连接管套入导体较松动，应用导体单丝填实后进行压接。

（2）压接连接管时，两端线芯应顶牢，不得松动。压接后，对连接管表面的棱角和毛刺，必须用锉刀和砂纸打磨光洁，并将铜屑粉末清洗干净。

（3）在绝缘表面涂一层硅脂，将硅橡胶预制体拉回过程中，应受力均匀。预制体定位后，必须用手从其中部向两端用力捏一捏，以消除推拉时产生的内应力，防止预制体变形和扭曲，同时使之与绝缘表面紧密接触。

6．绕包半导电带，连接铜屏蔽层

（1）三相预制体定位后，在预制体的两端来回绕包半导电带，绕包时，半导电带必须拉伸 100%，以增强绕包的紧密度。

（2）铜丝网套两端用恒力弹簧固定在铜屏蔽层上。固定时，恒力弹簧应用力收紧，并用 PVC 胶带缠紧固定，以防连接部分松弛导致接触不良。

（3）在铜网套外再覆盖一条 25 mm² 铜编织带，两端与铜屏蔽层用铜绑线扎紧焊牢或用恒力弹簧卡紧。

7．扎紧三相，热缩内护套，连接两端铠装

（1）将三相接头用白布带扎紧，以增加整体结构的紧密性，同时有利于内护套恢复。

（2）热缩内护套前先将两侧电缆内护套端部打毛，并包一层红色密封胶带。由两端向中间均匀、缓慢、环绕加热，使内护套均匀收缩。接头内护套管与电缆内护套搭接部位必须密封可靠。

（3）铜编织带应焊在两层钢带上。焊接时，铠装焊区应用锉刀和砂纸砂光打毛，并先镀上一层锡，将铜编织带两端分别放在铠装镀锡层上，用铜绑线扎紧并焊牢。

（4）用恒力弹簧固定铜编织带时，将铜编织带端头略加展开，夹入并反折在恒力弹簧之中，用力收紧，并用 PVC 胶带缠紧固定，以增加铜编织带与铠装的接触面和稳固性。

8．热缩外护套

（1）热缩外护套前先将两侧电缆外护套端部 150 mm 清洁打毛，并包一层红色密封胶带。由两端向中间均匀、缓慢、环绕加热，使外护套均匀收缩。接头与外护套管之间，以及与电缆外护套搭接部位，必须密封可靠。

（2）冷却 30 min 以后，方可进行电缆接头搬移工作，否则会损坏外护层结构。

（三）35 kV 冷缩式电力电缆中间接头制作工艺质量控制要点

1．剥除外护套、铠装、内护套及填料

（1）剥除外护套。首先在电缆的两侧套入附件中的内外护套管。在剥切电缆外护套时，应分两次进行，以避免电缆铠装层铠装松散。先将电缆末端外护套保留

350 mm，然后按规定尺寸剥除外护套，要求断口平整。外护套断口以下350 mm部分用砂纸打毛并清洁干净，以保证外护套收缩后密封性能可靠。

（2）剥除铠装。按规定尺寸在铠装上绑扎铜线，绑线的缠绕方向应与铠装的缠绕方向一致，使铠装越绑越紧不致松散。绑线用直径2.0 mm的铜线，每道3～4匝。锯铠装时，其圆周锯痕深度应均匀，不得锯透，损伤内护套。剥铠装时，应首先沿锯痕将铠装卷断，铠装断开后再向电缆端头剥除。

（3）剥除内护套及填料。在应剥除内护套处用刀子横向切一环形痕迹，深度不超过内护套厚度的一半。纵向剥除内护套时，刀子切口应在两芯之间，防止切伤金属屏蔽层。剥除内护套后应将金属屏蔽带末端用聚氯乙烯黏带扎牢，防止松散。切除填料时刀口应向外，防止损伤金属屏蔽层。

2. 电缆分相，锯除多余电缆线芯

（1）在电缆线芯分叉处将线芯扳弯，弯曲不宜过大，以便于操作为宜。但一定要保证弯曲半径符合规定要求，避免铜屏蔽层变形、褶皱和损坏。

（2）将接头中心尺寸核对准确后，锯断多余电缆芯线。锯割时，应保证电缆线芯端口平直。

3. 剥除铜屏蔽层和外半导电层

（1）剥切铜屏蔽时，在其断口处用直径1.0 mm镀锡铜绑线扎紧或用恒力弹簧固定，切割时，只能环切一刀痕，不能切透，以防损伤半导电层。剥除时，应从刀痕处撕剥，断开后向线芯端部剥除。

（2）铜屏蔽层的断口应切割平整，不得有尖端和毛刺。

（3）外半导电层应剥除干净，不得留有残迹。剥除后必须用细砂纸将绝缘表面吸附的半导电粉尘打磨干净，并清洗光洁。剥除外半导电层时，刀口不得伤及绝缘层。

（4）将外半导电层端部切削成小斜坡并用砂纸打磨，注意不得损伤绝缘层，打磨后，半导电层端口应平齐，坡面应平整光洁，与绝缘层平滑过渡。

4. 剥切绝缘层，套中间接头管

（1）剥切线芯绝缘和内半导电层时，不得伤及线芯导体。剥除绝缘层，应顺线芯绞合方向进行，以防线芯导体松散。

（2）绝缘层端口用刀或倒角器倒角。线芯导体端部的锐边应锉去，清洁干净后用PVC胶带包好。

（3）中间接头管应套在电缆铜屏蔽保留较长一端的线芯上，套入前必须将绝缘层、外半导电层、铜屏蔽层用清洁纸依次清洁干净，套入时，应注意塑料衬管条伸出一端先套入电缆线芯。

（4）将中间接头管和电缆绝缘用塑料布临时保护好，以防碰伤和灰尘杂物落入，保持环境清洁。

5. 压接连接管

（1）必须事先检查连接管与电缆线芯标称截面相符，压接模具与连接管规范尺寸应配套。

（2）连接管压接时，两端线芯应顶牢，不得松动。

（3）压接后，连接管表面尖端、毛刺用锉刀和砂纸打磨平整光洁，必须用清洁纸将绝缘层表面和连接管表面清洗干净。应特别注意不能在中间接头端头位置留有金属粉屑或其他导电物体。

6. 安装中间接头管

（1）在中间接头管安装区域表面均匀涂抹一薄层硅脂，并经认真检查后，将中间接头管移至中心部位，其一端必须与记号齐平。

（2）抽出衬管条时，应沿逆时针方向进行，其速度必须缓慢均匀，使中间接头管自然收缩，定位后用双手从接头中部向两端圆周捏一捏，使中间接头内壁结构与电缆绝缘、外半导电屏蔽层有更好的界面接触。

7. 连接两端铜屏蔽层

铜网带应以半搭盖方式绕包平整紧密，铜网两端与电缆铜屏蔽层搭接，用恒力弹簧固定时，夹入铜编织带并反折恒力弹簧之中，用力收紧，并用PVC胶带缠紧固定。

8. 恢复内护套

（1）电缆三相接头之间间隙，必须用填充料填充饱满，再用PVC带或白布带将电缆三相并拢扎紧，以增强接头整体结构的严密性和机械强度。

（2）绕包防水带，绕包时将胶带拉伸至原来宽度的3/4，完成后，双手用力挤压所包胶带，使其紧密贴附。防水带应覆盖接头两端的电缆内护套足够长度。

9. 连接两端铠装层

铜编织带两端与铠装层连接时，必须先用锉刀或砂纸将钢铠表面进行打磨，将铜编织带端头沿宽度方向略加展开，夹入并反折恒力弹簧之中，用力收紧，并用PVC胶带缠紧固定，以增加铜编织带与钢铠的接触面和稳固性。

10. 恢复外护套

（1）绕包防水带，绕包时将胶带拉伸至原来宽度的3/4，完成后，双手用力挤压所包胶带，使其紧密贴附。防水带应覆盖接头两端的电缆外护套各50 mm。

（2）在外护套防水带上绕包两层铠装带。绕包铠装带以半重叠方式绕包，必须紧固，并覆盖接头两端的电缆外护套各70 mm。

（3）30 min以后，方可进行电缆接头搬移工作，以免损坏外护层结构。

四、作业前准备

1. 工器具和材料准备

35 kV常用电力电缆中间接头安装所需工器具和所需要材料见表4-17和表4-18。

表 4‑17　35 kV 常用电力电缆中间接头安装所需工器具

序号	名称	规格	单位	数量	备注
1	常用工具		套	1	电工刀、克丝钳、改锥、卷尺
2	绝缘电阻表	500 V/2500 V	块	1/1	
3	万用表		块	1	
4	验电器	35 kV	个	1	
5	绝缘手套	35 kV	副	2	
6	发电机	2 kW	台	1	
7	电锯		把	1	
8	电压钳		把	1	
9	手锯		把	2	
10	液化气罐	50 L	瓶	2	
11	喷枪头		把	2	
12	电烙铁	1 kW	把	1	
13	锉刀	平锉/圆锉	把	1/1	
14	电源轴		卷	2	
15	铰刀		把	2	
16	工作灯	200 W	盏	4	
17	活动扳手	10/12 in	把	2/2	
18	棘轮扳手	17/19/22/24	把	2/2/2/2	
19	力矩扳手		套	1	
20	灭火器		个	2	

表 4‑18　35 kV 常用电力电缆中间接头安装所需材料

序号	名称	规格	单位	数量	备注
1	热缩（预制、冷缩）交联中间头	根据需要选择	套	1	应力管、绝缘管、复合屏蔽管、内外护套管、预制或冷缩绝缘主体等
2	酒精	95%	瓶	1	
3	PVC 黏带	黄绿红	卷	3	
4	清洁布		kg	2	
5	清洁纸		包	1	
6	铜绑线	$\phi2$ mm	kg	1	
7	焊锡膏		盒	1	
8	焊锡丝		卷	1	
9	铜编织带	25 mm^2	根	4	

序号	名称	规格	单位	数量	备注
10	接管	根据需要选择	支	3	
11	砂布	180 号/240 号	张	2/2	

2. 电缆附件安装作业条件

（1）室外作业应避免在雨天、雾天、大风天气及湿度在 70% 以上的环境下进行。遇紧急故障处理，应做好防护措施并经上级主管领导批准。在尘土较多及重灰污染区，应搭临时帐篷。

（2）冬季施工气温低于 0 ℃时，电缆应预先加热。

五、35 kV 常用电力电缆中间接头安装的操作步骤及工艺要求

由于不同厂家其附件安装工艺尺寸会略有不同，本节所介绍的工艺尺寸仅供参考。

（一）35 kV 热缩式电力电缆中间接头安装步骤及要求

1. 定接头中心

在接头坑内将电缆调直，在适当位置定接头中心，用 PVC 黏带做好标记，电缆直线部分不小于 2.5 m，应考虑接头两端套入各类管材长度。将超出接头中心 200 mm 以外的电缆锯掉。

2. 套入内外护套

将电线两端外护套擦净（长度约 2.5 m），在两端电缆上依次套入外护套、内护套，将护套管两端包严，防止进入尘土。

3. 剥除内外护套和铠装

35 kV XLPE 电缆热缩式中间接头剥切尺寸按图 4 - 57 所示。剥除外护套，锯除铠装，剥除内护套及填料均按此图要求完成。

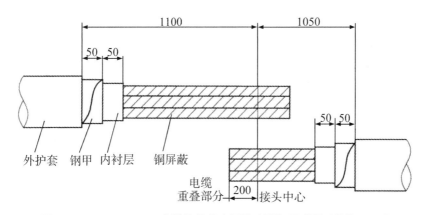

图 4 - 57　35 kV XLPE 电缆热缩式中间接头剥切尺寸图（单位：mm）

4. 摆正电缆线芯及锯除多余线芯

按系统相色要求将三芯分开成等边三角形，使各相间有足够的空间，将各对应相线芯绑在一起，按图4-57所示尺寸核对接头长度，在接头中心处将多余线芯锯掉。

5. 剥除金属屏蔽层、外半导电层、绝缘层

35 kV XLPE 电缆热缩式中间接头金属屏蔽层、外半导电层和绝缘层剥切尺寸按图4-58所示（D为1/2接管长加5 mm），依次剥除金属屏蔽带、外半导电层及绝缘层，在绝缘端部倒角3 mm×45°，用细砂纸将绝缘表面吸附的半导电粉尘打磨干净，并使绝缘层表面平整光洁。用浸有清洁剂的纸将绝缘层表面擦干净。

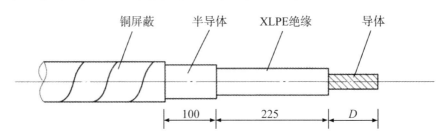

图4-58　35 kV XLPE电缆热缩式中间接头金属屏蔽层、外半导电层和绝缘层剥切尺寸图（单位：mm）

6. 套入应力控制管、绝缘管和屏蔽管

擦净金属屏蔽层表面，在电缆三相线芯长端各套入一根黑色应力控制管、一根红色绝缘管和一根红黑色绝缘屏蔽管，在短端分别套入另一根红色绝缘管。将其推至三芯根部，临时固定。

7. 压接线芯

再次核对相色。将对应线芯套入压接管，调整线芯成正三角形，三相长度应相同，进行压接。压接后将接管表面尖刺及棱角锉平，用砂纸打磨光滑，并用清洁剂擦净。

8. 连接管处应力处理

方法一：包绕应力控制胶从任意一相开始，取一长片应力控制胶，取下一面防粘纸，将胶带卷成小卷，再拉长至原宽度的一半。先将导电线芯部分填平，然后用半重叠法将应力控制胶缠在线芯端部和压接管上两端各压绝缘10～15 mm，包缠直径略大于绝缘外径，表面应平整。

方法二：绕包半导电带和绝缘带。

（1）在连接管上，半搭盖绕包两层半导电带并与两端内半导电层搭接。

（2）在半导电带外，半搭盖绕包J-30绝缘自黏带，最后再半搭盖绕包两层聚四氟带。

9. 绝缘屏蔽端部应力处理

取一短片应力控制胶，将其尖角尽量拉长、拉细，胶的斜面朝向半导电层，缠在外半导电层切断处，填补该处的空隙，各压绝缘、外半导电层10 mm。应力控制胶的包缠应平滑，两端应薄而整齐，用同样的方法完成另一端。

10. 热缩应力控制管

将三相线芯绝缘上涂一薄层硅脂，将应力控制管移至接头中心，分别从中间往两端热缩应力控制管。

11. 热缩绝缘管

先将内层绝缘管移至应力控制管上，中心点对齐，三相同时从中间往两端热缩。再将外层绝缘管移至内绝缘管上，中心点对齐，三相同时从中间往两端热缩。用红色防水胶带在每相绝缘管两端各缠两圈，其边缘与绝缘管端口对齐。

12. 热缩绝缘屏蔽管

将三相绝缘屏蔽管移至绝缘管上，中心点对齐，三相同时从中间开始向两侧分两次互相交换收缩，然后继续在绝缘屏蔽管全长加热 45 s，直至黑红管完全收缩。

13. 焊接铜编织带和铜网带

（1）在三相电缆线芯上，分别用 25 mm² 铜编织带连接两端金属屏蔽带，其两端在距绝缘屏蔽管端口 30 mm 处用直径 1.0 mm 镀锡铜线绑两匝在铜屏蔽带上，用焊锡焊牢。

（2）在三相线芯上，分别用半重叠法包缠一层铜网带，两端用直径 1.0 mm 镀锡铜线绑两匝在铜屏蔽带上，用焊锡焊牢。

（3）将三相线芯并拢，用白布带按间隔 50 mm 距离疏绕，往返包绕两层扎紧。

14. 热缩内护套

擦净接头两端电缆的内护套，并将表面用砂纸磨粗。将一端的内护套热缩管移至接头上，取下隔离纸，管的一端与电缆内护套搭接，其端口与铠装锯断处衔接，从此端开始往接头中间热缩。用同样方法完成另一端内护套管的热缩，两内护套管重叠搭接部分不小于 100 mm。

15. 连接两端铠装

用 25 mm² 铜编织带连接两端铠装，铜编织带应平整地敷在内护套上，两端用直径 2.0 mm 镀锡铜线与铠装绑两匝，用焊锡焊牢。

16. 热缩外护套

擦净接头两端电缆的外护套，并将表面用砂纸磨粗，要求外护套热缩管与电缆外护套搭接长度及两外护套热缩管搭接长度，均不小于 150 mm。如热缩管内无密封涂料，应在每一搭接处加缠不小于 100 mm 长的密封材料。

17. 接头保护

接头处用水泥盒加以保护，热缩部件未冷却前，不得移动电缆，以防止破坏搭接处的密封。

18. 清理现场

施工作业结束后，工作负责人依据施工验收规范对施工工艺、质量进行自查验收，按要求清理施工现场，整理工具、材料，办理工作终结手续。

（二）35 kV 预制式电力电缆中间接头安装步骤及要求

1. 定接头中心，预切割电缆

将电缆调直，确定接头中心，电缆长端 1100 mm，短端 700 mm，两电缆重叠 200 mm，锯掉多余电缆。

2. 套入内外护套

将电缆两端外护套擦净（长度约 2.5 m），在两端电缆上依次套入外护套及内护套，将护套管两端包严，防止进入尘土影响密封。

3. 剥除外护套、铠装和内护套及填料

依次剥除电缆的外护套、铠装、内护套及线芯间的填料。35 kV XLPE 电缆预制式中间接头剥切尺寸如图 4-59 所示。

4. 锯除多余线芯

按相色要求将各对应线芯绑好，把多余线芯锯掉。要求如下：

（1）锯线芯前应按图 4-59 所示尺寸核对接头长度。

（2）为防止铜屏蔽带松散，可在缆芯端部包缠 PVC 自黏带。

5. 剥除铜屏蔽层和外半导电层

35 kV XLPE 电缆预制式中间接头金属屏蔽层、外半导电层和绝缘层剥切尺寸按图 4-60 所示尺寸依次将铜屏蔽和外半导电层剥除。

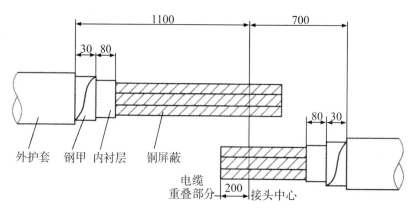

图 4-59　35 kV XLPE 电缆预制式中间接头剥切尺寸图（单位：mm）

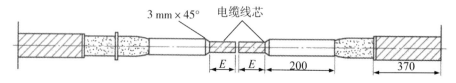

图 4-60　35 kV XLPE 电缆预制式中间接头金属屏蔽层、外半导电层和绝缘层剥切尺寸图（单位：mm）

6. 剥切绝缘

按图 4‑60 所示尺寸 E（1/2 接管长＋5 mm），剥切电缆绝缘，绝缘端部倒角 3 mm×45°。

7. 推入硅橡胶接头

在长端线芯导体上缠两层 PVC 带，以防推入中间接头时划伤内绝缘。用浸有清洁剂的布（纸）清洁长端电缆绝缘层及半导电层，然后分别在中间接头内侧、长端电缆绝缘层及半导电层上均匀地涂一层硅脂。用力一次性将中间接头推入到长端电缆芯上，直到电缆绝缘从另一端露出为止，用干净的布擦去多余的硅脂。

8. 压接连接管

拆除线芯导体上的 PVC 带，擦净线芯导体，按原定相色将线芯套入连接管，进行压接，然后用砂纸将接管表面打磨光滑。

9. 中间接头归位

清洁连接管、短端电缆的绝缘层和半导电层表面，并在绝缘表面涂一层硅脂，然后在电缆短端半导电层上距半导电断口 25 mm 处，用相色带做好标记，将中间接头用力推过连接管及绝缘，直至中间接头的端部与相色带标记平齐。擦去多余硅脂，消除安装应力。

10. 接头定位

在接头两端用半导电带绕出与接头相同外径的台阶，然后以半重叠的方式在接头外部绕一层半导电带，35 kV XLPE 电缆预制式中间接头定位图如图 4‑61 所示。

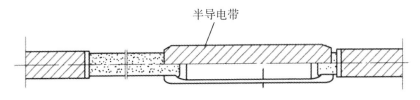

图 4‑61　35 kV XLPE 电缆预制式中间接头定位图

11. 连接两端铜屏蔽层

在三相电缆线芯上，分别用 25 mm² 的铜编织带连接两端铜屏蔽带，并临时固定，再用半重叠法绕包一层铜网带，两端与铜编织带平齐，分别用直径 1.0 mm 的铜丝扎紧，再用焊锡焊牢。

12. 热缩内护套

将三相线芯并拢，用白布带扎紧。用粗砂纸打毛两侧内护套端部，并包一层密封胶带，将两根直径 200 mm 的热缩管拉至接头中间，其端部分别与密封胶搭盖，从中间开始向两端加热，使其均匀收缩。

13. 连接两端铠装

用 25 mm² 的铜编织带连接两端铠装，用铜线绑紧并焊牢。

14. 热缩外护套

擦净接头两端电缆的外护套，将其端部用粗砂纸打毛，缠两层密封胶带，将剩余三根热缩管依次套在接头上并热缩。要求热缩管与电缆外护套及两热缩管之间搭接长度不小于 100 mm，两热缩管重叠部分也要用砂纸打毛并缠密封胶。

15. 清理现场

施工作业结束后，工作负责人依据施工验收规范对施工工艺、质量进行自查验收，按要求清理施工现场，整理工具、材料，办理工作终结手续。

（三）35 kV 冷缩式电力电缆中间接头安装步骤及要求

1. 电缆准备

将准备连接的两段电缆末端支高，摆平对直，并重叠 200 mm，将电缆表面清洁干净。

2. 剥外护套、铠装、内护套及填料

35 kV XLPE 电缆冷缩式中间接头剥切尺寸如图 4-62 所示。

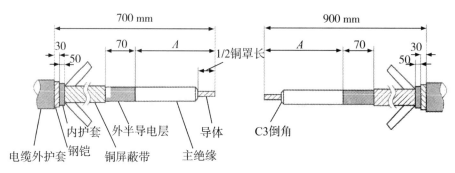

图 4-62 35 kV XLPE 电缆冷缩式中间接头剥切尺寸图（单位：mm）

（1）在两侧电缆末端分别量取 900 mm 和 700 mm，剥除电缆外护套。

（2）在两侧电缆从外护套端口量取铠装 30 mm 处用铜扎线扎紧或用恒力弹簧固定，剥除其余铠装层。

（3）在两侧电缆从铠装端口量取内护套 50 mm，剥除其余内护套。

（4）将两侧电缆线芯间填料切除。

3. 锯除多余电缆线芯，剥铜屏蔽和半导电层

（1）按系统相色要求将三芯分开成等边三角形，使各相间有足够的空间，将各对应相线芯绑在一起，按图 4-62 所示尺寸核对接头长度，在接头中心处将多余线芯锯掉。

（2）从两侧电缆末端分别量取 290 mm，剥除铜屏蔽层，用半导电带将铜屏蔽层切断处扎紧。

（3）从铜屏蔽端口处保留 70 mm 半导电层，将其余 220 mm 半导电层全部剥除。

（4）按照铜罩长度的一半切除电缆主绝缘，并在主绝缘边缘上作 3 mm×45°的倒角。

4. 包绕半导电带，套中间接头管

35 kV XLPE 电缆冷缩式中间接头包绕半导电胶带尺寸如图 4-63 所示。

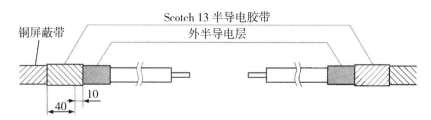

图 4-63　35 kV XLPE 电缆冷缩式中间接头包绕半导电胶带尺寸图（单位：mm）

（1）用砂纸将绝缘层表面吸附的半导电粉尘清除干净，并打磨光洁，使绝缘层与半导电层相接处圆滑过渡。

（2）将两端电缆绝缘层、半导电层用清洁纸清洗干净。

（3）半重叠绕包半导电带，从铜屏蔽带上 40 mm 开始，包至 10 mm 的外半导电层上，将电缆铜屏蔽带端口包覆住并加以固定，绕包应十分平整。

（4）套入中间接头，塑料衬管条伸出的一端先套入电缆。

（5）用塑料布将中间接头和电缆绝缘临时保护好。

5. 压接连接管，确定中心

（1）用电缆清洁纸将连接管内外表面及线芯导体清洗干净，待清洁剂挥发后将连接管分别套入各相线芯导体。

（2）装上接管，同时把铜罩上面的裸铜线放入接管里面，然后对称压接，并且锉平打光，清洁干净。

（3）确定接头中心，拆去中间接头体和电缆绝缘上的临时保护。

6. 固定中间接头体

（1）由中心位置向电缆一端三相分别量取 285 mm，用 PVC 带作一明显的标识，此处为冷缩中间接头收缩的基准点。

（2）校验绝缘尾端之间的尺寸，调整主绝缘使得尺寸和铜罩的长度相适合，然后把两个半铜罩扣在绝缘尾端之间，外面和主绝缘平齐。

（3）用清洁纸将绝缘层表面及铜罩表面再认真清洁一次，待清洁剂挥发后，将红色的绝缘混合剂涂抹在外半导电层与主绝缘交界处，把其余的均匀涂抹在主绝缘表面。

7. 安装冷缩中间接头

35 kV XLPE 电缆冷缩式中间接头定位图如图 4-64 所示。

（1）将中间接头移至中心部位，使一端与记号齐平，沿逆时针方向均匀缓慢抽出塑料衬管条使中间接头收缩。

（2）收缩后，检查中间头两端是否与半导电层都搭接上，搭接长度不小于 13 mm。

（3）从距离冷缩中间接头口 60 mm 处开始到接头的半导电层上 60 mm 处，半重叠绕包防水胶带一个来回。

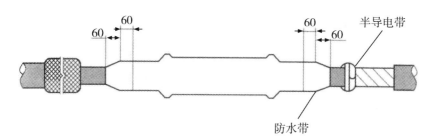

图 4‑64 35 kV XLPE 电缆冷缩式中间接头定位图（单位：mm）

8. 连接铜屏蔽层

（1）在收缩好的接头主体外部套上铜编织网套，从中间向两边对称展开，用 PVC 带把铜网套绑扎在接头主体上。用两只恒力弹簧将铜网套固定在电缆铜屏蔽带上，以保证铜网套与之良好接触，将铜网套的两端弄整齐，在恒力弹簧外保留 10 mm。

（2）用胶带将恒力弹簧和铜网套边缘半重叠包住。

9. 恢复电缆内护套

将两端电缆 50 mm 的内护套用砂纸打磨粗糙并清洁干净，先从一端内护套上开始，在整个接头上绕包防水带至另一端内护套上一个来回。

10. 连接两端铠装

（1）用锉刀或砂纸将接头两端铠装锉光打毛，将铜编织带两端扎紧在电缆铠装上，用恒力弹簧将铜编织带端头卡紧在铠装上，并用 PVC 胶带缠绕固定。

（2）半重叠绕包两层胶带将弹簧及铠装一起包覆住，不要包在防水带上。

11. 恢复电缆外护套

（1）用防水胶带作接头防潮密封，将两侧电缆外护套端部 60 mm 的范围内用砂纸打磨粗糙，并清洁干净。然后从一端护套上 60 mm 处开始半重叠绕包防水胶带至另一端护套上 60 mm 处一个来回。绕包时，将胶带拉伸至原来宽度的 3/4，绕包后，双手用力挤压所包胶带，使其紧密贴附。

（2）半重叠绕包装甲带作为机械保护。为使外观整齐，可先用防水带填平两边的凹陷处。

（3）绕包结束后 30 min 内不能移动电缆。

12. 清理现场

施工作业结束后，工作负责人依据施工验收规范对施工工艺、质量进行自查验收，按要求清理施工现场，整理工具、材料，办理工作终结手续。

4.6 110 kV 电力电缆附件安装

4.6.1 110 kV 常用电力电缆终端头制作

一、作业内容

本部分主要讲述 110 kV 常用电力电缆终端头安装所需工器具和材料的选择、附件安装的基本要求、步骤以及安全注意事项等。

二、危险点分析与控制措施

1. 施工前，保证工作人员思想稳定，情绪正常，身体状况良好，安全意识强。

2. 开断电缆前仔细检查电缆标示牌，确定电缆相位正确并且无感应电压伤人危险。

3. 制作电缆头前应先搭好临时工棚，工作平台应牢固平整并可靠接地，便于清洁、防尘。

4. 搬运电缆附件人员应相互配合，轻抬轻放，不得抛接，防止损物、伤人。

5. 使用液化气时，应先检查液化气瓶、减压阀、液化喷枪，是否漏气或堵塞，液化气管是否破裂，确保安全可靠。液化气枪使用完毕应放置在安全地点冷却后装运，液化气瓶要轻拿轻放，不能同其他物体碰撞。液化气枪点火时，火头不得对人，以免人员烫伤，其他工作人员应对火头保持一定距离，用后及时关闭阀门。

6. 工棚内必须设置专用保护接地线，安装漏电保护器，且所有移动电气设备外壳必须可靠接地，认真检查施工电源，杜绝触、漏电事故，按设备额定电压正确接线。

7. 工棚内设置专用垃圾桶，施工后废弃带材、绝缘胶或其他杂物，应分类推放，集中处理，严禁破坏环境，每个工棚内必须配置足够的专用灭火器，及时清理杂物，并有专人值班，做好防火、防盗措施。电缆终端头安装工作的消防措施应满足施工所处环境的消防灭火要求，施工现场应配备足够的消防器材，施工现场如需动火，应严格履行动火工作票制度，按照有关动火作业消防管理规定执行。

8. 安装前应检查电缆附件是否有受潮或损伤情况。终端制作前应对电缆留有足够的余量，并检查电缆外观有无损伤，电缆主绝缘不能进水、受潮，如受潮必须进行除潮处理。电缆附件及工具、材料的堆放应搭专用工棚，棚内物件、工具应堆放整齐，做好防潮措施。并用 500 V/5000 V 兆欧表测量外护层和主绝缘的绝缘电阻。

9. 用刀或其他切割工具时，正确控制切割方向；用电锯切割电缆，工作人员必须带防护眼镜，打磨绝缘时必须佩戴口罩。制作终端头，传递物件时，应递接递放，不得抛接。

10. 高温天气应采取防暑措施，寒冷天气要采取保暖措施，严格执行冬、雨季施工措施。

11. 施工现场装设围栏，悬挂"在此工作"标示牌。对端挂警示牌，夜间装警示灯，装设相应安全标识，防止人员、车辆误入，必要时应派专人看守。

12. 接临时电源设专人监护，防止触电。

13. 使用液化气枪搪铅时，应严格控制好加热时间和温度，以免烫伤电缆外半导电层，避免施工人员吸入过量有毒气体，搪铅完后一定要待温度降至室温后，方可进行下一道工序。

14. 使用环氧树脂时，严格执行工艺要求，戴乳胶手套及护目镜。

15. 施工时，电缆沟边上方禁止堆放工具及杂物以免掉落伤人。

16. 施工完毕后，按规定将电缆可靠固定在支架上，并确认卡箍内衬垫有耐酸橡胶。

17. 工作完毕后，应有运行人员与现场负责人员检查现场、确认设备处在安全部位，并彻底清理现场。

18. 电缆终端头安装安全措施应按照《电力安全工作规程（线路部分、变电部分）》的相关规定执行。

三、110 kV 电力电缆常用终端头制作工艺质量控制要点

（一）110 kV 电力电缆敞开式终端头制作质量控制要点说明

1. 施工准备工作

施工前应仔细阅读附件厂商提供的工艺与图纸。做好工器具准备工作、终端头材料验收检查核对工作。做好终端头场地准备工作，如搭建终端头脚手架或棚架，如为户外工作应及时掌握天气情况，搭设防雨棚。吊起电缆并校直固定，定出电缆长度，锯除多余电缆。终端头施工前应对电缆外护层进行绝缘测试。根据厂商的工艺要求对终端头施工区域的温度、相对湿度进行控制。清洁清理终端施工场地，施工现场应配备必要的除尘、通风、照明、除湿、消防设备，提供充足的施工用电。施工前应确定工具与材料堆放场地。

2. 切割电缆及电缆护套的处理

根据图纸与工艺要求，剥除电缆外护套。如果电缆外护套表面有石墨层/外半导电层，应按照图纸与工艺要求用玻璃片去掉一定长度。将外护套下的化合物清除干净。要求不得过度加热外护套和金属护套以免损伤电缆绝缘。

根据图纸与工艺要求，确定金属护套剥切点，从剥切点开始沿金属护套的圆周小心环切，并去掉切除的金属护套。要求不得切入电缆线芯，打磨金属护套口去除毛刺以防损伤绝缘。

3. 电缆加热校直处理

对电缆表面进行加热，当电缆热透后保持一定时间，去掉加热装置采用校直装置进行校直，直至电缆冷却。

要求电缆笔直度应满足工艺要求，110 kV 交联电缆终端头要求弯曲度一般小于2~5 mm/400 mm，具体数据还应参照厂商要求。如果发现电缆仍有非常明显的绝缘回缩，则必须重新加热处理。

4. 绝缘屏蔽层及电缆绝缘表面的处理

根据工艺和图纸要求，确定绝缘屏蔽层剥切点。用绝缘屏蔽层剥离器或玻璃片尽可能地剥去外半导电屏蔽层，再用玻璃片在交联聚乙烯绝缘层和外半导电屏蔽层之间形成一定长度的光滑平缓的锥形过渡。要求外半导电屏蔽层剥离不要超过标记点。用绝缘屏蔽层剥离器剥离时不要试图一次就剥到规定直径范围。用玻璃片去掉绝缘表面的残留、刀痕，尽可能使其光滑。过渡部分必须顺滑。

根据工艺和图纸要求，剥除电缆绝缘露出导体。要求符合工艺图纸尺寸，不能伤及电缆绝缘表面。

根据工艺和图纸要求，打磨电缆绝缘，按工艺要求的顺序（先粗打再细磨）用砂纸将电缆绝缘抛光，打磨时应从多个方向打磨。将粗砂纸的痕迹打光后再用更细的砂纸打磨。打磨完成后宜用平行光进行检查。110 kV 交联电缆绝缘至少应打到 400 号砂纸。要求绝缘表面没有杂质、凹凸起皱以及伤痕。完成绝缘处理后，根据厂商工艺要求对外半导电绝缘屏蔽层与绝缘之间的过渡进行精细处理，要求过渡平缓，不得形成凹陷或凸起。不得使用砂纸往复处理外半导电屏蔽层与绝缘层，避免将半导电颗粒带入绝缘层。

根据工艺和图纸要求，为确保界面压力，必须进行电缆绝缘外径的测量。要求外径尺寸符合工艺及图纸尺寸要求，且测量点数及 X-Y 方向测量偏差满足工艺要求。

5. 安装应力锥

套入应力锥前应测量经过处理的电缆绝缘外径。要求符合工艺及图纸尺寸，测量点数及 X-Y 方向测量偏差满足工艺要求。

套入应力锥前，应确认需套入电缆的终端下部部件已就位。清洁电缆绝缘表面，要求使用无水无毒环保溶剂，从绝缘部分向半导电屏蔽层方向清洁。要求清洁纸不能来回擦，擦过半导电屏蔽层的清洁纸绝对不能再擦绝缘层，擦过的清洁纸不能重复使用。

待清洁剂挥发后，在电缆绝缘表面、应力锥内表面上应均匀涂上少许硅脂，硅脂应符合工艺要求。

将应力锥小心套入电缆，采取保护措施防止应力锥在套入过程中受损。要求应力锥不受损伤，电缆绝缘表面无伤痕、杂质和凹凸起皱。清除剩余硅脂，释放应力锥安装过程中受压产生的应力，确认其就位于最终标注位置。

6. 压接出线杆

要求压接前应检查一遍各零部件的数量、方向，有无缺漏，安装顺序是否正确。

确认导体尺寸、压模尺寸和压力要求，按工艺图纸要求，准备压接模具和压接钳，按工艺要求的顺序压接导体。压接完毕后，要求检查压接延伸度和导体有无歪曲现象。压接完毕后对压接部分进行处理，压接部分不得存在尖角和毛刺。

7. 安装套管及金具

根据工艺图纸要求，确保支撑绝缘子和终端底板安装正确。先清洁套管，检查套管内壁及外观，要求套管内壁无伤痕、杂质、凹凸和污垢，外部无损伤及裂痕。吊装套管至终端底板上，再次确认应力锥的固定位置。各部位的固定螺栓应按工艺图纸要求，用力矩扳手紧固。放置"O"形密封圈前，必须先用清洁剂清洁干净与"O"形密封圈接触的表面，并确认这些接触面无任何损伤或尖角毛刺。

对于采用弹簧压缩装置的应力锥（或其他环氧树脂预制件、橡胶预制件），其压力调整应根据工艺图纸要求，用力矩扳手紧固。要求弹簧变形长度满足工艺及图纸要求，弹簧伸缩无障碍。

8. 接地与密封收尾处理

所有的接地线和金属屏蔽带均应用铜丝扎紧后再以锡焊焊牢。

将电缆尾管与金属护套处进行密封处理，并将接地连通。当与电缆金属护套进行搪铅密封时，连续搪铅时间不应超过 30 min，并可以在搪铅过程中采取局部冷却措施，以免金属护套温度过高而损伤电缆绝缘。搪铅前，搪铅处表面应清洁并镀锡。

根据工艺图纸要求灌入绝缘填充剂（如有）至规定油位。

9. 质量验评

根据工艺和图纸要求，及时做好现场质量检查、终端报表填写工作。要求通过过程监控与最终附件验收，确保终端安装质量并做好记录。

（二）110 kV 电力电缆封闭式终端头制作质量控制要点说明

1. 施工准备工作

施工前应仔细阅读附件厂商提供的工艺与图纸。做好工器具准备工作、终端头材料验收检查核对工作，确保终端头材料规格型号与变电设备匹配。做好终端头场地准备工作，如搭建终端头脚手架或棚架。吊起电缆并校直固定，定出电缆长度，锯除多余电缆。终端头施工前应对电缆外护层进行绝缘测试。根据厂商的工艺要求对终端头施工区域的温度、相对湿度进行控制。清洁清理终端头施工场地，施工现场应配备必要的除尘、通风、照明、除湿、消防设备，提供充足的施工用电。施工前应确定工具与材料堆放场地。

2. 切割电缆及电缆护套的处理

根据图纸与工艺要求，剥除电缆外护套。如果电缆外护套表面有石墨层/外半导电层，应按照图纸与工艺要求用玻璃片去掉一定长度。将外护套下的化合物清除干净。要求不得过度加热外护套和金属护套以免损伤电缆绝缘。

根据图纸与工艺要求，确定金属护套剥切点，从剥切点开始沿金属护套的圆周小心环切，并去掉切除的金属护套。要求不得切入电缆线芯，打磨金属护套口去除毛刺以防损伤绝缘。

3. 电缆加热校直处理

对电缆表面进行加热，当电缆热透后保持一定时间，去掉加热装置采用校直装置进行校直，直至电缆冷却。

要求电缆笔直度应满足工艺要求，110 kV 交联电缆终端要求弯曲度一般小于2～5 mm/400 mm，具体数据还应参照厂商要求。如果发现电缆仍有非常明显的绝缘回缩，则必须重新加热处理。

4. 绝缘屏蔽层及电缆绝缘表面的处理

根据工艺和图纸要求，确定绝缘屏蔽层剥切点。用绝缘屏蔽层剥离器或玻璃片尽可能地剥去外半导电绝缘屏蔽层，再用玻璃片在交联聚乙烯绝缘层和外半导电屏蔽层之间形成一定长度的光滑平缓的锥形过渡。要求外半导电屏蔽层剥离不要超过标记点。用绝缘屏蔽层剥离器剥离时不要试图一次就剥到规定直径范围。用玻璃片去掉绝缘表面的残留、刀痕，尽可能使其光滑。过渡部分必须顺滑。

根据工艺和图纸要求，剥除电缆绝缘露出导体。要求符合工艺图纸尺寸，不能伤及电缆绝缘表面。

根据工艺和图纸要求，打磨电缆绝缘，按工艺要求的顺序（先粗打再细磨）用砂纸将电缆绝缘抛光，打磨时应从多个方向打磨。将粗砂纸留下的痕迹打光后再用更细的砂纸打磨。打磨完成后宜用平行光进行检查。110 kV 交联电缆绝缘至少应打到400号砂纸。要求绝缘表面没有杂质、凹凸起皱以及伤痕。完成绝缘处理后，根据厂商工艺要求对外半导电绝缘屏蔽层与绝缘之间的过渡进行精细处理，要求过渡平缓，不得形成凹陷或凸起。

根据工艺和图纸要求，为确保界面压力，必须进行电缆绝缘外径的测量。要求外径尺寸符合工艺及图纸尺寸要求，且测量点数及 X-Y 方向测量偏差满足工艺要求。

5. 安装应力锥

套入应力锥前应测量经过处理的电缆绝缘外径。要求符合工艺及图纸尺寸，测量点数及 X-Y 方向测量偏差满足工艺要求。

套入应力锥前，应确认需套入电缆的终端下部部件已就位。清洁电缆绝缘表面，要求使用无水无毒环保溶剂，从绝缘部分向半导电屏蔽层方向清洁。要求清洁纸不能来回擦，擦过半导电屏蔽层的清洁纸绝对不能再擦绝缘层，擦过的清洁纸不能重复使用。

待清洁剂挥发后，在电缆绝缘表面、应力锥内表面上应均匀涂上少许硅脂，硅脂应符合工艺要求。

将应力锥小心套入电缆，采取保护措施防止应力锥在套入过程中受损。要求应力锥不受损伤，电缆绝缘表面无伤痕、杂志和凹凸起皱。清除剩余硅脂。

6. 导体连接

要求压接前应检查一遍各零部件的数量、方向，有无缺漏，安装顺序是否正确。确认导体尺寸、压模尺寸和压力要求，按工艺图纸要求，准备压接模具和压接钳，按工艺要求的顺序压接导体。压接完毕后，要求检查压接延伸度和导体有无歪曲现象。压接完毕后对压接部分进行处理，压接部分不得存在尖角和毛刺。

7. 安装环氧套管

先清洁环氧套管，检查套管内壁及外观，要求套管内、外壁无伤痕、杂质、凹凸和污垢。环氧套管就位前，再次确认应力锥的固定位置。各部位的固定螺栓应按工艺图纸要求，用力矩扳手紧固。放置"O"形密封圈前，必须先用清洁剂清洁干净与"O"形密封圈接触的表面，并确认这些接触面无任何损伤或尖角毛刺。

对于采用弹簧压缩装置的应力锥（或其他环氧树脂预制件、橡胶预制件），其压力调整应根据工艺图纸要求，用力矩扳手紧固。要求弹簧变形长度满足工艺及图纸要求，弹簧伸缩无障碍。

8. 接地与密封收尾处理

所有的接地线和金属屏蔽带均应用铜丝扎紧后再以锡焊焊牢。

将电缆尾管与金属护套处进行密封处理，并将接地连通。当与电缆金属护套进行搪铅密封时，连续搪铅时间不应超过 30 min，并可以在搪铅过程中采取局部冷却措施，以免金属护套温度过高而损伤电缆绝缘。搪铅前，搪铅处表面应清洁并镀锡。

根据工艺图纸要求灌入绝缘填充剂（如有）至规定油位。

9. 质量验评

根据工艺和图纸要求，及时做好现场质量检查、终端报表填写工作。要求通过过程监控与最终附件验收，确保终端安装质量并做好记录。

（三）110 kV 电力电缆终端头制作质量控制的关键问题

1. 绝缘界面的性能

（1）电缆绝缘表面的处理

110 kV 电压等级的高压交联电缆附件中，电缆绝缘表面的处理是制约整个电缆附件绝缘性能的决定因素，是电缆附件绝缘的最薄弱环节。对 110 kV 电压等级的高压交联电缆附件来说，电缆本体绝缘表面尤其是与预制件相接触部分绝缘及绝缘屏蔽处的超光滑处理是一道十分重要的工艺，电缆绝缘表面的光滑程度与处理用的砂纸目数相关，如图 4 - 65 所示。因此，在 110 kV 电力电缆终端头制作过程中，应使用 400 号及以上的砂纸进行光滑打磨处理。

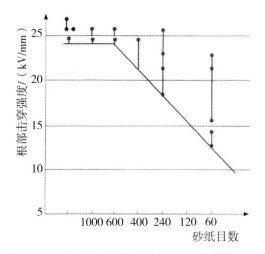

图 4 - 65　电缆绝缘表面光滑度与砂纸目数相关图

（2）界面压力

110 kV 电压等级的高压交联电缆附件界面的绝缘强度与界面上所受的压紧力呈指数关系，如图 4 - 66 所示。界面压力除了取决于绝缘材料特性外，还与电缆绝缘的直径的公差偏心度有关。因此，在 110 kV 电力电缆终端头制作过程中，必须严格按照工艺规程处理界面压力。

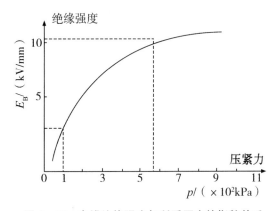

图 4 - 66　电缆绝缘强度与所受压力的指数关系

2. 绝缘回缩

在 110 kV 电压等级的高压交联电缆生产过程中，电缆绝缘内部会留有应力。这种应力会使电缆导体端部附近的绝缘有向绝缘体中间呈收缩的趋势。当切断电缆时，就会出现电缆端部绝缘逐渐回缩并露出线芯，如图 4 - 67 所示。一旦电缆绝缘回缩后，将严重影响工艺尺寸和应力锥的最终位置，并有可能在界面处产生气隙，导致击穿。因此，在 110 kV 电力电缆终端头制作过程中，必须做好电缆加热校直工艺，确保上述应力的消除与电缆的笔直度。

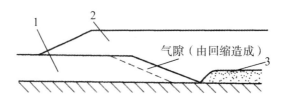

1—电缆绝缘；2—接头绝缘；3—导体连接管。

图 4‑67　电缆端部绝缘回缩示意图

3．防水和防潮

高压交联电缆一旦进水，在长期运行中电缆绝缘内部会出现水树枝现象，从而使交联聚乙烯绝缘性能下降，最终导致电缆绝缘击穿。潮气或水分一旦进入电缆附件后，就会从绝缘外铜丝屏蔽的间隙或从导体的间隙纵向渗透进入电缆绝缘，从而危及整个电缆系统。因此，在 110 kV 电力电缆终端头制作过程中，必须做好密封处理工作。

四、安装前的准备工作

（一）工器具和材料准备

表 4‑19　终端头安装所需要的常用施工工具

序号	名称	规格及型号	单位	数量	备注
1	临时支架		套	3	
2	电锯		套	1	
3	电吹风		套	1	
4	地线液压钳		套	1	
5	液化气罐及枪		套	1	
6	加热校直工具		套	3	
7	护套切割工具		套	1	
8	绝缘剥切刀		把	3	
9	绝缘屏蔽剥离器		把	3	
10	砂带机		把	3	
11	导体压接工具		套	1	根据截面选择模具及压接机吨位
12	应力锥安装专用工具		套	1	
13	绝缘剂填充装置		套	1	灌注绝缘填充剂
14	常用钳工工具		套	1	

序号	名称	规格及型号	单位	数量	备注
15	常用测量工具		套	1	如，水平尺、游标卡尺、钢尺、卷尺、温湿度计等
16	欧姆表		只	1	
17	力矩扳手		套	1	
18	尼龙带		条	6	起吊终端瓷套
19	手动倒链		副	6	临时固定电缆
20	吊车或卷扬机		台	1	起吊终端瓷套
21	电烙铁		把	1	

1. 电缆终端头施工前，应做好施工用工器具检查，确保施工用工器具齐全完好，便于操作，状况清洁，掌握各类专用工具的使用方法。

2. 安装电缆终端头前，应做好施工用电源及照明检查，确保施工用电及照明设备能够正常工作。

3. 电缆附件规格应与电缆一致。零部件应齐全无损伤。绝缘材料不得受潮。密封材料不得失效，壳体结构附件应预先组装，内壁清洁，结构尺寸符合工艺要求，必要时试验密封性能。

4. 110 kV 常用电力电缆终端头安装所需工器具见表 4 - 19。

5. 110 kV 电缆终端头安装所需要的材料除附件厂商供应材料外还应准备如下材料见表 4 - 20。

表 4 - 20　110 kV XLPE 电缆终端头安装所需要的常用耗材

序号	名称	规格及型号	单位	数量	备注
1	手锯锯条		根	10	
2	无毛清洁纸		包	5	
3	不起毛白布		kg	2	
4	无铅汽油	93 号	L	12	
5	保鲜膜		卷	6	
6	塑料布		m	10	
7	塑料套	φ30mm	m	30	
8	液化气		罐	2	

续表

序号	名称	规格及型号	单位	数量	备注
9	砂带	120号/240号/320号/400号/600号	m	3/3/3/3/3	
10	铜绑丝	$\phi 2$ mm	kg	2	
11	PVC带		卷	10	
12	玻璃片	200 mm×200 mm×2 mm	块	10	
13	无水酒精	纯度99.7%	瓶	10	
14	焊锡丝		卷	1	
15	焊锡膏		盒	1	
16	口罩		只	12	
17	吊绳	$\phi 8$ mm	m	30	
18	汤布		kg	5	
19	胶皮手套		副	4	

(二) 环境要求

(1) 安装电缆终端头前，宜搭制临时脚手架，并配备链条葫芦等起吊工具，减少施工作业杂物落下影响施工质量及施工安全。

(2) 电缆终端头施工所涉及的土建工作及装修工作应在电缆终端安装前完成，清理干净。

(3) 土建设施设计时应为电缆终端施工、运行及检修工作提供必要的便利，如完备的接地极、接地网和施工吊点等。

(4) 电缆终端头安装时必须严格控制施工现场的温度、湿度与清洁程度。温度宜控制在0 ℃以上。相对湿度应控制在75%及以下，当相对湿度大时，应采取适当除湿措施。控制施工现场的清洁度，当浮尘较多时应搭设工棚进行隔离，并采取适当措施净化施工环境。

(5) 环境保护要求。

电缆终端头安装完毕应做到工完料净、场地清。电缆终端头施工毕后，应拆除施工用电源，清理施工现场，分类存放回收施工垃圾，确保施工环境无污染。

(三) 安装质量要求

1. 电缆终端头安装质量应满足以下总体要求："导体连接可靠、绝缘恢复满足设计要求、接地与密封牢靠。"

2. 电缆终端头安装质量还应满足土建构筑物的防火封堵要求，并与周边环境协调。

3. 电缆终端头安装时电缆弯曲半径不宜小于所规定的弯曲半径。电缆终端头安装的弯曲半径见表4－21。

表4－21　电缆终端头安装的弯曲半径

电缆类型		允许最小弯曲半径/mm	
		单芯	多芯
交联聚乙烯绝缘电缆	≥66 kV	20 D	15 D

注：1. D表示电缆外径。2. 非本表范围电缆的最小弯曲半径宜按厂家建议值。

4. 电缆终端头安装时应确保密封牢靠无潮气进入。

（四）其他事项

1. 安装电缆终端头前，应做好检查，并符合下列要求。

（1）电缆绝缘状况良好，无受潮。电缆绝缘偏心度满足设计要求。

（2）电缆相位正确，护层绝缘合格。

（3）各类消耗材料齐备。清洁绝缘表面的溶剂宜遵循工艺要求准备齐全。

2. 电缆终端头施工应由经过培训的熟悉工艺的技能人员进行。

3. 终端支架定位安装完毕，确保作业面水平。

4. 必要时应进行附件试装配。

五、110 kV 电力电缆常用终端头安装的操作步骤及要求

（一）110 kV 电力电缆敞开式终端头安装步骤及要求

110 kV XLPE 电缆敞开式终端头切割如图4－68所示。

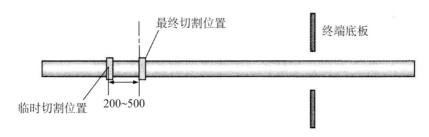

图4－68　110 kV XLPE 电缆敞开式终端头切割尺寸图（单位：mm）

1. 施工准备工作

（1）除了满足110 kV 常用电力电缆终端头安装的基本要求外，110 kV 电力电缆敞开式终端头安装前还应注意检查终端零件的形状、外壳是否损伤，件数是否齐全，对各零部件尺寸按图纸进行校核，最好进行预装配。检查所带工具及安装用的图纸与工艺是否齐备。

（2）电缆临时固定和试验工作。电缆敷设至终端支架位置，用电缆夹具配合尼龙吊带及手动倒链进行临时固定，对电缆护层绝缘进行测量，确保电缆敷设过程中没有损伤电缆护层。

2. 切割电缆及电缆护套的处理

（1）将电缆固定于终端支架或者临时支架处。套入下部热缩管、尾管等部件后，安装支撑绝缘子和终端底板。

（2）检查电缆长度，确保电缆在制作敞开式终端时有足够的长度和适当的余量。根据工艺图纸要求确定电缆最终切割位置，预留 $200\sim500$ mm 余量，并分别做好标记。在标记处用电锯或同等效果工具沿电缆轴线垂直切断。

（3）根据工艺图纸要求确定电缆外护层剥除位置，将剥除位置以上部分的电缆外护层剥除。如果电缆外护层附有半导电层，则宜用玻璃片将半导电层去除干净无残余，剥除长度符合工艺要求。

（4）根据工艺图纸要求确定金属套剥除位置，剥除金属套应符合下列要求：

剥除铅护套应符合下列要求：

1）用刀具在金属套剥除位置环切一周，在需剥除的铅护套的全长上划两道相距 10 mm 的轴向切口。用尖嘴钳剥除铅护套。

2）上述轴向切口深度必须严格控制，严禁切口过深而损坏电缆绝缘。

3）也可以用其他方法剥除铅护套，例如用劈刀剖铅等，但不应损伤电缆绝缘。

剥除铝护套应符合下列要求：

1）如为环形波纹铝护套，可用工具仔细地沿着剥除位置（宜选择在波峰处）的圆周锉断金属套。操作时，不应损伤电缆绝缘，护套断口应进行处理，去除尖口及残余金属碎屑。

2）如为螺旋形铝护套，可用工具仔细地从剥除位置（宜选择在波峰处）起沿着波纹退后一节成环并锉断金属套，操作时，不应损伤电缆绝缘，护套断口应进行处理，去除尖口及残余金属碎屑。

3）如铝护套与绝缘之间存在间隙，也可采用特殊工具，控制好切割深度后连同外护套一起切除。

4）铝护套表面处理完毕后，应在工艺要求的部位进行搪底铅。首先在铝护套表面去除氧化层后，涂一层焊接底料，然后在焊接底料上加一定厚度的底铅以便后续接地工艺施工。

5）最终切割。在最终切割标记处用电锯或同等效果工具沿电缆轴线垂直切断，要求导体切割断面平直。如果电缆截面较大，可先去除一定厚度电缆绝缘，直至适当位置后再沿电缆轴线垂直切断。

3. 电缆加热校直处理

（1）交联聚乙烯电缆终端安装前应进行加热校直，通过加热达到下列工艺要求：110 kV 交联聚乙烯电缆弯曲度，每 400 mm 长，最大弯曲偏移在 $2\sim5$ mm 范围内，如

图 4-69 所示。如果厂家要求更为严格，应遵循厂家要求执行。

(2) 加热校直所需工具和材料主要有：

1) 温度控制箱，含热电偶和接线。

2) 加热带。

3) 校直管，宜采用半圆钢管或角铁。

4) 辅助带材及保温材料。

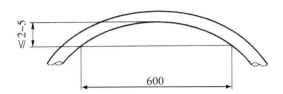

图 4-69　110 kV XLPE 电缆敞开式终端头加热校直处理工艺图（单位：mm）

5) 加热校直的温度（绝缘屏蔽处）宜控制在 75 ℃±3 ℃，加热时间宜为：不小于3 h。保温时间宜不小于 60 min。至少冷却8 h 或冷却至常温后采用校直管校直如图 4-70 所示。

4. 绝缘屏蔽层及电缆绝缘表面的处理

(1) 绝缘屏蔽层及电缆绝缘表面的剥切处理。

1) 采用专用的切削刀具切削电缆绝缘屏蔽，并用玻璃片刮清黏结屏蔽的残留部分。绝缘屏蔽层与绝缘层间应形成光滑过渡，过渡部分锥形长度宜控制在 20～

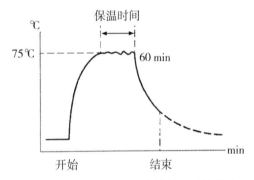

图 4-70　110 kV XLPE 电缆敞开式终端头加热校直处理典型温度控制曲线

注：也可采用集成化更高的加热筒、加热毯等加热设备。

40 mm，绝缘屏蔽断口峰谷差，宜按照工艺要求执行，如未注明建议控制在小于 5 mm，如图 4-71 所示。

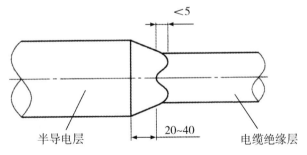

图 4-71　110 kV XLPE 电缆敞开式终端头绝缘屏蔽处理示意图（单位：mm）

2) 为了提高绝缘屏蔽断口处电性能，可采用涂刷半导电漆方式或加热硫化方式（推荐采用）对电缆绝缘下部绝缘屏蔽进行镜面处理。半导电涂层应与电缆绝缘及绝缘屏蔽黏接可靠，表面光滑均匀，上端平整不起边，如图 4-72 所示。110 kV XLPE 电缆敞开式终端头加热硫化方式处理绝缘屏如图 4-73 所示。

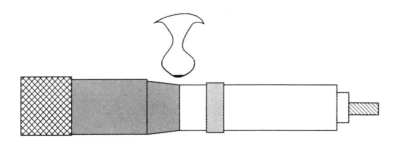

图 4-72   110 kV XLPE 电缆敞开式终端头涂刷半导电漆方式处理绝缘屏蔽图

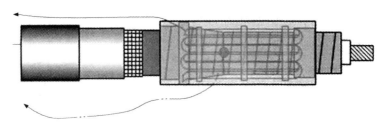

图 4-73   110 kV XLPE 电缆敞开式终端头加热硫化方式处理绝缘屏蔽图

3）绝缘屏蔽处理完毕后，用塑料薄膜覆盖处理过的电缆绝缘及绝缘屏蔽表面。

（2）电缆绝缘的处理。

1）电缆绝缘处理前应测量电缆绝缘以及应力锥尺寸，确认上述尺寸是否符合工艺图纸要求。

2）电缆绝缘表面应进行打磨抛光处理，一般应采用 240～600 号及以上砂纸，110 kV 及以上电缆应尽可能使用 600 号及以上砂纸，最低不应低于 400 号砂纸。初始打磨时可使用打磨机或 240 号砂纸进行粗抛，并按照由小至大的顺序选择砂纸进行打磨。打磨时每一号砂纸应从两个方向打磨 10 遍以上，直到上一号砂纸的痕迹消失，如图 4-74 所示。

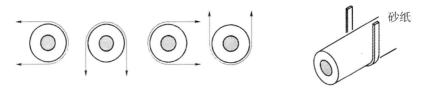

砂纸

图 4-74   110 kV XLPE 电缆敞开式终端头电缆绝缘表面抛光处理示意图

3）打磨抛光处理重点部位是绝缘屏蔽断口附近的绝缘表面，打磨处理完毕后应测量绝缘表面直径。测量时应多选择几个测量点，每个测量点宜测两次，确保绝缘表面的直径达到设计图纸所规定的尺寸范围，测量完毕应再次打磨抛光测量点去除痕迹。打磨过绝缘屏蔽的砂纸绝对不能再用来打磨电缆绝缘，如图 4-75 所示。

图 4-75　110 kV XLPE 电缆敞开式终端头电缆绝缘表面直径测量示意图

4）打磨抛光处理完毕后，绝缘表面的粗糙度（目视检测）宜按照工艺要求执行，如未注明建议控制在：110 kV 电缆粗糙度不大于 300 μm，现场可用平行光源进行检查。110 kV XLPE 电缆敞开式终端头平行光线装置示意图如图 4-76 所示。

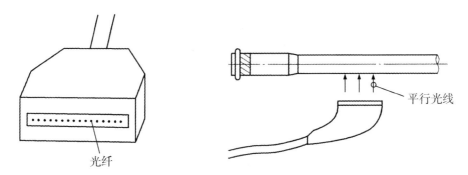

图 4-76　110 kV XLPE 电缆敞开式终端头平行光线装置示意图

5）打磨处理完毕后，用塑料薄膜覆盖抛光过的绝缘表面。

5. 安装应力锥

（1）110 kV 及以上交联聚乙烯绝缘电力电缆敞开式终端头其增强绝缘部分（应力锥）一般采用预制橡胶应力锥型式。增强绝缘的关键部位是预制件与交联聚乙烯电缆绝缘的界面，主要影响因素如下：

1）界面的电气绝缘强度。

2）交联聚乙烯绝缘表面清洁程度。

3）交联聚乙烯绝缘表面光滑程度。

4）界面压力。

5）界面间使用的润滑剂。

（2）110 kV 交联聚乙烯绝缘电力电缆敞开式终端头其应力锥结构一般采用以下型式：

1）干式终端头结构即采用弹簧紧固件—应力锥—环氧套管结构。在终端头内部采用应力锥和环氧套管，利用弹簧对预制应力锥提供稳定的压力，增加了应力锥对电缆和环氧套管表面的机械压强，从而提高了沿电缆表面击穿场强。环氧套管外的瓷套内

部仍需添加绝缘填充剂。110 kV XLPE 电缆敞开式终端头干式敞开式终端头结构如图
4－77 所示。

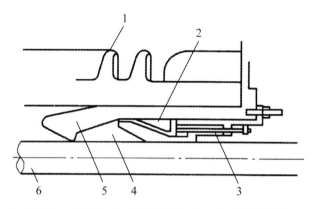

1—瓷套管；2—压环；3—弹簧；4—橡胶预应力锥；5—环氧树脂件；6—电缆绝缘。

图 4－77　110 kV XLPE 电缆敞开式终端头干式敞开式终端头结构

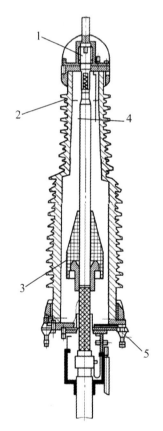

1—导体引出杆；2—瓷套管；3—橡胶预制应力锥；4—绝缘油；5—支持绝缘子。

图 4－78　110 kV XLPE 电缆敞开式终端头湿式敞开式终端结构图

2）湿式终端头结构即采用绕包带材—密封底座—应力锥结构。

在终端头内部采用应力锥和密封底座，利用绕包带材保证绝缘屏蔽与应力锥半导电层的电气连接和内外密封，终端内部灌入绝缘填充剂如硅油或聚异丁烯。电缆在运行中绝缘填充剂热胀冷缩，为避免终端头套管内压力过大或形成负压，通常采用空气腔、油瓶或油压力箱等调节措施。110 kV XLPE 电缆敞开式终端头湿式敞开式终端结构如图 4-78 所示。

（3）应力锥装配一般技术要求包括以下几点：

1）保持电缆绝缘层的干燥和清洁。

2）施工过程中应避免损伤电缆绝缘。

3）在暴露电缆绝缘表面上，清除所有半导电材料的痕迹。

4）涂抹硅脂或硅油时，应使用清洁的手套。

5）只有在准备套装时，才可打开应力锥的外包装。

6）安装前应以正确的顺序把以后要装配的终端尾管、密封圈等部件套入电缆。

7）在套入应力锥之前应清洁粘在电缆绝缘表面上的灰尘或其他残留物，清洁方向应由绝缘层朝向绝缘屏蔽层。

（4）干式终端头结构其技术要求包括以下几点：

1）检查弹簧紧固件与应力锥是否匹配。

2）先套入弹簧紧固件，再安装应力锥。

3）在电缆绝缘、绝缘屏蔽层和应力锥的内表面上应涂上硅油。

4）安装完弹簧紧固件后，应测量弹簧压缩长度在工艺要求的范围内。

5）检查弹簧所在螺栓是否有阻碍弹簧自由伸缩的部件。

（5）湿式终端结构其技术要求包括以下几点：

1）电缆导体处宜采用带材密封或模塑密封方式防止终端内的绝缘填充剂流入导体。

2）先套入密封底座，再安装应力锥。

3）在电缆绝缘、绝缘屏蔽层和应力锥的内表面上应涂上硅脂。

4）用手工或专用工具套入应力锥，并在套到规定位置后清除应力锥末端多余硅脂。

6．压接出线杆

（1）导体连接方式宜采用机械压力连接方法，建议采用围压压接法。

（2）采用围压压接法进行导体连接时应满足下列要求：

1）压接前应检查核对连接金具和压接模具，选用合适的接线端子、压接模具和压接机。

2）压接前应清除导体表面污迹与毛刺。

3）压接时导体插入长度应充足。

4）压接顺序可参照 GB/T 14315—2008《电力电缆导体用压接型铜、铝接线端子和连接管》附录 C 的要求。

5）围压压接每压一次，在压模合拢到位后应停留 10～15 s，使压接部位金属塑性变形达到基本稳定后，才能消除压力。

6）在压接部位，围压形成的边应各自在同一个平面上。

7）压缩比宜控制在 15%～25%。

8）分割导体分块间的分隔纸（压接部分）宜在压接前去除。

9）围压压接后，应对压接部位进行处理。压接后连接金具表面应光滑，并清除所有的金属屑末、压接痕迹。压接后连接金具表面不应有裂纹和毛刺，所有边缘处不应有尖端。电缆导体与接线端子应笔直无翘曲。

7．安装套管及金具

（1）用合适的溶剂将套管的内外表面清洁干净，检查套管内外表面，确认无杂质和污染物。如为干式终端结构，将套管内表面与应力锥接触的区域清洁并涂硅油。

（2）彻底清洁电缆检查电缆绝缘表面及应力锥表面，确认无杂质和污染物后用起吊工具把瓷套管缓缓套入电缆，在套入过程中，套管不能碰撞应力锥，不得损伤套管。

（3）清洁密封圈并均匀涂抹硅脂，将密封圈完全放入密封槽内。

（4）将尾管固定在终端底板上，确保电缆敞开式终端的密封质量。

（5）对干式终端结构，根据工艺及图纸要求，将弹簧调整成规定压缩比，且均匀拧紧。

目前，套管产品中的复合绝缘套管技术发展迅猛，使用趋势较强。与传统瓷绝缘套管相比，复合绝缘套管具有体积小，重量轻的特点，其重量只相当于同等瓷绝缘套管的 1/10～1/7。而且由于其材料具有良好的绝缘、抗老化、抗污秽性能，在相同污秽条件下其闪络电压比相同爬距的瓷绝缘高 1 倍以上。另外，复合绝缘套管抗拉强度高，是瓷类材料的 5～10 倍，同时，其抗弯强度也很高。上述特点可大大减少作业人员劳动强度，降低使用专用起重设备所产生的安全风险、费用以及后期的运行维护费用。

8．接地与密封收尾处理

（1）终端尾管与金属套进行接地连接时可采用搪铅方式或采用接地线焊接等方式。

（2）终端密封可采用搪铅方式或采用环氧混合物/玻璃丝带等方式。

（3）采用搪铅方式进行接地或密封时，应满足以下技术要求：

1）封铅要与电缆金属套和电缆附件的金属套管紧密连接，封铅致密性要好，不应有杂质和气泡。

2）搪铅时不应损伤电缆绝缘，应掌握好加热温度，搪铅操作时间应尽量缩短。

3）圆周方向的搪铅厚度应均匀，外形应力求美观。

（4）终端尾管与金属套采用焊接方式进行接地连接时，跨接接地线截面应满足系统短路电流通流要求。

（5）采用环氧混合物/玻璃丝带方式密封时，应满足以下技术要求：

1）金属套和终端尾管需要绕包环氧玻璃丝带的地方应采用砂纸进行打磨。

2）环氧树脂和固化剂应混合搅拌均匀。

3）先涂上一层环氧混合物，再绕包一层半搭盖的玻璃丝带，按此顺序重新进行该工序，直到环氧混合物/玻璃丝带的厚度超过 3 mm 为止。

4）每层玻璃丝带下方为环氧涂层，应使每层玻璃丝带全部浸在环氧混合物中，避免水分与环氧混合物接触。

5）确保环氧混合物固化，时间宜控制在 2 h 以上。

（6）敞开式终端头内如需灌入绝缘剂，在安装前宜检验其密封性，如采用抽真空法。一般在瓷套顶部留有 100～200 mm 的空气腔，作为终端的膨胀腔。

（7）敞开式终端头收尾工作，应满足以下技术要求：

1）安装终端头接地箱/接地线时，接地线与接地线鼻子的连接应采用机械压接方式，接地线鼻子与终端尾管接地铜排的连接宜采用螺栓连接方式。

2）同一地点同类敞开式终端其接地线布置应统一，接地线排列及固定应统一，终端尾管接地铜排的方向应统一，且为后期运行维护工作提供便利。

3）应采用带有绝缘层的接地线将敞开式终端尾管通过终端接地箱与电缆终端接地网相连，接地线的固定与走向应符合设计要求，整齐划一，美观有序。

4）敞开式终端头接地连接线应尽量短，连接线截面应满足系统单相接地电流通过时的热稳定要求，连接线的绝缘水平不得小于电缆外护层的绝缘水平。

（二）110 kV 电力电缆封闭式终端头安装步骤及要求。

1．施工准备工作

（1）除了满足 110 kV 常用电力电缆终端头安装的基本要求外，110 kV 电力电缆封闭式终端头安装前还应注意检查终端零件的形状、外壳是否损伤，件数是否齐全，对各零部件尺寸按图纸进行校核，最好进行预装配。检查所带工具及安装用的图纸与工艺是否齐备。

（2）电缆临时固定和试验工作。电缆敷设至终端支架位置，用电缆夹具配合尼龙吊带及手动倒链进行临时固定，对电缆护层绝缘进行测量，确保电缆敷设过程中没有损伤电缆护层。

2．切割电缆及电缆护套的处理

（1）将电缆固定于终端支架或者临时支架处。

（2）检查电缆长度，确保电缆在制作封闭式终端头时有足够的长度和适当的余量。根据工艺图纸要求确定电缆最终切割位置，预留 200～500 mm 余量，并分别做好标记。在标记处用电锯或同等效果工具沿电缆轴线垂直切断。

110 kV XLPE 电缆封闭式终端头切割电缆尺寸如图 4-79 所示。

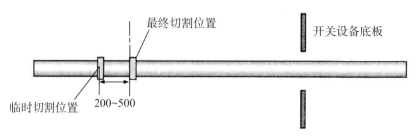

图 4-79 110 kV XLPE 电缆封闭式终端头切割电缆尺寸图（单位：mm）

（3）根据工艺图纸要求确定电缆外护层剥除位置，将剥除位置以上部分的电缆外护层剥除。如果电缆外护层附有半导电层，则宜用玻璃片将半导电层去除干净无残余，剥除长度符合工艺要求。

（4）根据工艺图纸要求确定金属套剥除位置，剥除金属套应符合相关要求：

剥除铅护套应符合下列要求：

1）用刀具在金属套剥除位置环切一周，在需剥除的铅护套的全长上划两道相距 10 mm 的轴向切口。用尖嘴钳剥除铅护套。

2）上述轴向切口深度必须严格控制，严禁切口过深而损坏电缆绝缘。

3）也可以用其他方法剥除铅护套，例如用劈刀剖铅等，但不应损伤电缆绝缘。

剥除铝护套应符合下列要求：

1）如为环形波纹铝护套，可用工具仔细地沿着剥除位置（宜选择在波峰处）的圆周锉断金属套。操作时，不应损伤电缆绝缘，护套断口应进行处理，去除尖口及残余金属碎屑。

2）如为螺旋形铝护套，可用工具仔细地从剥除位置（宜选择在波峰处）起沿着波纹退后一节成环并锉断金属套。操作时，不应损伤电缆绝缘，护套断口应进行处理去除尖口及残余金属碎屑。

3）如铝护套与绝缘之间存在间隙，也可采用特殊工具，控制好切割深度后连同外护套一起切除。

4）铝护套表面处理完毕后，应在工艺要求的部位进行搪底铅。首先在铝护套表面去除氧化层后，涂一层焊接底料，然后在焊接底料上加一定厚度的底铅以便后续接地工艺施工。

5）最终切割。在最终切割标记处用电锯或同等效果工具沿电缆轴线垂直切断，要求导体切割断面平直。如果电缆截面较大，可先去除一定厚度电缆绝缘，直至适当位置后再沿电缆轴线垂直切断。

3. 电缆加热校直处理

（1）交联聚乙烯电缆终端头安装前应进行加热校直，通过加热达到下列工艺要求：

110 kV 交联聚乙烯电缆弯曲度，每 400 mm 长，最大弯曲偏移在2～5 mm 范围内。如果厂家要求更为严格，应遵循厂家要求执行。110 kV XLPE 电缆封闭式终端头加热校直处理工艺如图 4-80 所示。

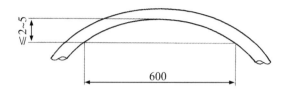

图 4-80　110 kV XLPE 电缆封闭式终端头加热校直处理工艺图（单位：mm）

（2）加热校直所需工具和材料主要如下：

1）温度控制箱，含热电偶和接线。

2）加热带。

3）校直管，宜采用半圆钢管或角铁。

4）辅助带材及保温材料。

5）加热校直的温度（绝缘屏蔽处）宜控制在 75 ℃±3 ℃，加热时间宜为：不小于 3 h。保温时间宜不小于 60 min。至少冷却 8 h 或冷却至常温后采用校直管校直。

110 kV XLPE 电缆封闭式终端头加热校直处理典型温度控制曲线图如图 4-81 所示。

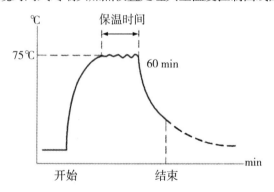

图 4-81　110 kV XLPE 电缆封闭式终端头加热校直处理典型温度控制曲线图

4. 绝缘屏蔽层及电缆绝缘表面的处理

（1）绝缘屏蔽层及电缆绝缘表面的剥切处理。

1）采用专用的切削刀具切削电缆绝缘屏蔽，并用玻璃片刮清黏结屏蔽的残留部分。绝缘层屏蔽与绝缘层间应形成光滑过渡，过渡部分锥形长度宜控制在 20～40 mm，绝缘屏蔽断口峰谷差，宜按照工艺要求执行，如未注明建议控制在小于 5 mm。

110 kV XLPE 电缆封闭式终端头绝缘屏蔽处理示意图如图 4-82 所示。

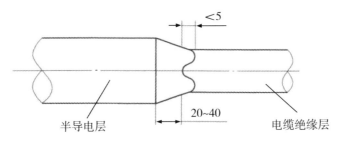

图 4-82 110 kV XLPE 电缆封闭式终端头绝缘屏蔽处理示意图（单位：mm）

注：也可采用集成化更高的加热筒、加热毯等加热设备。

2）为了提高绝缘屏蔽断口处电性能，可采用涂刷半导电漆方式或加热硫化方式（推荐采用）对电缆绝缘下部绝缘屏蔽进行镜面处理。半导电涂层应与电缆绝缘及绝缘屏蔽黏接可靠，表面光滑均匀，上端平整不起边。110 kV XLPE 电缆封闭式终端头涂刷半导电漆方式处理绝缘屏蔽示意图如图 4-83 所示。110 kV XLPE 电缆封闭式终端头加热硫化方式处理绝缘屏蔽如图 4-84 所示。

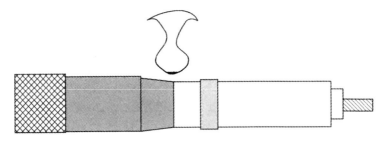

图 4-83 110 kV XLPE 电缆封闭式终端头涂刷半导电漆方式处理绝缘屏蔽示意图

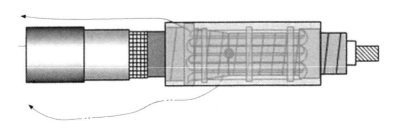

图 4-84 110 kV XLPE 电缆封闭式终端头加热硫化方式处理绝缘屏蔽示意图

3）打磨处理完毕后，用塑料薄膜覆盖处理过的电缆绝缘及绝缘屏蔽表面。

（2）电缆绝缘的处理。

1）电缆绝缘处理前应测量电缆绝缘以及应力锥尺寸，确认上述尺寸是否符合工艺图纸要求。

2）电缆绝缘表面应进行打磨抛光处理，一般应采用 240～600 号及以上砂纸，110 kV 及以上电缆应尽可能使用 600 号及以上砂纸，最低不应低于 400 号砂纸。初始打磨时可使用打磨机或 240 号砂纸进行粗抛，并按照由小至大的顺序选择砂纸进行打磨。打磨时每一号砂纸应从两个方向打磨 10 遍以上，直到上一号砂纸的痕迹消失。110 kV XLPE 电缆封闭式终端头电缆绝缘表面抛光处理示意图如图 4-85 所示。

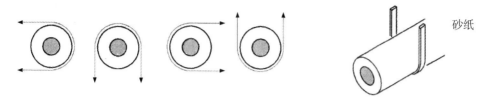

图 4-85　110 kV XLPE 电缆封闭式终端头电缆绝缘表面抛光处理示意图

3）打磨抛光处理重点部位是绝缘屏蔽断口附近的绝缘表面，打磨处理完毕后应测量绝缘表面直径。测量时应多选择几个测量点，每个测量点宜测两次，确保绝缘表面的直径达到设计图纸所规定的尺寸范围，测量完毕应再次打磨抛光测量点去除痕迹。打磨过绝缘屏蔽的砂纸绝对不能再用来打磨电缆绝缘。110 kV XLPE 电缆封闭式终端头电缆绝缘表面直径测量图如图 4-86 所示。

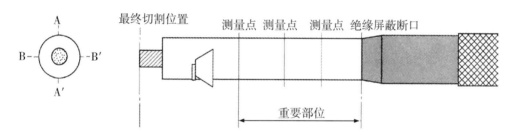

图 4-86　110 kV XLPE 电缆封闭式终端头电缆绝缘表面直径测量图

4）打磨抛光处理完毕后，绝缘表面的粗糙度（目视检测）宜按照工艺要求执行，如未注明建议控制在：110 kV 电缆粗糙度不大于 300 μm，现场可用平行光源进行检查。

110 kV XLPE 电缆封闭式终端头平行光线装置示意图如图 4-87 所示。

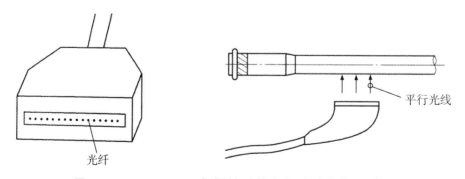

图 4-87　110 kV XLPE 电缆封闭式终端头平行光线装置示意图

5）打磨处理完毕后，用塑料薄膜覆盖抛光过的绝缘表面。

5.装配应力锥

（1）110 kV 及以上交联聚乙烯绝缘电力电缆封闭式终端头其增强绝缘部分（应力锥）一般采用预制橡胶应力锥型式。增强绝缘的关键部位是预制附件与交联聚乙烯电缆绝缘的界面，主要影响因素为：

1）界面的电气绝缘强度。

2）交联聚乙烯绝缘表面清洁程度。

3）交联聚乙烯绝缘表面光滑程度。

4）界面压力。

5）界面间使用的润滑剂。

（2）110 kV 交联聚乙烯绝缘电力电缆封闭式终端头其应力锥结构一般采用以下型式：

1）干式终端结构即采用弹簧紧固件—应力锥—环氧套管结构。

在终端内部采用应力锥和环氧套管，利用弹簧对预制应力锥提供稳定的压力，增加了应力锥对电缆和环氧套管表面的机械压强，从而提高了沿电缆表面击穿场强。110 kV XLPE 电缆封闭式终端头干式 GIS 终端结构图如图 4－88 所示。

2）湿式终端结构即采用绕包带材—密封底座—应力锥结构。

在终端内部采用应力锥和密封底座，利用绕包带材保证绝缘屏蔽与应力锥半导电层的电气连接和内外密封，终端内部灌入绝缘填充剂如硅油或聚异丁烯。电缆在运行中绝缘填充剂热胀冷缩，为避免终端套管内压力过大或形成负压，通常采用空气腔、油瓶或油压力箱等调节措施。110 kV XLPE 电缆封闭式终端头湿式 GIS 终端结构图如图 4－89 所示。

（3）应力锥装配一般技术要求包括以下几点：

1）保持电缆绝缘层的干燥和清洁。

2）施工过程中应避免损伤电缆绝缘。

3）在暴露电缆绝缘表面上，清除所有半导电材料的痕迹。

4）涂抹硅脂或硅油时，应使用清洁的手套。

5）只有在准备套装时，才可打开应力锥的外包装。

6）安装前应以正确的顺序把以后要装配的终端尾管、密封圈等部件套入电缆。

7）在套入应力锥之前应清洁粘在电缆绝缘表面上的灰尘或其他残留物，清洁方向应由绝缘层朝向绝缘屏蔽层。

8）应按照开关设备最终安装位置进行装配，电缆终端安装完毕后不得翻转进入开关设备。

（4）干式终端头结构其技术要求包括以下几点：

1）检查弹簧紧固件与应力锥是否匹配。

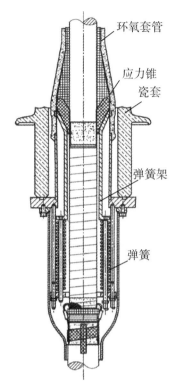

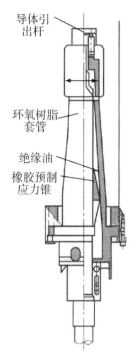

图 4‑88　110 kV XLPE 电缆封闭式终端头干
　　　　式 GIS 终端结构图

图 4‑89　110 kV XLPE 电缆封闭式终
　　　　端头湿式 GIS 终端结构图

2）先套入弹簧紧固件，再安装应力锥。

3）在电缆绝缘、绝缘屏蔽层和应力锥的内表面上应涂上硅油。

4）安装完弹簧紧固件后，应测量弹簧压缩长度在工艺要求的范围内。

5）检查弹簧所在螺栓是否有阻碍弹簧自由伸缩的部件。

（5）湿式终端头结构其技术要求包括以下几点：

1）电缆导体处宜采用带材密封或模塑密封方式防止终端内的绝缘填充剂流入导体。

2）先套入密封底座，再安装应力锥。

3）在电缆绝缘、绝缘屏蔽层和应力锥的内表面上应涂上硅脂。

4）用手工或专用工具套入应力锥，并在套到规定位置后清除应力锥末端多余硅脂。

6．导体连接

（1）导体连接方式宜采用机械压力连接方法，建议采用围压压接法。

（2）采用围压压接法进行导体连接时应满足下列要求：

1）压接前应检查核对连接金具和压接模具，选用合适的接线端子、压接模具和压接机。

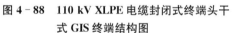

2）压接前应清除导体表面污迹与毛刺。

3）压接时导体插入长度应充足。

4）压接顺序可参照 GB/T 14315—2008《电力电缆导体用压接型铜、铝接线端子和连接管》附录 C 的要求。

5）围压压接每压一次，在压模合拢到位后应停留 10～15 s，使压接部位金属塑性变形达到基本稳定后，才能消除压力。

6）在压接部位，围压形成的边应各自在同一个平面上。

7）压缩比宜控制在 15%～25%。

8）分割导体分块间的分隔纸（压接部分）宜在压接前去除。

9）围压压接后，应对压接部位进行处理。压接后连接金具表面应光滑，并清除所有的金属屑末、压接痕迹。压接后连接金具表面不应有裂纹和毛刺，所有边缘处不应有尖端。电缆导体与接线端子应笔直无翘曲。

7. 安装套管及金具

（1）用合适的溶剂将套管的内外表面清洁干净，检查套管内外表面，确认无杂质和污染物。如为干式终端结构，将套管内表面与应力锥接触的区域清洁并涂硅油。

（2）彻底清洁电缆，检查电缆绝缘表面及应力锥表面，确认无杂质和污染物后用手工或起吊工具把套管缓缓套入电缆，在套入过程中，套管不能碰撞应力锥。

（3）清洁密封圈并均匀涂抹硅脂，将密封圈完全放入密封槽内。

（4）安装密封金具或屏蔽罩，调整密封金具或屏蔽罩使其上表面到开关设备与 GIS 终端界面的长度满足 IEC 60859—1999《电缆头标准》的要求。

（5）检查开关设备导电杆与密封金具或屏蔽罩的螺栓孔位是否匹配，最终固定密封金具或屏蔽罩，确认固定力矩。

（6）将尾管固定在套管上，确认固定力矩，确保电缆 GIS 终端与开关设备之间的密封质量。

8. 接地与密封收尾处理

（1）GIS 终端尾管与金属套进行接地连接时可采用搪铅方式或采用接地线焊接等方式。

（2）GIS 终端密封可采用搪铅方式或采用环氧混合物/玻璃丝带等方式。

（3）采用搪铅方式进行接地或密封时，应满足以下技术要求：

1）封铅要与电缆金属套和电缆附件的金属套管紧密连接，封铅致密性要好，不应有杂质和气泡。

2）搪铅时不应损伤电缆绝缘，应掌握好加热温度，搪铅操作时间应尽量缩短。

3）圆周方向的搪铅厚度应均匀，外形应力求美观。

（4）GIS 终端尾管与金属套采用焊接方式进行接地连接时，跨接接地线截面应满足系统短路电流通流要求。

（5）采用环氧混合物/玻璃丝带方式密封时，应满足以下技术要求：

1）金属套和终端尾管需要绕包环氧玻璃丝带的地方应采用砂纸进行打磨。

2）环氧树脂和固化剂应混合搅拌均匀。

3）先涂上一层环氧混合物，再绕包一层半搭盖的玻璃丝带，按此顺序重新进行该工序，直到环氧混合物/玻璃丝带的厚度超过 3 mm 为止。

4）每层玻璃丝带下方为环氧涂层，应使每层玻璃丝带全部浸在环氧混合物中，避免水分与环氧混合物接触。

5）确保环氧混合物固化，时间宜控制在 2 h 以上。

（6）GIS 终端内如需灌入绝缘剂，在安装前宜检验其密封性，如采用抽真空法。

（7）GIS 终端收尾工作，应满足以下技术要求：

1）安装终端接地箱/接地线时，接地线与接地线鼻子的连接应采用机械压接方式，接地线鼻子与终端尾管接地铜排的连接宜采用螺栓连接方式。

2）同一变电站内同类 GIS 终端其接地线布置应统一，接地线排列及固定应统一，终端尾管接地铜排的方向应统一，且为后期运行维护工作提供便利。

3）应采用带有绝缘层的接地线将 GIS 终端尾管通过终端接地箱与电缆终端接地网相连，接地线的固定与走向应符合设计要求，整齐划一，美观有序。

4）GIS 终端如需穿越楼板，应做好电缆孔洞的防火封堵措施。一般在安装完防火隔板后，可采用填充防火包、浇注无机防火堵料或包裹有机防火堵料等方式。终端金属尾管宜有绝缘措施，且接地线鼻子不应被包覆在上述防火封堵材料中。

5）GIS 终端接地连接线应尽量短，连接线截面应满足系统单相接地电流通过时的热稳定要求，连接线的绝缘水平不得小于电缆外护层的绝缘水平。

4.6.2 110 kV 常用电力电缆中间接头制作

一、作业内容

本部分主要讲述 110 kV 常用电力电缆中间接头安装所需工器具和材料的选择、附件安装的基本要求、步骤以及安全注意事项等。

二、危险点分析与控制措施

1. 施工前，保证工作人员思想稳定，情绪正常，身体状况良好，安全意识强。

2. 开断电缆前仔细检查电缆标示牌，确定电缆相位正确并且无感应电压伤人危险。与同沟带电线路工作，保持足够的安全距离，必要时加隔板保护。

3. 制作电缆接头前应先搭好临时工棚，工作平台应牢固平整并可靠接地，便于清洁、防尘。

4. 搬运电缆附件人员应相互配合，轻抬轻放，不得抛接，防止损物、伤人。

5. 使用液化气时，应先检查液化气瓶、减压阀、液化喷枪，是否漏气或堵塞，液化气管是否破裂，确保安全可靠。液化气枪使用完毕应放置在安全地点冷却后装运，液化气瓶要轻拿轻放，不能同其他物体碰撞。液化气枪点火时，火头不得对人，以免人员烫伤，其他工作人员应对火头保持一定距离，用后及时关闭阀门。

6. 工棚内必须设置专用保护接地线，安装漏电保护器，且所有移动电气设备外壳必须可靠接地，认真检查施工电源，杜绝触、漏电事故，按设备额定电压正确接线。

7. 工作前，对电缆工井强制排风，如还有疑问，使用气体检测仪检测有毒气体。

8. 工棚内设置专用垃圾桶，施工后废弃带材、绝缘胶或其他杂物，应分类推放，集中处理，严禁破坏环境，每个工棚内必须配置足够专用灭火器，及时清理杂物，并有专人值班，做好防火、防盗措施。电缆中间接头安装消防措施应满足施工所处环境的消防灭火要求，施工现场应配备足够的消防器材，施工现场如需动火应严格履行动火工作票制度，按照有关动火作业消防管理规定执行。

9. 安装前应检查电缆附件是否有受潮或损伤情况。接头制作前应对电缆留有足够的余量，并检查电缆外观有无损伤，电缆主绝缘不能进水、受潮，如受潮必须进行除潮处理。电缆附件及工具、材料的堆放应搭专用工棚，棚内物件、工具应堆放整齐，做好防潮措施。接头制作前要对电缆核对相位，并用 500 V/5000 V 兆欧表测量外护层和主绝缘的绝缘电阻，应合格。

10. 用刀或其他切割工具时，正确控制切割方向；用电锯切割电缆，工作人员必须戴防护眼镜，打磨绝缘时必须佩戴口罩。制作中间接头，沟旁边应留有通道，传递物件时，应递接递放，不得抛接。

11. 高温天气应采取防暑措施，寒冷天气要采取保暖措施，严格执行冬、雨季施工措施。

12. 施工现场装设围栏，悬挂"在此工作"标示牌。接头井、电缆沟、盖板的四周应装设围栏，挂警示牌，夜间装警示灯，装设安全标识，防止人员、车辆误入，必要时应派专人看守。

13. 接临时电源设专人监护，防止触电。

14. 使用液化气枪搪铅时，应严格控制好加热时间和温度，以免烫伤电缆外半导电层，避免施工人员吸入过量有毒气体，搪铅完后一定要待温度降至室温后，方可进行下一道工序。

15. 使用环氧树脂时，严格执行工艺要求、戴乳胶手套及护目镜。

16. 中间接头施工完毕后，可靠固定电缆，并确认卡箍内衬垫耐酸橡胶。

17. 接头沟内应配置大功率潜水泵，随时排水，防止水面升高而使接头受潮，同时确保电缆沟槽地线连接可靠。

18. 施工时，电缆沟边上方禁止堆放工具及杂物以免掉落伤人。

19. 工作完毕后，应有运行人员与现场负责人员检查接头井、电缆沟内设备处在安全部位，并彻底清理现场。

20. 电缆中间接头安装安全措施应按照《电力安全工作规程（线路部分、变电部分）》的相关规定执行。

三、110 kV 电力电缆常用中间接头制作工艺质量控制要点

（一）110 kV 电力电缆预制式中间接头制作质量控制要点说明

1. 施工准备工作

施工前应仔细阅读附件厂商提供的工艺与图纸。做好工器具准备工作、接头材料验收检查核对工作，做好接头场地准备工作，根据厂商工艺要求对接头区域温度、相对湿度、清洁度进行控制。施工现场应配备必要的除尘、通风、照明、除湿、消防设备，提供充足的施工用电。施工前应确定工具与材料堆放场地。

2. 切割电缆及电缆护套的处理

根据图纸与工艺要求，剥除电缆外护套。如果电缆外护套表面有石墨层/外半导电层，应按照图纸与工艺要求用玻璃片去掉一定长度。将外护套下的化合物清除干净。要求不得过度加热外护套和金属护套以免损伤电缆绝缘。

根据图纸与工艺要求，确定金属护套剥切点，从剥切点开始沿金属护套的圆周小心环切，并去掉切除的金属护套。要求不得切入电缆线芯，打磨金属护套口去除毛刺以防损伤绝缘。

3. 电缆加热校直处理

对电缆表面进行加热，当电缆热透后保持一定时间，去掉加热装置采用校直装置进行校直，直至电缆冷却。

要求电缆笔直度应满足工艺要求，110 kV 交联电缆中间接头要求弯曲度一般小于 2～5 mm/400 mm，具体数据还应参照厂商要求。如果发现电缆仍有非常明显的绝缘回缩，则必须重新加热处理。

4. 绝缘屏蔽层及电缆绝缘表面的处理

根据工艺和图纸要求，确定绝缘屏蔽层剥切点。用绝缘屏蔽层剥离器或玻璃片尽可能地剥去外半导电绝缘屏蔽层，再用玻璃片在交联聚乙烯绝缘层和外半导电屏蔽层之间形成一定长度的光滑平缓的锥形过渡。要求外半导电屏蔽层剥离不要超过标记点。用绝缘屏蔽层剥离器剥离时不要试图一次就剥到规定直径范围。用玻璃片去掉绝缘表面的残留、刀痕，尽可能使其光滑。过渡部分必须顺滑。

根据工艺和图纸要求，剥除电缆绝缘露出导体。要求符合工艺图纸尺寸，不能伤及电缆绝缘表面。

根据工艺和图纸要求，打磨电缆绝缘，按工艺要求的顺序（先粗打再细磨）用砂纸将电缆绝缘抛光，打磨时应从多个方向打磨。将粗砂纸的痕迹打光后再用更细的砂

纸打磨。打磨完成后宜用平行光进行检查。110 kV 交联电缆绝缘至少应打到 400 号砂纸。要求绝缘表面没有杂质、凹凸起皱以及伤痕。完成绝缘处理后，根据厂商工艺要求对外半导电绝缘屏蔽层与绝缘之间的过渡进行精细处理，要求过渡平缓，不得形成凹陷或凸起。不得使用砂纸往复处理外半导电屏蔽层与绝缘层，避免将半导电颗粒带入绝缘层。

根据工艺和图纸要求，为确保界面压力，必须进行电缆绝缘外径的测量。要求外径尺寸符合工艺及图纸尺寸要求，且测量点数及 X-Y 方向测量偏差满足工艺要求。

5. 套入橡胶预制件及导体连接

（1）预先套入橡胶预制件。利用专用工具将预制件进行扩张，将扩张后的预制件套入电缆本体上。要求仔细检查预制件，确保无杂质、裂纹存在。扩张时不得损伤预制件，控制预制件扩张时间不得过长，一般不宜超过 4 h。

（2）导体连接。利用专用工具进行导体连接，110 kV 交联电缆导体连接多采用压接方式。导体压接前应检查一遍套入电缆线芯的各零部件的数量、方向和安装顺序。检查导体尺寸。按工艺图纸要求，准备压接模具和压接钳。按工艺要求的顺序压接导体。压接完毕后对压接部分进行处理，测量压接延伸量。要求零部件无缺漏，方向顺序准确。要求接管压接部分不得存在尖角和毛刺。要求压接完毕后电缆之间仍保持足够的笔直度。

根据工艺要求安装屏蔽罩（如有）。要求屏蔽罩外径不得超过电缆绝缘外径。电缆两边绝缘笔直度满足工艺要求。

（3）电缆绝缘表面清洁处理。电缆绝缘表面清洁应使用无水无毒环保溶剂，从绝缘部分向半导电屏蔽层方向擦清。要求清洁纸不能来回擦，擦过半导电屏蔽层的清洁纸绝对不能再擦绝缘层，擦过的清洁纸不能重复使用。

（4）预制件安装定位。以屏蔽罩中心为基准确定预制件最终安装位置，做好标记。清洁电缆绝缘表面，用电吹风将绝缘表面吹干后在电缆绝缘表面均匀涂抹硅油，并将预制件拉到接头中间位置。使用专用工具抽出已扩径的预制件。将预制件安装在正确位置。要求预制件定位准确。定位完毕应擦去多余的硅油。预制件定位后宜停顿一段时间，一般建议等 20 min 后再进行接地连接与密封处理等后续工序。

6. 带材绕包

根据工艺图纸要求，绕包半导电带、绝缘带。要求绕包尺寸及拉伸程度符合工艺要求。注意直通接头与绝缘接头的制作方法基本相同，差别仅在于电缆绝缘屏蔽层的处理。

7. 外部保护盒及接地处理

根据工艺和图纸要求，恢复外半导电屏蔽层及金属屏蔽（护套）的连接。完成接头铜盒的密封处理。要求接地连接牢固，接地线截面满足设计要求，接头密封可靠无渗漏。

8. 收尾处理

根据工艺和图纸要求,将同轴电缆或绝缘接地线与绝缘接头连接好,并与交叉互联箱连接良好。要求连接牢靠,交叉互联换位方式满足设计要求。

9. 质量验评

根据工艺和图纸要求,及时做好现场质量检查、接头报表填写工作。要求通过过程监控与最终附件验收,确保接头安装质量并做好记录。

(二) 110 kV 电力电缆装配式中间接头制作质量控制要点说明

1. 施工准备工作

施工前应仔细阅读附件厂商提供的工艺与图纸。做好工器具准备工作、接头材料验收检查核对工作,做好接头场地准备工作,根据厂商工艺要求对接头区域温度、相对湿度、清洁度进行控制。施工现场应配备必要的除尘、通风、照明、除湿、消防设备,提供充足的施工用电。施工前应确定工具与材料堆放场地。

2. 切割电缆及电缆护套的处理

根据图纸与工艺要求,剥除电缆外护套。如果电缆外护套表面有石墨层/外半导电层,应按照图纸与工艺要求用玻璃片去掉一定长度。将外护套下的化合物清除干净。要求不得过度加热外护套和金属护套以免损伤电缆绝缘。

根据图纸与工艺要求,确定金属护套剥切点,从剥切点开始沿金属护套的圆周小心环切,并去掉切除的金属护套。要求不得切入电缆线芯,打磨金属护套口去除毛刺以防损伤绝缘。

3. 电缆加热校直处理

对电缆表面进行加热,当电缆热透后保持一定时间,去掉加热装置采用校直装置进行校直,直至电缆冷却。

要求电缆笔直度应满足工艺要求,110 kV 交联电缆中间接头要求弯曲度一般小于 2~5 mm/400 mm,具体数据还应参照厂商要求。如果发现电缆仍有非常明显的绝缘回缩,则必须重新加热处理。

4. 绝缘屏蔽层及电缆绝缘表面的处理

根据工艺和图纸要求,确定绝缘屏蔽层剥切点。用绝缘屏蔽层剥离器或玻璃片尽可能地剥去外半导电绝缘屏蔽层,再用玻璃片在交联聚乙烯绝缘层和外半导电屏蔽层之间形成一定长度的光滑平缓的锥形过渡。要求外半导电屏蔽层剥离不要超过标记点。用绝缘屏蔽层剥离器剥离时不要试图一次就剥到规定直径范围。用玻璃片去掉绝缘表面的残留、刀痕,尽可能使其光滑。过渡部分必须顺滑。

根据工艺和图纸要求,剥除电缆绝缘露出导体。要求符合工艺图纸尺寸,不能伤及电缆绝缘表面。

根据工艺和图纸要求,打磨电缆绝缘,按工艺要求的顺序(先粗打再细磨)用砂纸将电缆绝缘抛光,打磨时应从多个方向打磨。将粗砂纸的痕迹打光后再用更细的砂纸打磨。打磨完成后宜用平行光进行检查。110 kV 交联电缆绝缘至少应打到 400 号砂纸。要求绝缘表面没有杂质、凹凸起皱以及伤痕。完成绝缘处理后,根据厂商工艺要求对外半导电绝缘屏蔽层与绝缘之间的过渡进行精细处理,要求过渡平缓,不得形成凹陷或凸起。

根据工艺和图纸要求,为确保界面压力,必须进行电缆绝缘外径的测量。要求外径尺寸符合工艺及图纸尺寸要求,且测量点数及 X-Y 方向测量偏差满足工艺要求。

5. 套入橡胶预制件及环氧树脂预制件

根据工艺和图纸要求,正确套入橡胶预制件、环氧树脂预制件等零部件,并确认无遗漏。

6. 导体连接及紧固所有预制件

(1)导体连接。利用专用工具进行导体连接,110 kV 交联电缆导体连接多采用压接方式。导体压接前应检查一遍套入电缆线芯的各零部件的数量、方向和安装顺序。检查导体尺寸。按工艺图纸要求,准备压接模具和压接钳。按工艺要求的顺序压接导体。压接完毕后对压接部分进行处理,测量压接延伸量。要求零部件无缺漏,方向顺序准确。要求接管压接部分不得存在尖角和毛刺。要求压接完毕后电缆之间仍保持足够的笔直度。

根据工艺要求安装屏蔽罩(如有)。要求屏蔽罩外径不得超过电缆绝缘外径。电缆两边绝缘笔直度满足工艺要求。

(2)电缆绝缘表面清洁处理。电缆绝缘表面清洁应使用无水无毒环保溶剂,不掉毛或无毛清洁纸,从绝缘部分向半导电屏蔽层方向擦清。要求清洁纸不能来回擦,擦过半导电屏蔽层的清洁纸绝对不能再擦绝缘层,擦过的清洁纸不能重复使用。

(3)紧固所有预制件。根据工艺和图纸要求,将环氧树脂预制件移动到规定位置,把两边的橡胶预制件移到与环氧树脂预制件相接触,并紧固弹簧。要求确保橡胶预制件移到与环氧树脂预制件及电缆绝缘表面的压力在规定范围内。

7. 带材绕包

根据工艺图纸要求,绕包半导电带、绝缘带。要求绕包尺寸及拉伸程度符合工艺要求。注意直通接头与绝缘接头的制作方法基本相同,差别仅在于电缆绝缘屏蔽层的处理。

8. 外部保护盒及接地处理

根据工艺和图纸要求,恢复外半导电屏蔽层及金属屏蔽(护套)的连接。完成接头铜盒的密封处理。要求接地连接牢固,接地线截面满足设计要求,接头密封可靠无渗漏。

9. 收尾处理

根据工艺和图纸要求，对于绝缘接头应注意将同轴电缆或绝缘接地线与绝缘接头连接好，并与交叉互联箱连接良好。要求连接牢靠，交叉互联换位方式满足设计要求。

10. 质量验评

根据工艺和图纸要求，及时做好现场质量检查、接头报表填写工作。要求通过过程监控与最终附件验收，确保接头安装质量并做好记录。

（三）110 kV 电力电缆中间接头制作质量控制要点说明

1. 绝缘界面的性能

（1）电缆绝缘表面的处理

110 kV 电压等级的高压交联电缆附件中，电缆绝缘表面的处理是制约整个电缆附件绝缘性能的决定因素，是电缆附件绝缘的最薄弱环节。对 110 kV 电压等级的高压交联电缆附件来说，电缆绝缘表面尤其是与预制件相接触部分绝缘及绝缘屏蔽处的超光滑处理是一道十分重要的工艺，电缆绝缘表面的光滑程度与处理用的砂纸目数的关系，如图4-90所示。因此，在 110 kV 电力电缆中接头制作过程中，应使用 400 号及以上的砂纸进行光滑打磨处理。

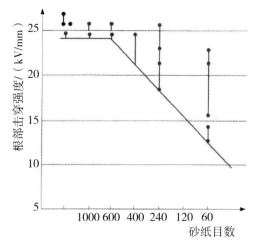

图 4-90　电缆绝缘表面光滑度与砂纸目数相关图

（2）界面压力

110 kV 电压等级的高压交联电缆附件界面的绝缘强度与界面上所受的压紧力呈指数关系，交联电缆界面压力如图 4-91 所示。界面压力除了取决于绝缘材料特性外，还与电缆绝缘的直径的公差和偏心度有关。因此，在 110 kV 电力电缆中间接头制作过程中，必须严格按照工艺规程处理界面压力。

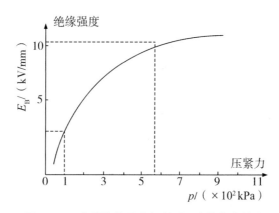

图 4‑91 电缆绝缘强度与所受压力的指数关系

2. 绝缘回缩

在 110 kV 电压等级的高压交联电缆生产过程中，电缆绝缘内部会留有应力。这种应力会使电缆导体附近的绝缘有向绝缘体中间呈收缩的趋势。当切断电缆时，就会出现电缆端部绝缘逐渐回缩并露出线芯，电缆绝缘回缩示意图如图 4‑92 所示。一旦电缆绝缘回缩后，中间接头中就产生了能导致中间接头致命的缺陷——气隙。在高电场作用下，气隙很快会产生局部放电，导致中间接头被击穿。因此，在 110 kV 电力电缆中间接头制作过程中，必须做好电缆加热校直工艺，确保上述应力的消除与电缆的笔直度。

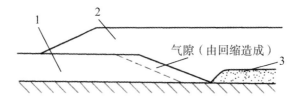

1—电缆绝缘；2—接头绝缘；3—导体连接管。

图 4‑92 电缆中间接头由于绝缘回缩造成气隙

3. 防水和防潮

高压交联电缆一旦进水，在长期运行中电缆绝缘内部会出现水树枝现象，从而使交联聚乙烯绝缘性能下降，最终导致电缆绝缘击穿。潮气或水分一旦进入电缆附件后，就会从绝缘外铜丝屏蔽的间隙或从导体的间隙纵向渗透进入电缆绝缘，从而危及整个电缆系统。因此，在 110 kV 电力电缆中间接头制作过程中，必须做好密封处理工作。

四、安装前的准备工作

（一）工器具和材料准备

1. 安装电缆中间接头前，应做好施工用工器具检查，确保施工用工器具齐全完好，便于操作，状况清洁，掌握各类专用工具的使用方法。

2. 安装电缆中间接头前，应做好施工用电源及照明检查，确保施工用电及照明设备能够正常工作。

3. 附件材料验收。

电缆附件规格应与电缆一致。零部件应齐全无损伤。绝缘材料不得受潮。密封材料不得失效，壳体结构附件应预先组装，内壁清洁，结构尺寸符合工艺要求，必要时试验密封性能。

4. 110 kV 电力电缆中间接头安装所需要的施工工具见表 4-22。

表 4-22　中间接头安装所需要的常用施工工具

序号	名称	规格及型号	单位	数量	备注
1	临时支架		套	3	
2	电锯		套	1	
3	电吹风		套	1	
4	地线液压钳		套	1	
5	液化气罐及枪		套	1	
6	加热校直工具		套	3	
7	护套切割工具		套	1	
8	绝缘剥切刀		把	3	
9	绝缘屏蔽剥离器		把	3	
10	砂带机		把	3	
11	导体压接工具		套	1	根据截面选择模具及压接机吨位
12	预制件扩径工具		套	1	
13	预制件牵引工具		套	1	
14	常用钳工工具		套	1	
15	常用测量工具		套	1	如，水平尺、游标卡尺、钢尺、卷尺、温湿度计等
16	欧姆表		只	1	
17	力矩扳手		套	1	
18	尼龙带		条	6	起吊终端瓷套
19	手动倒链		付	6	临时固定电缆
20	电烙铁		把	1	

5. 110 kV 电力电缆中间接头安装所需要的常用材料，除附件箱材料还应准备如下材料（表 4-23）。

表 4‑23　110 kV XLPE 电缆中间接头安装所需要的常用材料

序号	名称	规格及型号	单位	数量	备注
1	手锯锯条		根	10	
2	无毛清洁纸		包	5	
3	不起毛白布		kg	2	
4	无铅汽油	93 号	L	12	
5	保鲜膜		卷	6	
6	塑料布		m	10	
7	塑料套	ϕ30 mm	m	30	
8	液化气		罐	2	
9	砂带	120 号/240 号/320 号/400 号/600 号	m	3/3/3/3/3	
10	铜绑丝	ϕ2 mm	kg	2	
11	PVC 带		卷	10	
12	玻璃片	200 mm×200 mm×2 mm	块	10	
13	无水酒精	纯度 99.7%	瓶	10	
14	焊锡丝		卷	1	
15	焊锡膏		盒	1	
16	口罩		只	12	
17	吊绳	ϕ8 mm	m	30	
18	汤布		kg	5	
19	胶皮手套		副	4	

（二）环境要求

1. 安装电缆中间接头前，宜搭制临时脚手架，并配备手动倒链等起吊工具，减少施工作业杂物落下影响施工质量及施工安全。

2. 电缆中间接头施工所涉及的场地如工井、接头沟或隧道等的土建工作及装修工作应在电缆终端安装前完成，清理干净。

3. 土建设施设计时应为电缆中间接头施工、运行及检修工作提供必要的便利，如完备的接地极、接地网和施工吊点等。

4. 接头工井尺寸应满足工井内最大接头长度并充分考虑电缆弯曲半径及电缆热伸缩现象。

5. 电缆中间接头安装时必须严格控制施工现场的温度、湿度与清洁程度。温度宜控制在 0 ℃以上。相对湿度应控制在 75% 及以下，当湿度大时，应采取适当除湿措施。

控制施工现场的清洁度，当浮尘较多时应搭制接头工棚进行隔离，并采取适当措施净化施工环境。

6. 电缆中间接头安装完毕应做到工完料净、场地清。电缆中间接头施工完毕后，应拆除施工用电源，清理施工现场，分类存放回收施工垃圾，确保施工环境无污染。

（三）安装质量要求

1. 电缆中间接头安装质量应满足以下要求："导体连接可靠、绝缘恢复满足设计要求、接地与密封牢靠。"

2. 电缆中间接头安装质量还应满足工井或隧道防火封堵要求，并与周边环境协调。

3. 电缆中间接头安装时电缆弯曲半径不宜小于表4-24中所规定的弯曲半径。

4. 电缆中间接头安装时应确保同轴电缆密封牢靠无潮气进入。

表4-24 电缆中间接头安装弯曲半径

电缆类型		允许最小弯曲半径/mm	
		单芯	多芯
交联聚乙烯绝缘电缆	≥66 kV	20 D	15 D

注：1. D表示电缆外径；2. 非本表范围电缆的最小弯曲半径宜按厂家建议值。

（四）其他事项

1. 安装电缆中间接头前，应做好材料检查，并符合下列要求：

（1）电缆绝缘状况良好，无受潮。电缆绝缘偏心度满足设计要求。

（2）电缆相位正确，护层绝缘合格。

2. 电缆中间接头施工应由经过培训的熟悉工艺的技能人员进行。

3. 各类消耗材料齐备。清洁绝缘表面的溶剂宜遵循工艺要求准备齐全。

4. 接头支架定位安装完毕，确保作业面水平。

5. 必要时应进行附件试装配。

五、110 kV 电力电缆常用中间接头安装的操作步骤及要求

（一）110 kV 电力电缆预制式中间接头安装步骤及要求

1. 施工准备工作

（1）除了满足110 kV常用电力电缆中间接头安装的基本要求外，110 kV电力电缆预制式中间接头安装前还应注意检查接头零件的形状、外壳是否损伤，件数是否齐全，对各零部件尺寸按图纸进行校核，最好进行预装配。检查所带工具及安装用的图纸与工艺是否齐备。

（2）电缆临时固定和试验工作。电缆敷设至接头支架位置，用电缆夹具配合尼龙吊带及手动倒链进行临时固定，对电缆护层绝缘进行测量，确保电缆敷设过程中没有损伤电缆护层。

2. 切割电缆及电缆护套的处理

(1) 将电缆临时固定于支架处。

(2) 检查电缆长度，确保电缆在制作中间接头时有足够的长度和适当的余量。根据工艺图纸要求确定电缆最终切割位置，预留 200~500 mm 余量，并分别做好标记。在标记处用锯子等工具沿电缆轴线垂直切断。110 kV XLPE 电缆预制式中间接头切割电缆尺寸如图 4-93 所示。

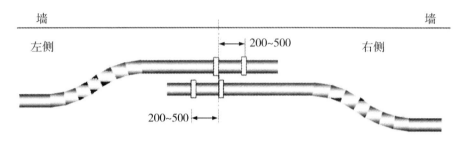

图 4-93 110 kV XLPE 电缆预制式中间接头切割电缆尺寸图（单位：mm）

(3) 根据工艺图纸要求确定电缆外护层剥除位置，将剥除位置以上部分的电缆外护层剥除。如果电缆外护层附有半导电层，则宜用玻璃片将半导电层去除干净无残余，剥除长度符合工艺要求。

(4) 根据工艺图纸要求确定金属套剥除位置，剥除金属套应符合下列要求：

剥除铅护套应符合下列要求：

1) 用刀具在金属套剥除位置环切一周，在需剥除的铅护套的全长上划两道相距 10 mm 的轴向切口。用尖嘴钳剥除铅护套。

2) 上述轴向切口深度必须严格控制，严禁切口过深而损坏电缆绝缘。

3) 也可以用其他方法剥除铅护套，例如用劈刀剖铅等，但不应损伤电缆绝缘。

剥除铝护套应符合下列要求：

1) 如为环形波纹铝护套，可用工具仔细地沿着剥除位置（宜选择在波峰处）的圆周锉断金属套。操作时，不应损伤电缆绝缘，护套断口应进行处理，去除尖口及残余金属碎屑。

2) 如为螺旋形铝护套，可用工具仔细地从剥除位置（宜选择在波峰处）起沿着波纹退后一节成环并锉断金属套。操作时，不应损伤电缆绝缘，护套断口应进行处理，去除尖口及残余金属碎屑。

3) 如铝护套与绝缘之间存在间隙，也可采用特殊工具，控制好切割深度后连同外护套一起切除。

4) 铝护套表面处理完毕后，应在工艺要求的部位进行搪底铅。首先在铝护套表面去除氧化层后，涂一层焊接底料，然后在焊接底料上加一定厚度的底铅以便后续接地工艺施工。

（5）最终切割。

在最终切割标记处用电锯或同等效果工具沿电缆轴线垂直切断，要求导体切割断面平直。如果电缆截面较大，可先去除一定厚度电缆绝缘，直至适当位置后再沿电缆轴线垂直切断。

3. 电缆加热校直处理

（1）交联聚乙烯电缆中间接头安装前应进行加热校直，通过加热达到下列工艺要求：110 kV 及以上电缆，每 400 mm 长，弯曲偏移应在 2～5 mm 以内。110 kV XLPE 电缆预制式中间接头加热校直处理工艺图如图 4-94 所示。

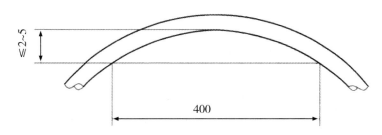

图 4-94 110 kV XLPE 电缆预制式中间接头加热校直处理工艺图（单位：mm）

（2）加热校直所需工具和材料主要有：

1）温度控制箱，含热电偶和接线。

2）加热带。

3）校直管，宜采用半圆钢管或角铁。

4）辅助带材及保温材料。

5）加热校直的温度（绝缘屏蔽处）宜控制在 75 ℃±3 ℃，加热时间宜不小于 3 h。保温时间宜不小于 60 min。至少冷却 8 h 或冷却至常温后采用校直管校直，110 kV XLPE 电缆预制式中间接头加热校直处理典型温度控制曲线如图 4-95 所示。

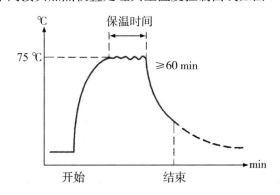

图 4-95 110 kV XLPE 电缆预制式中间接头加热校直处理典型温度控制曲线

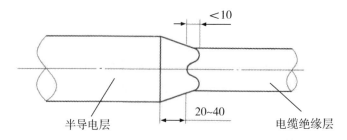

半导电层   20~40   电缆绝缘层

图 4 - 96   110 kV XLPE 电缆预制式中间接头绝缘屏蔽处理工艺图（单位：mm）
注：也可采用集成化更高的加热筒、加热毯等加热设备。

4. 绝缘屏蔽及电缆绝缘表面处理

（1）绝缘屏蔽处理。

1）采用专用的切削刀具切削电缆绝缘屏蔽，并用玻璃片刮清黏结屏蔽的残留部分。绝缘层屏蔽与绝缘层间应形成光滑过渡，过渡部分锥形长度宜控制在 20～40 mm，绝缘屏蔽断口峰谷差，宜按照工艺要求执行，如未注明建议控制在小于 10 mm，110 kV XLPE 电缆预制式中间接头绝缘屏蔽处理工艺图如图 4 - 96 所示。

2）为了提高绝缘屏蔽断口处电性能，可采用涂刷半导电漆方式或加热硫化方式（推荐采用）对电缆绝缘下部绝缘屏蔽进行镜面处理。半导电涂层应与电缆绝缘及绝缘屏蔽黏接可靠，表面光滑均匀，上端平整不起边，110 kV XLPE 电缆预制式中间接头涂刷半导电漆方式处理绝缘屏蔽示意图如图 4 - 97 所示，110 kV XLPE 电缆预制式中间接头加热硫化方式处理绝缘屏蔽示意图如图 4 - 98 所示。

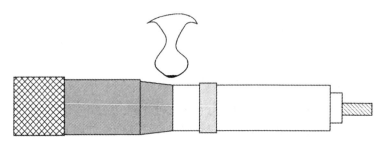

图 4 - 97   110 kV XLPE 电缆预制式中间接头涂刷半导电漆方式处理绝缘屏蔽示意图

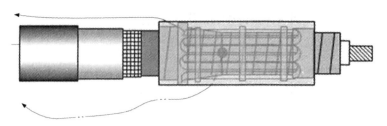

图 4 - 98   110 kV XLPE 电缆预制式中间接头加热硫化方式处理绝缘屏蔽示意图

3）打磨处理完毕后，用塑料薄膜覆盖处理过的电缆绝缘及绝缘屏蔽表面。

（2）电缆绝缘的处理。

1）电缆绝缘处理前应测量电缆绝缘以及预制件尺寸，确认上述尺寸是否符合工艺图纸要求。

2）电缆绝缘表面应进行打磨抛光处理，110 kV 电缆应使用 400 号及以上砂纸。初始打磨时可使用打磨机或 240 号砂纸进行粗抛，并按照由小至大的顺序选择砂纸进行打磨。打磨时每一号砂纸应从两个方向打磨 10 遍以上，直到上一号砂纸的痕迹消失，110 kV XLPE 电缆预制式中间接头电缆绝缘表面抛光处理示意图如图 4 - 99 所示。

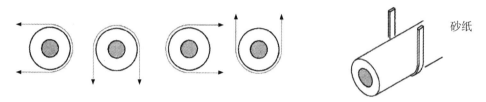

图 4 - 99　110 kV XLPE 电缆预制式中间接头电缆绝缘表面抛光处理示意图

3）打磨抛光处理重点部位是绝缘屏蔽断口附近的绝缘表面，打磨处理完毕后应测量绝缘表面直径。测量时应多选择几个测量点，每个测量点宜测两次，确保绝缘表面的直径达到设计图纸所规定的尺寸范围，测量完毕应再次打磨抛光测量点去除痕迹。打磨过绝缘屏蔽的砂纸绝对不能再用来打磨电缆绝缘，110 kV XLPE 电缆预制式中间接头电缆绝缘表面直径测量图如图 4 - 100 所示。

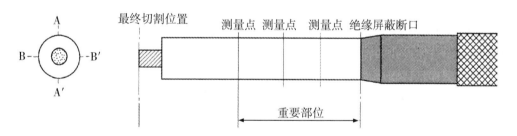

图 4 - 100　110 kV XLPE 电缆预制式中间接头电缆绝缘表面直径测量图

4）打磨抛光处理完毕后，绝缘表面的粗糙度（目视检测）宜按照工艺要求执行，如未注明建议控制在：110 kV 电缆粗糙度不大于 $300\ \mu m$，现场可用平行光源进行检查，110 kV XLPE 电缆预制式中间接头平行光线装置示意图如图 4 - 101 所示。

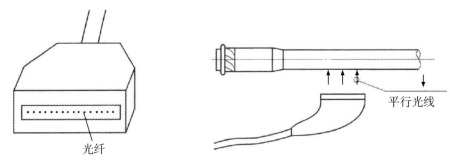

光纤

平行光线

图 4‑101　110 kV XLPE 电缆预制式中间接头平行光线装置示意图

5）打磨处理完毕后，用塑料薄膜覆盖抛光过的绝缘表面。

5. 套入橡胶预制件及导体连接

（1）套入橡胶预制件。110 kV 及以上交联聚乙烯绝缘电力电缆中间接头其增强绝缘部分一般采用预制橡胶件。增强绝缘的关键部位是预制附件与交联聚乙烯电缆绝缘的界面，主要影响因素为：

1）界面的电气绝缘强度。

2）交联聚乙烯绝缘表面清洁程度。

3）交联聚乙烯绝缘表面光滑程度。

4）界面压力。

5）界面间使用的润滑剂。

110 kV 及以上交联聚乙烯绝缘电力电缆整体预制式中间接头，其接头增强绝缘采用单一预制橡胶绝缘件，交联绝缘外径与预制橡胶绝缘件内径有较大的过盈配合，以保持预制橡胶绝缘件和交联电缆绝缘界面的压力。要求预制橡胶绝缘件具有较大的断裂伸长率和较低的应力松弛，以满足安装和运行的需要，110 kV XLPE 电缆预制式中间接头整体示意图如图 4‑102 所示。

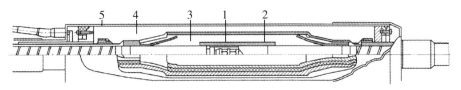

1—导体连接；2—高压屏蔽；3—预制橡胶件；4—空气或浇铸防腐材料；5—保护外壳。

图 4‑102　110 kV XLPE 电缆预制式中间接头整体示意图

增强绝缘处理技术要求一般包括以下几点：

1）保持电缆绝缘层的干燥和清洁。

2）施工过程中应避免损伤电缆绝缘。

3）在暴露电缆绝缘表面上，清除所有半导电材料的痕迹。

4）涂抹硅脂或硅油时，应使用清洁的手套。

5）只有在准备扩张时，才可打开预制橡胶绝缘件的外包装。

6）在套入预制橡胶绝缘件之前应清洁粘在电缆绝缘表面上的灰尘或其他残留物，清洁方向应由绝缘层朝向绝缘屏蔽层。

7）预制式中间接头一般要求交联聚乙烯电缆绝缘的外径和预制橡胶绝缘件的内径之间有较大的过盈配合，以保持预制橡胶绝缘件和交联聚乙烯电缆绝缘界面有足够的压力。因此安装预制式中间接头宜使用专用的扩张工具或牵引工具。

8）常用扩张方式包括工厂预扩张与现场扩张。工厂预扩张是在工厂内将预制橡胶绝缘件扩张，内衬以塑料衬管，安装时将衬管抽出，该方式可用于硅橡胶材料的预制件。现场扩张是在干净无灰尘的环境下对预制橡胶绝缘件进行扩张，宜采用专用的扩张工具和专用衬管进行扩张。

9）预制橡胶绝缘件经过扩张后套在专用衬管上的时间不应超过 4 h。预制橡胶绝缘件的扩张必须在工艺要求的温度范围内进行。

10）现场扩张方式采用的专用扩张工具和专用衬管必须用无水酒精或其他合适的溶剂仔细擦净，并用电吹风吹干。专用衬管的外表面应清洁光滑无毛刺，专用衬管的使用次数宜按照工艺要求加以控制。

11）扩张时宜按照工艺要求在预制橡胶绝缘件内表面及专用衬管外表面涂抹一定标号的硅油以减少界面间的摩擦。

12）经过扩张的预制件在套至电缆绝缘上之前应采用塑料薄膜与外界隔离，并注意在预制橡胶绝缘件扩张前后仔细检查预制件表面，预制橡胶绝缘件表面应无异物、无损坏且无进潮，110 kV XLPE 电缆预制式中间接头专用扩张工具（预制件扩张机）示意图如图 4 - 103 所示。

（2）导体连接。

1）导体连接前应将经过扩张的预制橡胶绝缘件、接头铜盒、热缩管材等部件预先套入电缆。

2）导体连接方式宜采用机械压力连接方法，建议采用围压压接法。

采用围压压接法进行导体连接时应满足下列要求：

1）压接前应检查核对连接金具和压接模具，选用合适的接线端子、压接模具和压接机。

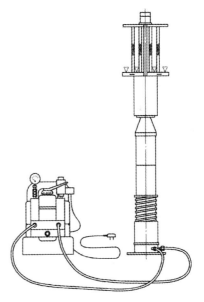

图 4 - 103　110 kV XLPE 电缆预制式中间接头专用扩张工具示意图

2）压接前应清除导体表面污迹与毛刺。

3）压接时导体插入长度应充足。

4）压接顺序可参照 GB/T 14315—2008《电力电缆导体用压接型铜、铝接线端子和连接管》附录 C 的要求。

5）围压压接每压一次，在压模合拢到位后应停留 10～15 s，使压接部位金属塑性变形达到基本稳定后，才能消除压力。

6）在压接部位，围压形成的边应各自在同一个平面上。

7）压缩比宜控制在 15％～25％。

8）分割导体分块间的分隔纸（压接部分）宜在压接前去除。

9）围压压接后，应对压接部位进行处理。压接后连接金具表面应光滑，并清除所有的金属屑末、压接痕迹。压接后连接金具表面不应有裂纹和毛刺，所有边缘处不应有尖端。电缆导体与接线端子应笔直无翘曲。

6．预制件定位

清洁电缆绝缘表面并确保电缆绝缘表面干燥无杂质。采用专用收缩工具或牵引工具将预制橡胶绝缘件抽出套在电缆绝缘上，并检查橡胶预制件的位置满足工艺图纸要求，110 kV XLPE 电缆预制式中间接头专用牵引工具示意图如图 4-104 所示。

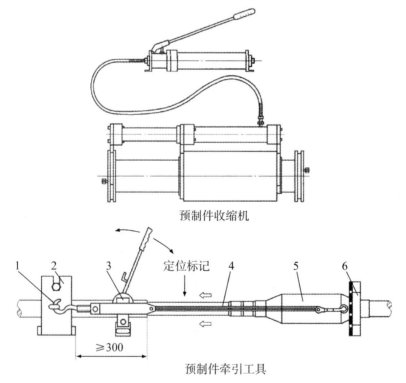

预制件收缩机

定位标记

≥300

预制件牵引工具

1—固定钩；2—电缆卡座；3—紧线器；4—钢丝绳；5—预制件；6—预制件卡座。

图 4-104　110 kV XLPE 电缆预制式中间接头专用牵引工具示意图

7. 带材绕包

在预制件外绕包一定尺寸的半导电带、金属屏蔽带、防水带。根据接头型式的不同，按照工艺要求恢复外半导电屏蔽层，注意绝缘接头和直通接头的区别。

8. 外保护盒密封与接地处理

(1) 中间接头尾管与金属套进行接地连接时可采用搪铅方式或采用接地线焊接等方式。

(2) 中间接头密封可采用搪铅方式或采用环氧混合物/玻璃丝带等方式。

(3) 采用搪铅方式进行接地或密封时，应满足以下技术要求：

1) 封铅要与电缆金属套和电缆附件的金属套管紧密连接，封铅致密性要好，不应有杂质和气泡。

2) 搪铅时不应损伤电缆绝缘，应掌握好加热温度，搪铅操作时间应尽量缩短。

3) 圆周方向的搪铅厚度应均匀，外形应力求美观。

(4) 中间接头尾管与金属套采用焊接方式进行接地连接时，跨接接地线截面应满足系统短路电流通流要求。

(5) 采用环氧混合物/玻璃丝带方式密封时，应满足以下技术要求：

1) 金属套和接头尾管需要绕包环氧玻璃丝带的地方应采用砂纸进行打磨。

2) 环氧树脂和固化剂应混合搅拌均匀。

3) 先涂上一层环氧混合物，再绕包一层半搭盖的玻璃丝带，按此顺序重新进行该工序，直到环氧混合物/玻璃丝带的厚度超过 3 mm 为止。

4) 每层玻璃丝带下方为环氧涂层，应使每层玻璃丝带全部浸在环氧混合物中，避免水分与环氧混合物接触。

5) 确保环氧混合物固化，时间宜控制在 2 h 以上。

9. 收尾处理

中间接头收尾工作，应满足以下技术要求：

(1) 安装交叉互联换位箱及接地箱/接地线时，接地线与接地线鼻子的连接应采用机械压接方式，接地线鼻子与接头铜盒接地铜排的连接宜采用螺栓连接方式。

(2) 同一线路同类中间接头其接地线或同轴电缆布置和走向应统一，接地线排列及固定应统一，交叉互联箱或直接接地箱相序布置应统一，且为后期运行维护工作提供便利。

(3) 中间接头接地连接线应尽量短，3 m 以上宜采用同轴电缆。连接线截面应满足系统单相接地电流通过时的热稳定要求，连接线的绝缘水平不得小于电缆外护层的绝缘水平。

(二) 110 kV 电力电缆装配式中间接头安装步骤及要求

1. 施工准备工作

(1) 除了满足 110 kV 常用电力电缆中间接头安装的基本要求外，110 kV 电力电缆装配式中间接头安装前还应注意检查接头零件的形状、外壳是否损伤，件数是否齐全，对各零部件尺寸按图纸进行校核，最好进行预装配。检查所带工具及安装用的图纸与工艺是否齐备。

(2) 电缆临时固定和试验工作。电缆敷设至接头支架位置，用电缆夹具配合尼龙吊带及手动倒链进行临时固定，对电缆护层绝缘进行测量，确保电缆敷设过程中没有损伤电缆护层。

2. 切割电缆及电缆护套的处理

(1) 将电缆临时固定于支架处。

(2) 检查电缆长度，确保电缆在制作中间接头时有足够的长度和适当的余量。根据工艺图纸要求确定电缆最终切割位置，预留 200～500 mm 余量，并分别做好标记。在标记处用锯子等工具沿电缆轴线垂直切断，110 kV XLPE 电缆装配式中间接头切割电缆尺寸图如图 4-105 所示。

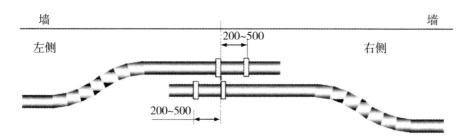

图 4-105　110 kV XLPE 电缆装配式中间接头切割电缆尺寸图（单位：mm）

(3) 根据工艺图纸要求确定电缆外护层剥除位置，将剥除位置以上部分的电缆外护层剥除。如果电缆外护层附有半导电层，则宜用玻璃片将半导电层去除干净无残余，剥除长度符合工艺要求。

(4) 根据工艺图纸要求确定金属套剥除位置，剥除金属套应符合下列要求：

剥除铅护套应符合下列要求：

1) 用刀具在金属套剥除位置环切一周，在需剥除的铅护套的全长上划两道相距 10 mm 的轴向切口。用尖嘴钳剥除铅护套。

2) 上述轴向切口深度必须严格控制，严禁切口过深而损坏电缆绝缘。

3) 也可以用其他方法剥除铅护套，例如用劈刀剖铅等，但不应损伤电缆绝缘。

剥除铝护套应符合下列要求：

1) 如为环形波纹铝护套，可用工具仔细地沿着剥除位置（宜选在波峰处）的圆周锉断金属套，不应损伤电缆绝缘。操作时，护套断口应进行处理，去除尖口及残余金属碎屑。

2）如为螺旋形铝护套，可用工具仔细地从剥除位置（宜选择在波峰处）起沿着波纹退后一节成环并锉断金属套。操作时，不应损伤电缆绝缘，护套断口应进行处理，去除尖口及残余金属碎屑。

3）如铝护套与绝缘之间存在间隙，也可采用特殊工具，控制好切割深度后连同外护套一起切除。

4）铝护套表面处理完毕后，应在工艺要求的部位进行搪底铅。首先在铝护套表面涂一层焊接底料，然后在焊接底料上加一定厚度的底铅以便后续接地工艺施工。

（5）最终切割。

在最终切割标记处用电锯或同等效果工具沿电缆轴线垂直切断，要求导体切割断面平直。如果电缆截面较大，可先去除一定厚度电缆绝缘，直至适当位置后再沿电缆轴线垂直切断。

3．电缆加热校直处理

（1）交联聚乙烯电缆中间接头安装前应进行加热校直，通过加热达到下列工艺要求：110 kV 及以上电缆，每 400 mm 长，弯曲偏移应在 2～5 mm 以内，110 kV XLPE 电缆装配式中间如图 4‑106 所示。

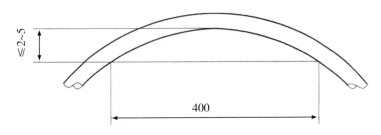

图 4‑106　110 kV XLPE 电缆装配式中间接头加热校直处理工艺图（单位：mm）

（2）加热校直所需工具和材料主要有：

1）温度控制箱，含热电偶和接线。

2）加热带。

3）校直管，宜采用半圆钢管或角铁。

4）辅助带材及保温材料。

5）加热校直的温度（绝缘屏蔽处）宜控制在 75 ℃±3 ℃，加热时间宜为不小于 3 h。保温时间宜不小于 60 min。至少冷却 8 h 或冷却至常温后采用校直管校直，110 kV XLPE 电缆装配式中间接头加热校直处理典型温度控制曲线如图 4‑107 所示。

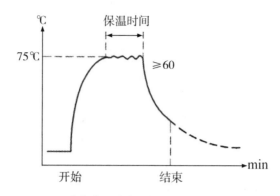

图 4-107　110 kV XLPE 电缆装配式中间接头加热校直处理典型温度控制曲线图

4. 绝缘屏蔽及电缆绝缘表面处理

（1）绝缘屏蔽处理。

1）采用专用的切削刀具切削电缆绝缘屏蔽，并用玻璃片刮清黏结屏蔽的残留部分。绝缘层屏蔽与绝缘层间应形成光滑过渡，过渡部分锥形长度宜控制在 20～40 mm，绝缘屏蔽断口峰谷差，宜按照工艺要求执行，如未注明建议控制在小于 10 mm，110 kV XLPE 电缆装配式中间接头绝缘屏蔽处理工艺图如图 4-108 所示。

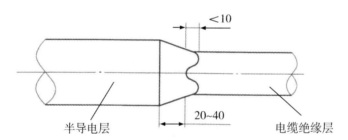

图 4-108　110 kV XLPE 电缆装配式中间接头绝缘屏蔽处理示意图（单位：mm）
注：也可采用集成化更高的加热筒、加热毯等加热设备。

2）为了提高绝缘屏蔽断口处电性能，可采用涂刷半导电漆方式或加热硫化方式（推荐采用）对电缆绝缘下部绝缘屏蔽进行镜面处理。半导电涂层应与电缆绝缘及绝缘屏蔽黏接可靠，表面光滑均匀，上端平整不起边，110 kV XLPE 电缆装配式中间接头涂刷半导电漆方式处理绝缘屏蔽示意图如图 4-109 所示，110 kV XLPE 电缆装配式中间接头加热硫化方式处理绝缘屏蔽示意图如图 4-110 所示。

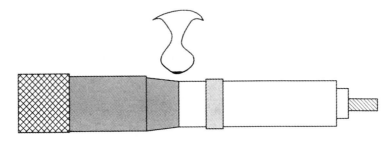

图 4‑109　110 kV XLPE 电缆装配式中间接头涂刷半导电漆方式处理绝缘屏蔽示意图

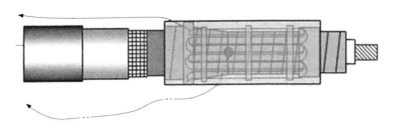

图 4‑110　110 kV XLPE 电缆装配式中间接头加热硫化方式处理绝缘屏蔽示意图

3）打磨处理完毕后，用塑料薄膜覆盖处理过的电缆绝缘及绝缘屏蔽表面。

（2）电缆绝缘的处理。

1）电缆绝缘处理前应测量电缆绝缘以及预制件尺寸，确认上述尺寸是否符合工艺图纸要求。

2）电缆绝缘表面应进行打磨抛光处理，110 kV 及以上电缆应尽可能使用 400 号及以上砂纸。初始打磨时可使用打磨机或 240 号砂纸进行粗抛，并按照由小至大的顺序选择砂纸进行打磨。打磨时每一号砂纸应从两个方向打磨 10 遍以上，直到上一号砂纸的痕迹消失，110 kV XLPE 电缆装配式中间接头电缆绝缘表面抛光处理示意图如图 4‑111 所示。

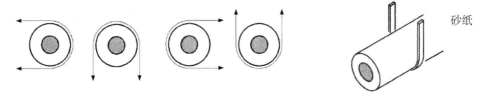

砂纸

图 4‑111　110 kV XLPE 电缆装配式中间接头电缆绝缘表面抛光处理示意图

3）打磨抛光处理重点部位是绝缘屏蔽断口附近的绝缘表面，打磨处理完毕后应测量绝缘表面直径。测量时应多选择几个测量点，每个测量点宜测两次，确保绝缘表面的直径达到设计图纸所规定的尺寸范围，测量完毕应再次打磨抛光测量点去除痕迹。打磨过绝缘屏蔽的砂纸绝对不能再用来打磨电缆绝缘，110 kV XLPE 电缆装配式中间接头电缆绝缘表面直径测量示意图如图 4-112 所示。

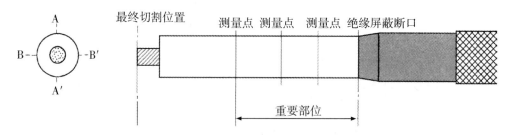

最终切割位置　测量点　测量点　测量点　绝缘屏蔽断口

重要部位

图 4-112　110 kV XLPE 电缆装配式中间接头电缆绝缘表面直径测量示意图

4）打磨抛光处理完毕后，绝缘表面的粗糙度（目视检测）宜按照工艺要求执行，如未注明建议控制在：110 kV 电缆粗糙度不大于 300 μm，现场可用平行光源进行检查，110 kV XLPE 电缆装配式中间接头平行光线装置示意图如图 4-113 所示。

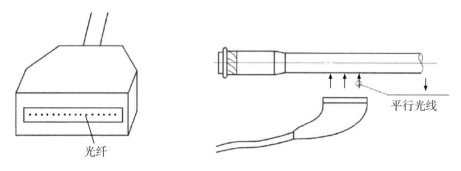

光纤

平行光线

图 4-113　110 kV XLPE 电缆装配式中间接头平行光线装置示意图

5）打磨处理完毕后，用塑料薄膜覆盖抛光过的绝缘表面。

5. 套入橡胶预制件及导体连接

（1）套入橡胶预制件

110 kV 及以上交联聚乙烯绝缘电力电缆中间接头其增强绝缘部分一般采用预制橡胶件。增强绝缘的关键部位是预制附件与交联聚乙烯电缆绝缘的界面，主要影响因素为：

1）界面的电气绝缘强度。

2）交联聚乙烯绝缘表面清洁程度。

3）交联聚乙烯绝缘表面光滑程度。

4）界面压力。

5）界面间使用的润滑剂。

（2）110 kV 及以上交联聚乙烯绝缘电力电缆装配式中间接头，其接头增强绝缘由预制橡胶绝缘件和环氧绝缘件在现场组装，并采用弹簧紧压，使得预制橡胶绝缘件与交联聚乙烯电缆绝缘界面达到一定压力，以保持界面电气绝缘强度，110 kV XLPE 电缆装配式中间接头整体示意图如图 4 - 114 所示。

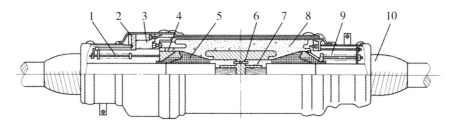

1—压紧弹簧；2—中间法兰；3—环氧法兰；4—压紧环；5—橡胶预制件；6—固定环氧装置；7—压接管；8—环氧元件；9—压紧弹簧；10—防腐带。

图 4 - 114　110 kV XLPE 电缆装配式中间接头整体示意图

（3）增强绝缘处理技术要求一般包括以下几点：

1）保持电缆绝缘层的干燥和清洁。

2）施工过程中应避免损伤电缆绝缘。

3）在暴露电缆绝缘表面上，清除所有半导电材料的痕迹。

4）涂抹硅脂或硅油时，应使用清洁的手套。

5）只有在准备扩张时，才可打开预制橡胶绝缘件的外包装。

6）在套入预制橡胶绝缘件之前应清洁粘在电缆绝缘表面上的灰尘或其他残留物，清洁方向应由绝缘层朝向绝缘屏蔽层。

7）用色带做好橡胶预制件在电缆绝缘上的最终安装位置的标记。

8）清洁电缆绝缘表面、环氧树脂预制件及橡胶制件的内、外表面。将橡胶预制件、环氧树脂件、压紧弹簧装置、接头铜盒、热缩管材等部件预先套入电缆。

（4）导体连接。

1）导体连接前应检查橡胶预制件、环氧树脂件、压紧弹簧装置、接头铜盒、热缩管材等部件的套入顺序是否正确。

2）导体连接方式宜采用机械压力连接方法，建议采用围压压接法。

采用围压压接法进行导体连接时应满足下列要求：

1）压接前应检查核对连接金具和压接模具，选用合适的接线端子、压接模具和压接机。

2）压接前应清除导体表面污迹与毛刺。

3）压接时导体插入长度应充足。

4）压接顺序可参照 GB/T 14315—2008《电力电缆导体用压接型铜、铝接线端子和连接管》附录 C 的要求。

5）围压压接每压一次，在压模合拢到位后应停留 10～15 s，使压接部位金属塑性变形达到基本稳定后，才能消除压力。

6) 在压接部位，围压形成的边应各自在同一个平面上。

7) 压缩比宜控制在 15%～25%。

8) 分割导体分块间的分隔纸（压接部分）宜在压接前去除。

9) 围压压接后，应对压接部位进行处理。压接后连接金具表面应光滑，并清除所有的金属屑末、压接痕迹。压接后连接金具表面不应有裂纹和毛刺，所有边缘处不应有尖端。电缆导体与接线端子应笔直无翘曲。

（5）预制件定位与紧固。

1) 安装前，再用清洗剂清洁电缆绝缘表面、橡胶预制件外表面。待清洗剂挥发后，在电缆绝缘表面、橡胶预制件外表面及环氧树脂预制内表面上均匀涂上少许硅脂，硅脂应符合要求，110 kV XLPE 电缆装配式中间接头预制件紧固示意图如图 4 - 115 所示。

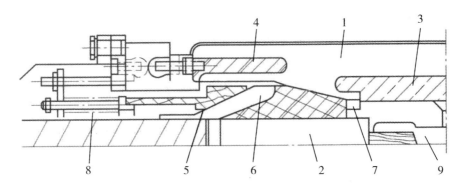

1—环氧树脂件；2—电缆绝缘；3—高压屏蔽电极；4—接地电极；5—压环；6—橡胶预制应力锥；7—防止电缆绝缘收缩的夹具；8—弹簧；9—导体接头。

图 4 - 115 110 kV XLPE 电缆装配式中间接头预制件紧固示意图

2) 用制造厂提供（或认可）的专用工具把橡胶预制件套入相应的标志位置。

3) 根据工艺及图纸要求，用力矩扳手调整弹簧压紧装置并固紧。用清洁剂清洗掉残存的硅脂。

6. 带材绕包

在预制件外绕包一定尺寸的半导电带、金属屏蔽带、防水带。根据接头型式的不同，按照工艺要求恢复外半导电屏蔽层，注意绝缘接头和直通接头的区别。

7. 外保护盒密封与接地处理

（1）中间接头尾管与金属套进行接地连接时可采用搪铅方式或采用接地线焊接等方式。

（2）中间接头密封可采用搪铅方式或采用环氧混合物/玻璃丝带等方式。

（3）采用搪铅方式进行接地或密封时，应满足以下技术要求：

1）封铅要与电缆金属套和电缆附件的金属套管紧密连接，封铅致密性要好，不应有杂质和气泡。

2）搪铅时不应损伤电缆绝缘，应掌握好加热温度，搪铅操作时间应尽量缩短。

3）圆周方向的搪铅厚度应均匀，外形应力求美观。

（4）中间接头尾管与金属套采用焊接方式进行接地连接时，跨接接地线截面应满足系统短路电流通流要求。

（5）采用环氧混合物/玻璃丝带方式密封时，应满足以下技术要求：

1）金属套和接头尾管需要绕包环氧玻璃丝带的地方应采用砂纸进行打磨。

2）环氧树脂和固化剂应混合搅拌均匀。

3）先涂上一层环氧混合物，再绕包一层半搭盖的玻璃丝带，按此顺序重新进行该工序，直到环氧混合物/玻璃丝带的厚度超过 3 mm 为止。

4）每层玻璃丝带下方为环氧涂层，应使每层玻璃丝带全部浸在环氧混合物中，避免水分与环氧混合物接触。

5）确保环氧混合物固化，时间宜控制在 2 h 以上。

8. 收尾处理

（1）中间接头收尾工作，应满足以下技术要求：

1）安装交叉互联换位箱及接地箱/接地线时，接地线与接地线鼻子的连接应采用机械压接方式，接地线鼻子与接头铜盒接地铜排的连接宜采用螺栓连接方式。

2）同一线路同类中间接头其接地线或同轴电缆布置应统一，接地线排列及固定应统一，同轴电缆的走向应统一，且为后期运行维护工作提供便利。

3）中间接头接地连接线应尽量短，3 m 以上宜采用同轴电缆。连接线截面应满足系统单相接地电流通过时的热稳定要求，连接线的绝缘水平不得小于电缆外护层的绝缘水平。

4.7 220 kV 电力电缆附件安装

4.7.1 220 kV 电缆终端头安装

一、作业内容

本部分主要讲述 220 kV 常用电力电缆终端头安装所需工器具和材料的选择、附件安装的基本要求、步骤以及安全注意事项等。

二、危险点分析与控制措施

1. 施工前，保证工作人员思想稳定，情绪正常，身体状况良好，安全意识强。

2. 开断电缆前仔细检查电缆标示牌，确定电缆相位正确并且无感应电压伤人危险。

3. 制作电缆头前应先搭好临时工棚，工作平台应牢固平整并可靠接地，便于清洁、防尘。

4. 搬运电缆附件人员应相互配合，轻抬轻放，不得抛接，防止损物、伤人。

5. 使用液化气时，应先检查液化气瓶、减压阀、液化喷枪，是否漏气或堵塞，液化气管是否破裂，确保安全可靠。液化气枪使用完毕应放置在安全地点冷却后装运，液化气瓶要轻拿轻放，不能同其他物体碰撞。液化气枪点火时，火头不得对人，以免人员烫伤，其他工作人员应对火头保持一定距离，用后及时关闭阀门。

6. 工棚内必须设置专用保护接地线，安装漏电保护器，且所有移动电气设备外壳必须可靠接地，认真检查施工电源，杜绝触、漏电事故，按设备额定电压正确接线。

7. 工棚内设置专用垃圾桶，施工后废弃带材、绝缘胶或其他杂物，应分类堆放，集中处理，严禁破坏环境，每个工棚内必须配置足够的专用灭火器，及时清理杂物，并有专人值班，做好防火、防盗措施。电缆终端头安装工作的消防措施应满足施工所处环境的消防灭火要求，施工现场应配备足够的消防器材，施工现场如需动火应严格履行动火工作票制度，按照有关动火作业消防管理规定执行。

8. 安装前应检查电缆附件是否有受潮或损伤情况。终端制作前应对电缆留有足够的余量，并检查电缆外观有无损伤，电缆主绝缘不能进水、受潮，如受潮必须进行除潮处理。电缆附件及工具、材料的堆放应搭专用工棚，棚内物件、工具应堆放整齐，做好防潮措施。并用 500 V/5000 V 兆欧表测量外护层和主绝缘的绝缘电阻。

9. 用刀或其他切割工具时，正确控制切割方向；用电锯切割电缆，工作人员必须戴防护眼镜，打磨绝缘时必须佩戴口罩。制作终端头，传递物件时，应递接递放，不得抛接。

10. 高温天气应采取防暑措施，寒冷天气要采取保暖措施，严格执行冬、雨季施工措施。

11. 施工现场装设围栏，悬挂"在此工作"标示牌。对端挂警示牌，夜间装警示灯，装设相应安全标识，防止人员、车辆误入，必要时应派专人看守。

12. 接临时电源设专人监护，防止触电。

13. 使用液化气枪搪铅时，应严格控制好加热时间和温度，以免烫伤电缆外半导电层，避免施工人员吸入过量有毒气体，搪铅完后一定要待温度降至室温后，方可进行下一道工序。

14. 使用环氧树脂时，严格执行工艺要求，戴乳胶手套及护目镜。

15. 施工时，电缆沟边上方禁止堆放工具及杂物以免掉落伤人。

16. 施工完毕后，按规定将电缆可靠固定在支架上，并确认卡箍内衬垫有耐酸橡胶。

17. 工作完毕后，应有运行人员与现场负责人员检查现场、确认设备处在安全部位，并彻底清理现场。

18. 电缆终端头安装安全措施应按照《电力安全工作规程（线路部分、变电部分）》的相关规定执行。

三、制作工艺质量控制要点

（一）220 kV 电力电缆敞开式户外终端制作质量控制要点

采用瓷套管的终端又称敞开式终端，应用于外露空气中，受阳光直射和风吹雨打的室外或不受阳光照射和淋雨的室内环境。敞开式终端分户外和户内两种。

1. 施工准备

（1）安装环境要求。安装电缆终端时，必须严格控制施工现场的温度、湿度与清洁程度。温度宜控制在 0 ℃～35 ℃，当温度超出允许范围时，应采取适当措施。相对湿度应控制在 70%及以下。在户外施工应搭建施工棚，施工现场应有足够的空间满足电缆弯曲半径和安装操作需要，施工现场安全措施齐备。

（2）检查施工用工器具，确保所需工器具清洁、齐全、完好。

2. 切割电缆及电缆护套的处理

（1）根据图纸与工艺要求，剥除电缆外护套。如果电缆外护套表面有外电极，应按照图纸与工艺要求用玻璃片刮掉一定长度外电极。将外护套下的化合物清除干净。不得过度加热外护套和金属护套，以免损伤电缆绝缘。

（2）根据图纸与工艺要求剥除金属护套，操作时应严格控制切口深度，严禁切口过深而损坏电缆内部结构。打磨金属护套断口，去除毛刺，以防损伤绝缘。

3. 电缆加热校直处理

在 220 kV 电压等级的高压交联电缆生产过程中，电缆绝缘内部会留有应力。这种应力会使电缆导体附近的绝缘有向绝缘体中间收缩的趋势。当切断电缆时，就会出现电缆端部绝缘逐渐回缩并露出线芯，一旦电缆绝缘回缩后，电缆终端内就会产生气隙。在高电场作用下，气隙很快会产生局部放电，导致终端被击穿。因此，在 220 kV 电缆终端制作过程中，必须做好电缆加热校直工艺，确保上述应力的消除与电缆的笔直度。

根据附件供货商提供的工艺对电缆进行加热校直。要求电缆笔直度应满足工艺要求，220 kV 交联电缆终端要求弯曲度：电缆每 600 mm 长，最大弯曲度偏移控制在2～5 mm 范围内，如图 4-116 所示。

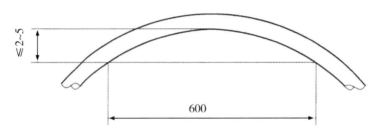

图 4 - 116　交联聚乙烯电缆加热校直处理（单位：mm）

4. 绝缘屏蔽层及电缆绝缘表面的处理

220 kV 电压等级的高压交联电缆附件中，电缆绝缘表面的处理是制约整个电缆附件绝缘性能的决定因素。因此，电缆绝缘表面尤其是与预件应力锥相接触部分绝缘及绝缘屏蔽处的超光滑处理是一道十分重要的工艺。电缆绝缘表面的光滑程度与处理用的砂纸或砂带目数有关，在 220 kV 电缆终端安装过程中，应使用 400 号及以上的砂纸或砂带进行光滑打磨处理。外半导电绝缘屏蔽层与绝缘之间的过渡应进行精细处理，要求过渡平缓，不得形成凹陷或凸起。同时为了确保界面压力，必须进行电缆绝缘外径的测量，如图 4 - 117 所示。要求外径尺寸符合工艺及图纸尺寸要求，且测量点数及 B-A 方向测量偏差满足工艺要求。

图 4 - 117　电缆绝缘表面直径测量示意图

清洁电缆绝缘表面应使用无水溶剂，从绝缘部分向半导电屏蔽层方向擦洗。要求清洁纸不能来回擦，擦过半导电屏蔽层的清洁纸绝对不能再擦绝缘层，擦过的清洁纸不能重复使用。

5. 导体连接

导体连接方式宜采用机械压力连接方法。导体压接前应检查一遍各零部件的数量、安装顺序和方向。检查导体尺寸，清除导体表面污迹与毛刺。按工艺图纸要求，准备压接模具和压接钳。按工艺要求的顺序压接导体。压接完毕后对压接部分进行处理，测量压接延伸量。要求接管压接部分不得存在尖角和毛刺。要求压接完毕后电缆之间仍保持足够的笔直度。

6. 安装应力锥

套入应力锥前，应确认经过处理的电缆绝缘外径符合工艺要求，而且应用无水溶剂清洁电缆绝缘表面。待清洗剂挥发后，在电缆绝缘表面、应力锥内、外表面上应均匀涂上少许硅脂。将应力锥小心套入电缆，采取保护措施防止应力锥在套入过程中受损，清除剩余硅脂。

7. 安装套管及金具

安装前应检查套管内壁及外观，要求套管内壁无伤痕、杂质和污垢。检查应力锥的固定位置是否正确。各部位的固定螺栓应按工艺图纸要求，用力矩扳手紧固。放置O形密封圈前，必须先用清洗剂清洗干净与O形密封圈接触的表面，并确认这些接触面无任何损伤。

对于采用弹簧压缩装置的应力锥（或其他环氧树脂预制件或橡胶预制件），其压力调整应根据工艺图纸要求，用力矩扳手紧固。要求弹簧变形长度满足工艺及图纸要求，弹簧伸缩无障碍。

8. 接地与密封收尾处理

电缆终端尾管密封可采用封铅方式或绕包环氧混合物和玻璃丝带等方式。采用封铅方式进行接地或密封时，封铅要与电缆金属护套和电缆终端的金属尾管紧密连接，封铅致密性要好，不应有杂质和气泡。密封搪铅时，应掌握加热温度，控制缩短搪铅操作时间。可以在搪铅过程中采取局部冷却措施，以免金属护套温度过高而损伤电缆绝缘。采用环氧混合物和玻璃丝带方式密封时，应均匀充实。如需加注绝缘填充剂，应根据工艺图纸要求灌入绝缘填充剂至规定液面位置。

9. 质量验评

根据工艺和图纸要求，及时做好现场质量检查、接头报表填写工作。要求通过过程监控与最终附件验收，确保接头安装质量并做好记录。

10. 220 kV 交联聚乙烯绝缘电力电缆敞开式终端增强绝缘处理要点

其增强绝缘部分（应力锥）一般采用预制橡胶应力锥型式。增强绝缘的关键部位是预制附件与交联聚乙烯电缆绝缘的界面，主要影响因素如下：

（1）界面的电气绝缘强度。

（2）交联聚乙烯绝缘表面清洁光滑程度。

（3）界面压力。

（4）界面间使用的润滑剂。

其应力锥结构一般采用干式和湿式两种型式。

（1）干式终端。干式终端在终端内部采用应力锥和环氧套管，利用弹簧对预制应力锥提供稳定的压力，增加应力锥对电缆和环氧套管表面的机械压强，从而提高沿电缆表面击穿场强。环氧套管外的瓷套内部仍需添加绝缘填充剂。干式终端由弹簧紧固件、应力锥、环氧套管组成，如图 4‑118 和图 4‑119 所示。

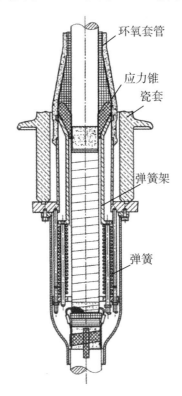

图 4‑118　弹簧紧固件、应力锥、环氧套管结构

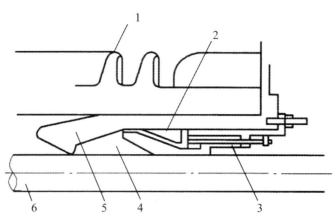

1—瓷套管；2—压环；3—弹簧；4—橡胶预制应力锥；5—环氧树脂件；6—电缆绝缘。

图 4‑119　干式敞开式终端结构

干式终端结构的技术要求包括以下内容：

1）检查弹簧紧固件与应力锥是否匹配。

2）先套入弹簧紧固件，再安装应力锥。

3）在电缆绝缘、绝缘屏蔽层和应力锥的内表面上应涂上硅油。

4）安装完弹簧紧固件后，应测量弹簧压缩长度是否在工艺要求的范围内。

5）检查弹簧所在螺栓是否有阻碍弹簧自由伸缩的部件。

（2）湿式终端。湿式终端在终端内部采用应力锥和密封底座，利用绕包带材保证绝缘屏蔽与应力锥半导电层的电气连接和内外密封，终端内部灌入绝缘填充剂，如硅油或聚乙丁烯。电缆在运行中绝缘填充剂热胀冷缩，为避免终端套管内压力过大或形成负压，通常采用空气腔、油瓶或油压力箱等调节措施。湿式终端由绕包带材、密封底座、应力锥组成，如图4-120所示。

湿式终端结构的技术要求包括以下内容：

1）电缆导体处宜采用带材密封或模塑密封方式，防止终端内的绝缘填充剂流入导体。

2）先套入密封底座，再安装应力锥。

3）在电缆绝缘、绝缘屏蔽层和应力锥的内表面上应涂上硅脂。

4）用手工或专用工具套入应力锥，并在套到规定位置后清除应力锥末端多余硅脂。

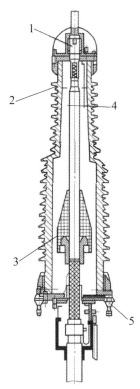

1—导体引出杆；2—瓷套管；3—橡胶预制应力锥；4—绝缘油；5—支持绝缘子。

图4-120　湿式敞开式终端结构

（二）220 kV 电力电缆封闭式终端制作工艺质量控制要点

封闭式终端是指被连接的电气设备带有与电缆相连接的结构或部件，使电缆导体与设备的连接处于全绝缘状态。封闭式终端分 GIS 终端、油浸终端、可分离连接终端等类型。

220 kV 电力电缆 GIS 终端制作质量控制要点与 220 kV 电力电缆敞开式终端制作质量控制要点大致相同，唯一区别在于安装环氧套管和与 GIS 开关之间的连接。下面叙述 220 kV 电力电缆 GIS 终端制作质量控制要点。

1. 安装环氧套管

（1）根据工艺图纸要求，检查环氧套管内壁及外观。要求套管内壁无伤痕、杂质、凹凸和污垢。各部位的固定螺栓应按工艺图纸要求，用力矩扳手紧固。放置 O 形密封圈前，必须先用清洗剂清洗干净与 O 形密封圈接触的表面，并确认这些接触面无任何损伤。

对于采用弹簧压缩装置的应力锥（或其他环氧树脂预制件或橡胶预制件），其压力调整应根据工艺图纸要求，用力矩扳手紧固。要求弹簧变形长度满足工艺及图纸要求，弹簧伸缩无障碍。

（2）安装密封金具或屏蔽罩，调整密封金具或屏蔽罩使其上表面到开关设备与 GIS 终端界面的长度满足要求。检查开关设备导电杆与密封金具或屏蔽罩的螺栓孔位是否匹配，最终固定密封金具或屏蔽罩，确认固定力矩，确保电缆 GIS 终端与开关设备之间的密封质量。

2. 接地与密封处理

（1）所有的接地线和金属屏蔽带均应用铜丝扎紧后再以锡焊焊牢。

（2）将电缆尾管与金属护套处进行密封处理，并将接地连通。搪铅前，搪铅处表面应清洁并镀锡。当与电缆金属护套进行搪铅密封时，应掌握加热温度，控制缩短搪铅操作时间。可以在搪铅过程中采取局部冷却措施，以免金属护套温度过高而损伤电缆绝缘。

（3）如需灌入绝缘填充剂，应根据工艺控制液面位置。

3. 质量验评

根据工艺和图纸要求，及时做好现场质量检查、终端报表填写工作。要求通过过程监控与最终附件验收，确保终端安装质量并做好记录。

四、安装前的准备工作

（一）工器具和材料准备

1. 电缆终端头施工前，应做好施工用工器具检查，确保施工用工器具齐全完好，便于操作，状况清洁，掌握各类专用工具的使用方法。

2. 安装电缆终端头前，应做好施工用电源及照明检查，确保施工用电及照明设备能够正常工作。

3. 电缆附件规格应与电缆一致。零部件应齐全无损伤。绝缘材料不得受潮。密封材料不得失效，壳体结构附件应预先组装，内壁清洁，结构尺寸符合工艺要求，必要时试验密封性能。

4. 220 kV 常用电力电缆终端头安装所需工器具见表 4-25。

5. 220 kV 电缆终端头安装所需要的材料，除附件厂商供应材料外还应准备如下材料（表 4-26）。

表 4-25 终端头安装所需要的常用施工工具

序号	名称	规格及型号	单位	数量	备注
1	临时支架		套	3	
2	电锯		套	1	
3	电吹风		套	1	
4	地线液压钳		套	1	
5	液化气罐及枪		套	1	
6	加热校直工具		套	3	
7	护套切割工具		套	1	
8	绝缘剥切刀		把	3	
9	绝缘屏蔽剥离器		把	3	
10	砂带机		把	3	
11	导体压接工具		套	1	根据截面选择模具及压接机吨位
12	应力锥安装专用工具		套	1	
13	绝缘剂填充装置		套	1	灌注绝缘填充剂
14	常用钳工工具		套	1	
15	常用测量工具		套	1	如，水平尺、游标卡尺、钢尺、卷尺、温湿度计等
16	欧姆表		只	1	
17	力矩扳手		套	1	
18	尼龙带		条	6	起吊终端瓷套
19	手动倒链		副	6	临时固定电缆
20	吊车或卷扬机		台	1	起吊终端瓷套
21	电烙铁		把	1	

（二）环境要求

1. 安装电缆终端头前，宜搭制临时脚手架，并配备链条葫芦等起吊工具，减少施工作业杂物落下影响施工质量及施工安全。

2. 电缆终端头施工所涉及的土建工作及装修工作应在电缆终端安装前完成，清理干净。

3. 土建设施设计时应为电缆终端施工、运行及检修工作提供必要的便利，如完备的接地极、接地网和施工吊点等。

4. 电缆终端头安装时必须严格控制施工现场的温度、湿度与清洁程度。温度宜控制在 0℃ 以上。相对湿度应控制在 75% 及以下，当相对湿度大时，应采取适当除湿措施。控制施工现场的清洁度，当浮尘较多时应搭设工棚进行隔离，并采取适当措施净化施工环境。

5. 环境保护要求。电缆终端头安装完毕应做到工完料净、场地清。电缆终端头施工完毕后，应拆除施工用电源，清理施工现场，分类存放回收施工垃圾，确保施工环境无污染。

表 4-26 110 kV XLPE 电缆终端头安装所需要的常用耗材

序号	名称	规格及型号	单位	数量	备注
1	手锯锯条		根	10	
2	无毛清洁纸		包	5	
3	不起毛白布		kg	2	
4	无铅汽油	93 号	L	12	
5	保鲜膜		卷	6	
6	塑料布		m	10	
7	塑料套	φ30 mm	m	30	
8	液化气		罐	2	
9	砂带	120 号/240 号/320 号/400 号/600 号	m	3/3/3/3/3	
10	铜绑丝	φ2 mm	kg	2	
11	PVC 带		卷	10	
12	玻璃片	200 mm×200 mm×2 mm	块	10	
13	无水酒精	纯度 99.7%	瓶	10	
14	焊锡丝		卷	1	
15	焊锡膏		盒	1	

续表

序号	名称	规格及型号	单位	数量	备注
16	口罩		只	12	
17	吊绳	φ8 mm	m	30	
18	汤布		kg	5	
19	胶皮手套		副	4	

（三）安装质量要求

1. 电缆终端头安装质量应满足以下总体要求："导体连接可靠、绝缘恢复满足设计要求、接地与密封牢靠。"

2. 电缆终端头安装质量还应满足土建构筑物的防火封堵要求，并与周边环境协调。

3. 电缆终端头安装时电缆弯曲半径不宜小于所规定的弯曲半径。电缆终端头安装的弯曲半径见表4-27。

表4-27 电缆终端头安装的弯曲半径

电缆类型		允许最小弯曲半径/mm	
		单芯	多芯
交联聚乙烯绝缘电缆	≥66 kV	20 D	15 D

注：1. D表示电缆外径。2. 非本表范围电缆的最小弯曲半径宜按厂家建议值。

4. 电缆终端头安装时应确保密封牢靠无潮气进入。

（四）其他事项

1. 安装电缆终端头前，应做好检查，并符合下列要求。

（1）电缆绝缘状况良好，无受潮。电缆绝缘偏心度满足设计要求。

（2）电缆相位正确，护层绝缘合格。

（3）各类消耗材料齐备。清洁绝缘表面的溶剂宜遵循工艺要求准备齐全。

2. 电缆终端头施工应由经过培训的熟悉工艺的技能人员进行。

3. 终端支架定位安装完毕，确保作业面水平。

4. 必要时应进行附件试装配。

五、220 kV电力电缆常用终端头安装的操作步骤及要求

（一）220 kV电力电缆敞开式终端头安装步骤及要求

以220 kV交联聚乙烯绝缘电缆户外终端为例，介绍其安装工艺。

1. 电缆临时固定

电缆敷设至临时支架位置，测量电缆护层绝缘，确保电缆敷设过程中没有损伤电

缆护层。

2. 切割电缆及电缆护套的处理

(1) 将电缆固定于终端支架或者临时支架处，安装支撑绝缘子和终端底板。

(2) 检查电缆长度，确保电缆在制作敞开式终端时有足够的长度和适当的余量。根据工艺图纸要求确定电缆最终切割位置，预留 200～500 mm 余量，切剥电缆。

(3) 根据工艺图纸要求确定电缆外护套剥除位置，剥除电缆外护套。如果电缆外护套附有外电极，则宜用玻璃片将外电极刮去，清除干净无残余，剥除长度符合工艺要求。

(4) 根据工艺图纸要求确定金属套剥除位置。剥除金属护套应符合下列要求：

1) 剥除铅护套。用刀具在铅护套剥除位置环切一周，在需剥除的铅护套的全长上划两道相距 10 mm 的轴向切口。用尖嘴钳剥除铅护套。切口深度必须严格控制，严禁切口过深而损坏电缆绝缘。也可以用其他方法剥除铅护套，例如用劈刀剖铅等，但不能损伤电缆绝缘。

2) 剥除铝护套。用刀具仔细地沿着剥除位置的圆周锉断铝护套，不应损伤电缆绝缘。铝护套断口应进行处理，去除尖口及残余金属碎屑。

3) 铝护套表面处理完毕后，应在工艺要求的部位进行搪底铅。首先在铝护套表面涂一层焊接底料，然后在焊接底料上加一定厚度的底铅，以便后续接地工艺施工。

(5) 最终切割。在最终切割标记处将电缆垂直切断，要求导体切割断面平直。如果电缆截面较大，可先去除一定厚度电缆绝缘，直至适当位置后再用锯子等工具沿电缆轴线垂直切断。

3. 电缆加热校直处理

(1) 交联聚乙烯电缆终端安装前应进行加热校直，通过加热达到下列工艺要求：电缆每 600 mm 长，最大弯曲度偏移控制在 2～5 mm 范围内，如图 4-121 所示。

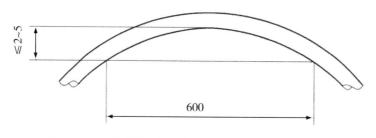

图 4-121 交联聚乙烯电缆加热校直处理（单位：mm）

(2) 交联电缆安装工艺无明确要求时，加热校直所需工具和材料主要有：

1) 温度控制箱，含热电偶和接线。

2) 加热带。

3）校直管，宜采用半圆钢管或角铁。

4）辅助带材及保温材料。

（3）加热校直的温度要求：

1）加热校直时，电缆绝缘屏蔽层处温度宜控制在（75±3）℃，加热时间宜不小于3 h。

2）保温时间宜不小于 1 h。

3）冷却 8 h 或冷却至常温后，采用校直管校直。

4. 绝缘屏蔽层及电缆绝缘表面的处理

（1）绝缘屏蔽层与绝缘层间的过渡处理。

1）采用专用的切削刀具切削电缆绝缘屏蔽，并用玻璃片刮清黏结屏蔽的残留部分，绝缘层屏蔽与绝缘层间应形成光滑过渡，过渡部分锥形长度宜控制在 20～40 mm，绝缘屏蔽断口峰谷差，宜按照工艺要求执行，如工艺书未注明，建议控制在小于10 mm，如图 4-122 所示。

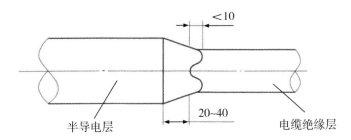

图 4-122　绝缘屏蔽层与绝缘层的过渡部分（单位：mm）

2）打磨过绝缘屏蔽的砂纸或砂带绝对不能再用来打磨电缆绝缘。

3）如附件供货商工艺规定需要涂覆半导电漆，应严格按照工艺指导书操作。

4）打磨处理完毕后，用塑料薄膜覆盖处理过的绝缘屏蔽及电缆绝缘表面。

（2）电缆绝缘表面的处理。

1）电缆绝缘处理前应测量电缆绝缘以及应力锥尺寸，确认上述尺寸是否符合工艺图纸要求。

2）电缆绝缘表面应进行打磨抛光处理，一般应采用 240～600 号及以上砂纸或砂带。220 kV 及以上电缆应尽可能使用 600 号及以上砂纸或砂带，最低不应低于 400 号砂纸或砂带。初始打磨时可使用打磨机或 240 号砂纸或砂带进行粗抛，并按照由小至大的顺序选择砂纸或砂带进行打磨。打磨时，每一号砂纸或砂带应从两个方向打磨 10遍以上，直到上一号砂纸或砂带的痕迹消失，如图 4-123 所示。

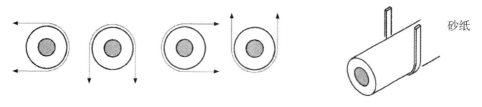

砂纸

图 4-123 电缆绝缘表面抛光处理

图 4-124 电缆绝缘表面直径测量示意图

3）打磨抛光处理的重点部位是安装应力锥的部位，打磨处理完毕后应测量绝缘表面直径。测量时应多选择几个测量点，如图 4-124 所示。每个测量点宜测两次，且测量点数及 B-A 方向测量偏差满足工艺要求，确保绝缘表面的直径达到设计图纸所规定的尺寸范围。测量完毕应再次打磨抛光测量点，以去除痕迹。

4）打磨抛光处理完毕后，绝缘表面的粗糙度（目视检测）宜按照工艺要求执行。如工艺书未注明，建议控制在不大于 300 μm，现场可用平行光源进行检查。

5）如图 4-125 所示，测量并记录导体长度（A）、绝缘屏蔽剥去长度（B）、铝护套剥去长度（C）、外护套剥去长度（D），并确认是否与工艺相符。

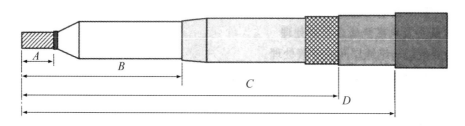

图 4-125 电缆剥削尺寸检查示意图

6）打磨处理完毕后，用塑料薄膜覆盖抛光过的绝缘表面，以免其受潮或被污损。

5. 出线杆油密封

出线杆密封处理如图 4-126 所示，用绝缘带填平压接管与绝缘的间隙；半搭盖绕包四层乙丙自黏性绝缘带；半搭盖绕包六层硫化带。用电吹风或液化气枪加热硫化带，使其变得透明黏合在一起。

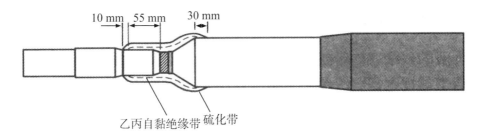

图 4‒126 出线杆密封处理（单位：mm）

6. 绕包屏蔽层

（1）包带前将模塑层和绝缘屏蔽层表面擦干净，如图 4‒127 所示，按要求绕包在模塑好的聚乙烯带及半导电阻水带之间的半导电层上。

（2）2 根镀锡铜编织带（14 mm²）轴向放置在半导电阻水带表面，在电缆上用 5.5 mm² 镀锡铜编织带绑扎并锡焊，在铝护套表面用镀锡铜丝绑扎并锡焊。

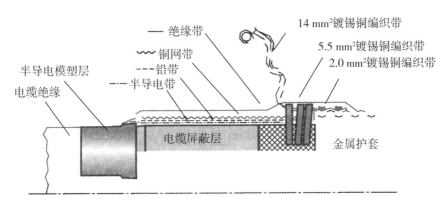

图 4‒127 金属屏蔽的处理

7. 用两层特氟龙带保护绝缘和聚乙烯模塑层

检查尾管、顶推弹簧的内表面无污染和杂物。按正确的方向和次序套入尾管、O 形圈、顶推弹簧。套完后，用聚乙烯等保护材料保护，防止受潮和污染。

8. 装配应力锥

（1）套入应力锥前，应确认经过处理的电缆绝缘外径符合工艺要求。

（2）套入应力锥前，应用无水溶剂清洁电缆绝缘表面。待清洗剂挥发后，在电缆绝缘表面、应力锥内、外表面上应均匀涂上少许硅脂。涂抹硅脂或硅油时，应使用清洁的手套。

（3）将应力锥小心套入电缆，采取保护措施防止应力锥在套入过程中受损，清除剩余硅脂。只有在准备套装时，才可打开应力锥的外包装。

9. 压接出线杆

(1) 导体连接方式宜采用机械压力连接方法，建议采用围压压接法。

(2) 采用围压压接法进行导体连接时，应满足下列要求：

1) 压接前应检查核对连接金具和压接模具，选用合适的接线端子、压接模具和压接机。

2) 压接前应清除导体表面污迹与毛刺。

3) 压接时导体插入长度应充足。

4) 压接顺序可参照 GB/T 14315—2008《电力电缆导体用压接型铜、铝接线端子和连接管》附录 C 的要求。

5) 围压压接每压一次，在压模合拢到位后应停留 10~15 s，使压接部位金属塑性变形达到基本稳定后，才能消除压力。

6) 在压接部位，围压形成的边应各自在同一个平面上。

7) 压缩比宜控制在 15%~25%。

8) 分割导体分块间的分隔纸（压接部分）宜在压接前去除。

9) 围压压接后，应对压接部位进行处理。

压接后连接金具表面应光滑，并清除所有的金属屑末、压接痕迹。压接后连接金具表面不应有裂纹和毛刺，所有边缘处不应有尖端。电缆导体与接线端子应笔直无翘曲。

10. 安装套管及金具

(1) 用合适的溶剂将套管的内外表面清洁干净，检查套管内外表面，确认无杂质和污染物。如为干式终端结构，应将套管内表面与应力锥接触的区域清洁并涂硅油。

(2) 彻底清洁电缆，检查电缆绝缘表面及应力锥表面，确认无杂质和污染物后用起吊工具把瓷套管缓缓套入电缆。在套入过程中，套管不能碰撞应力锥，不得损伤套管。

(3) 清洁密封圈并均匀涂抹硅脂，将密封圈完全放入密封槽内。

(4) 将尾管固定在终端底板上，确保电缆敞开式终端的密封质量。

(5) 对干式终端结构，根据工艺及图纸要求，将弹簧调整成规定压缩比，且均匀拧紧。

11. 接地与密封收尾处理

(1) 终端尾管与金属护套进行接地连接时，可采用搪铅方式或采用接地线焊接等方式。

(2) 终端密封可采用搪铅方式或采用环氧混合物/玻璃丝带等方式。

(3) 采用搪铅方式进行接地或密封时，应满足以下技术要求：

1) 封铅要与电缆金属护套和电缆附件的金属套管紧密连接，封铅致密性要好，不应有杂质和气泡。

2）搪铅时不应损伤电缆绝缘，应掌握好加热温度，搪铅操作时间应尽量缩短。

3）圆周方向的搪铅厚度应均匀，外形应力求美观。

（4）终端尾管与金属护套处采用焊接方式进行接地连接时，跨接接地线截面应满足系统短路电流通流要求。

（5）采用环氧混合物/玻璃丝带方式密封时，应满足以下技术要求：

1）金属护套和终端尾管需要绕包环氧玻璃丝带的地方，应用砂纸或砂带进行打磨。

2）环氧树脂和固化剂应混合搅拌均匀。

3）先涂上一层环氧混合物，再绕包一层半搭盖的玻璃丝带，按此顺序重新进行该工序，直到环氧混合物/玻璃丝带的厚度超过 3 mm。

4）每层玻璃丝带下方为环氧涂层，应使每层玻璃丝带全部浸在环氧混合物中，避免水分与环氧混合物接触。

5）确保环氧混合物固化，时间宜控制在 2 h 以上。

（6）灌入绝缘剂，在安装前宜检验接头密封性，如采用抽真空法。一般在瓷套顶部留有 100～200 mm 的空气腔，作为终端的膨胀腔。

（7）敞开式终端收尾工作，应满足以下技术要求：

1）安装终端接地箱/接地线时，接地线与接地线鼻子的连接应采用机械压接方式，接地线鼻子与终端尾管接地铜排的连接宜采用螺栓连接方式。

2）同一地点同类敞开式终端，其接地线布置应统一，接地线排列及固定应统一，终端尾管接地铜排的方向应统一，且为后期运行维护工作提供便利。

3）采用带有绝缘层的接地线将敞开式终端尾管通过终端接地箱与电缆终端接地网相连，接地线的固定与走向应符合设计要求，整齐划一，美观有序。

4）敞开式终端接地连接线应尽量短，连接线截面积应满足系统单相接地电流通过时的热稳定要求，连接线的绝缘水平不得低于电缆外护套的绝缘水平。

（二）220 kV 电力电缆封闭式终端头安装步骤及要求

1．220 kV 电力电缆封闭式终端头安装前的准备工作

安装过程中的电缆切割、绝缘和屏蔽层的处理以及导体压接，与户外终端安装的要求相同。

2．安装环氧套管及金具

（1）用合适的溶剂将套管的内外表面清洁干净，检查套管内外表面，确认无杂质和污染物。如为干式终端结构，应将套管内表面与应力锥接触的区域清洁并涂硅油。

（2）彻底清洁电缆，检查电缆绝缘表面及应力锥表面，确认无杂质和污染物后用手工或起吊工具把套管缓缓套入电缆。在套入过程中，套管不能碰撞应力锥。

（3）清洁密封圈并均匀涂抹硅脂，将密封圈完全放入密封槽内。

（4）安装密封金具或屏蔽罩，调整密封金具或屏蔽罩使其上表面到开关设备与 GIS 终端部位界面的长度满足 IEC 60859—1999《电缆头标准》的要求。

（5）检查开关设备导电杆与密封金具或屏蔽罩的螺栓孔位是否匹配，最终固定密封金具或屏蔽罩，确认固定力矩。

（6）将尾管固定在套管上，确认固定力矩，确保电缆 GIS 终端与开关设备之间的密封质量。

3. 接地与密封收尾处理

（1）GIS 终端尾管与金属护套进行接地连接时，可采用搪铅方式或采用接地线焊接等方式。

（2）GIS 终端密封可采用搪铅方式或采用环氧混合物/玻璃丝带等方式。

（3）采用搪铅方式进行接地或密封时，应满足以下技术要求：

1）封铅要与电缆金属护套和电缆附件的金属套管紧密连接，封铅致密性要好，不应有杂质和气泡。

2）搪铅时不应损伤电缆绝缘，应掌握加热温度，控制缩短搪铅操作时间。

3）圆周方向的搪铅厚度应均匀，外形应力求美观。

（4）GIS 终端尾管与金属套采用焊接方式进行接地连接时，跨接接地线截面应满足系统短路电流通流要求。

（5）采用环氧混合物/玻璃丝带方式密封时，应满足以下技术要求：

1）金属护套和终端尾管需要绕包环氧玻璃丝带的地方，应用砂纸或砂带进行打磨。

2）环氧树脂和固化剂应混合搅拌均匀。

3）先涂上一层环氧混合物，再绕包一层半搭盖的玻璃丝带，按此顺序重新进行该工序，直到环氧混合物/玻璃丝带的厚度超过 3 mm。

4）每层玻璃丝带下方为环氧涂层，应使每层玻璃丝带全部浸在环氧混合物中，避免水分与环氧混合物接触。

5）确保环氧混合物固化，时间宜控制在 2 h 以上。

（6）GIS 终端内如需灌入绝缘剂，在安装前宜检验其密封性，如采用抽真空法。

（7）GIS 终端收尾工作，应满足以下技术要求：

1）安装终端接地箱/接地线时，接地线与接地线鼻子的连接应采用机械压接方式，接地线鼻子与终端尾管接地铜排的连接宜采用螺栓连接方式。

2）同一变电站内同类 GIS 终端，其接地线布置应统一，接地线排列及固定应统一，终端尾管接地铜排的方向应统一，且为后期运行维护工作提供便利。

3）采用带有绝缘层的接地线将 GIS 终端尾管通过终端接地箱与电缆终端接地网相连，接地线的固定与走向应符合设计要求，整齐划一，美观有序。

4）GIS 终端如需穿越楼板，应做好电缆孔洞的防火封堵措施，一般在安装完防火隔板后，可采用填充防火包、浇注无机防火堵料或包裹有机防火堵料等方式，终端金属尾管宜有绝缘措施，且接地线鼻子不应被包覆在上述防火封堵材料中。

5）GIS终端接地连接线应尽量短，连接线截面积应满足系统单相接地电流通过时的热稳定要求，连接线的绝缘水平不得低于电缆外护套的绝缘水平。

4.7.2 220 kV 电缆中间接头安装

一、作业内容

本部分主要讲述220 kV常用电力电缆中间接头安装所需工器具和材料的选择、附件安装的基本要求、步骤以及安全注意事项等。

二、危险点分析与控制措施

1. 施工前，保证工作人员思想稳定，情绪正常，身体状况良好，安全意识强。

2. 开断电缆前仔细检查电缆标示牌，确定电缆相位正确并且无感应电压伤人危险。与同沟带电线路工作，保持足够的安全距离，必要时加隔板保护。

3. 制作电缆接头前应先搭好临时工棚，工作平台应牢固平整并可靠接地，便于清洁、防尘。

4. 搬运电缆附件人员应相互配合，轻抬轻放，不得抛接，防止损物、伤人。

5. 使用液化气时，应先检查液化气瓶、减压阀、液化喷枪，是否漏气或堵塞，液化气管是否破裂，确保安全可靠。液化气枪使用完毕应放置在安全地点冷却后装运，液化气瓶要轻拿轻放，不能同其他物体碰撞。液化气枪点火时，火头不得对人，以免人员烫伤，其他工作人员应对火头保持一定距离，用后及时关闭阀门。

6. 工棚内必须设置专用保护接地线，安装漏电保护器，且所有移动电气设备外壳必须可靠接地，认真检查施工电源，杜绝触、漏电事故，按设备额定电压正确接线。

7. 工作前，对电缆工井强制排风，如还有疑问，使用气体检测仪检测有毒气体。

8. 工棚内设置专用垃圾桶，施工后废弃带材、绝缘胶或其他杂物，应分类推放，集中处理，严禁破坏环境，每个工棚内必须配置足够专用灭火器，及时清理杂物，并有专人值班，做好防火、防盗措施。电缆中间接头安装消防措施应满足施工所处环境的消防灭火要求，施工现场应配备足够的消防器材，施工现场如需动火应严格履行动火工作票制度，按照有关动火作业消防管理规定执行。

9. 安装前应检查电缆附件是否有受潮或损伤情况。接头制作前应对电缆留有足够的余量，并检查电缆外观有无损伤，电缆主绝缘不能进水、受潮，如受潮必须进行除潮处理。电缆附件及工具、材料的堆放应搭专用工棚，棚内物件、工具应堆放整齐，做好防潮措施。接头制作前要对电缆核对相位，并用500 V/5000 V兆欧表测量外护层和主绝缘的绝缘电阻，应合格。

10. 用刀或其他切割工具时，正确控制切割方向；用电锯切割电缆，工作人员必须戴防护眼镜,打磨绝缘时必须佩戴口罩。制作中间接头,沟旁边应留有通道,传递物件时,应递接递放,不得抛接。

11. 高温天气应采取防暑措施,寒冷天气要采取保暖措施,严格执行冬、雨季施工措施。

12. 施工现场装设围栏,悬挂"在此工作"标示牌。接头井、电缆沟、盖板的四周应装设围栏,挂警示牌,夜间装警示灯,装设安全标识,防止人员、车辆误入,必要时应派专人看守。

13. 接临时电源设专人监护,防止触电。

14. 使用液化气枪搪铅时,应严格控制好加热时间和温度,以免烫伤电缆外半导电层,避免施工人员吸入过量有毒气体,搪铅完后一定要待温度降至室温后,方可进行下一道工序。

15. 使用环氧树脂时,严格执行工艺要求、戴乳胶手套及护目镜。

16. 中间接头施工完毕后,可靠固定电缆,并确认卡箍内衬垫耐酸橡胶。

17. 接头沟内应配置大功率潜水泵,随时排水,防止水面升高而使接头受潮,同时确保电缆沟槽地线连接可靠。

18. 施工时,电缆沟边上方禁止堆放工具及杂物以免掉落伤人。

19. 工作完毕后,应有运行人员与现场负责人员检查接头井、电缆沟内设备处在安全部位,并彻底清理现场。

20. 电缆中间接头安装安全措施应按照《电力安全工作规程(线路部分、变电部分)》的相关规定执行。

三、220 kV电力电缆常用中间接头制作工艺质量控制要点

(一)220 kV电力电缆预制式中间接头制作工艺质量控制要点

1. 施工准备

(1) 安装环境要求。电缆中间接头安装时必须严格控制施工现场的温度、湿度与清洁程度。温度宜控制在0 ℃~35 ℃,当温度超出允许范围时,应采取适当措施。相对湿度应控制在70%及以下。施工现场应有足够的空间,满足电缆弯曲半径和安装操作需要。施工现场安全措施齐备。

(2) 检查施工用工器具,确保所需工器具清洁齐全完好。

2. 切割电缆及电缆护套的处理

(1) 根据图纸与工艺要求,剥除电缆外护套。如果电缆外护套表面有外电极,应按照图纸与工艺要求用玻璃片刮掉一定长度外电极。将外护套下的化合物清除干净。不得过度加热外护套和金属护套,以免损伤电缆绝缘。

(2) 根据图纸与工艺要求剥除金属护套。操作时应严格控制切口深度,严禁切口过深而损坏电缆内部结构,打磨金属护套断口,去除毛刺,以防损伤绝缘。

3. 电缆加热校直处理

在 220 kV 电压等级的高压交联电缆生产过程中，电缆绝缘内部会留有应力。这种应力会使电缆导体附近的绝缘有向绝缘体中间收缩的趋势。当切断电缆时，就会出现电缆端部绝缘逐渐回缩并露出线芯，一旦电缆绝缘回缩后，中间接头就会产生气隙。在高电场作用下，气隙很快会产生局部放电，导致中间接头被击穿。因此，在 220 kV 电力电缆预制式中间接头制作过程中，必须做好电缆加热校直工艺，确保上述应力的消除与电缆的笔直度。

根据附件供货商提供的工艺对电缆进行加热校直。要求电缆笔直度应满足工艺要求，220 kV 交联电缆中间接头弯曲度：电缆每 400 mm 长，最大弯曲度偏移控制在2～5 mm 范围内，如图 4-128 所示。

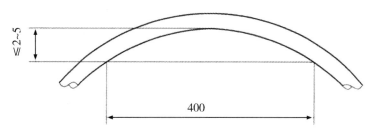

图 4-128　交联聚乙烯电缆加热校直处理（单位：mm）

4. 绝缘屏蔽层及电缆绝缘表面的处理

220 kV 电压等级的高压交联电缆附件中，电缆绝缘表面的处理是制约整个电缆附件绝缘性能的决定因素。因此，电缆绝缘表面尤其是与绝缘预制件相接触部分绝缘及绝缘屏蔽处的超光滑处理是一道十分重要的工艺。电缆绝缘表面的光滑程度与处理用的砂纸或砂带目数相关，在 220 kV 电力电缆预制式中间接头制作过程中，应使用 400 号及以上的砂纸或砂带进行光滑打磨处理。对外半导电绝缘屏蔽层与绝缘之间的过渡进行精细处理，要求过渡平缓，不得形成凹陷或凸起，同时为了确保界面压力，必须进行电缆绝缘外径的测量，如图 4-129 所示。要求外径尺寸符合工艺及图纸尺寸要求，且测量点数及 B-A 方向测量偏差满足工艺要求。

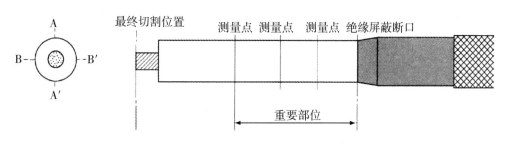

图 4-129　电缆绝缘表面直径测量示意图

清洁电缆绝缘表面应使用无水溶剂，从绝缘部分向半导电屏蔽层方向擦洗。要求清洁纸不能来回擦，擦过半导电屏蔽层的清洁纸绝对不能再擦绝缘层，擦过的清洁纸不能重复使用。

5. 套入橡胶绝缘预制件及导体连接

根据附件供货商的工艺要求，利用专用工具将绝缘预制件套入电缆本体上。安装绝缘预制件前应保持电缆绝缘的干燥和清洁，并检查确保预制件无杂质、裂纹存在。如果绝缘预制件需要在施工现场进行预扩张，一般应控制预制件扩张时间不超过 4 h。

6. 导体连接

导体连接方式宜采用机械压力连接方法。导体压接前应检查一遍各零部件的数量、安装顺序和方向。检查导体尺寸，清除导体表面污迹与毛刺。按工艺图纸要求，准备压接模具和压接钳。按工艺要求的顺序压接导体。压接完毕后对压接部分进行处理，测量压接延伸量。要求接管压接部分不得存在尖角和毛刺。要求压接完毕后电缆之间仍保持足够的笔直度。

7. 外部保护盒密封及接地处理

中间接头密封可采用封铅方式或绕包环氧混合物和玻璃丝带等方式。采用封铅方式进行接地或密封时，封铅要与电缆金属护套和电缆附件的金属套管紧密连接，封铅致密性要好，不应有杂质和气泡。密封搪铅时，应掌握加热温度，控制缩短搪铅操作时间，并可以在搪铅过程中采取局部冷却措施，以免金属护套温度过高而损伤电缆绝缘。采用环氧混合物和玻璃丝带方式密封时，应浇注均匀充实。

中间接头金属套管与电缆金属护套采用焊接方式进行接地连接时，跨接接地线截面应满足系统短路电流通流要求，接地连接牢靠。

8. 质量验评

根据工艺和图纸要求，及时做好现场质量检查、接头报表填写工作。要求通过过程监控与最终附件验收，确保接头安装质量并做好记录。

（二）220 kV 电力电缆组合预制式中间接头制作工艺质量控制要点

1. 220 kV 电力电缆组合预制式中间接头的安装程序大部分与预制式中间接头相同，唯一的差别在于它的预制件组装步骤。

2. 组合预制式中间接头存在三种界面，即环氧树脂预制件与电缆绝缘之间界面、环氧树脂预制件与橡胶预制件间的界面、绝缘预制件与电缆绝缘表面间的界面。其中后两者界面的绝缘强度与界面上所受的压紧力呈指数关系。界面压力除了取决于绝缘材料特性外，还与电缆绝缘的直径的公差和偏心度有关。因此，在 220 kV 电力电缆装配式中间接头制作过程中，必须严格按照工艺规程处理界面压力。

3. 套入橡胶预制件及环氧树脂预制件。根据工艺和图纸要求，正确套入橡胶预制件、环氧树脂预制件等零部件，并确认无遗漏。

4. 固紧所有预制件。根据工艺和图纸要求，将环氧树脂预制件移动到规定位置，把两边的橡胶预制件移到与环氧树脂预制件相接触，并紧固弹簧。要求确保橡胶预制件移到与环氧树脂预制件及电缆绝缘表面的压力在规定范围内。

四、安装前的准备工作

仔细阅读附件供货商提供的工艺与图纸。做好工器具准备工作、接头材料验收检查核对工作，做好接头场地准备工作，施工现场应配备必要的除尘、通风、照明、除湿、消防设备，提供充足的施工用电。根据供货商工艺要求对接头区域温度、相对湿度、清洁度进行控制。

（一）工器具和材料准备

1. 安装电缆中间接头前，应做好施工用工器具检查，确保施工用工器具齐全完好，便于操作，状况清洁，掌握各类专用工具的使用方法。

2. 安装电缆中间接头前，应做好施工用电源及照明检查，确保施工用电及照明设备能够正常工作。

3. 附件材料验收。电缆附件规格应与电缆一致。零部件应齐全无损伤。绝缘材料不得受潮。密封材料不得失效，壳体结构附件应预先组装，内壁清洁，结构尺寸符合工艺要求，必要时试验密封性能。

4. 220 kV 电力电缆中间接头安装所需要的施工工具，见表 4‐28。

表 4‐28　220 kV XLPE 电力电缆中间接头安装所需要的常用施工工具

序号	名称	规格及型号	单位	数量	备注
1	临时支架		套	3	
2	电锯		套	1	
3	电吹风		套	1	
4	地线液压钳		套	1	
5	液化气罐及枪		套	1	
6	加热校直工具		套	3	
7	护套切割工具		套	1	
8	绝缘剥切刀		把	3	
9	绝缘屏蔽剥离器		把	3	
10	砂带机		把	3	
11	导体压接工具		套	1	根据截面选择模具及压接机吨位

序号	名称	规格及型号	单位	数量	备注
12	预制件扩径工具		套	1	
13	预制件牵引工具		套	1	
14	常用钳工工具		套	1	
15	常用测量工具		套	1	如，水平尺、游标卡尺、钢尺、卷尺、温湿度计等
16	欧姆表		只	1	
17	力矩扳手		套	1	
18	尼龙带		条	6	起吊终端瓷套
19	手动倒链		付	6	临时固定电缆
20	电烙铁		把	1	

5. 220 kV 电力电缆中间接头安装所需要的常用材料除附件箱材料还应准备如下材料，见表 4-29。

(二) 环境要求

1. 安装电缆中间接头前，宜搭制临时脚手架，并配备手动倒链等起吊工具，减少施工作业杂物落下影响施工质量及施工安全。

2. 电缆中间接头施工所涉及的场地如工井、接头沟或隧道等的土建工作及装修工作应在电缆终端安装前完成，清理干净。

3. 土建设施设计时应为电缆中间接头施工、运行及检修工作提供必要的便利，如完备的接地极、接地网和施工吊点等。

4. 接头工井尺寸应满足工井内最大接头长度并充分考虑电缆弯曲半径及电缆热伸缩现象。

5. 电缆中间接头安装时必须严格控制施工现场的温度、湿度与清洁程度。温度宜控制在 0 ℃以上。相对湿度应控制在 75％及以下，当湿度大时，应采取适当除湿措施。控制施工现场的清洁度，当浮尘较多时应搭制接头工棚进行隔离，并采取适当措施净化施工环境。

6. 电缆中间接头安装完毕应做到工完料净、场地清。电缆中间接头施工完毕后，应拆除施工用电源，清理施工现场，分类存放回收施工垃圾，确保施工环境无污染。

表 4–29　220 kV XLPE 电缆中间接头安装所需要的常用材料

序号	名称	规格及型号	单位	数量	备注
1	手锯锯条		根	10	
2	无毛清洁纸		包	5	
3	不起毛白布		kg	2	
4	无铅汽油	93 号	L	12	
5	保鲜膜		卷	6	
6	塑料布		m	10	
7	塑料套	φ30 mm	m	30	
8	液化气		罐	2	
9	砂带	120 号/240 号/320 号/400 号/600 号	m	3/3/3/3/3	
10	铜绑丝	φ2 mm	kg	2	
11	PVC 带		卷	10	
12	玻璃片	200 mm×200 mm×2 mm	块	10	
13	无水酒精	纯度 99.7％	瓶	10	
14	焊锡丝		卷	1	
15	焊锡膏		盒	1	
16	口罩		只	12	
17	吊绳	φ8 mm	m	30	
18	汤布		kg	5	
19	胶皮手套		副	4	

（三）安装质量要求

表 4–30　电缆中间接头安装弯曲半径

电缆类型		允许最小弯曲半径/mm	
		单芯	多芯
交联聚乙烯绝缘电缆	≥66 kV	20 D	15 D

注：1. D 表示电缆外径；2. 非本表范围电缆的最小弯曲半径宜按厂家建议值。

1. 电缆中间接头安装质量应满足以下要求："导体连接可靠、绝缘恢复满足设计要求、接地与密封牢靠。"

2. 电缆中间接头安装质量还应满足工井或隧道防火封堵要求，并与周边环境协调。

3. 电缆中间接头安装时电缆弯曲半径不宜小于表 4–30 中所规定的弯曲半径。

4. 电缆中间接头安装时应确保同轴电缆密封牢靠无潮气进入。

（四）其他事项

1. 安装电缆中间接头前，应做好材料检查，并符合下列要求：

（1）电缆绝缘状况良好，无受潮。电缆绝缘偏心度满足设计要求。

（2）电缆相位正确，护层绝缘合格。

2. 电缆中间接头施工应由经过培训的熟悉工艺的技能人员进行。

3. 各类消耗材料齐备。清洁绝缘表面的溶剂宜遵循工艺要求准备齐全。

4. 接头支架定位安装完毕，确保作业面水平。

5. 必要时应进行附件试装配。

五、220 kV 电力电缆常用中间接头安装的操作步骤及要求

1. 电缆临时固定

电缆敷设至临时支架位置，测量电缆护层绝缘，确保电缆敷设过程中没有损伤电缆护层。

2. 电缆切割

（1）将电缆临时固定于支架上。

（2）检查电缆长度，确保电缆在制作中间接头时有足够的长度和适当的余量。根据工艺图纸要求确定电缆最终切割位置，预留 200～500 mm 余量，用锯子等工具沿电缆轴线垂直切断。

（3）根据工艺图纸要求确定电缆外护套剥除位置，剥除电缆外护套。如果电缆外护套上附有外电极，则宜用玻璃片将外电极刮去除干净无残余，剥除长度符合工艺要求。

（4）根据工艺图纸要求确定金属护套剥除位置，剥除金属护套应符合下列要求：

1）剥除铅护套应符合下列要求：

a）用刀具在铅护套剥除位置环切一周，在需剥除的铅护套的全长上划两道相距 10 mm 的轴向切口，用尖嘴钳剥除铅护套。

b）上述轴向切口深度必须严格控制，严禁切口过深而损坏电缆绝缘。

c）也可以用其他方法剥除铅护套，例如用劈刀剖铅等，但不应损伤电缆绝缘。

2）剥除铝护套应符合下列要求：

a）如为环形铝护套，可用刀具仔细地沿着铝护套剥除位置（宜选择在波峰处）的圆周锉断铝护套，不应损伤电缆绝缘，护套断口应进行处理去除尖口及残余金属碎屑。

b）如为螺旋形铝护套，可用刀具仔细地从剥除位置（宜选择在波峰处）起沿着波纹退后一节成环并锉断铝护套，不应损伤电缆绝缘，铝护套断口应进行处理去除尖口及残余金属碎屑。

c）如铝护套与绝缘之间存在间隙，也可采用特殊工具，控制好切割深度后连同外护套一起切除。

d) 铝护套表面处理完毕后，应在工艺要求的部位进行搪底铅。首先在铝护套表面涂一层焊接底料，然后在焊接底料上加一定厚度的底铅以便后续接地工艺施工。

（5）最终切割。在最终切割标记处用锯子等工具沿电缆轴线垂直切断，要求导体切割断面平直。如果电缆截面较大，可先去除一定厚度电缆绝缘，直至适当位置后再用锯子等工具沿电缆轴线垂直切断。

3. 电缆加热校直处理

（1）交联聚乙烯电缆中间接头安装前应进行加热校直，通过加热中间接头要求弯曲度达到下列工艺要求：电缆每 400 mm 长，最大弯曲度偏移控制在 2～5 mm 范围内，如图 4‑130 所示。

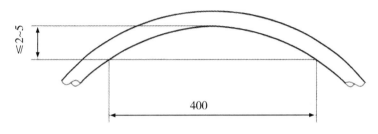

图 4‑130　交联聚乙烯电缆加热校直处理（单位：mm）

（2）交联电缆安装工艺无明确要求时，加热校直所需工具和材料主要有：

1）温度控制箱，含热电偶和接线。

2）加热带。

3）校直管，宜采用半圆钢管或角铁。

4）辅助带材及保温材料。

（3）加热校直的温度要求：

1）加热校直时，电缆绝缘屏蔽层处温度宜控制在（75±3）℃，加热时间宜不小于 3 h。

2）保温时间宜不小于 1 h。

3）冷却 8 h 或冷却至常温后采用校直管校直。

4. 电缆绝缘屏蔽及电缆绝缘表面处理

（1）绝缘屏蔽层与绝缘层间的过渡处理

1）采用专用的切削刀具切削电缆绝缘屏蔽，并用玻璃片刮清屏蔽的残留部分。绝缘层屏蔽与绝缘层间应形成光滑过渡，过渡部分锥形长度宜控制在 20～40 mm，绝缘屏蔽断口峰谷差，宜按照工艺要求执行。如工艺书未注明，建议控制在小于 10 mm，如图 4‑131 所示。打磨过绝缘屏蔽的砂纸或砂带绝对不能再用来打磨电缆绝缘。

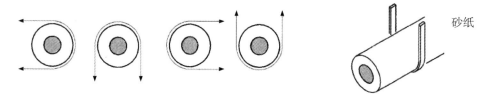

图 4‑131 绝缘屏蔽与绝缘层过渡部分（单位：mm）

半导电层　电缆绝缘层

2）为了提高绝缘屏蔽断口处电性能，可采用涂刷半导电漆方式或加热硫化方式。

3）打磨处理完毕后，用塑料薄膜覆盖处理过的电缆绝缘及绝缘屏蔽表面。

（2）电缆绝缘表面的处理

1）电缆绝缘处理前应测量电缆绝缘以及预制件尺寸，确认上述尺寸是否符合工艺图纸要求。

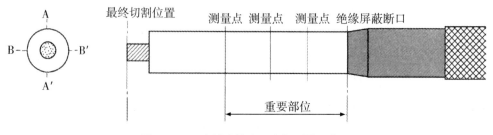

砂纸

图 4‑132 电缆绝缘表面抛光处理

2）电缆绝缘表面应进行打磨抛光处理，220 kV 电缆应使用 400 号及以上砂纸或砂带。如图 4‑132 所示，初始打磨时可使用 240 号砂纸或砂带进行粗抛，并按照由小至大的顺序选择砂纸或砂带进行打磨。打磨时每一号砂纸或砂带应从两个方向打磨 10 遍以上，直到上一号砂纸或砂带的痕迹消失。

3）打磨抛光处理重点部位是绝缘屏蔽断口附近的绝缘表面，如图 4‑133 所示，打磨处理完毕后应测量绝缘表面直径。测量时应多选择几个测量点，每个测量点宜测两次，确保绝缘表面的直径达到设计图纸所规定的尺寸范围，测量完毕应再次打磨抛光测量点去除痕迹。

最终切割位置　测量点 测量点　测量点 绝缘屏蔽断口

重要部位

图 4‑133 电缆绝缘表面直径测量示意图

4）打磨抛光处理完毕后，绝缘表面的粗糙度（目视检测）宜按照工艺要求执行。如未注明，建议控制在不大于 300 μm，现场可用平行光源进行检查。

5）打磨处理完毕后，用塑料薄膜覆盖抛光过的绝缘表面。

5. 套入橡胶预制件及导体连接

（1）以整体预制式中间接头为例

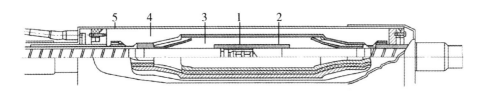

1—导体连接；2—高压屏蔽；3—绝缘预制件；4—空气或浇注防腐材料；5—保护外壳。

图 4‑134　整体预制式中间接头示意图

整体预制式中间接头如图 4‑134 所示。套入绝缘预制件时应注意：

1）保持电缆绝缘层的干燥和清洁。

2）施工过程中应避免损伤电缆绝缘。

3）在暴露电缆绝缘表面上，清除所有半导电材料的痕迹。

4）涂抹硅脂或硅油时，应使用清洁的手套。

5）只有在准备扩张时，才可打开预制橡胶绝缘件的外包装。

6）在套入预制橡胶绝缘件之前应清洁粘在电缆绝缘表面上的灰尘或其他残留物，清洁方向应由绝缘层朝向绝缘屏蔽层。

（2）预制件定位

清洁电缆绝缘表面并确保电缆绝缘表面干燥无杂质。采用专用收缩工具或扩张工具将预制橡胶绝缘件抽出套在电缆绝缘上，并检查橡胶预制件的位置满足工艺图纸要求。

6. 专用收缩工具或扩张工具

预制式中间接头一般要求交联聚乙烯电缆绝缘的外径和预制橡胶绝缘件的内径之间有较大的过盈配合，以保持预制橡胶绝缘件和交联聚乙烯电缆绝缘界面有足够的压力。因此安装预制式中间接头宜使用专用的收缩工具或扩张工具，如图 4‑135 所示。

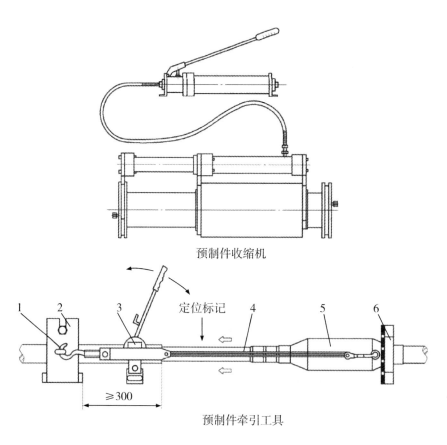

预制件收缩机

定位标记

≥300

预制件牵引工具

1—固定钩；2—电缆卡座；3—紧线器；4—丝绳；5—预制件；6—预制件卡座。

图4-135 专用收缩工具和扩张工具示意图

7. 以交联聚乙烯绝缘电缆中间接头组合预制式为例

装配式中间接头如图4-136所示，其接头增强绝缘由预制橡胶绝缘件和环氧绝缘件在现场组装，并采用弹簧紧压，使得预制橡胶绝缘件与交联聚乙烯电缆绝缘界面达到一定压力，以保持界面电气绝缘强度。

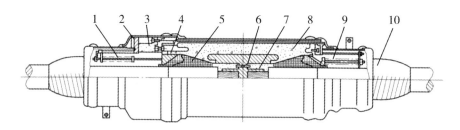

1—压紧弹簧；2—中间法兰；3—环氧法兰；4—压紧环；5—橡胶预制件；6—固定环氧装置；7—压接管；8—环氧元件；9—压紧弹簧；10—防腐带。

图4-136 装配式中间接头示意图

8. 接头增强绝缘处理

接头增强绝缘处理一般技术要求如下：

（1）保持电缆绝缘层的干燥和清洁。

（2）施工过程中应避免损伤电缆绝缘。

（3）在暴露电缆绝缘表面上，清除所有半导电材料的痕迹。

（4）涂抹硅脂或硅油时，应使用清洁的手套。

（5）只有在准备扩张时，才可打开预制橡胶绝缘件的外包装。

（6）在套入预制橡胶绝缘件之前应清洁粘在电缆绝缘表面上的灰尘或其他残留物，清洁方向应由绝缘层朝向绝缘屏蔽层。

（7）用色带做好橡胶预制件在电缆绝缘上的最终安装位置的标记。

（8）清洁电缆绝缘表面、环氧树脂预制件及橡胶制件的内、外表面。将橡胶预制件、环氧树脂件、压紧弹簧装置、接头铜盒、热缩管材等部件预先套入电缆。

9. 预制件定位与固紧

预制件固紧如图 4-137 所示。

（1）安装前，再用清洗剂清洁电缆绝缘表面、橡胶预制件外表面。待清洗剂挥发后，在电缆绝缘表面、橡胶预制件外表面及环氧树脂预制内表面上均匀涂上少许硅脂，硅脂应符合要求。

（2）用供货商提供（或认可）的专用工具把橡胶预制件套入相应的标志位置。

（3）根据工艺及图纸要求，用力矩扳手调整弹簧压紧装置并固紧，用清洁剂清洗掉残存的硅脂。

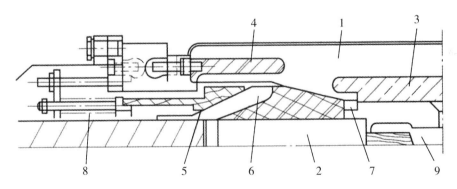

1—环氧树脂件；2—电缆绝缘；3—高压屏蔽电极；4—接地电极；5—压环；6—橡胶预制应力锥；7—防止电缆绝缘收缩的夹具；8—弹簧；9—导体接头。

图 4-137　预制件固紧示意图

10. 导体连接

（1）导体连接前应将经过扩张的预制橡胶绝缘件、接头铜盒、热缩管材等部件预先套入电缆。

（2）采用围压压接法进行导体连接时应满足下列要求：

1）压接前应检查核对连接金具和压接模具，选用合适的接线端子、压接模具和压接机。

2）压接前应清除导体表面污迹与毛刺。

3）压接时导体插入长度应充足。

4）压接顺序可参照 GB/T 14315—2008《电力电缆导体用压接型铜、铝接线端子和连接管》附录 C 的要求。

5）围压压接每压一次，在压模合拢到位后应停留 10～15 s，使压接部位金属塑性变形达到基本稳定后，才能消除压力。

6）在压接部位，围压形成的边应各自在同一个平面上。

7）压缩比宜控制在 15%～25%。

8）分割导体分块间的分隔纸（压接部分）宜在压接前去除。

9）围压压接后，对压接部位进行处理。

压接后连接金具表面应光滑，并清除所有的金属屑末、压接痕迹。压接后连接金具表面不应有裂纹和毛刺，所有边缘处不应有尖端。电缆导体与接线端子应笔直无翘曲。

11．带材绕包

在预制件外绕包一定尺寸的半导电带、金属屏蔽带、防水带。根据接头型式的不同，按照工艺要求恢复外半导电屏蔽层，注意绝缘接头和直通接头的区别。

12．外保护盒密封与接地处理

（1）中间接头尾管与金属护套进行接地连接时，可采用搪铅方式或采用接地线焊接等方式。

（2）中间接头密封可采用搪铅方式或采用环氧混合物/玻璃丝带等方式。

（3）采用搪铅方式进行接地或密封时，应满足以下技术要求：

1）封铅要与电缆金属护套和电缆附件的金属套管紧密连接，封铅致密性要好，不应有杂质和气泡。

2）搪铅时不应损伤电缆绝缘，应掌握好加热温度，搪铅操作时间应尽量缩短。

3）圆周方向的搪铅厚度应均匀，外形应力求美观。

（4）中间接头尾管与金属护套采用焊接方式进行接地连接时，跨接接地线截面应满足系统短路电流通流要求。

（5）采用环氧混合物/玻璃丝带方式密封时，应满足以下技术要求：

1）金属护套和接头尾管需要绕包环氧玻璃丝带的地方应用砂纸或砂带进行打磨。

2）环氧树脂和固化剂应混合搅拌均匀。

3）先涂上一层环氧混合物，再绕包一层半搭盖的玻璃丝带，按此顺序重新进行该工序，直到环氧混合物/玻璃丝带的厚度超过 3 mm。

4）每层玻璃丝带下方为环氧涂层，应使每层玻璃丝带全部浸在环氧混合物中，避免水分与环氧混合物接触。

5）确保环氧混合物固化，时间宜控制在 2 h 以上。

（6）收尾处理。中间接头收尾工作，应满足以下技术要求：

1）安装交叉互联换位箱及接地箱/接地线时，接地线与接地线鼻子的连接应采用机械压接方式，接地线鼻子与接头铜盒接地铜排的连接宜采用螺栓连接方式。

2）同一线路同类中间接头其接地线或同轴电缆布置应统一，接地线排列及固定应统一，同轴电缆的走向应统一，且为后期运行维护工作提供便利。

3）中间接头接地连接线应尽量短，3 m 以上宜采用同轴电缆。连接线截面应满足系统单相接地电流通过时的热稳定要求，连接线的绝缘水平不得小于电缆外护套的绝缘水平。

本章思考题

1．35 kV 及以下交联电力电缆中间接头按其功能分类有哪几种？

2．110 kV 交联电力电缆常用接地系统是如何构成的？

3．简述波纹铝护套搪铅的操作步骤。

4．简述接地箱的结构和作用？

5．常用带材的种类有哪些，它们各有什么特点？

6．电力电缆导体连接方法有哪些？

7．焊接接地线有哪些要求？

8．1 kV 及以下热缩式电力电缆中间接头现场制作时应注意哪些安全问题？

9．10 kV 冷缩式电力电缆终端安装主要工艺要点有哪些？

10．10 kV 冷缩式电力电缆中间接头安装工艺要点有哪些？

11．35 kV 常用电力电缆终端头制作时，电缆外半导电屏蔽层的处理有哪些要求？

12．简述 35 kV 常用电力电缆中间接头制作工艺流程。

13．安装 110 kV 交联电力电缆终端头时为什么要对电缆进行加热校直处理？

14．110 kV 交联电力电缆敞开式终端头装配应力锥有哪些技术要点？

15．110 kV 交联电力电缆组合预制式中间接头绝缘屏蔽处理的技术要求是什么？

16．220 kV 电力电缆 GIS 终端制作质量控制要点有哪些？

17．组合预制式中间接头存在哪三种界面？它们之间的关系怎样？影响界面压紧力的因素有哪些？

18. 高压电力电缆接地连接采用搪铅方式应注意哪些问题?

本章小结

本章主要介绍了电力电缆附件安装，包括电力电缆附件种类和安装工艺要求、电力电缆附件安装的基本操作、1 kV 及以下电力电缆附件安装、10 kV 电力电缆附件安装、35 kV 电力电缆附件安装、110 kV 电力电缆附件安装、220 kV 电力电缆附件安装等内容。

第五章 电力电缆故障测寻及试验

5.1 电力电缆故障测寻及试验基本知识

5.1.1 电力电缆试验

一、电力电缆试验目的

电力电缆试验主要指电缆在生产和安装敷设后所进行的各种试验，其项目大致可分为五类：例行试验、抽样试验、型式试验、安装竣工后的交接试验和投入运行后的预防性试验。前三类试验都是在制造厂出厂前进行的，试验目的是证明电缆本体的性能和制造质量。本书所讲述的是后两类试验，即总体为电力电缆的电气试验。电力电缆在生产、储存、运输和安装过程中由于材料质量、施工因素或机械损伤等原因可能使电缆线路在安装竣工后留下隐患；电缆线路在投入运行后，由于运行中线路过负荷导致电缆发热受损，由于线路敷设环境造成电缆护层化学腐蚀和电解腐蚀，由于各种地下施工使电缆护层受到外力损伤等原因都会给电缆绝缘留下缺陷。这些缺陷在电缆线路运行中逐渐发展，直接威胁电网供电的可靠性，为了及时发现绝缘缺陷，避免发生电缆事故，定期对电缆线路进行电气试验是十分必要的。

交接试验是在电缆安装竣工后，运行部门对电缆设备验收时进行的。其目的是检验电缆线路的安装质量，及时发现和排除电缆在施工过程中发生的严重损伤。重要的输电电缆线路还需根据电力系统二次回路整定的需要测量直流电阻、电容、正序和零序阻抗等参数。

预防性试验是在电力电缆线路投入运行后，根据电缆的绝缘、运行等状况按一定周期进行的试验，其目的是掌握运行中电缆线路的绝缘水平，及时发现和排除电缆线路在运行中出现的隐形缺陷，保证电缆线路安全、可靠、不间断地输送电能。

二、电力电缆试验项目

对于不同电压等级和不同类型的电力电缆线路，试验内容也不尽相同。现行的电缆线路电气试验大致有以下项目：

（1）直流耐压和泄漏电流试验。

（2）测量绝缘电阻。

（3）核相试验（用于新安装和检修后的电缆线路）。

（4）电缆护层绝缘试验（用于有护层绝缘要求的电缆线路）。

（5）电缆线路参数测量（用于需要进行电力系统参数计算的电缆线路）。

（6）0.1 Hz超低频试验（用于35 kV及以下电压等级的电缆线路）。

（7）交流变频谐振试验。

电力电缆线路的交接试验和预防性试验因其要求不一，试验项目也略有不同。

电力电缆的交接试验主要有：直流耐压试验、泄漏电流试验、核相试验、测量绝缘电阻、测量电缆线路参数、护层绝缘试验、护层过电压保护器的接地电阻试验、0.1 Hz超低频试验或交流变频谐振试验等。

电力电缆的预防性试验主要有：直流耐压试验、泄漏电流试验、核相试验、测量绝缘电阻、护层绝缘试验、0.1 Hz超低频试验或交流变频谐振试验等。

三、测量绝缘电阻

测量绝缘电阻是检查电缆线路绝缘状态最简单、最基本的方法。绝缘电阻高说明电缆绝缘良好，绝缘电阻下降说明绝缘可能存在受潮或老化等缺陷。绝缘电阻测量只能作为判断电缆绝缘是否良好的参考，不能作为电缆是否可以送电的依据。

测量绝缘电阻一般使用绝缘电阻表（俗称摇表）。1 kV及以下电缆用500～1000 V兆欧表，1 kV以上电缆一般使用1000～5000 V兆欧表测量。测量绝缘电阻时应读取15 s和60 s时的绝缘电阻值，即R_{15}和R_{60}。两者的比值R_{60}/R_{15}称为吸收比。在同样测试条件下，吸收比值越大，说明电缆绝缘越好，一般应大于1.3，且电阻值应稳定。

四、直流耐压试验

直流耐压试验是电力电缆试验的最基本试验，分为交接性试验和预防性试验。

交接性试验是为了检验出厂电缆的制造缺陷，检测电缆线路在敷设、安装过程中的电缆隐患，是确定新安装设备或者改造后设备能否投入运行的依据，也是保证电缆线路长期稳定运行的重要手段。

预防性试验是电缆在运行中对其绝缘水平进行周期性监视的重要手段，其主要作用是判断电缆线路在试验电压作用下的绝缘性能，并且与原始记录进行比较，以判明电缆线路绝缘性能的变化情况，确定电缆的状态检修项目和处理方法，确定电缆能否继续运行。在进行直流耐压试验的同时，要读取泄漏电流。

直流耐压试验标准如下：

1. 直流耐压交接试验技术标准，如表5-1所示。

表 5 - 1 直流耐压交接试验技术标准

电缆类型	额定电压 U_0/U_N	试验电压	试验时间/min
油浸纸绝缘电缆	6/6	30 kV	5
	6/10	40 kV	5
	8.7/10	47 kV	5
	21/35	105 kV	5
	26/35	130 kV	5
橡塑绝缘电缆	6/10	24 kV	15
	8.7/10	35 kV	15
	21/35	84 kV	15
	26/35	104 kV	15

注：（1）U_N 为电缆额定电压，U_0 为电缆线芯对地或对金属屏蔽层间额定电压。下列表中相同。

（2）表中数据参考 GB 50150—2016《电气装置安装工程电气设备交接试验标准》。

2. 直流耐压预防性试验技术标准，如表 5 - 2 所示。

表 5 - 2 直流耐压预防性试验技术标准

电缆类型	额定电压 U_0/U_N	试验电压	试验时间/min
油浸纸绝缘电缆	6/6	30 kV	5
	6/10	40 kV	5
	8.7/10	47 kV	5
	21/35	105 kV	5
	26/35	130 kV	5
橡塑绝缘电缆	6/10	25 kV	5
	8.7/10	37 kV	5
	21/35	63 kV	5
	26/35	78 kV	5

注：表中数据参考 DL/T 596—2005《电力设备预防性试验规程》。

五、0.1 Hz 超低频试验

由于直流耐压试验对交联聚乙烯绝缘具有一定的损伤，而工频交流试验由于试验设备容量大而不适合现场试验的要求。0.1 Hz 超低频（VLF）交流耐压试验的工作频率仅为工频的 1/500，根据无功功率的计算公式：$Q = 2\pi fCU^2$，理论上它的容量是工频交流试验的 $\dfrac{1}{500}$（除去设备结构等其他因素，实际容量可下降为 $\dfrac{1}{100} \sim \dfrac{1}{50}$），所以

0.1 Hz超低频交流耐压的试验设备的容量远比工频交流耐压的试验设备小，它克服了直流耐压试验和工频交流试验的缺点，因而得到了广泛的重视。

0.1 Hz超低频交流耐压试验具有以下优点：

（1）不会在交联聚乙烯电缆绝缘中产生空间电荷、避免了直流试验后在交流电压下发生绝缘损伤。

（2）试验设备容量较小，重量较轻，能满足现场工作的需要。

（3）同直流耐压试验相比，用0.1 Hz超低频电压试验时，局部放电起始电压较低，对电缆绝缘不易产生新的损伤，又能在较快时间内检查出电缆绝缘存在的缺陷。

（4）0.1 Hz超低频试验用于油纸绝缘电缆线路时，能和直流耐压试验一样可靠地发现绝缘缺陷。

0.1 Hz超低频交流耐压试验标准如下：

0.1 Hz超低频耐压试验只适用于35 kV以下电缆线路。0.1 Hz超低频耐压试验，在做交接试验时电压为3 U_0，时间为60 min；预防性试验规定电压为2.1 U_0，时间为5 min。

六、交流变频谐振试验

交联聚乙烯绝缘电缆采用交流电压试验是一种既能检出缺陷又不损伤电缆绝缘的有效试验方法，但是工频交流试验设备的容量较大，电缆电压越高，线路越长，试验设备的容量越大。为了适应在现场进行交联聚乙烯电缆的交流耐压试验，关键在于减小试验设备的容量，而交流变频谐振装置是减小试验设备容量的一种有效措施。

1. 交流变频谐振试验的工作原理

调频式串联谐振高压试验设备的工作原理接线如图5-1所示。交流220 V或380 V电源，由变频源转换成频率、电压可调的电源，经励磁变压器，送入由电抗器 L 和被试电缆 C_X 构成的高压串联谐振回路，分压器是纯电容式的，用来测量试验电压。变频器经励磁变压器 T 向主谐振电路送入一个较低的电压 U_e，调节变频器的输出频率，当频率满足条件 $f=\dfrac{1}{2\pi\sqrt{LC_X}}$ 时，电路即达到谐振状态。此时有

$$U_{CX}=QU_e$$

其中 Q 为品质因数，通常 Q 值在几十至上百，在较小的励磁电压 U_e 下，使被试品 C_X 上产生几十倍于 U_e 的电压 U_{CX}。通过被试品的电流为

$$I=2\pi fC_XU_{CX}$$

从上述工作原理可以看出：

（1）品质因数 Q 值愈高，所需电源容量愈小。

（2）谐振电抗器 L 与被试品 C_X 处于谐振状态，此电路形成一个良好的滤波电路，故输出电压 U_{CX} 为良好的正弦波形。

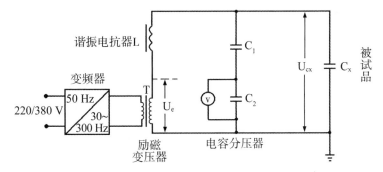

图 5 - 1　调频串联谐振试验原理图

（3）被试电缆击穿时，失去谐振条件，高压侧电压和低压侧电流自动减小，因此不会扩大被试品的故障点。

2. 交流变频谐振试验标准

GB 50150—2016《电气装置安装工程电气设备交接试验标准》规定：橡塑电缆优先采用 20～300 Hz 交流耐压试验。试验标准如表 5 - 3 所示。

表 5 - 3　橡塑电缆交流变频谐振试验标准

额定电压 $U_N/U/kV$	试验电压	试验时间/min
18/30 及以下	2.5 U_N（2 U_N）	5（或 60）
21/35～64/100	2 U_N	60
127/220	1.7 U_N（或 1.4 U_N）	60
190/330	1.7 U_N（或 1.3 U_N）	60
290/500	1.7 U_N（或 1.1 U_N）	60

5.1.2　电力电缆故障测寻

一、电缆故障判断

由于电缆的故障类型很多，测寻方法也随故障性质的不同而不同，因此，在故障测寻工作开始之前，准确地判断电缆故障的性质，具有非常重要的意义。若故障的性质判断错误，就无法采用正确的测量方法，也就无法测寻出故障点的位置。

下面分别叙述电缆故障性质的分类和确定的方法。

（一）电力电缆的故障性质分类

电缆故障分为导体损伤和绝缘损伤，其中导体损伤为开路故障，包括断线故障和似断非断故障，绝缘损伤包括泄露性故障和闪络性故障，其中泄露性故障又包括低阻故障和高阻故障。

（二） 电缆故障的性质判别方法

1. 开路故障

开路故障判断可采用下述两种方法进行：

电阻法：首先将测试相线芯尾端可靠接地，在首端用欧姆表测试线芯对地的电阻值为 R_A，如果 R_A 趋向无穷大，则该相为开路故障。如果 R_A 趋向于零，则该相正常。

低压脉冲法：通过低压脉冲法对电缆测试相长度的测量，与电缆全长进行比较，如果所测长度明显小于电缆全长，则说明该相电缆存在开路故障。

2. 泄漏性低阻故障

所谓"泄漏性"低阻故障，是与"闪络性"高阻故障相对而言的，也就是日常所说的永久性低阻接地（短路）故障。

判断方法是用欧姆表或万用表测试电缆相对地（或金属屏蔽层）的电阻值，若电阻值小于 100 Ω 可认为是低阻故障。也可用低压脉冲法测试该相对地的波形，若反射波形与发射波形极性相反，可判断电缆存在有低阻故障。使用后者时，应注意中间接头对反射波形的影响，有些接头的反射波与低阻故障相类似。

3. 泄漏性高阻故障

泄漏性高阻故障可用以下途径来判断：

（1）绝缘电阻测量：首先用兆欧表和欧姆表配合使用测量电缆绝缘电阻，排除低阻故障；如果绝缘电阻在 1 MΩ 以下，可直接判断为泄漏性高阻故障；如果绝缘电阻在几兆欧以上且不合格，判断可能是高阻故障，具体应通过耐压试验结果来确定。

（2）直流耐压预试：按照相关要求对电缆进行直流耐压试验，当电缆的泄漏电流值 I_g 随试验电压的升高而连续增大，并远大于电缆的允许泄漏值时，即可判断电缆有泄漏性故障，其阻值可进一步通过兆欧表来测试。

4. 闪络性高阻故障

闪络性高阻故障简称闪络性故障。

由于闪络性故障阻值很高，通常稍低于或等于电缆正常的绝缘电阻值，因此，现场只有通过做预防性试验来判别：

闪络性故障一般表现为：耐压试验的升压过程中，当电压达到某一数值时，泄漏电流急剧增大，甚至绝缘击穿。而当试验电压下降后，泄漏电流值又恢复正常。如果有上述现象发生，可判断为电缆存在闪络性故障。

综上所述，电力电缆故障的判断方法主要有四种措施：

1）通过兆欧表初测绝缘电阻值判断。

2）通过欧姆表测量绝缘电阻具体值判断。

3）通过电缆耐压试验判断。

4）通过电缆故障闪测仪判断。

如果想正确、快捷地判断电缆故障性质，不仅要掌握正确的判断方法，还要不断总结现场的有关工作经验。

二、电缆故障预定位

目前，常用的故障预定位方法为行波反射法，也叫脉冲反射法。这种方法在国内外已得到非常广泛的应用。

脉冲反射法主要特点：它对电缆故障的可测率相当高，据不完全统计，95％以上的电力电缆故障都能采用这种方法进行有效且准确的测试；测试速度快，通常大部分故障可在数分钟以内用仪器显示出故障点的位置；测试范围宽，一种测试仪器可以有效地测试所有类型的电缆故障；安全性能好，整个测试过程对被测电缆无损伤，由于新技术的进一步应用，也使得操作人员在测试过程中更加安全。

实训室所用仪器的测试方法有三种：低压脉冲法、二次脉冲法、脉冲电流法。

（一）低压脉冲法

1. 应用范围

低压脉冲反射法，简称低压脉冲法。用于测量电缆的低阻、短路与断线故障。还可用于测量电缆的长度、电缆的波速度。

2. 工作原理

根据传输线理论，向电缆送入一脉冲电压，当电缆有故障时，故障点输入阻抗 Z_i 不再是线路的特性阻抗 Z_c 而引起反射，产生向测量点运动的反射脉冲，其反射系数：

$$\rho = (Z_i - Z_c) / (Z_i + Z_c) \tag{5-1}$$

从仪器发射脉冲开始计时，接收到故障点反射脉冲的时间延迟 Δt，对应脉冲在测量点与故障点往返一次所需时间，如图 5-2 所示。设障碍距离为 L_x，脉冲在线路中的传播速度为 V，则故障点距离为：

$$L_x = V \Delta t / 2 \tag{5-2}$$

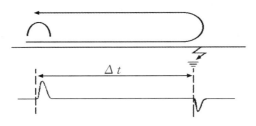

图 5-2 脉冲波的反射

由公式 5-1 可知，断线和低阻故障反射脉冲的极性，如图 5-3 和 5-4 所示。

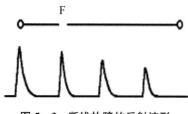

图 5‐3 断线故障的反射波形

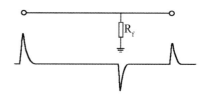

图 5‐4 低阻故障的反射波形

3. 操作方法流程

（1）直接测试

用一端带鳄鱼夹的测试导引线将仪器和待测电缆芯线连接起来（注意：测试前应使电缆导体充分放电），按动"开关"键，仪器显示"欢迎使用科汇仪器……"等信息后，进入"范围"菜单，同时向被测电缆发射低压脉冲，并将反射波形显示在屏幕上。

按"操作"键，进入"操作"菜单，按动"增益＋""增益－""平衡＋""平衡－"等键，调整波形形状，得到满意的波形。如图 5‐5 所示。

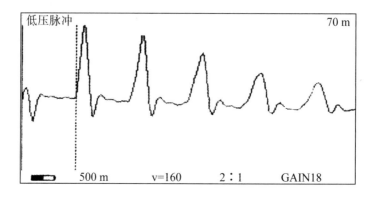

图 5‐5 实际测试波形（电缆全长）

在波形操作菜单下，将波形放大，可得更详细的波形，如图 5‐6 所示。

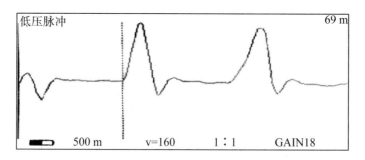

图 5‐6 实际测试波形（电缆全长）

（2）波形比较法

在范围方式不变时，通过比较电缆故障相与完好相的脉冲反射波形，可以更容易地识别电缆故障点。

先测量一完好相的脉冲反射波形，将其记忆下来，再测量故障相的脉冲反射波形，按"比较"键，将两波形同时显示在屏幕上，将光标移动至波形开始差异处，即为故障点。

在已知完好电缆长度时，此方法可用来确定同类电缆的波速度。分别测量此电缆对端开路和短路的波形，调节波速度，使波形开始出现差异点的距离等于电缆的长度，此时的仪器显示的波速度值即为此类电缆的波速度值。值得注意的是，电缆中波速度只与电缆的绝缘介质性质有关，而与导体芯线的材料与截面积无关。如图 5-7 所示。

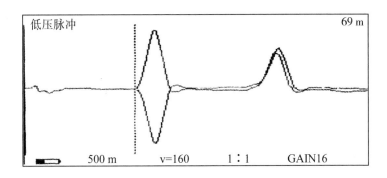

图 5-7　波形比较

（3）自动测试

在低压脉冲方式下，按住"测试"键一秒钟以上，仪器将自动调整范围、增益和平衡，并将光标定位于故障点，显示故障点距离。

（二）二次脉冲法

1. 应用范围

二次脉冲测距方法在高压信号发生器和二次脉冲信号耦合器的配合下，可用来测量电力电缆的高阻和闪络性故障的距离，波形更简单，容易识别。

2. 高压电弧的性质

向故障电缆加直流高压，当电压达到一较高的数值，场强足够大时，介质中存在少量的自由电子将在电场作用下产生碰撞游离，自由电子碰撞中性分子，使其激励游离而产生新的电子和正离子，这些电子和正离子获得电场能量后又和别的中性分子相互碰撞，这个过程不断发展下去，使介质中电子流"雪崩"加剧，造成绝缘介质击穿，形成导电通道，故障点被强大的电子流瞬间短路。即电缆故障点会突然被击穿，故障点电压急剧降低几乎为零，电流突然增大，产生了一放电电弧。根据电弧理论得知，此电弧电阻很小，故障点此时成为低阻接地或短路故障。

3. 工作原理

在高压电弧产生的瞬间，向电缆发射一低压脉冲，记下此反射波形，由于此时故障点成为低阻接地或短路故障，反射脉冲波形和发射脉冲波形极性相反（一般发射波为正，反射波为负），如图5-8所示。

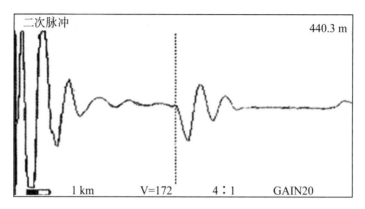

图5-8 高压电弧反射波形

在高压电弧熄灭后，电缆恢复到高阻或闪络状态，此时再向电缆发射一低压脉冲，记录此反射波形，波形反映的一般是电缆绝缘良好的脉冲波形。将两波形同时显示在屏幕上。由于两脉冲反射波形在故障点出现明显差异点，可很容易地判断故障点位置，如图5-9所示。

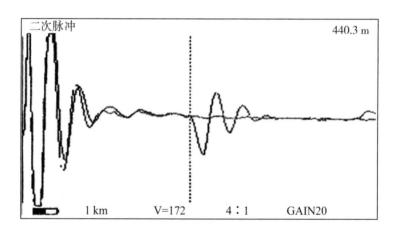

图5-9 二次脉冲波形

4. 操作流程

将高压信号发生器"T-303电缆端"连接到二次脉冲信号耦合器T-S100的高压输入端，将二次脉冲信号耦合器"T-S100电缆端"连接到被测电缆上，同时将工作地和保护地分别可靠连接好，T-S100的信号输出端连接到T-905信号口。接好电源，打开 T-303 和 T-S100 的电源，将 T-303 设置为单次工作方式。如图 5-10 所示。

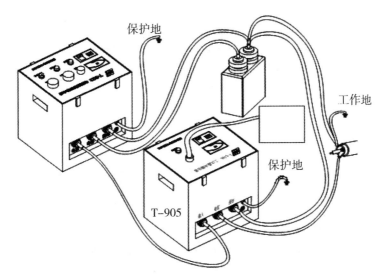

图 5-10　二次脉冲法测试接线图

按 T-905 "开关"键，打开仪器，将仪器工作方式设置为二次脉冲方式，按 "测试"键，仪器显示 "等待触发"提示信息。T-303 放电后，仪器自动发射脉冲，并将二次脉冲测试波形显示在屏幕上。旋动光标旋钮，移动光标至两测试波形出现明显差异处，确定故障点距离。

（三）脉冲电流法

1. 应用范围

脉冲电流测距方法在 T-303 高压信号发生器的配合下，可用来测量电力电缆的高阻和闪络性故障的距离，波形比较简单，容易识别。

2. 工作原理

电缆的高阻与闪络性故障由于故障点电阻较大（大于 10 倍的电缆波阻抗），低压脉冲在故障点没有明显的反射（反射脉冲幅度小于 5%），故不能用低压脉冲反射法测距。

如图 5-11 所示，当加到电缆上的电压增加到某值时，故障点突然被击穿放电，产生向测量点运动的放电脉冲，放电脉冲通过测量点后，被电容反射，运动回故障点，在故障点再次被反射，返回测量点。放电脉冲不断在电容和故障点间进行反射，多次通过测量点。

脉冲电流法是将电缆故障点用高电压击穿，仪器通过电流耦合器采集并记录下故障点击穿产生的电流行波信号，通过分析判断电流行波信号在测量端与故障点往返一趟的时间来计算故障距离。脉冲电流法采用线性电流耦合器采集电缆中的电流行波信号。

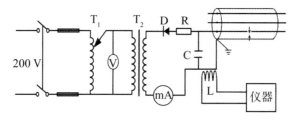

图 5‑11 脉冲电流工作原理图

线性电流耦合器 L 放置在储能电容 C 接电缆外皮的接地引线旁。L 实际上是一个空心线圈，与地线中电流产生的磁场相匝链。

根据高压直流信号加到电缆方式的不同，又分为直闪法和冲闪法。

(1) 直闪法

直流高压闪络测试法，简称直闪法。用于测量闪络击穿性故障，即故障点电阻极高，在用高压试验设备把电压升到一定值时就产生闪络击穿的故障。

直闪法接线如图 5‑12 所示，T_1 为调压器，调节输出电压，直至电缆故障点被击穿；T_2 为高压试验变压器，容量在 0.5～1.0 千伏安之间，输出电压在 30～60 千伏之间；C 为储能电容器；L 为线性电流耦合器。

图 5‑12 直闪法测试接线原理图

典型的直闪测量波形，如图 5‑13 所示。

图 5‑13 直闪脉冲电流波形

(2) 冲闪法

在故障点电阻不是很高时，直流泄漏电流较大，由于试验仪器中电阻的分压作用，电缆上得到电压很小，故障点无法被击穿，必须使用冲击高压闪络测试法，简称冲闪法。冲闪法也适用于测试大部分闪络性故障。

冲闪法接法如图 5-14 所示，它与直闪法接线基本相同，不同的是在储能电容 C 与电缆之间串入一球形间隙 G。首先，通过调节调压升压器对电容 C 充电，当电容 C 上电压足够高时，球形间隙 G 击穿，电容 C 对电缆放电，这一过程相当于把直流电源电压突然加到电缆上去。

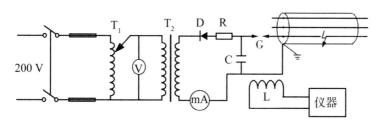

图 5-14　冲闪法测试接线原理图

典型的冲闪法测量脉冲电流波形，如图 5-15 所示。

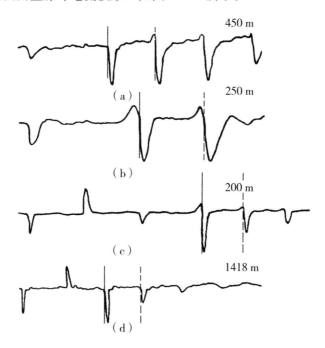

图 5-15　几种典型的冲闪波形

3. 操作流程

如图 5-16 所示，将 T-303 高压信号发生器和被测电缆连接好，电流耦合器卡在地线上，方向指向工作地，电流耦合器输出连接到 T-905 的信号口，并连接好保护地。

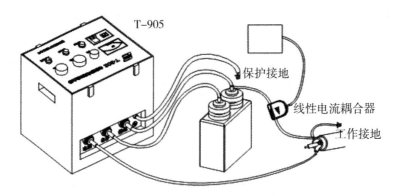

图 5-16 脉冲电流测试接线图

对照图 5-16 仔细检查接线，确认接线无误后，打开 T-303 电源，按下"高压盒"开关，将工作方式设置为直闪法或单次、周期放电（冲闪法）。

打开 T-905 仪器，将工作方式设置为脉冲电流，依据电缆全长选择适当范围，按"测试"键，屏幕显示"等待触发"。电缆故障点放电后，在屏幕上显示脉冲电流波形，并自动定位故障点距离。调整仪器的增益，重复测试，直至获得满意的脉冲电流波形，如图 5-17 所示。

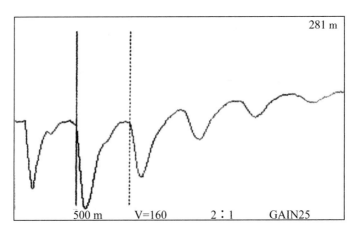

图 5-17 脉冲电流测试波形

4. 测试技巧

（1）对端短路环法

在电缆存在分支线时，用正常测试法，脉冲电流波形分析起来较困难，使用远端短路环法就比较方便。在对正常的无分支电缆测试波形的分析判断无把握时，也可使用该方法，以获得可靠的故障测距结果。

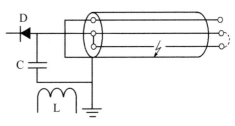

图 5-18 直闪远端短路环法测试接线

下面以直闪法测试的远端短路环法来说明。

如图5-18所示，远端短路环法测试接线与正常的直闪法测试接线的特别之处，是在测量端把故障线芯与一良好线芯连接在一起。

首先，在对端故障线芯与相应的良好线芯不连接的条件下，进行测试，得到如图5-19（a)所示的脉冲电流波形，使用仪器的记忆功能，把它储存起来。它与普通的波形基本类似，故障点放电产生的脉冲除在故障点与测量端来回反射之外，还有一部分通过测量端短接线透射进入了健全导体，并运动到远端反射回来。由于测量端几乎被电容所短路，故障线芯上的行波对良好线芯的透射很小，可忽略不计。

在得到图5-19（a）的波形后，在对端把故障线芯与良好线芯连起来（这样，故障线芯与良好线芯之间形成了一个环，远端短路环法的命名就由此而来）后，进行测试，得到如5-19（b）所示波形。向电缆对端传播的故障点击穿放电脉冲，将越过短接线，沿良好线芯回到测量端。因此，如图5-19（c）所示，把对端不短接与短接的波形叠加比较，后者波形上多出了沿良好线芯传过来的故障点放电脉冲。

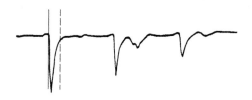

（a）远端故障线芯与良好线芯不连接的波形

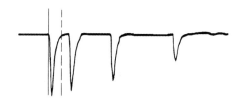

（b）远端有短接线的波形

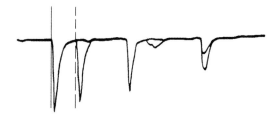

（c）二波形比较

图5-19　远端短路法测试波形

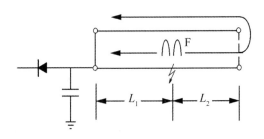

图 5‒20 故障点放电脉冲传播路径

由图 5‒20 可知，从故障点沿故障线芯直接传播过来的放电脉冲走过的路程为 L_1，即故障点到测量端的距离，而由良好线芯传过来的放电脉冲走过路程为 $L_2 + (L_1 + L_2)$，其中 L_2 为故障点到对端的距离。两个不同路径传播过来的脉冲到达时间差为：

$$\Delta t = \frac{L_2 + (L_1 + L_2)}{V} - \frac{L_1}{V} = \frac{2L_2}{V}$$

其中 V 为脉冲传播速度。

因此，两波形开始出现差异处的时间，对应电流行波在故障点与对端来回运动一次的时间，可用来确定故障点距离。

冲闪法测试的对端短路环法原理类似直闪法，图 5‒21 给出了测试波形，由于两次测试的故障点放电延时不一定一致，波形比较时，应以故障点放电脉冲为准把两个波形对齐，并以此作为起点（图 5‒21 实线所示），找出两波形上有明显差异的点（图 5‒21 虚线所示），来确定故障点位置。

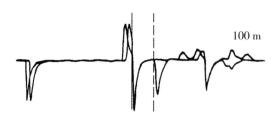

图 5‒21 冲闪法测试远端短路环法波形

注意，为保证工作安全，在把远端故障线芯与良好线芯短接之前，一定确保电缆线芯已充分放电，在测量端挂上地线，并保持联络。

（2）延时触发法

有的故障电缆铠装及铅包破裂，而未及时处理，时间一久，潮气往往从破裂处渗透进去，形成大面积受潮。这时，故障点延时放电时间往往很长，达数百微秒，甚至数毫秒，而一般故障点击穿延时仅几个微秒。

一般的电缆故障测试仪器在球形间隙击穿后开始记录信号，仪器所记录信号的时间长度是有限的，如果放电延时过长，在故障点击穿放电时，仪器已停止记录，就无

法记录故障点放电时脉冲电流波形。如图 5‑22 中仪器记录信号的时间长度为 t_0，而故障点击穿时间（图上 A 点）已超过 t_0，故仪器记录不到故障点放电脉冲电流波形。因此，这时从球形间隙放电声音等现象判断，故障点已击穿，但从记录的波形上却观察不到故障点放电的迹象。

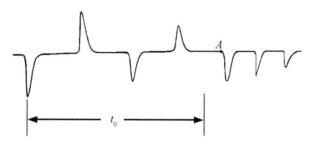

图 5‑22 故障放电延时波

仪器的延时触发功能可以对付这种情况。在仪器被球形间隙放电脉冲触发后开始计时，预定时间后，仪器自动复归，等待故障点放电脉冲到来后，再次被触发，记录信号。仪器所选择的再触发延时，应接近或大于仪器记录信号的时间长度。仪器记录下的故障点放电延时的脉冲电流波形，类似于直闪测试所得到的波形。

三、电缆故障精确定位

预定位技术是整个电缆故障测试技术中的关键，由于电缆敷设的复杂性和测试设备的局限性，不可能确切地知道故障点的具体位置，经验表明，测试结果相对误差一般在 ±2% 以内，绝对误差随电缆长度增加在几米至几十米以内，因此把这一测试过程叫预定位。

为了方便电缆故障处理工作，必须找到故障点的准确位置。对直埋电力电缆来说，按 DL/T 849.2—2019《电力设备专用测试仪器通用技术条件第 2 部分：电缆故障定点仪》要求，故障精确定点误差应不大于 1 m。实训室使用的故障定点仪器是 T‑505 电缆故障定点仪，采用的原理为声磁同步测试，在定点的同时可以探测电缆的路径，使用必须有高压信号发生器配合。

（一）工作原理

1. *声磁同步路径探测原理*

当电缆故障点被高压脉冲击穿时，强大的高压脉冲电流会在电缆周围（全长范围内）产生一个磁场信号，如图 5‑23 所示：

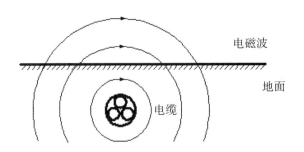

图 5 - 23 声磁同步路径探测原理图

脉冲电流在电缆两侧所产生的磁场的初始方向（极性）是相反的，仪器在不同的位置采集磁场信号并将波形显示在液晶显示屏上，当判断出其初始方向发生变化时，说明仪器探头已移到电缆的另一侧，用此法反复探测即可确定电缆的路径。

2. 高阻故障定点原理

电缆高阻故障点在高电压下放电，在电缆周围产生磁场信号，同时在故障点产生振动声音信号。在故障点正上方，声音从故障点传到地面需要的时间最短，而感受到的声音强度最大。

仪器采集电缆故障点击穿时产生的磁场和声音信号，将波形显示在液晶显示屏上，并将声音通过耳机输出以供监听。当接收到故障点放电声音信号时，移动光标可以标定出声音与磁场信号到达探头的时间差（声磁延时值），由于磁场传播速度远远高于声音传播速度，因此磁场的传播时间可以忽略，声磁延时值即是声音信号从故障点到探头所需的传播时间。根据公式：距离＝时间×速度，即可判断故障点的远近（由于很难确定声音在不同介质中的传播速度，所以还不能根据声磁延时值精确地算出故障点的距离）。通过监听声音和判断声音波形幅值还可以辨识声音的强弱。声磁延时值最小并且声音强度最大的点，就是故障点。

（二）精确定点操作流程

1. 预备工作

（1）故障测距

当电缆发生故障后，请首先使用电力电缆故障测距仪测出故障距离。

（2）高压设备接线及使用

为了进行故障定点，应在电缆的一端接高电压发生设备，对电缆施加高压冲击脉冲，使电缆故障点击穿放电。芯线对地故障定点，高压设备的接线与故障测距时使用的冲闪法接线相同，如图 5 - 24 所示。

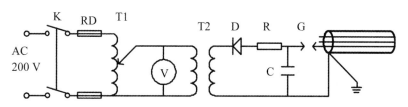

T1—调压器；T2—高压试验变压器；D—硅堆；G—球形间隙；C—电容器。

图 5‑24　高压设备接线图

其中，电容器应选用电容量较大的型号，尤其当故障距离较远时，大容量的电容器能使故障点产生较强的声音信号，便于故障定点，一般使用的电容器容量在 1 至 4 微法，额定电压 6 千伏或 10 千伏。

调整球形间隙的间隔，然后接通高压设备电源，逐步提高电压，直至球形间隙放电，若球形间隙的放电声音比较响，一般可判断故障点已经击穿。若故障点没有击穿，需要提高放电电压。首先停下高压设备，将电容和电缆上的电荷放尽后，加大球形间隙的间隔，重复上述过程，直至故障点能够击穿放电。

电容器容量越大，放电电压越高，故障点放电发出的声音信号也就越强，探测起来越容易，但高压设备放电时间间隔会延长，增加定点需要的时间。应该根据实际情况，合理地选择电容器容量和调整放电电压，以利于快速定点。

在故障定点时，若故障点离高压设备比较近，球形间隙放电的声音可能会被探头接收到，难以与故障点放电的声音信号相区别，这时可将放电设备移至电缆的另一端再进行定点。

2. 仪器的现场安装

(1) 将声磁探头的输出电缆插头插入仪器前面板上的信号输入插孔，将探头平放于地面，用于接收信号。

(2) 将耳机插头插入仪器前面板上的耳机输出插孔，用于监听声音。

(3) 将提杆旋入探头上部的螺孔以便于携带。

(4) 若现场地面比较松软，可将探针旋入探头底部，将探针垂直插入地面，以提高探测灵敏度。

3. 开机

按动"开机"键，打开仪器电源开关，进入提示状态，显示参考波形，等待放电触发，如图 5‑25 所示。

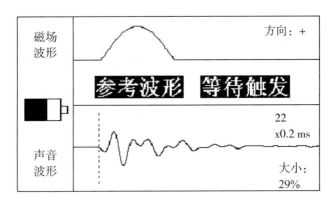

图 5-25　开机显示

屏幕显示有以下内容：

（1）磁场波形：触发后更新，用来寻找路径以及判断是否正确触发。

（2）磁场方向：仪器自动判断，用来进行路径探测。

（3）声音波形：触发后更新，用来显示声音的波形，并进行故障定点。

（4）光标：通过"＜""＞"键移动，用来指示放电声音波形的起始位置，标定声磁延时。

（5）声磁延时：和光标位置对应，上面的数字表示光标从零点移动到当前位置经过的液晶点数，"×0.2 ms"表示光标在屏幕上移动一点所代表的时间单位。

（6）"大小"：表示放大后声音信号的相对强弱，最大为 99%。

（7）电池符号：表示电池中剩余能量的多少。电池符号中黑色部分越多，表示电池剩余能量越多；电池欠压时电池符号闪烁，应该抓紧时间工作，或对电池充电后再使用。电池水平降到零时，仪器将自动关机。

4. 增益调节

（1）磁场增益调节

启动高压设备，向电缆施加冲击高压，使故障点放电。仪器应能被放电产生的磁场触发。触发时"同步指示"发光二极管闪亮，磁场和声音波形更新。

磁场增益很小时，仪器任何时候都不能触发；将其适当调高，使仪器只在放电时能够触发；如果调得过高，则干扰磁场将会使仪器在不放电时误触发，那样，接收到的任何信号没有意义。

一般情况下，磁场增益旋钮在三分之一到二分之一最大位置即可。

可以通过观察仪器的触发频率是否和放电频率一致来判断磁场增益调节是否合适。

放电产生的磁场和干扰磁场波形有明显不同。一般的，放电磁场波形幅值较大，频率较低，波形平滑，与半个周期或一个周期的正弦波非常相似，干扰磁场幅值较低，频率较高，毛刺较多，形状没有规律。通过观察波形能够判断仪器是否正确触发。仪器如果连续误触发，一般是由于磁场增益太大引起的，将其适当调小即可。

（2）声音放大增益调节

故障定点时需要调节声音增益。

观察仪器触发后显示的声音波形，调节声音增益，使声音波形幅值足够大，但不失真。仪器对增益是否合适进行自动判断，若表示声音幅值的"大小"值达到99%，则在屏幕右下位置显示"增益过大"，若小于10%，则显示"增益过小"，合适则不显示。

在定点时可使用耳机来监听声音，调节声音增益同样影响监听到的声音强度，但耳机监听只是一种辅助手段，所以不应该完全根据耳机监听的效果来调节声音增益。如果感到监听的声音大小不合适，可以调节耳机本身的音量旋钮。

5. 路径探测

在电缆的全长范围内都能探测路径，而不仅限于故障点以前或周围。在进行路径探测时，可以不必关心声音波形。

首先选定一个点放置探头，观察仪器触发后显示的磁场波形，若波形的起始处是向上的，则方向是"＋"，反之是"－"。沿电缆走向的垂直方向在另一点放置探头，当仪器再次触发后观察磁场波形，如果在这两点得到的磁场方向不同，说明电缆位于两点之间，否则电缆位于这两点的同侧，应继续向这个方向或反方向移动探头，直至找出电缆的位置。再沿电缆走向方向移动探头，重复上述过程，定出多个电缆位置。多个位置的连线即是电缆的路径。

6. 故障定点

根据故障测距结果和电缆路径确定故障点的大体范围，在这个范围内进行定点。

（1）信号鉴别

将探头放在电缆上方，故障点击穿放电时，仪器触发，"同步指示"发光二极管闪亮，液晶显示屏显示采集到的磁场和声音信号波形。如果故障点发出的声音信号能够被仪器接收到，则其波形将明显不同于噪声波形，最基本的特征为：

1）噪声波形：杂乱无章，没有规律，在同一测试点每次触发显示的波形均不一样。

2）放电声音波形：规律性很强，在同一测试点，每次触发显示的波形在形状、幅值、起始位置等各方面均非常相似。

在对直埋电缆进行定点时，波形和一段正弦波有些相似。信号越强越相似，能分辨出的周期数越多；信号越弱，变形越严重，周期数越少。

仪器的抗干扰能力很强，显示的放电声音波形一般比较稳定，但偶尔的强烈干扰也会造成波形变形严重以致无法分辨，这时只要在同一点多进行几次采样即可。图5-26是典型声音波形示例图。

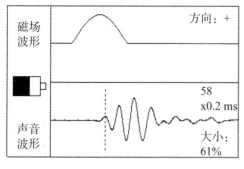
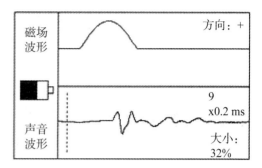

（a）声音较强　　　　　　　　　　　　（b）声音较弱

图 5‑26　典型声音波形

在定点过程中，可以使用耳机来监听声音，若探头距离故障点已经足够近，则能够在"同步指示"发光二极管闪亮的同时，听到一个不同于环境噪音的故障点放电声。

在进行信号鉴别的时候，波形识别是主要手段，耳机监听是辅助手段，可以用来验证波形识别的结果。一般情况下，如果能监听到信号，则波形早已能够被正确识别；反之，由于听觉分辨力不如视觉，以及环境噪声、个人经验等原因，波形能够识别，监听并不一定能分辨出信号。更应该注意的是，由于放电磁场很强，不可避免地对声音信号通道产生影响，有时在离故障点比较远的地方，经过极力分辨也能监听到一个很小的声音信号，虽然不同于环境噪声，但是在不同的位置声音强度不变，波形无法识别，这时可以断定这种声音是干扰，而不是信号。

如果没有采集到信号，说明探头的位置距离故障点还比较远，应沿电缆路径方向将探头移动 1 至 2 米的距离重新探测。

由于故障测距和实际距离测量都存在误差，尤其在故障点较远或地形复杂时，误差可能比较大，而且极有可能超出估计的误差范围，所以在首先确定的一二十米的小范围内没有采集到信号时，应向更大范围内继续寻找。如果在较大范围内还没有采到信号，应首先检查故障测距的结果是否正确，如果不能十分确定，要再次进行测距；如果故障电阻偏低，造成放电信号过于微弱而不易探测，应尽量提高放电电压，或加大电容，再进行定点，移动探头时也要适当缩小每次移动的距离。

（2）判断故障点远近

仪器采集到放电信号后，可以利用声磁延时值来判断故障点的远近。

仪器只要被磁场触发，就开始记录声音信号，声音波形零点就是磁场触发的时刻。刚开始，信号还没有传到探头，波形比较平直，或仅有微弱的不规则噪声波形；信号到来时，信号特征波形开始出现。平直波形的长度代表了声磁延时的长短。

采集到信号波形后，光标可能在零点，也可能在其他位置，这时显示的时间值没有意义，需要使用"＜"和"＞"键将光标移动到平直波形结束、放电声音波形开始出现的位置，相应显示的时间值就是声磁延时值，即放电声音信号从故障点传到探头需要的时间，时间越长，故障点距离越远，时间越短，距离越近。

图5-25开机提示波形的光标在正确位置。图5-26（b）中，光标不在正确位置，为测量声磁延时，应将光标移到如图5-27所示的位置。

将探头沿电缆路径方向移动一段较小的距离，重新采样，如果测得的声磁延时值变小，说明这次与上次相比，靠近了故障点，反之说明远离了故障点。

重复上述过程，直至找到一个声磁延时值最小的点，就是故障点。

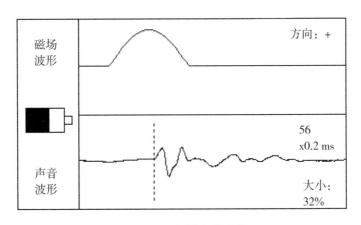

图5-27　测量声磁延时

如果保持声音增益不变，还能够利用声音的强度不同来辅助定点。可以观察表示声音幅值的"大小"百分数，也可以用耳机监听实现人工分辨声音强弱，声音最强的点一般就是故障点。该方法是一种传统的定点方法，不易分辨、容易使人疲劳，而且精确度较低。

（3）暂停键的使用

在信号鉴别和测量过程中，如果认为当前波形比较典型，可按暂停键，防止再次触发，以便仔细观察分析。

在暂停状态下，液晶屏显示"暂停触发"闪烁文字，这时可按动"＜"和"＞"键来移动光标，确定声磁延时值。

要解除暂停状态，只需再按一次"暂停"键即可。

7. 关机

测试完后，按"关机"键，关闭仪器电源。

为保护电池，仪器具有自动关机功能。当连续半个小时没有进行键盘操作时，仪器认为用户已经不再使用，屏幕提示："您已半小时未进行按键操作，若继续运行请按光标键，否则5分钟后自动关机。"

若按光标"＜"和"＞"键，则仪器恢复正常，否则在5分钟后自动关机。要再次使用仪器，只需按"开机"键即可。

（三）电缆故障测试误差分析

DL/T 849.3—2019《电力设备专用测试仪器通用技术条件第 3 部分：电缆路径》中对预定位、路径探测和精确定点三项工作的测试误差也做了指导性的规定。

（1）采用示波法、低压脉冲法、闪络法测试盲区均不大于 50 m。

（2）最大允许误差应不超过±（1%L+20）m，其中 L 为电缆长度。

（3）找路径误差没有做规定，实际中应在±0.5 m 以内。

（4）定点误差不大于 1 m。

以电缆预定位为例进行误差分析如下：

电缆故障预定位误差一般与四个因素有关：测试仪器的因素、操作使用人员因素、被测电缆因素、被测电缆所处的环境因素。

（1）仪器误差。1）仪器产生的测试脉冲宽度主要影响测试盲区的大小，而脉冲前沿拐点处陡直度则主要影响读取拐点的准确性。2）测试仪器对故障原始测试波形的取样方式及对模拟信号衰减放大电路的频带范围，也将直接影响仪器的测试精度。测试仪的内在技术性能主要取决于这一因素。

（2）人为误差。目前以行波法为原理研制的电缆故障测试仪，主要还是由测试人员通过分析故障测试波形后而判断计算出故障点的距离位置。因使用人员所产生的判读误差有时是最大的测试误差，通常与测试点人员的工作经验有关，主要是在应用测试方法、测试过程中试验电压高低、连线细节以及测试波形拐点的判断等问题上。这也是电缆故障测试相对其他电气设备故障测试较难的一个主要原因。由于电缆故障测试波形不规则性和复杂性，目前来说很难做到真正意义上的自动计算判断故障点位置。

（3）电缆误差主要是电波在被测电缆上的传输速度 V 所带来误差。

由公式 $L_g = \dfrac{1}{2}VT$ 可知，电缆故障测试距离 L 与 V 成正比关系。在电缆故障测试中我们讲 V 为一个常量，是一个相对概念，并非绝对定值。通过实际测量以及有关资料显示表明，传输速度 V 一般可产生±2%的相对误差。如 XLEP 电缆的传输速度 V 为 $167\sim173$ m/μs，通常取 170 m/μs。引起传输速度 V 误差的原因有两点：其一：不同生产厂家生产的同类型电缆，由于生产工艺、配料等原因，可能产生误差。其二：电缆的绝缘老化导致 V 发生变化，目前还没有准确的数据资料来说明这一变化趋势。注意：被测电缆的标注长度、实际长度和测试长度三者之间存在的不一致性。

（4）环境误差

当电缆故障预定位完成以后通常要按测试距离数据沿电缆的走向进行距离丈量，但由于环境条件较差（如河流、沟道、建筑物等），以及地埋电缆的盘曲等因素，使得准确的丈量非常困难，很多时间只能是非常粗略的大概指定位置。这一误差也叫丈量误差，在很多时候是无法估计的最大误差来源。因此，建立健全电力电缆详细档案非常重要。

在电缆故障的实际测量过程中，经常出现实际的故障距离与预定位的距离相差很大，或出现完全吻合等现象，可能是几种误差的正或负的连续积累或抵消。因此，当一个故障测量完毕后，应认真总结经验，以便更快更准确地检测出故障点。

5.1.3 电力电缆路径探测

故障电缆若无翔实的电缆线路图时，就需要探测电缆的路径走向与埋设深度，以便建立准确的档案资料。特别在故障电缆的精测定点之前，需要精确测出电缆的敷设路径，以便沿电缆的走向顺利、精确地确定故障点的具体位置。对于敷设在电缆隧道、沟道内的多根电缆，有时需要将故障电缆或其中的一根电缆识别出来。以上工作都要利用"路径仪"和"识别仪"进行准确的测试。

一、电缆路径探测基本原理

电缆路径探测仪由音频信号发生器、信号接收仪、探测线圈和耳机等组成，其基本原理是根据电磁感应定律，即当电缆导体中通过交变电流（音频或工频）时，它的周围便存在交变磁场，当导电线圈接近这个变化的磁场时线圈内就会感应出交变电流，线圈中感应电流的强弱同穿过线圈磁力线的多少即线圈与磁场的耦合程度有关。

在停电待测的电缆线路上，音频信号发生器应直接接在与其他电力系统设备分开的电缆导体上，可以取得较好的效果。如果电缆线路没有停电，信号发生器也可以通过夹钳式耦合线圈从电缆护层外取得输出信号。信号发生器的输出电压、输出功率、输出频率是可调的。

采用音频信号产生器（即路径仪），向被测电缆中输入一音频电流，由此产生电磁波，然后用电感线圈接收音频信号，该接收信号经放大后送入耳机或指示仪表，再根据耳机中的音峰、音谷或指示仪表指针的偏转程度来判别电缆的埋设路径和深度，这种方法称为音频感应法。路径仪的组成框图如图5-28所示。

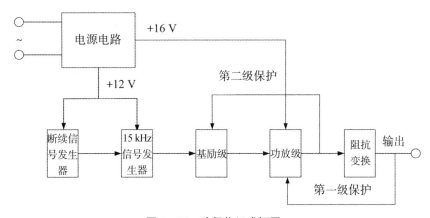

图 5 - 28　路径仪组成框图

1. 探测电缆路径

(1) 音谷法

音谷法的接收线圈轴线与地面始终保持垂直，当接收线圈（即探棒）位于被测电缆的正上方时，由于音频电流磁力线垂直于接收线圈轴线，即不穿过线圈，因此线圈中无感生电动势，接收机中亦无音频信号产生。当接收线圈向被测电缆两侧（垂直于电缆走向）移动时，就有音频电流磁力线穿过接收线圈，接收线圈中亦将产生感生电动势，随着移动距离 X 的变化，其感生电动势也将发生

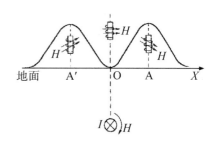

图 5-29 双峰曲线

变化，使其接收信号发生变化。当接收线圈移动到 A 点或 A′点时，接收线圈中穿过的音频电流磁力线最多，其感生电动势最大，即产生的信号电流最大，因此耳机中的音量或指示仪表指针偏转角最大。当接收线圈移动的距离 |X| 继续增大时，音频磁场逐渐减弱。由此，可以得出音量（或指示仪表指针的偏转角）与距离 X 的关系曲线——马鞍形"双峰曲线"，如图 5-29 所示。

由图 5-29 的双峰曲线可知，接收线圈位于电缆正上方时，音量为零（或很小），形成音谷。而在电缆两侧的音量形成峰值，即音峰，如图 5-29 的 A 点和 A′点。该测量方法由于电缆位于音谷的下面而称为"音谷法"。音谷法也可以用来鉴别电缆。

(2) 音峰法

音峰法的接收线圈轴线与地面始终保持平行且与电缆走向垂直，当接收线圈位于被测电缆正上方时，穿过接收线圈的磁力线最多，因此耳机中的音量或指示仪表指针的偏转角最大。当接收线圈向被测电缆的两侧（垂直于电缆走向）移动时，穿过接收线圈的音频电流磁力线逐渐减少，耳机中的音量或指示仪表指针的偏转角也就越来越小。音量或偏转角与移动距离 X 的关系曲线——单峰曲线如图 5-30 所示。

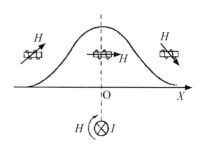

图 5-30 单峰曲线

由图 5-30 可知，接收线圈位于被测电缆正上方时音量（或偏转角）最大，即形成音峰，而在电缆两侧的音量（或偏转角）较小，就是说电缆位于音峰下。因此，该测量方法称为"音峰法"。与音谷法相同，音峰法也可以用来鉴别电缆。

2. 探测电缆埋设深度

采用音谷法先测量出电缆的埋设路径，再将接收线圈轴线垂直于地面放置，在被测电缆的正上方找出音谷点，如图 5-31 中的 A 点，并做好标记；然后，在垂直于电

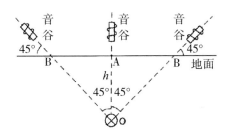

图 5 - 31 电缆的埋设深度

缆路径的平面内（A 点在该平面上），将接收线圈轴线倾斜 45°，并向左或右移动，找出另一音谷点 B，这时，AB 的距离即为电缆的埋设深度（h＝AB），如图 5 - 31 所示。

二、电缆路径的探测方法

使用路径仪探测电缆路径、鉴别电缆和测量电缆埋设深度时，路径仪与被测电缆的连接方式主要分为直接式和耦合式两大类。直接式又可分为相间连接法和相地连接法；耦合式可分为直接耦合法和间接耦合法，本节将逐一介绍并做出比较。

1. 直接式连接

直接式连接是指将路径仪的输出端直接与被测电缆相连接的测量方式。当路径仪的两输出端分别与被测电缆的两相相连接时，称为相间连接法。当路径仪的两输出端分别接地和被测电缆的一相时，称为相地连接法。

（1）相间连接法

相间连接法的接线原理如图 5 - 32 所示。

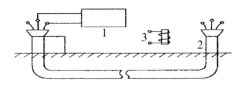

1—音频信号发生器；2—被测电缆；3—接收线圈。
图 5 - 32 相间连接法接线原理

在相间连接法中，被测电缆末端开路与否，应视具体条件和使用不同的音频信号发生器而定。一般情况下，对于 1 kHz 路径仪，末端要求短路；对于 15 kHz 路径仪，末端要求开路。

由于直埋电缆的钢铠（或铅包）对磁场有屏蔽作用，当加入同样大小的音频电流时，相间连接法要比相地连接法接收到的信号弱得多。因此，在电缆埋设较深（1 m 以上）、干扰较大的场合，相间法效果不如相地法。

（2）相地连接法

相地连接法接线原理如图 5 - 33 所示。

在相地连接法中，应将音频信号加在电缆完好相上。电缆末端情况与相间法相同。对于 1 kHz 的路径仪，电缆末端应短路接地；对于 15 kHz 路径仪，电缆末端应开路。

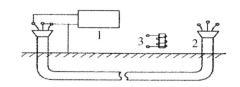

1—音频信号发生器；2—被测电缆；3—接收线圈。

图 5‑33　相地连接法接线原理

电缆的容抗直接影响音频电流输出的大小，亦即控制着接收信号的强弱。电缆的电容量与电缆绝缘材料的介电系数、电缆线芯截面积、电缆的长度均成正比，与电缆的绝缘等级成反比。而电缆的容抗不仅与电缆的电容量有关，还与音频电流频率的高低有关，电容量越大、频率越高、容抗越小。在实际测试工作中，应根据上述原理选择适当的接线方式和参数。

（3）相间连接法与相地连接法的比较

1）相间连接法比相地连接法更灵敏。采用音谷法探测电缆路径时，相间连接法可得陡然骤减的音谷，而相地连接法的音谷就不太明显；若采用音峰法探测电缆路径，相地连接法的音峰范围太宽，不易确定峰的顶点而相间连接法就显得非常优越。

2）在输出相同音频电流的情况下，由于电缆铠装对音频电流磁场的屏蔽作用，使得相间连接法接收的信号比相地连接法弱。因此，在电缆埋设较深（1 m 以上）或外界干扰较大时，相地连接法比相间连接法更适用。另外，相间连接法和相地连接法所要求的音频输出电流的大小均应视电缆的埋设深度、测试环境的干扰情况，以及电缆线路的长短、土质等实际情况而定。一般地，15 kHz 路径仪的输出电流为 1～2 A 即可，而 1 kHz 音频信号发生器的输出电流为 5～10 A。

2．耦合式连接

耦合式连接的路径仪输出端与电缆各相均没有电的联系，而是通过耦合的方式把音频信号加在电缆上。

耦合法是将音频信号发生器的输出端，直接与绕在被测电缆上的耦合线圈相连接的测量方式。该耦合线圈的匝数以 5～7 匝为宜，耦合法的接线原理如图 5‑34 所示。

耦合法的原理是通过耦合线圈向被测电缆发射一音频电流，此时可将电缆等效为一个电感，其产生的感生电流发出电磁波，然后由接收线圈接收，以确定电缆路径。

耦合法最大的优点是可以在不停电的情况下探测电缆路径。但是它也有一定的局

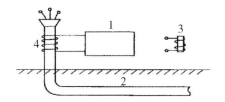

1—音频信号发生器；2—被测电缆；3—接收线圈；4—耦合线圈。

图 5－34　耦合法接线原理

限性和缺点，由于电磁波在传播过程中损耗大，衰减快，因而探测距离较近，一般仅为几百米，在无干扰的良好测试环境下，也不超过 1000 m。

以上介绍了耦合式的探测方法。注意，因耦合法的测试范围与测试精度不够理想，而在实际测试工作中应用较少。直接式的音峰法和音谷法最为常用，这两种方法既可以单独使用，也可以结合使用，必要时可互为补充和验证。

三、路径仪的使用方法与注意事项

目前，国内使用的路径仪大都是 15 W、15 kHz 正弦信号发生器。使用大功率管在工作中易发热，甚至损坏大功率管。而使用小功率管在干扰较大的场合下，将给电缆路径探测带来一定的困难。近年来，一些大功率路径仪（音频信号发生器）的应用，给电缆路径的探测工作带来了很大的方便。下面，简要地介绍一下与 HW2000 型电缆故障智能测试仪配套的路径仪的技术指标、使用方法与注意事项。

1. 技术指标

（1）信号频率：15 kHz 断续方波。

（2）输出功率：大于 50 W。

（3）仪器电源：交流 220 V±10％，50 Hz。

（4）仪器体积：80 mm×120 mm×150 mm。

2. 使用方法与注意事项

（1）将仪器的测试线接在被测电缆的好相上。红色线夹接被测电缆线芯，黑色线夹接地线，然后开机。注意：关机时，应先关闭路径仪的电源，再断开测试线。

（2）探棒接于定点仪的输入插孔，定点仪工作于路径状态，耳机插头插入定点仪的输出插孔。将探棒（绕有线圈的磁棒）与地面垂直（音谷法）并左右移动，在耳机中听到的音频信号，（嘟嘟声）大小不同，当信号最小（音谷点）时，探棒下面即是电缆的埋设位置。一边向前走，一边左右摆动探棒，耳机中听到的音量最小点（音谷点）的连线即为地下电缆的埋设路径。

（3）一般情况下，输出不宜过大，以信号清晰为原则，以防止在多根电缆并列运行的情况下，由于相互感应而产生测量偏差。

（4）若欲判断电缆的埋设深度，如前所述，可在已测准的电缆路径上的某一点，将探棒与地面倾斜 45^0，垂直于该段电缆路径的走向，向左或右移动，当耳机中音量信号最小时，探棒所平移的距离，即为电缆的埋设深度。

（5）当测试电缆较长（一般为 800 m 以上）时，电缆的终端可以短路，以增大电缆沿途的信号强度。当电缆较短时，由于其直流阻抗较低，不可将被测电缆终端短路，必须终端开路，否则路径仪将发生"自保"而停止工作。

（6）当电缆发生三相短路故障，且故障距离较近时，为避免路径仪的自保现象，可在路径仪与被测电缆之间串接一个 20 Ω 左右的电阻，以确保信号的正常输出。

（7）若探棒有故障需要修理时，可参考以下数据：在 $\phi10$ mm×140 mm 的中波磁棒上，绕 285 匝漆包线，两端并联 0.2 μF 的电容器，构成 15 kHz 谐振回路。在 70 匝处抽头，与插头的隔离芯线相连接，在线圈的始端与隔离线相连接。

5.1.4　电力电缆鉴别

一、电缆线路鉴别基本原理

当一条需要停电检修的电缆线路和几条电缆并列敷设时，必须对该电缆线路作出正确鉴别，即在几条电缆中正确识别出需要检修的电缆线路，不能认错。鉴别电缆线路的第一个步骤是核对电缆线路图。通常从线路图上电缆和接头所标注的各种尺寸，在现场按图上建筑物边线等测量参考点为基准，实地进行测量和核对，一般可以初步判断需要检修的电缆。鉴别电缆线路的第二个步骤是采用专用电缆识别仪，对电缆线路作出进一步确认。常用鉴别方法有以下几种。

1. 工频电场感应法

在工频状态下运行的电缆周围，存在着交流电感应产生的交变磁场，利用绕制在矽钢片上的感应线圈，直接置于电缆上，耳机中可以听到线圈感应出来的工频交流电信号。停电待检修的电缆线路由于电缆导体内没有电流，所以就听不到声音。这种方法操作简单，适用于电缆线路较少、开挖现场情况较简单的场合。当有多条电缆线路平行敷设时，由于相邻电缆之间的工频信号相互感应，信号强度较难以区别，容易导致鉴别错误。

2. 音频信号鉴别法

（1）相间接入音频信号。在需要进行鉴别的停电电缆线路的始端，将音频信号接入电缆的 A、B 两相导体，电缆远端将该两相导体跨接。在现场用探测线圈环绕待测电缆转动时（线圈轴线与电缆外皮垂直），声音有明显的强弱变化，即当接收线圈分别在两相通电导体的上下方时，音频信号最强，耳机中听到的声音最响。当线圈位于两相通电导体的两侧时，音频信号最弱、声音最轻，如图 5-35 所示。根据音频信号的这种变化规律，可以从多条平行敷设的电缆中找出我们要寻找的电缆线路。

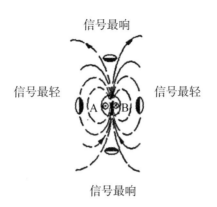

信号最响

信号最轻   信号最轻

A ⊙ ⊙ B

信号最响

图 5‑35　音频信号鉴别电缆线路原理图

（2）在电缆始端将音频信号接在电缆一相导体与金属护套（接地）之间，在另一端将该相导体与金属护套连接。在测试现场用探测仪的接收线圈围绕电缆转一圈（线圈轴线与电缆外皮相切），当接收线圈靠近通入信号的一相时，耳机中听到的声音渐强，而相邻的电缆没有这种明显的差别，据此可以判断哪一条电缆是需要鉴别的电缆。

3. 脉冲电流鉴别法

应用由脉冲电流发生器、夹钳线圈和指示仪组成的电缆识别仪，在待检修的电缆终端导体上输入可调脉冲电流，将另一端终端导体与接地网连接（注意不要接到电缆屏蔽层上），电缆屏蔽层应与地脱离。测试时夹钳箭头方向应始终指向另一端，如图5‑36所示。先在测试端电缆终端下用夹钳线圈夹住电缆，指示仪指针应向顺时针方向偏转。在待鉴别的电缆处，当夹钳线圈夹到输入了脉冲电流的电缆上时，由于电缆导体和从金属护套返回的脉冲电缆的差值作用，指示仪指针向顺时针方向偏转，而当夹钳线圈夹到邻近其他电缆时，由于电缆金属护套上返回电流作用，指示仪指针应向相反方向偏转，据此可鉴别出待检修的电缆线路。

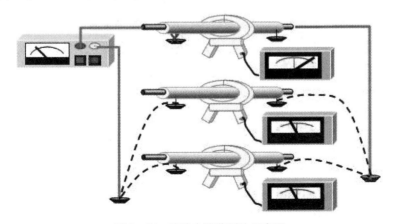

图 5‑36　脉冲电流鉴别法示意图

以上几种方法中，脉冲电流鉴别法，最为直观可靠，在现场应用最为广泛。下面重点介绍该种方法。

4. 电缆识别仪操作注意事项

（1）待识别电缆接地线必须解开。

（2）信号发生器输出红色插座接待识别电缆的好相或阻值相对较高的一相，而此相的终端必须可靠接大地。

（3）为了确保人身安全，对通过识别仪确定的电缆，开锯电缆前，一定要先站在绝缘垫上用带绝缘柄的铁钎进行扎试，确定无电后方能开锯。

（4）用信号发生器发射信号时，所加电缆不能带电。

二、电缆识别仪的使用方法与注意事项

电缆识别仪在电力电缆的架设、迁移、维护以及故障处理中用来判别电缆运行状况（即判别是带电运行电缆，还是停运电缆），判别停电电缆中欲寻找的电缆。

1. 电缆识别仪

电缆识别仪由信号发生器和接收钳及信号检测器三部分组成，信号发生器主要产生特殊的脉冲调制信号，通过输出线加至停止运行的被测电缆上，用接收钳在现场寻找被测电缆，当接收钳检测器测到施加在电缆上特殊信号时，信号检测器上电表指针与施加信号频率同步摆动，而其他电缆线上检测到的信号则要小很多且方向相反，通过电表指示幅度及方向，很容易判定被测电缆。接收钳及信号检测器同信号发生器联合使用时，可以用于电缆带电状态判别，或辅助寻找电缆短路位置等工作。使用接收钳时，应该用钳口卡住电缆。

电缆识别仪应适用于各种型号电缆中所要寻找的电缆；对于电缆沟、桥架及固定在墙上的电缆尤为方便。

2. 电缆识别仪工作原理

发射机发射的大功率特殊信号进入所选定的电缆，将接收钳按规定的方向（卡钳上信号接头朝向仪器电流来的方向）夹在所选定的电缆上，则感应的电流脉冲的方向可由信号检测器指针标出且反映的幅度较大。对邻近的其他电缆由于电感或电容耦合，或由于返回电流经过屏蔽层引起的讯号，此时电表指针将反方向摆动，而且能看出其强度也比正确的电缆电流为弱。

三、电缆识别仪的操作步骤

（1）仪器自检，将黄黑两个夹子分别插入信号发射器并对夹（保证夹口接触），将信号发射器大小开关置于小挡，将开关打开，此时信号发射器表头将以固定频率摆动。卡钳与接收检测器相连并将卡钳接口对着发射机卡住黄线，此时接收检测器表头将向正向（右边）摆动。如图 5-37 所示。

（2）使待测电缆处于不带电状态，并找出该电缆始端和终端；使被测试电缆的地

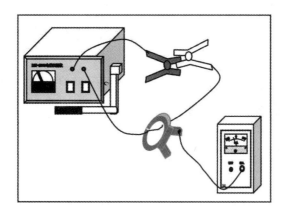

图 5－37 仪器自检

线与系统地线断开。此步操作是为了使被测电缆不产生回流，一旦在被测电缆中产生回流，将影响测试效果。如图 5－38 所示。

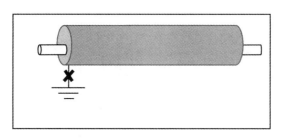

图 5－38 拆除电缆地线

（3）使被测电缆施加信号相的终端接地；此步是为了使施加信号通过大地形成回路。如图 5－39 所示。

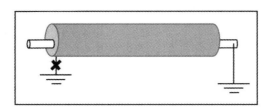

图 5－39 终端被测相接地

（4）发生器信号输出一端（黑夹子）接到公共地，另一端（黄夹子）接到被测电缆无故障电缆芯线上；接通识别仪信号发生器 220 V 电源，信号发生器产生调制信号送至被测电缆；选择信号输出大小挡，一般选小挡，当检测信号太弱时选择大。如图 5－40所示。

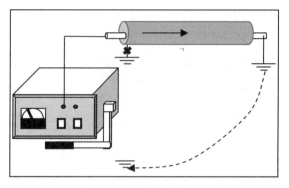

图 5-40 识别仪接线方式

（5）信号检测器与卡钳相连。在测试现场用信号检测器逐个检测所有同类型电缆。当卡钳信号检测器的表头指示最大，且方向为正时（卡钳上信号接头朝向仪器电流来的方向且表头右为正方向摆）的电缆为寻测电缆。其余的电缆摆动的幅度较小且方向反向。如图 5-41 所示。

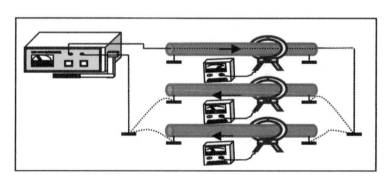

图 5-41 逐条识别电缆

5.1.5 电力电缆定相

在交流三相电力系统中，各相根据达到最大值（正半波）的次序按相排列，称为相序或相位。在电力网络中，相序与设备并列运行、电机旋转方向等直接相关。因此，电力电缆在敷设完毕与两端电力设备连接之前，或者是电缆断开连接重新接引时，必须按照电力系统上的相位标志进行核相。

如果相位错误，将会产生以下后果：

（1）当电缆线路连接两个电源时，推上开关会立即跳闸，亦即无法合环运行。

（2）当电缆线路送电至用户时：

1）两相相位接错时，用户电动机旋转方向颠倒（即反向）。

2）三相相位全错时，用户电动机旋转方向不变，但具有双路电源的用户则无法并用双电源。

3）只有一个电源的用户，当其申请备用电源后，会产生无法备用的后果。

（3）当由电缆线路送电至电网变压器时，会使低压电网无法合环并列运行。

（4）多条电缆并列运行时，若其中一条或几条电缆相位接错，会产生推不上开关的恶果。

鉴于上述原因，Q/HBW 14701—2008《电力设备交接和预防性试验规程》中明确规定：电缆线路在交接时、运行中重作接头或拆过终端引线时，都必须检查电缆线路的相位，确保其与两端电力系统设备相位的一致。

电缆线路的相位试验有许多方法，目前比较常用又方便的方法有以下几种。

（1）电压表法

在电缆首端确认相位后，将干电池组的正负极分别接在电缆首端的任意两相，然后采用表盘中央指示零值、具有适当量程的直流电压表，检测电缆末端任意两相的电压值。当末端检测的两相不是首端加直流电源的两相时，电压表指示为零；当末端检测的两相与首端加直流电源的两相对应时，电压表指示不再为零；按照电池组极性，根据电压表指针的偏转方向，即可判断这两相的相位。

为了检验相位正确，可以调换一相线芯重新测试一次。

当一根运行电缆线路的中间部位损坏修理时，也可以利用上述方法找出断开电缆两端的对应线芯进行连接。

（2）指示灯法

以电缆一根线芯和金属屏蔽（或铠装）分别为正负两极，在电缆首端利用干电池在某相线芯上施加直流电压，然后在电缆末端用指示灯依次将 A、B、C 三相线芯和金属屏蔽接通。指示灯发亮的一相与电缆首端接通干电池的相为同相。指示灯不亮时为异相。依次重复试验，即可确定其他相位。

（3）电阻法

对一根性能良好的电力电缆核相时，将首端某一相线芯接地，其余各相"敞开"，用绝缘摇表或万用表在末端分别测试每相线芯对地绝缘电阻，绝缘电阻为零的一相与首端接地相同相，否则为异相。重复操作核对其他相位。

也可以在首端一相"敞口"，其余各相线芯接地，在末端分别测试每相线芯对地绝缘电阻，这时在末端测得绝缘电阻值为∞的一相与首端"敞口"为相同相。依次重复上述试验，即可确定其他各相相位。电阻法的优点是可以与电缆绝缘电阻的测量工作同时进行。

（4）带电核相法

上述三种核相方法，均是在同一条电缆上确认两端的相位，工程上称这种核相形式为"找对"。当电缆联络两个电源时，先将电缆与一电源合闸接通，在将该电缆与另一电源合闸投运前，仍需要核对相位。这时，由于电缆已带电，应采用带电核相法，使用的仪器一般为"带电核相仪"。

"带电核相仪"应根据不同的电压等级去选用，选择过大或过小电压等级的"核相笔"会造成误判断或损坏"核相笔"。"核相笔"有发声指示、发光指示或旋转指示等几种，但其工作原理却大致相同，即当两笔接触（或靠近）两电源的相同两相时，由于无电位差而无声、光或旋转指示，否则将发出声、光或旋转等明显的指示。

5.2 电力电缆故障测寻及试验实训项目

电力电缆试验分为电缆安装竣工后的交接试验和投入运行后的预防性试验。交接试验是在电缆安装竣工后，运行部门对电缆设备验收时进行的。其目的是检验电缆线路的安装质量，及时发现和排除电缆在施工过程中发生的严重损伤。预防性试验是在电力电缆线路投入运行后，根据电缆的绝缘、运行等状况按一定周期进行的试验，其目的是掌握运行中的电缆线路的绝缘水平，及时发现和排除电缆线路在运行中发生和发展的隐形缺陷，保证电缆线路安全、可靠、不间断地输送电能。

电力电缆试验的实训项目主要有：测量绝缘电阻、直流耐压试验、0.1 Hz 超低频耐压试验及交流变频谐振试验等。

电缆发生故障后，除特殊情况（如外力破坏事故等）可直接观察到故障点外，一般无法通过巡视发现，必须采用电缆故障测试仪进行测量，来确定电缆故障点的位置。这就要求作业人员掌握电缆的故障探测技术。电力电缆故障的测试步骤，大体上可以分成三步：分析故障性质、故障点预定位、故障点的精确定位。

5.2.1 测量绝缘电阻

一、培训目标

1. 掌握绝缘电阻表的使用。

2. 掌握绝缘电阻的测量方法。

3. 学会计算吸收比。

二、作业准备

作业前要明确被测电缆的电压等级，根据电缆额定电压选择绝缘电阻表（摇表），测量用连接线，放电棒，计时器（秒表）等。

三、危险点及注意事项

1. 测试前，对被测电缆进行验电、放电并接地，以防触电。

2. 测试前，电缆两端人员联系好，以防对端人员触电。

3. 电缆测试完毕后，应充分放电，以防残存电荷放电伤人。

4. 工作完毕后，应有专人检查自封接地线是否拆除。

四、作业流程

1. 测量前电缆要充分放电并接地，即将电缆线芯与电缆金属屏蔽层接地。

2. 根据被测试电缆的额定电压选择适当的兆欧表。

3. 检查兆欧表良好，方法是将兆欧表放置在平稳的地方，不接线空摇，在额定转速下（120 r/min）指针应指到"∞"；再慢摇兆欧表，将兆欧表用引线短路，兆欧表指针应指零。

4. 测试前应将电缆终端头表面擦拭干净。兆欧表有三个接线端子：接地端子（E）、屏蔽端子（G）和线路端子（L）。为了减小表面泄露可这样接线：用电缆另一绝缘线芯作为屏蔽回路，将该绝缘线芯两端的导体用金属软线接到被测试相的绝缘上并缠绕几圈，再引接到兆欧表的屏蔽端子（G）。应注意，线路端子上引出的软线处于高压输出状态，应绝缘，不可随意放在地上，应悬空。

5. 测量时，兆欧表的额定转速约为 120 r/min，应先摇到额定转速，再将"L"端引线搭接到被测电缆线芯导体上，这样可以提高电缆绝缘吸收比测量的正确性。读取 15 s 和 60 s 时的绝缘电阻值。在完成读数后应先将"L"棒与电缆导体分开，兆欧表才可以停止摇动，避免电缆线路上的剩余电荷反冲造成兆欧表的损坏。

6. 测量结束后要将电缆线芯充分放电、接地。电缆线路越长，则放电时间要长些，一般不少于 1 min。

7. 计算吸收比，记录测量时的气候、温度、湿度、测量仪器的型号等。

五、评分标准

绝缘电阻测量评分标准见表 5-4。

表 5-4　绝缘电阻测量评分标准

姓　名			单　位		
操作项目	绝缘电阻测量				
操作时限	40 分钟	满分	100 分	得分	
注意事项	1. 本项目为一人操作，根据实际必要时可请人协助。 2. 操作仪器考场统一提供。 3. 在规定的时间内完成，到时停止工作，工作提前结束不加分。 4. 按照扣分标准，每项扣分超过标准分时，按照标准分扣完为止。				
序号	项目名称	要求	扣分标准		扣分
工作准备（15 分）					
1	对电缆进行放电（5 分）	将接地线牢固接地，然后将电缆各相分别放电并接地。	未放电并接地扣 5 分。		
2	另一端安全措施（5 分）	派人到另一端看守或装好安全遮拦。	另一端未作安全措施扣 5 分。		

序号	项目名称	要求	扣分标准	扣分
3	检查兆欧表 （5分）	检查兆欧表是否能达∞和短路时指零。	未对兆欧表进行检查扣5分。	
摇测绝缘电阻（70分）				
4	转速 （10分）	转速 120 r/min。	1. 未达要求转速扣5分； 2. 摇速不稳扣5分。	
5	摇测 （30分）	当兆欧表达到规定转速后，对各相逐一进行测试，并做好记录，测试一相时其他两相接地。	1. 未达到额定转速即测试扣5分； 2. 未做记录扣5分； 3. 接线错误扣10~15分； 4. 不能正确读数扣5分。	
6	放电 （20分）	当一相测试完后，应先取下测试线，然后对电缆放电并接地。	1. 测试线未离开就放电扣10分； 2. 测试后未放电接地扣10分。	
7	吸收比 （10分）	对电缆摇测应分别读取 15 s 和 60 s 时的绝缘数值，并做好记录。	不能正确读取 15 s 和 60 s 数值扣 5 分，未做记录扣5分。	
结束工作（15分）				
8	收拾仪表 （5分）	收拾仪表和各种临时用线。	未收拾干净扣5分。	
9	安全措施 （5分）	撤出另一端看护人或安全遮拦。	未撤另一端人员或安全遮拦扣5分。	
10	工作结束 （5分）	恢复原状，汇报工作结束。	未汇报扣5分。	

5.2.2 直流耐压试验

一、培训目标

1. 掌握直流耐压试验仪器的使用。

2. 掌握直流耐压试验的方法。

3. 了解直流耐压试验应注意的问题。

4. 熟悉直流耐压试验结果的评判标准。

二、作业准备

1. 直流耐压试验前需明确被测电缆线路电压等级，根据电压等级选择仪器。

2. 准备工具、仪器：试验电源、直流耐压试验设备（不采用硅堆与试验变压器在一体的设备）、验电器、放电棒、接地线等。

3. 两端做好安全措施后，方可试验。

三、危险点及注意事项

1. 作业中的主要危险点及防范措施

（1）对测试电缆进行验电、放电并接地，以防人身触电。

（2）设备搬运过程中要轻拿轻放，两人搬运时应动作一致，以防搬运过程中，措施不到位，造成设备损坏，砸伤人员。

（3）试验用低压电源要带漏电保护器，以防人身触电。

（4）正确使用接地线，保证试验设备可靠接地，以防试验设备接地不良或未能可靠接地，造成设备损坏。

（5）电缆试验升压前，要两人分别检查每一根连线正确，以防试验设备接线错误，造成设备损坏。

（6）电缆对端设专人监护，试验前两端人员联系好；升压时工作人员进行呼唱，以防造成人员触电。

（7）电缆试验完毕要充分放电并接地，以防残存电荷放电伤人。

2. 直流耐压试验注意事项

电缆直流耐压试验工作必须严格遵守《电力安全工作规程》的有关规定。同时，还要注意以下事项：

（1）整流电路不同，硅整流堆所受反向工作电压不尽相同，采用半波整流电路时，使用的反向工作电压不得超过硅整流堆的反向峰值电压的一半。

（2）由于截止时每个硅整流堆反向电阻不相同，其电压分配不均匀，在多个串联使用时应采取均压措施，否则，其使用电压应为硅整流堆额定电压的 $70\%\sim80\%$。

（3）耐压试验时接到电缆端子上的引线要用屏蔽线，以排除高压引线电晕电流对测量结果的影响，同时引线对地要有足够的绝缘距离，防止引线对地放电。

（4）电缆直流耐压试验后进行放电，通常先让电缆通过自身绝缘电阻放电，然后通过 $100\ \mathrm{k\Omega}$ 左右的电阻放电，最后再直接接地放电。放电棒要逐渐接近，反复放电几次，待无火花产生时再用连接有接地线的放电棒直接接地。

（5）泄漏电流只能用作判断绝缘情况的参考。电缆泄漏电流具有下列情况之一者，说明电缆绝缘有缺陷，应找出缺陷部位，并进行处理。

1）泄漏电流很不稳定；2）泄漏电流随时间有上升现象；3）泄漏电流随试验电压升高急剧上升。

四、作业流程

1. 准备工作。试验前，工作负责人要根据《电力安全工作规程》的工作票许可制度得到工作许可人的许可；到工作现场后要核对电缆线路名称和工作票所列安全措施正确无误后才能开始工作；在试验地点周围应设围栏，在电缆线路的另一端应挂警告牌或派人看守；试验前，电缆应充分放电并接地。

2. 根据电缆线路种类、电压等级和试验技术标准，确定直流试验电压，并计算出折算到低压侧的试验电压。

3. 根据试验接线图连接好试验设备，并检查试验接线是否正确，接地线要可靠；自耦变压器输出置于零位；微安表置于最大量程位置。

4. 接通电源，检查电压表和微安表指示是否正常，如有异常应查出并消除原因后才可继续升压试验。

5. 将试验电压分 5 个阶段均匀升压，升压速度不要过快，控制在 $1\sim2\ \text{kv/s}$，在每个阶段停留 1 min，再继续升压。

6. 升到标准试验电压后，根据标准规定的时间在第一分钟和最后一分钟先后两次读取泄漏电流值，做好试验记录作为判断电缆绝缘状态的依据。

7. 电缆试验应逐相进行，一相电缆加压时，另外两相电缆导体、金属屏蔽或金属护套和铠装层应接地。

8. 每相试验完毕，先将调压器调回到零位，然后切断电源。使用放电棒先经电阻对电缆线芯放电再直接接地，然后才可以调换试验引线。换相试验时要先检查接地放电棒是否已从电缆线芯上拿开。

9. 试验工作结束后，做好试验记录。设备要恢复原状，工作人员全部撤离现场，工作负责人要将电缆试验结果和设备情况汇报给工作许可人。

五、评分标准

直流耐压试验评分标准见表 5-5。

表 5-5　直流耐压试验评分标准

姓　　名			单　　位		
操作项目		直流耐压试验			
操作时限	30 分钟	满分	100 分	得分	
注意事项	1. 本项目为一人操作，根据实际必要时可请人协助。 2. 试验仪器、工具考场统一提供。 3. 在规定的时间内完成，到时停止工作，工作提前结束不加分。 4. 按照扣分标准，每项扣分超过标准分时，按照标准分扣完为止。				
序号	项目名称	要求	扣分标准	扣分	
准备工作（10 分）					
1	准备场地 （5 分）	试验场地围好围栏。	未做围栏扣 5 分。		

序号	项目名称	要求	扣分标准	扣分
2	清洁表面安全措施（5分）	1. 电缆另一端挂好警示牌或派人看守； 2. 将两端电缆头表面擦拭干净。	1. 未做安全措施扣3分； 2. 表面不处理扣2分。	
		核准试验电压（20分）		
3	试验电压（10分）	确定被试设备的试验电压。	不正确扣10分。	
4	换算（10分）	能独自进行交直流及高低压换算。	换算不正确扣10分。	
		试验接线（40分）		
5	检查电源（5分）	检查电源电压（交流220 v）。	未检查扣5分。	
6	设备连接（10分）	设备连接正确、可靠。	不正确扣10分。	
7	绝缘距离（5分）	高压引线对地的绝缘距离足够。	不正确扣5分。	
8	接地线（5分）	接地线牢靠。	接地线不好扣5分。	
9	设备选择（10分）	硅堆极性正确、表计置放及量程选择正确。	1. 极性接反扣5分； 2. 不正确扣5分。	
10	试验接地（5分）	试验一相时其他两相接地正确。	不正确扣5分。	
		试验操作（30分）		
11	升压（5分）	拆除应试相接地线，接到监护人指令并复诵后方可合闸升压。	未复诵扣5分。	
12	升压速度控制（10分）	加压时应有呼唱，升压速度控制在1~2 kV/s。	升压速度过快扣5分；没有呼唱扣5分。	
13	读数、记录（10分）	随电压逐级上升，分别在1/4、1/2、3/4及全电压时读取相应的泄漏电流（应在每次升压后1 min时读取），在耐压试验终了时读取耐压后的泄漏电流，同时做好记录。	读取泄漏电流不正确或读电流时操作不正确扣10分。	

序号	项目名称	要求	扣分标准	扣分
14	结束工作 （5分）	每相试验完毕，应先将调压器回零，然后切断电源，再用放电棒放电，当微安表置于高压侧时，应在微安表靠电缆一侧先放电。	操作不正确扣 2～5 分。	

5.2.3　0.1 Hz 超低频试验

一、培训目标

1. 掌握 0.1 Hz 超低频耐压试验设备的使用。

2. 掌握 0.1 Hz 超低频耐压试验的方法。

3. 了解 0.1 Hz 超低频耐压试验应注意的问题。

4. 熟悉 0.1 Hz 超低频耐压试验结果的评判标准。

二、作业准备

1. 试验前需明确被测电缆线路。

2. 准备工具、仪器：试验电源、0.1 Hz 超低频交流耐压试验仪器、验电器、放电棒、接地线等。

3. 两端做好安全措施后，方可试验。

三、危险点及注意事项

1. 作业中的主要危险点及防范措施

（1）对测试电缆进行验电、放电并接地，以防人身触电。

（2）设备搬运过程中要轻拿轻放，两人搬运时应动作一致，以防搬运过程中，措施不到位，造成设备损坏，砸伤人员。

（3）试验用低压电源要带漏电保护器，以防人身触电。

（4）正确使用接地线，保证试验设备可靠接地，以防试验设备接地不良或未能可靠接地，造成设备损坏。

（5）电缆试验升压前，要两人分别检查每一根连线正确，以防试验设备接线错误，造成设备损坏。

（6）电缆对端设专人监护，试验前两端人员联系好；升压时工作人员进行呼唱，以防造成人员触电。

（7）电缆试验完毕要充分放电并接地，以防残存电荷放电伤人。

2. 0.1 Hz 超低频耐压试验注意事项

（1）试验装置必须由熟悉高压试验技术的人员操作。

（2）试验开始之前必须检查地线是否牢靠。

（3）每次试验时，注意保持安全距离。

（4）耐压试验过程中，如发现电压表指针摆动较大，电流表指示急剧增加，而且电流增加速度加大，试品发出异味、烟雾或异常响声或闪烙等现象时，应立即停止试验，停电后查明原因。这些现象如查明是试品绝缘部分薄弱引起的，则认为其耐压试验不合格。如确定是试品由于绝缘距离或表面脏污等原因所致，应将试品清洁干燥处理后，再重新进行全时间的耐压试验。

（5）试验过程中，如非电缆绝缘缺陷原因使仪器过压保护动作造成试验中断，应在查明原因后，重新进行全时间的电缆耐压试验。

（6）当电缆较长（电容量较大）或试验电压较高时（70 kV 以上），应尽量选用更低试验频率进行测试（0.01 Hz）。

（7）试验过程中，如过流保护动作而使高压中断，说明试品有击穿或损伤而造成负载电流过大，应立即停机，并用高压放电棒使电缆放电，查明原因，然后再考虑能否重新进行试验。

（8）试验结束后，务必将试品电缆充分放电后才能靠近拆除连线。

（9）对电缆进行超低频耐压试验时，限流电阻可以不接。

（10）使用前详细阅读使用说明，按照说明进行正确操作，减少误操作的发生。

四、作业流程

1. 试验接线

将主机控制箱的输出信号插座与高压箱控制信号输入电缆插座用专用电缆线连接好，用接地导线将主机控制箱和高压箱可靠接地，并将主机控制箱和高压箱保持一定安全距离。

2. 自检空载试验

（1）接通电源，打开电源开关，电源开关指示灯亮，进入屏幕显示画面；

（2）按"确认"键进入主菜单；

（3）按屏幕上主菜单下方提示，移动光标来选择所要的设置、查询、日期调整等菜单各项；现选择"测试参数设置"，之后按"确认"键进入设置显示屏画面，设置各项参数；

（4）对于空载试验，可设置试验电压 18 kV，输出频率为 0.1 Hz，保护电流为 20 mA，试验时间为 2 分 00 秒，设置完毕按"确认"键；

（5）按"启动"键进行测试；

（6）测试结束，按"返回"键退回主菜单。至此试验正常结束。

3. 电缆耐压试验步骤

（1）将与电缆相连接的电气设备全部脱离电缆，其连线原理图如图 5 - 42 所示。

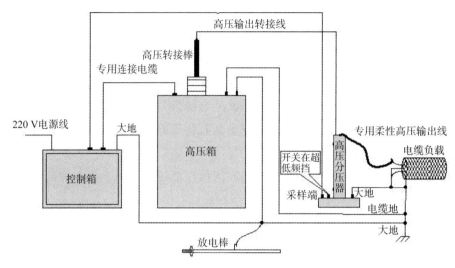

图 5－42　试品试验接线示意图

（2）将试验装置和电缆的接地极全部可靠接地。

（3）记录试验环境条件，包括供电电源电压、频率、环境温度、相对湿度。

（4）采用 2500 V 兆欧表对试验电缆各相分别进行绝缘电阻试验，做好试验记录。

（5）确定试验电压。

（6）用试验装置的配件柔性连接电缆将高压箱高压输出端与试品电缆连接。

（7）主机控制箱电源开关打开，电源指示灯亮，稍候按显示屏画面下方提示进行耐压试验各项操作；在试验过程中应密切监视高压箱工作状况，监听试品电缆是否有异常响声，无异常至试验完毕可进行打印数据，通过打印数据及屏幕显示数据来判断耐压试验是否通过。

（8）试验完毕用高压放电棒将试品放电，再拆除试验接线。

4．做好试验记录。

五、评分标准

0.1 Hz 超低频交流耐压试验评分标准见表 5－6。

表 5－6　0.1 Hz 超低频交流耐压试验评分标准

姓　　名			单　　位		
操作项目	0.1 Hz 超低频交流耐压试验				
操作时限	40 分钟	满分	100 分	得分	
注意事项	1. 本项目为一人操作，根据实际必要时可请人协助。 2. 试验仪器、工具考场统一提供。 3. 在规定的时间内完成，到时停止工作，工作提前结束不加分。 4. 按照扣分标准，每项扣分超过标准分时，按照标准分扣完为止。				

序号	项目名称	要求	扣分标准	扣分
准备工作（15分）				
1	准备场地（5分）	试验场地围好围栏。	未做围栏扣5分。	
2	安全措施（5分）	1. 电缆对端挂警示牌或派人看守； 2. 将两端电缆头表面擦拭干净。	1. 未挂牌或看守扣3分； 2. 不擦拭扣2分。	
3	记录（5分）	记录环境温度、湿度。	未记录扣5分。	
确定试验电压、频率（10分）				
4	确定试验电压（5分）	根据规程要求确定试验电压。	不正确扣5分。	
5	选择试验频率（5分）	选择正确的试验频率0.1 Hz。	选择错误扣5分。	
试验接线（40分）				
6	检查电源（5分）	检查电源电压。	未检查扣5分。	
7	设备连接（10分）	设备连接正确、可靠。	不正确扣10分。	
8	引线对地距离（10分）	高压引线对地的绝缘距离足够。	不正确扣10分。	
9	接地线（10分）	接地线牢靠。	接地线不好扣10分。	
10	试验接地（5分）	试验一相时其他两相接地正确。	不正确扣5分。	
试验操作（35分）				
11	升压（5分）	拆除应试相接地线，接到监护人指令并复诵后方可合闸升压。	未复诵扣5分。	
12	升压速度控制（10分）	均匀升压，升压速度不能过快。	升压太快扣5分； 升压不正确扣5分。	
13	读数、记录（10分）	记录试验电压、频率、试验时间。	未记录扣10分。	

续表 2

序号	项目名称	要求	扣分标准	扣分
14	结束工作 （5分）	每相试验完毕，应先将调压器回零，然后切断电源，再用放电棒放电。	操作不正确扣5分。	
15	清理现场 （5分）	拆除仪器接线，电缆恢复试验前状态。	未清理现场扣5分。	

5.2.4 交流变频谐振试验

一、培训目标和要点

1. 掌握交流变频谐振试验设备的使用。

2. 掌握交流变频谐振试验的方法。

3. 了解交流变频谐振试验应注意的问题。

4. 熟悉交流变频谐振试验结果的评判标准。

二、作业准备

1. 试验前需明确被测电缆线路。

2. 准备工具、仪器：试验电源、变频谐振试验设备（包括变频电源控制箱、励磁变压器、谐振电抗器、高压分压器和补偿电容器）、验电器、放电棒、接地线等。

3. 两端做好安全措施后，方可试验。

三、危险点及注意事项

1. 作业中的主要危险点及预防措施

（1）对测试电缆进行验电、放电并接地，以防人身触电。

（2）设备搬运过程中要轻拿轻放，两人搬运时应动作一致，以防搬运过程中，措施不到位，造成设备损坏，砸伤人员。

（3）试验用低压电源要带漏电保护器，以防人身触电。

（4）正确使用接地线，保证试验设备可靠接地，以防试验设备接地不良或未能可靠接地，造成设备损坏。

（5）电缆试验升压前，要两人分别检查每一根连线正确，以防试验设备接线错误，造成设备损坏。

（6）电缆对端设专人监护，试验前两端人员联系好；升压时工作人员进行呼唱，以防造成人员触电。

（7）电缆试验完毕要充分放电并接地，以防残存电荷放电伤人。

2. 变频谐振试验注意事项

（1）操作人员应不少于2人，使用时应严格遵守有关高压试验的安全作业规程。

（2）保证足够的电源容量（尤其在满负载时），单相电源供电设备电源线截面积应不小于 4.0 mm²，三相（或三相四线）电源供电设备电源线（相线）截面积应不小于 2.5 mm²（3×2.5 mm²＋1×1.5 mm²）。

（3）试验时，升压速度应依据相关高压试验作业规程，或控制在 2～3 kV/s 左右。

（4）试验电压大于 18 kV 时，务必多个电抗器串联，相关电抗器底部必须加专用绝缘底座。

（5）不同型号规格电抗器之间不能简单地混合并联或串联。

（6）电抗器连接时，应使用专用的连接线，保证电抗器间足够的距离以尽量减小互感的影响。

（7）电抗器使用时，应移除其周围的金属物体，并应避免直接将电抗器放置在钢板、铜板等较大面积金属导体上使用，否则因涡流引起的发热将导致系统有功输入的增加，甚至使试验电压达不到预期试验值。

（8）进行试验时，重要的磁记录设备或物体（如磁条记录卡、银行储蓄卡等）应远离试验现场的电抗器，否则容易导致破坏或数据丢失。

（9）分压器本体与其高度相等的范围内应无其他物体，高压引线与分压器本体的夹角不小于 90°，且应拉值绷紧，不拖搭，并与四周物体保持足够的绝缘距离。

（10）关机后须等待 10 秒钟左右再开机，以保证机内元件充分复位。

四、作业流程

1. 试验准备

（1）布置试验设备，检查设备的完好性，确认连接电缆无破损、断路和短路等现象。连接线路前检查应有明显的电源断开点。

（2）连接各部件，各接地部件应一点接地。

（3）检查控制箱面板上"电源"开关处于关断位置，连接电源线。

（4）检查控制箱面板上"过压整定"拨码开关，按动拨盘，使显示的整定值为试验电压的 1.05 至 1.1 倍。

2. 配置电抗器

（1）估算或测量被试电力电缆的等效电容量 C_x；

（2）根据电缆电容量，配置电抗器。

3. 试验接线，按照试验仪器说明书要求进行接线。

4. 接通试验电源，开机；根据试验规程及要求设置各项参数。

5. 试验测试，搜索谐振频率，升压，计时、降压、切断电源；电缆及试验设备放电；拆除试验接线；做好试验记录。

五、评分标准

电缆交流变频谐振试验评分标准见表 5-7。

表 5-7 交流变频谐振试验评分标准

<table>
<tr><td colspan="2">姓　　名</td><td colspan="2"></td><td colspan="2">单　　位</td><td></td></tr>
<tr><td colspan="2">操作项目</td><td colspan="5">交流变频谐振试验</td></tr>
<tr><td colspan="2">操作时限</td><td>30 分钟</td><td>满分</td><td>100 分</td><td>得分</td><td></td></tr>
<tr><td colspan="2">注意事项</td><td colspan="5">1. 本项目为一人操作，根据实际必要时可请人协助。
2. 试验仪器、工具考场统一提供。
3. 在规定的时间内完成，到时停止工作，工作提前结束不加分。
4. 按照扣分标准，每项扣分超过标准分时，按照标准分扣完为止。</td></tr>
<tr><td>序号</td><td>项目名称</td><td colspan="2">要求</td><td colspan="2">扣分标准</td><td>扣分</td></tr>
<tr><td colspan="7">准备工作（10 分）</td></tr>
<tr><td>1</td><td>准备场地
（5 分）</td><td colspan="2">试验场地围好围栏。</td><td colspan="2">未做围栏扣 5 分。</td><td></td></tr>
<tr><td>2</td><td>安全措施
（5 分）</td><td colspan="2">1. 电缆对端挂警示牌或派人看守；
2. 将两端电缆头表面擦拭干净。</td><td colspan="2">1. 未挂牌或看守扣 3 分；
2. 不擦拭扣 2 分。</td><td></td></tr>
<tr><td colspan="7">核准试验、计算所需电抗（25 分）</td></tr>
<tr><td>3</td><td>试验电压
（5 分）</td><td colspan="2">根据试验标准确定被试电缆的试验电压。</td><td colspan="2">不正确扣 5 分。</td><td></td></tr>
<tr><td>4</td><td>估算电缆电容量
（10 分）</td><td colspan="2">根据电缆参数及等效电容表估算电缆电容量。</td><td colspan="2">计算不正确扣 10 分。</td><td></td></tr>
<tr><td>5</td><td>计算所需电抗
（10 分）</td><td colspan="2">能够根据电容量计算感抗值。</td><td colspan="2">计算不正确扣 10 分。</td><td></td></tr>
<tr><td colspan="7">试验接线（35 分）</td></tr>
<tr><td>6</td><td>检查电源
（5 分）</td><td colspan="2">检查电源电压。</td><td colspan="2">未检查扣 5 分。</td><td></td></tr>
<tr><td>7</td><td>设备连接
（5 分）</td><td colspan="2">设备连接正确、可靠。</td><td colspan="2">不符合要求扣 2～5 分。</td><td></td></tr>
<tr><td>8</td><td>引线对地距离
（5 分）</td><td colspan="2">高压引线对地的绝缘距离足够。</td><td colspan="2">距离不够扣 5 分。</td><td></td></tr>
<tr><td>9</td><td>接地线
（5 分）</td><td colspan="2">接地线接地可靠。</td><td colspan="2">不可靠扣 5 分。</td><td></td></tr>
<tr><td>10</td><td>连接方式
（10 分）</td><td colspan="2">按电感量选择电抗器串并联方式。</td><td colspan="2">连接方式错误扣 10 分。</td><td></td></tr>
</table>

续表

序号	项目名称	要求	扣分标准	扣分
11	试验接地（5分）	试验一相时其他两相接地正确。	不正确扣3~5分。	
试验操作（30分）				
12	升压（5分）	1. 升压前得到两端监护人许可； 2. 升压时应呼唱。	1. 擅自升压扣3分； 2. 没有呼唱扣2分。	
13	搜索谐振频率（10分）	稍加电压，搜索谐振频率。	无谐振频率扣10分。	
14	耐压实施（10分）	试验电压和加压时间符合要求。	1. 电压数值错扣5分； 2. 耐压时间错扣5分。	
15	结束工作（5分）	每相试验完毕，应先将电压回零，然后切断电源，再用放电棒放电。	操作不正确扣2~5分。	

5.2.5 电力电缆故障性质判断

一、培训目标

1. 掌握电缆故障性质的判断方法。

2. 掌握判断电缆故障的作业流程。

二、作业准备

1. 准备工具、仪器：绝缘电阻表、试验电源、直流高压试验设备、电缆故障闪测仪、验电器、放电棒、接地线等。

2. 安全措施：两端做好安全措施后，悬挂标示牌，方可开始工作。

三、危险点及注意事项

1. 测试前，对被测电缆进行验电、放电并接地，以防触电。

2. 测试前，电缆两端人员联系好，以防对端人员触电。

3. 电缆测试完毕后，应充分放电，以防残存电荷放电伤人。

四、作业程序

1. 使用绝缘电阻表测量电缆三相对地绝缘电阻，以判断三相是否接地故障。

2. 使用欧姆表测量电缆三相对地绝缘电阻，以判断是否低阻接地故障。

3. 对端接地，测量首端线芯对地绝缘，以判断是否开路故障。

4. 对绝缘电阻高的相做直流耐压试验，以判断是否闪络性故障或泄漏性高阻故障。

5. 分析故障性质，填写分析报告。

五、评分标准

电缆故障性质判别评分标准见表 5 - 8。

表 5 - 8 电缆故障性质判断评分标准

姓　　名			单　　位		
操作项目		电缆故障性质判断			
操作时限	30 分钟	满分	100 分	得分	
注意事项	1. 本项目为一人操作，根据实际必要时可请人协助。 2. 故障仪器考场统一提供。 3. 在规定的时间内完成，工作提前结束不加分。 4. 本次操作不考虑闪络性故障。 5. 规定时间不包括故障报告填写时间。				
序号	项目名称 （标准分）	要求		扣分标准	扣分
准备工作（15 分）					
1	着装 （2 分）	1. 试验人员穿绝缘鞋、戴安全帽； 2. 工作服穿戴齐整。		不符合要求扣 2 分。	
2	工具仪器准备 （5 分）	工具仪器准备正确、完善。		工器具缺少扣 2～5 分。	
3	安全措施 （5 分）	1. 电缆两端与其他设备已断开； 2. 另一端派人看守或设围栏挂警示牌。		1. 终端上有引线扣 2 分； 2. 安全措施不合格扣 3 分。	
4	记录参数 （3 分）	记录测试时的湿度、温度等。		记录不全扣 1～3 分。	
试验测试（50 分）					
5	绝缘电阻测量 （30 分）	1. 检查兆欧表良好； 2. 兆欧表接线正确。		1. 未检查扣 1 分； 2. 接线不正确扣 4 分。	
		1. 操作方法正确； 2. 测量时间 1 分钟以上； 3. 记录 15 s 和 60 s 时绝缘电阻值。		1. 操作方法错误扣 5～10 分； 2. 时间不够扣 5 分； 3. 未计算吸收比扣 5 分。	
		1. 用放电棒正确地对电缆充分放电； 2. 记录测量数据。		1. 放电方法错误扣 2 分； 2. 放电不充分扣 1 分； 3. 三相数据不准确扣 2 分。	

续表

序号	项目名称 （标准分）	要求	扣分标准	扣分
6	万用表测阻值 （5分）	1. 万用表挡位、量程正确； 2. 读数正确。	1. 挡位、量程错误扣3分； 2. 读数不准确扣2分。	
7	开路故障判断 （5分）	测量方法正确、可靠。	方法错误扣3~5分。	
8	直流耐压试验 （必要时）(10分)	测量方法正确。	测试方法错误扣5~10分。	
试验报告（30分）				
9	故障性质分析 （20分）	1. 报告内容、数据与实际数据一致； 2. 通过测量数据，分析故障性质； 3. 故障结论正确。	1. 数据不一致扣1~5分； 2. 分析错误扣5~10分； 3. 不正确扣5~10分。	
10	试验报告完整 （10分）	有电缆型号、试验日期、使用设备、温度、湿度等记录。	数据不全扣2~10分。	
工作结束（5分）				
11	恢复工作现场 （5分）	撤离安全措施，仪器摆放整齐。	不符合要求扣2~5分。	

5.2.6 电力电缆故障点的预定位

一、培训目标

1. 根据不同的故障性质，选择相对应的测试方法。

2. 学会故障测试仪器的使用方法。

3. 学会波形分析，能根据故障波形判断故障点距离。

二、作业准备

1. 布置现场安全措施。

2. 准备工具、仪器：试验电源、直流高压设备、闪测仪、电容、球形间隙、验电器、放电棒、接地线等。

3. 两端通信畅通，保持联系。

三、危险点及注意事项

1. 对测试电缆进行验电、放电并接地，以防人身触电。

2. 设备搬运过程中要轻拿轻放，两人搬运时应动作一致，以防搬运过程中，措施不到位，造成设备损坏，砸伤人员。

3. 试验用低压电源要带漏电保护器，以防人身触电。

4. 正确使用接地线，保证试验设备可靠接地，以防试验设备接地不良或未能可靠接地，造成设备损坏。

5. 电缆试验升压前，要两人分别检查每一根连线正确，以防试验设备接线错误，造成设备损坏。

6. 电缆对端设专人监护，试验前两端人员联系好；升压时工作人员进行呼唱，以防造成人员触电。

7. 电缆试验完毕要充分放电并接地，以防残存电荷放电伤人。

四、作业流程

1. 用闪测仪测量电缆全长，与记录的电缆长度进行比较，以备参考。

2. 根据故障性质，选择测试方法。

3. 故障性质为低阻或开路故障时，用低压脉冲法进行故障距离测试。

4. 泄漏性故障，用冲闪法进行测试。

5. 闪络性故障，用直闪法进行测试。

6. 进行波形分析，判断故障点距离。

7. 填写波形分析报告。

五、评分标准

电缆故障预定位评分标准见表 5-9。

表 5-9 故障预定位评分标准

姓　　　名		单　　　位		
操作项目	电缆故障预定位			
操作时限	30 分钟	满分	100 分	得分
注意事项	1. 本项目由二人及以上人员操作，可分别进行考核。 2. 故障仪器考场统一提供。 3. 在规定的时间内完成，到时停止工作，工作提前结束不加分。 4. 规定时间不包括故障报告填写时间。			

序号	项目名称 （标准分）	工作标准和要求	扣分标准	扣分
		准备工作（15 分）		
1	安全防护 （5 分）	1. 试验场地围好围栏； 2. 电缆对端挂好警示牌或派人看守。	未做扣 2～5 分。	

续表

序号	项目名称 （标准分）	工作标准和要求	扣分标准	扣分
2	着装 （5分）	1. 试验人员穿绝缘鞋、戴安全帽； 2. 工作服穿戴齐整。	不符合要求扣 2～5 分。	
3	工具仪器准备 （5分）	工具仪器准备正确、完善。	准备不当扣 2～5 分。	
测试过程（65分）				
4	核对故障性质 （10分）	测量故障点电阻方法正确。	方法错误扣 4～10 分。	
5	选择仪器设备 （10分）	按照故障性质选择仪器设备正确。	错选、少选扣 4～10。	
6	测试接线 （20分）	设备接线正确。	接线错误一处扣 5 分。	
7	参数设定 （5分）	仪器参数设定合理，方便读取波形。	不合理扣 2～5 分。	
8	操作过程 （20分）	1. 测试前两端做好监护和配合； 2. 升压前再次检查接线正确，并应得到监护人许可； 3. 工作过程做好呼唱； 4. 及时记录测试结果； 5. 降压结束正确及时放电。	1. 两端没有监护配合扣5 分； 2. 擅自升高压扣 5 分； 3. 没有呼唱扣 3 分； 4. 不记录测试结果扣 2 分； 5. 放电不及时、不正确扣2～5 分。	
结束工作（25分）				
9	填写测试报告 （20分）	1. 分析故障波形； 2. 故障结果正确； 3. 记录电缆名称、试验日期、使用设备、温度、湿度等数据。	1. 波形分析错误扣 10 分； 2. 故障结果错误扣 5 分； 3. 数据不全扣 2～5 分。	
10	恢复工作现场 （5分）	撤出安全措施，仪器摆放整齐。	不符合要求扣 2～5 分。	

5.2.7　电力电缆故障的精确定点

一、培训目标

1. 掌握电缆故障定点仪的使用方法。

2. 能够独立对电缆故障进行精确定位，误差不超过 1 米。

二、作业准备

1. 精确定位前与试验升压人员联系好，保持通信畅通。

2. 准备工具、仪器：丈量工具（皮尺或测距轮等）、电缆故障精确定点仪。

三、危险点及注意事项

1. 注意过往车辆，以防交通事故。

2. 定点后，挖掘电缆时，避免碰伤电缆。

四、作业程序

1. 故障点预定位，判断出故障点距离。

2. 明确电缆敷设路径。

3. 根据预定位距离，丈量出大概位置。

4. 对故障点进行升压，放电。

5. 利用精确定点仪精确定位，定位误差不得超过 1 米。

6. 挖出电缆确定故障点。

五、评分标准

电缆故障精确定点评分标准见表 5‒10。

表 5‒10 电缆故障精确定点评分标准

姓　名			单　位		
操作项目		电缆故障精确定点			
操作时限	60 分钟	满分	100 分	得分	
注意事项	1. 本项目为二人及以上人员操作，可分别进行考核。 2. 故障仪器考场统一提供。 3. 在规定的时间内完成，到时停止工作，工作提前结束不加分。 4. 规定时间不包括故障报告填写时间。				
序号	项目名称 （标准分）	要求	扣分标准		扣分
准备工作（15 分）					
1	安全措施 （5 分）	1. 试验场地围好围栏； 2. 电缆对端挂警示牌或派人看守。	措施不全扣 2～5 分。		
2	试验仪器准备 （5 分）	仪器准备齐全。	准备不全扣 2～5 分。		
3	着装 （5 分）	1. 试验人员穿绝缘鞋、戴安全帽； 2. 工作服穿戴齐整。	不符合要求扣 2～5 分。		

序号	项目名称（标准分）	要求	扣分标准	扣分
	故障预定位（35分）			
4	预定位测距（15分）	判断电缆故障距离。	测试不到数据扣10分。	
5	探测电缆路径（15分）	探测电缆的敷设路径。	路径不正确扣5～15分。	
6	确定故障区域（5分）	按照路径和测量距离确定故障点的大概位置。	范围超过10米扣2分，超过20米扣5分。	
	精确定点（50分）			
7	试验接线（10分）	1. 仪器接线正确； 2. 引线与相邻设施保持安全距离。	1. 接线错误扣2～5分； 2. 安全距离不够扣6分。	
8	升压放电（15分）	1. 升压时应有人许可监护，并呼唱； 2. 电压值和放电间隔时间合理； 3. 升压速度不宜过快； 4. 记录电压、时间间隔等数据。	1. 没有监护呼唱扣2～5分； 2. 时间合理不合理扣2～4分； 3. 升压方法错误扣3分； 4. 数据记录错误扣3分。	
9	故障点定位（20分）	1. 仪器使用正确； 2. 定位点距离偏差不大于1米。	1. 仪器使用错误扣5～10分； 2. 位置偏差大于2米扣5分，大于3米扣10分。	
10	故障点做标记（5分）	在故障点处做醒目的标记	未做标记扣5分。	
	结束工作（10分）			
11	收拾现场（5分）	围栏、仪器、引线等摆放整齐。	不整齐扣2～5分。	
12	填写报告（5分）	数据齐全、真实。	不符合要求扣2～5分。	

5.2.8 电力电缆不带电定相

一、项目培训目标

1. 了解电缆不带电定相的几种常用方法。

2. 重点掌握电缆定相的电阻法。

3. 掌握电缆定相注意事项和安全要求。

二、作业准备

1. 设备和器材：（1）摇表（2500～5000 V）；（2）专用屏蔽线；（3）放电棒；（4）对讲机；（5）记号笔。

2. 安全用具：（1）接地线或短路线；（2）安全围网或安全遮拦；（3）绝缘手套。

三、危险点及注意事项

1. 工作前核对设备双重编号，明确工作地点位置，防止走错间隔，造成触电。

2. 电缆两端工作人员加强沟通，防止电击伤害。

3. 用绝缘电阻表定相，对不接地相要及时放电，防止电击伤人。

4. 要求电缆本身没有短路、开路等其他故障，即电缆本身性能良好。

5. 摇表应选用合适的电压等级，10（6）kV 选用 2500 V 摇表，35 kV 及以上选用 5000 V 摇表。

6. 短路线或接地线应有绝缘柄。

四、作业程序

1. 核对设备双重编号，检查现场安全措施。

2. 将被测试电缆充分放电，确保无残余电荷。

3. 测量前将电缆两端擦干净，防止或消除外部引起的各种影响。

4. 和对侧取得联系，将对侧其中一相（或两相）接地。

5. 核对相位。

6. 每核对完一相，进行充分放电，并及时做好标识。

7. 按 A、B、C 相依次进行。

8. 双条电缆并列运行时，对各条电缆逐条定相之后必须进行双条定相。即将双条电缆同相并接后，按照单条电缆定相步骤重复一遍即可。

9. 拆除自封短路线或接地线，恢复原来安全措施，清洁现场，工作终结。

五、评分标准

电缆不带电定相的评分标准见表 5-11。

表 5-11　电缆不带电定相评分表

姓　　　名		单　　　位		
操作项目	电力电缆定相（电缆停电）			
操作时限	30 分钟	满分	100 分	得分	
注意事项	1. 项目操作为单人完成，对端可有人辅助。 2. 仪器设备可自备或选用场地内仪器设备。			

序号	项目名称（标准分）	质量要求	扣分标准	扣分
		准备工作（10分）		
1	着装（4分）	1. 工作服穿戴整齐； 2. 穿绝缘鞋，戴安全帽。	一处不符合要求扣2分。	
2	工器具准备齐全（6分）	1. 仪器设备准备齐全，放置整齐有序； 2. 报告准备工作完成。	1. 仪器设备不全或错误扣2分； 2. 放置不整齐扣2分； 3. 没报告扣2分。	
		工作过程（80分）		
3	做好现场安全措施（5分）	1. 电缆两端与其他设备已断开； 2. 另一端派人看守或设围栏挂警示牌。	未做安全措施扣5分。	
4	选用定相设备（15分）	1. 根据要求选用定相设备； 2. 定相设备选择正确。	定相设备选择不符合要求或不正确扣15分。	
5	摇表定相测试（20分）	1. 检查摇表； 2. 对端接地（一相或两相接地）； 3. 摇表测试完后要接地放电。	1. 不检查摇表扣5分； 2. 对端不接线扣10分； 3. 未接地放电扣5分。	
6	万用表定相测试（20分）	1. 检查万用表； 2. 万用表挡位选择合适； 3. 对端接地（一相或两相接地）。	1. 不检查万用表扣5分； 2. 万用表挡位选择不合理扣10分； 3. 对端不接线扣5分。	
7	填写测试报告（20分）	1. 测量相位时应画简图； 2. 及时记录； 3. 判断正确。	1. 没有简图扣5分； 2. 不及时记录扣5分； 3. 判断错误扣10分。	
		工作终结（10分）		
8	结束工作（10分）	清点工器具，工器具放回原处，摆放整齐。	不清点工器具扣5分，工器具未放回原处扣3分，摆放不整齐扣2分。	

5.2.9 电力电缆带电核相

一、项目培训目标

1. 重点掌握电缆带电核相仪使用方法。

2. 掌握电缆带电核相中注意事项和安全要求。

二、作业准备

1. 设备和器材：（1）成套带电核相仪；（2）备用电池。

2. 安全用具：（1）安全围网或安全遮拦；（2）绝缘手套。

三、危险点及注意事项

1. 工作前核对设备双重编号，明确工作位置，与带电设备保持足够安全距离，防止触电。

2. 使用带电核相仪时，除符合《电力安全工作规程》中的安全距离外，还应符合仪器本身的安全要求。

3. 带电核相时，必须设置安全遮拦，以防无关人员进入工作场所。

4. 核相操作时，手持位置不要超过绝缘杆警戒位置。核相仪应可靠接地。

5. 仪器每次使用前均应试验。

6. 绝缘手套必须合格。

7. 工作负责人应不间断加强监护，保证安全。

四、作业程序

1. 核对设备双重编号，检查现场安全措施。

2. 测量前确认需核相两侧都带有电压，并再次检查核相仪是否完好。

3. 工作人员站立位置合适，即与带电设备保持安全距离，又便于操作。

4. 工作人员戴绝缘手套，核相仪的绝缘杆抽到最大位置。

5. 一人使用核相笔接触带电一相不动，另一操作人依次使用核相笔接触另外三相。

6. 按 A、B、C 相依次进行，并做好记录。

7. 恢复设备带电时的安全措施，工作终结。

五、评分标准

电缆带电核相评分标准见表 5－12。

表 5－12　电缆带电核相评分表

姓　名		单　位		
操作项目	电力电缆核相（带电核相）			
操作时限	30 分钟	满分	100 分	得分	

续表

	注意事项	1. 本项目操作为三人完成，其中一人监护、一人操作、一人读表。 2. 核相仪器自备。		
序号	项目名称 （标准分）	质量要求	扣分标准	扣分
准备工作（10分）				
1	着装 （4分）	1. 工作服穿戴整齐； 2. 穿绝缘鞋，戴安全帽。	一点不符合要求扣2分。	
2	工器具 准备齐全 （6分）	1. 仪器设备准备齐全，放置整齐有序； 2. 报告准备工作完成。	1. 仪器设备不全或错误扣2分； 2. 放置不整齐扣2分； 3. 没报告扣2分。	
工作过程（80分）				
3	执行工作票制度 （5分）	带电作业需开第二种工作票。	未开工作票扣5分。	
4	严格执行 监护制度 （5分）	1. 监护人不得自行操作； 2. 操作时所站位置和姿势应事先选择。	1. 不在监护人监护和指导下擅自操作扣3分； 2. 操作动作、位置考虑不周扣2分。	
5	检查电阻杆 电流表和接地 （15分）	1. 工作前应检查电阻杆是否合格； 2. 检查接地引线是否牢靠； 3. 表计指示是否正确。	未检查接地、电阻杆、仪表各扣5分。	
6	检查核相仪的 指示正确性 （15分）	1. 操作人员操作时应戴绝缘手套； 2. 手应握在绝缘杆上，而不能握在电阻杆上。	1. 未戴绝缘手套扣5分； 2. 手握位置不对应制止并扣5分； 3. 不进行检验扣5分。	
7	在被测线 路上测试 （40分）	1. 测量时应先挂一相线路再挂另一相线路； 2. 测量人员身体不应接触测量引下线； 3. 测量相位时应画简图并做记录。	1. 操作不正确扣10分； 2. 引下线靠在人身体上扣20分； 3. 绘图或记录不正确扣10分。	
工作终结（10分）				
8	结束工作 （10分）	清点工器具，工器具放回原处，摆放整齐。	不清点工器具扣5分，工器具未放回原处扣3分，摆放不整齐扣2分。	

5.2.10 电力电缆路径探测

一、项目培训目标

1. 能正确探测出直埋电缆的电缆路径。

2. 能正确探测出直埋电缆的埋设深度。

二、作业准备

1. 设备和器材：（1）成套电缆路径仪；（2）照明灯。

2. 其他材料：（1）白灰；（2）标桩。

三、危险点及注意事项

1. 探测电缆路径时，与其他带电设备保持足够安全距离，防止触电。

2. 电缆路径仪接收器频率应与发射器频率一致。

3. 路径探测过程中，注意交通安全。

四、作业程序

1. 核对设备双重编号，检查现场安全措施。

2. 接好探测仪的发射器，并调节到合适频率。

3. 调节探测仪的接收器频率与发射器一致，进行路径的探测。

4. 在探测的路径上及时做好标记或标示。

5. 在不同的地段探测路径深度，并做好记录。

6. 路径探测完毕后，整理工具，工作终结。

五、评分标准

电力电缆路径查找评分标准见表5－13。

表5－13 电力电缆路径查找评分表

姓 名			单 位		
操作项目名称		电力电缆路径查找			
操作时限	40分钟	满分	100分	得分	
注意事项	1. 项目操作为单人完成，始端可有人辅助。 2. 仪器设备可自备或选用场地内仪器设备。				
序号	项目名称 （标准分）	质量要求	扣分标准		扣分
准备工作（10分）					
1	着装 （4分）	1. 工作服穿戴整齐； 2. 穿绝缘鞋，戴安全帽。	一处不符合要求扣2分。		

续表

序号	项目名称 （标准分）	质量要求	扣分标准	扣分
2	工器具 准备齐全 （6分）	1. 仪器设备准备齐全，放置整齐有序； 2. 报告准备工作完成。	1. 仪器设备不全或错误扣2分； 2. 放置不整齐扣2分； 3. 没报告扣2分。	
		工作过程（80分）		
3	做好现场 安全措施 （5分）	1. 电缆两端与其他设备已断开； 2. 另一端派人看守或设围栏挂警示牌。	未做安全措施扣5分。	
4	准备仪器设备 （10分）	1. 要求设备完好； 2. 发射信号设备与接收设备相匹配。	1. 设备不完好扣5分； 2. 仪器型号选择不正确扣5分。	
5	接收和发射信号 设备接线 （10分）	接线正确。	一处接线不正确扣2分，扣完为止。	
6	通信联络 （5分）	工作前确定通信联络方式。	通信不正确扣5分。	
7	设备操作 （10分）	操作正确。	操作不正确扣10分。	
8	路径探测 （20分）	路径探测正确。	不正确每处扣3分，扣完为止。	
9	深度探测 （10分）	深度探测正确。	一处不正确扣2分，扣完为止。	
10	绘图 （10分）	绘图正确。	不能正确绘图扣1～5分。	
		工作终结（10分）		
11	结束工作 （10分）	清点工器具，工器具放回原处，摆放整齐。	不清点工器具扣5分，工器具未放回原处扣3分，摆放不整齐扣2分。	

5.2.11 电力电缆鉴别

一、项目培训目标

1. 了解电缆鉴别的原理；

2. 掌握电缆鉴别的流程和操作技巧。

二、作业准备

1. 设备和器材：（1）电缆识别仪；（2）电缆卡钳；（3）照明灯；（4）气体检测仪；（5）开启井盖专用工具。

2. 安全用具：（1）安全围网或安全围栏；（2）标示带或标示笔。

三、危险点及注意事项

1. 电缆接线时，与其他带电设备保持足够安全距离，防止触电。

2. 电缆沟道内工作，必须做好防止浊气伤害的措施。井口设置必要的安全措施。

3. 待鉴别电缆必须停电，其两端接地线必须解开。

四、作业程序

1. 核对设备双重编号，检查现场安全措施。

2. 将电缆接地线与系统接地网断开。

3. 接好电缆识别仪的发生器，并调节到合适频率。

4. 利用卡钳卡住电缆，通过卡钳指示判断需识别电缆。

5. 在识别出的电缆上及时做好标记。

6. 将电缆恢复到正常状态。

7. 整理现场，清理工具，工作终结。

五、评分标准

电缆识别评分标准见表 5-14。

表 5-14　电缆识别评分表

姓　　名			单　　位		
操作项目名称		电力电缆鉴别（电缆停电）			
操作时限	40 分钟	满分	100 分	得分	
注意事项	1. 项目操作为单人完成，对端可有人辅助。 2. 仪器设备可自备或选用场地内仪器设备。				
序号	项目名称 （标准分）	质量要求	扣分标准		扣分
准备工作（10 分）					
1	着装 （4 分）	1. 工作服穿戴整齐； 2. 穿绝缘鞋，戴安全帽。	一点不符合要求扣 2 分。		
2	工器具 准备齐全 （6 分）	1. 仪器设备准备齐全，放置整齐有序； 2. 报告准备工作完成。	1. 仪器设备不全或错误扣 2 分； 2. 放置不整齐扣 2 分； 3. 没报告扣 2 分。		

序号	项目名称（标准分）	质量要求	扣分标准	扣分
工作过程（80分）				
3	做好现场安全措施（5分）	1. 电缆两端与其他设备已断开； 2. 另一端派人看守或设围栏挂警示牌。	未做安全措施扣5分。	
4	准备仪器设备（10分）	1. 要求设备完好； 2. 所选仪器正确、配套。	1. 设备不完好扣5分； 2. 仪器型号选择不正确扣5分。	
5	仪器设备接线（20分）	按要求接线。	一处接线不正确扣5分，扣完为止。	
6	设备操作（20分）	操作正确。	1. 信号发生器操作不正确扣10分； 2. 接收钳操作不正确扣10分。	
7	电缆鉴别（20分）	电缆鉴别正确。	不正确每处扣5分，扣完为止。	
8	做标识（5分）	标识清楚、正确。	标识不正确扣5分。	
工作终结（10分）				
9	结束工作（10分）	清点工器具，工器具放回原处，摆放整齐。	不清点工器具扣5分，工器具未放回原处扣3分，摆放不整齐扣2分。	

本章思考题

1. 预防性试验的目的是什么？
2. 简述电力电缆故障分类。
3. 电力电缆路径探测有哪几种基本方法？
4. 简述电力电缆相位试验比较常用的方法。
5. 简述测量绝缘电阻的作业流程。
6. 简述交流变频谐振试验作业流程。
7. 电力电缆故障查找大体上可以分为哪三步？
8. 如何判断电力电缆故障性质？

9. 简述电力电缆路径探测的基本原理。

本章小结

　　本章主要介绍了电力电缆故障测寻及试验的相关内容，包括电力电缆故障测寻及试验基本知识、电力电缆故障测寻及试验操作项目，其中基本知识包括电力电缆试验、电力电缆故障测寻、电力电缆路径探测、电力电缆鉴别、电力电缆定相等相关理论知识，操作项目包括测量绝缘电阻、直流耐压试验、0.1 Hz 超低频试验、交流变频谐振试验、电力电缆故障性质判断、电力电缆故障点的预定位、电力电缆故障的精确定点、电力电缆不带电定相、电力电缆带电核相、电力电缆路径探测、电力电缆鉴别等内容。

参考文献

[1] 电力行业职业技能鉴定指导中心编. 职业技能鉴定指导书——电力电缆 [M]. 北京：中国电力出版社，2002.

[2] 史传卿. 供用电工人技能手册：电力电缆 [M]. 北京：中国电力出版社，2004.

[3] 史传卿. 电力电缆安装运行技术问答 [M]. 北京：中国电力出版社，2002.

[4] 韩伯锋. 电力电缆试验及检测技术 [M]. 北京：中国电力出版社，2007.

[5] 史传卿. 供用电工人职业技能培训教材：电力电缆 [M]. 北京：中国电力出版社，2005.

[6] 姜芸. 输电电缆 [M]. 北京：中国电力出版社，2010.

[7] 张东斐. 配电电缆 [M]. 北京：中国电力出版社，2010.

[8] 朱启林，李仁义，徐丙垠. 电力电缆故障测试方法与案例分析 [M]. 北京：机械工业出版社，2008.

[9] 张淑琴. 110 kV 及以下电力电缆常用附件安装实用手册 [M]. 北京：中国水利水电出版社，2014.

[10] 陈天翔，王寅仲. 电气试验 [M]. 北京：中国电力出版社，2005.

[11] 王伟，李云财，马文月，等. 交联聚乙烯绝缘电力电缆技术基础 [M]. 西安：西北工业大学出版社，2005.

[12] 李宗廷，王佩龙，赵光庭，等. 电力电缆施工手册 [M]. 北京：中国电力出版社，2001.

[13] 孙钊. 电力电缆实训教材 [M]. 北京：中国电力出版社，2015.

[14] 邱昌容. 电线与电缆 [M]. 西安：西安交通大学出版社，2007.

[15] 陈家斌. 电缆图表手册 [M]. 北京：中国水利水电出版社，2004.

[16] 李国正. 电力电缆线路设计施工手册 [M]. 北京：中国电力出版社，2007.

[17] 李宗廷. 电力电缆施工 [M]. 北京：中国电力出版社，1999.

[18] 游智敏，李海. 上海电力隧道及运行管理 [C]. 上海：全国第八次电缆运行经验交流会，2008.

[19] GB 50217—2018. 电力工程电缆设计标准 [M]. 北京：中国计划出版社，2018.

[20] GB 50150—2016. 电气装置安装工程电气设备交接试验标准 [M]. 北京：中国计

划出版社，2016.

［21］GB/T 3956—2008. 电缆的导体 ［M］. 北京：中国标准出版社，2008.

［22］GB 50169—2016. 电气装置安装工程接地装置施工及验收规范 ［M］. 北京：中国计划出版社，2016.

［23］GB 50289—2016. 城市工程管线综合规划规范 ［M］. 北京：中国建筑工业出版社，2016.

［24］GB 50168—2018. 电气装置安装工程电缆线路施工及验收标准 ［M］. 北京：中国计划出版社，2018.

［25］GB/T 11822—2008. 科学技术档案案卷构成的一般要求 ［M］. 北京：中国标准出版社，2008.

［26］GB/T 11022—2020. 高压开关设备和控制设备标准的共用技术要求 ［M］. 北京：中国质检出版社，2020.

［27］GB 50149—2010. 电气装置安装工程母线装置施工及验收规范 ［M］. 北京：中国计划出版社，2010.

［28］GB 14315—2008. 电力电缆导体用压接型铜、铝接线端子和连接管 ［M］. 北京：中国标准出版社，2008.

［29］全国电气信息结构文件编制和图形符号标准化技术委员会. 电气简图用图形符号国家标准汇编 ［M］. 北京：中国标准出版社，2009.

［30］DL/T 5221—2016. 城市电力电缆线路设计技术规定 ［M］. 北京：中国电力出版社，2016.

［31］DL/T 802.1—6—2007. 电力电缆用导管技术条件 ［M］. 北京：中国电力出版社，2007.

［32］DL/T 474.4—2018. 现场绝缘试验实施导则 ［M］. 北京：中国电力出版社，2018.

［33］DL/T 342—2010. 额定电压 66 kV～220 kV 交联聚乙烯绝缘电力电缆接头安装规程 ［M］. 北京：中国电力出版社，2011.

［34］DL/T 343—2010. 额定电压 66 kV～220 kV 交联聚乙烯绝缘电力电缆 GIS 终端安装规程 ［M］. 北京：中国电力出版社，2011.

［35］DL/T 344—2010. 额定电压 66 kV～220 kV 交联聚乙烯绝缘电力电缆户外终端安装规程 ［M］. 北京：中国电力出版社，2011.

［36］DL/T 1253—2013. 电力电缆线路运行规程 ［M］. 北京：中国电力出版社，2014.

［37］DL/T 596—2005. 电力设备预防性试验规程 ［M］. 北京：中国电力出版社，2005.

［38］DL/T 849.2—2004. 电力设备专用测试仪器通用技术条件　第 2 部分：电缆故障

定点仪［M］. 北京：中国电力出版社，2004.

［39］DL/T 849.3—2004. 电力设备专用测试仪器通用技术条件　第 3 部分：电缆路径［M］. 北京：中国电力出版社，2004.

［40］Q/GDW 11262—2014. 电力电缆及通道检修规程［M］. 北京：中国电力出版社，2014.

［41］Q/GDW 11223—2014. 高压电缆状态检测技术规范［M］. 北京：中国电力出版社，2014.

［42］Q/GDW 1799.1—2013. 国家电网公司电力安全工作规程（变电部分）［M］. 北京：中国电力出版社，2014.

［43］Q/GDW 1799.2—2013. 国家电网公司电力安全工作规程（线路部分）［M］. 北京：中国电力出版社，2014.

［44］卓金玉. 电力电缆设计原理［M］. 北京：机械工业出版社，1999.

［45］于景丰. 电力电缆实用新技术：施工安装　运行维护　故障诊断［M］. 北京：中国水利水电出版社，2014.

［46］胡文堂. 电力设备预防性试验技术丛书. 第 6 分册，电线电缆［M］. 北京：中国电力出版社，2003.

［47］国家电网公司运维检修部. 输电电缆六防工作手册　附属设备异常［M］. 北京：中国电力出版社，2017.